普通高等教育"十一五"国家级规划教材

普通高等教育"十四五"规划教材

环 境 监 测
Environmental Monitoring

第 2 版

李花粉　万亚男　主　编

蒋静艳　熊双莲　副主编

中国农业大学出版社

·北京·

内 容 简 介

本书是普通高等教育"十一五"国家级规划教材。2011年出版第1版,本次修订保留了第1版的基本框架,根据学科发展变化、监测技术进步、标准修订等情况进行了修改、补充和调整。更新和补充了部分分析方法和标准,补充了室内监测、废气监测、生态监测和振动污染监测等内容。

本书共11章,介绍了环境监测技术的基础理论和方法。内容包括:绪论、水和废水监测、空气和废气监测、土壤环境监测、固体废物监测、生物体污染监测、生物监测和生态监测、噪声和振动污染监测、放射性和电磁辐射监测、监测数据处理和质量保证、现代环境监测技术。

本书可作为高等院校环境工程和环境科学等专业的本科生和研究生教材使用,同时也可供环境监测部门、科研院所环保科技工作者和管理人员参考。

图书在版编目(CIP)数据

环境监测/李花粉,万亚男主编. —2版. —北京:中国农业大学出版社,2021.10
ISBN 978-7-5655-2614-5

Ⅰ.①环… Ⅱ.①李…②万… Ⅲ.①环境监测-高等学校-教材 Ⅳ.①X83

中国版本图书馆 CIP 数据核字(2021)第 176532 号

书 名 环境监测 第2版	
作 者 李花粉 万亚男 主编	

策划编辑 张秀环		**责任编辑** 张秀环	
封面设计 郑 川			
出版发行 中国农业大学出版社			
社 址 北京市海淀区圆明园西路2号		**邮政编码** 100193	
电 话 发行部 010-62733489,1190		**读者服务部** 010-62732336	
编辑部 010-62732617,2618		**出 版 部** 010-62733440	
网 址 http://www.caupress.cn		**E-mail** cbsszs@cau.edu.cn	
经 销 新华书店			
印 刷 涿州市星河印刷有限公司			
版 次 2022年1月第2版 2022年1月第1次印刷			
规 格 787×1092 16开本 23.75印张 595千字			
定 价 69.00元			

图书如有质量问题本社发行部负责调换

第 2 版编写人员

主　　编　李花粉（中国农业大学）
　　　　　　万亚男（中国农业大学）

副 主 编　蒋静艳（南京农业大学）
　　　　　　熊双莲（华中农业大学）

编写人员　（按姓氏笔画排序）
　　　　　　万亚男（中国农业大学）
　　　　　　王　琪（中国农业大学）
　　　　　　王定勇（西南大学）
　　　　　　乔玉辉（中国农业大学）
　　　　　　李　华（山西大学）
　　　　　　李花粉（中国农业大学）
　　　　　　杨志敏（西南大学）
　　　　　　肖广全（西南大学）
　　　　　　汪怀建（江西农业大学）
　　　　　　陈建军（云南农业大学）
　　　　　　赵　玲（沈阳农业大学）
　　　　　　隋方功（青岛农业大学）
　　　　　　蒋静艳（南京农业大学）
　　　　　　熊双莲（华中农业大学）
　　　　　　霍晓静（河北农业大学）

第1版编审人员

主　　编　李花粉（中国农业大学）
　　　　　隋方功（青岛农业大学）

副 主 编　王定勇（西南大学）
　　　　　乔玉辉（中国农业大学）

编写人员　（按姓氏笔画排序）
　　　　　王定勇（西南大学）
　　　　　乔玉辉（中国农业大学）
　　　　　李　华（山西大学）
　　　　　李花粉（中国农业大学）
　　　　　杨志敏（西南大学）
　　　　　肖广全（西南大学）
　　　　　汪怀建（江西农业大学）
　　　　　陈建军（云南农业大学）
　　　　　赵　玲（沈阳农业大学）
　　　　　隋方功（青岛农业大学）
　　　　　蒋静艳（南京农业大学）
　　　　　霍晓静（河北农业大学）

主　　审　杨林书（中国农业大学）
　　　　　衣纯真（中国农业大学）

第 2 版前言

环境问题是人类面临的最严峻挑战之一,保护环境是世界各国长期稳定发展的基本目标。环境监测是环保工作的"哨兵",通过监控水、土、气、声、渣等环境要素的变化,为解决现实或潜在的环境问题,协调人类与环境的关系,保护人类的生存环境、保障经济社会的可持续发展提供支撑。

环境监测是研究和测定环境质量的学科,是环境科学的重要分支。"环境监测"课程是高等院校环境科学、环境工程等专业必修的专业课程。随着环保力度的加强和科学技术的进步,环境监测项目和方法不断扩展和更新,相关标准不断完善,对环境监测教学工作提出了新的要求和挑战。本书根据《环境监测》(第 1 版)教材的使用情况,保留了基本框架,参考学科发展变化、监测技术进步、标准修订等情况进行了修改、补充和调整。更新和补充了部分分析方法和标准,补充了室内监测、废气监测、生态监测和振动污染监测等。本书可作为高等院校环境工程和环境科学等专业的本科生和研究生教材使用,同时也可供环境监测部门、科研院所环保科技工作者和管理人员参考。

本书共分 11 章,各章编写人员为:第 1 章,蒋静艳、万亚男;第 2 章,李花粉、蒋静艳、赵玲;第 3 章,隋方功、李花粉;第 4 章,李华、熊双莲;第 5 章,肖广全、李花粉;第 6 章,王定勇、万亚男;第 7 章,乔玉辉、万亚男;第 8 章,杨志敏、熊双莲;第 9 章,汪怀建、李花粉;第 10 章,陈建军、李花粉;第 11 章,霍晓静、王琪。全书由李花粉、万亚男统稿。

受编者水平所限,书中错漏之处在所难免,期待得到同行专家、学者和广大读者的批评指正。

编　者
2021 年 5 月

第1版前言

《环境监测》是高等院校环境类学科的专业基础课或专业课教材。环境监测是研究和测定环境质量的学科,是环境科学的重要分支学科。随着工业和科学技术的飞速发展,监测的内容和技术也不断扩展。目前已由工业污染源监测发展到对大气、水、土壤等环境质量进行监测,亦即监测对象不仅限于影响环境质量的污染物,已外延到对生物、生态变化的监测。环境监测是环境科学的基础性学科,是环境类其他学科(如环境化学、环境物理学、环境工程学、环境污染医学、环境管理学、环境经济学以及环境法学等)的先行学科。随着科学技术和环境保护工作的不断发展,对环境监测工作提出了更高的要求。为了适应现代环境监测工作的需要,满足高等学校环境类及相关专业对环境监测方面教材的需要,编写了此书。

本书以环境监测对象为主线,依据国家颁布的最新标准、规范和方法,系统介绍了环境监测基础理论和工作方法,大气、水、土壤、固体废物、生物中污染物及噪声、放射性、生物的监测技术。

本教材具有以下特点:

1. 采用国家最新颁布的有关环境监测和管理的技术标准,并借鉴了国际上最新的分析方法标准和先进的分析技术,力求反映国内外现代环境监测的最新状况和发展趋势。

2. 为便于实践应用,将实验内容融入了各章节中,操作步骤详细。补充了环境样品的预处理技术,特别是土壤样品中不同形态重金属的提取过程,实用性强。

3. 注重环境监测技术的发展和分析测试方法的更新,补充了大气和水质便携式监测仪器设备的应用,并增加了环境指示生物的特征及其在环境监测中的重要作用。

4. 将常用的专业英语词汇编入教材,每章附有内容提要、思考题及环境监测常用缩略语的中英文对照,以便学生学习。

本书共分11章,各章编写人员为:第1章绪论,蒋静艳;第2章水和废水监测,李花粉、赵玲;第3章空气环境监测,隋方功;第4章土壤环境监测,李华;第5章固体废物监测,肖广全;第6章生物污染监测,王定勇;第7章环境污染生物监测,乔玉辉;第8章噪声监测,杨志敏;第9章放射性和电磁辐射监测,汪怀建;第10章监测数据处理和质量保证,陈建军;第11章现代环境监测技术,霍晓静。全书由李花粉统稿,杨林书和衣纯真审核。

受编者水平所限,错漏之处在所难免,期待得到同行专家、学者和广大读者的批评指正。

编者

2011 年 5 月

目　　录

目
录

目
录

第1章

绪　论

➤ **本章提要**：

　　本章主要介绍环境监测的目的与分类、技术与方法以及环境标准。通过本章的学习，理解环境监测的目的、分类、特点、原则以及发展趋势；了解环境监测技术方法和发展动态；掌握环境监测、环境标准的概念及环境标准的分类和分级。

环境监测作为环境科学的一个重要分支学科,对于环境化学、环境物理学、环境地学、环境工程学、环境生物学、环境医学、环境管理学、环境法学、环境经济学等分支学科的发展具有重要作用。环境监测是科学管理环境和环境执法监督的基础,是环境保护必不可少的基础性工作,环境监测技术的进步将推动环境保护事业的发展。环境监测的核心目标是提供环境质量现状及变化趋势的数据,判断环境质量,评价当前主要环境问题,为环境管理服务。环境监测是环保工作的"耳目""哨兵"和"尺子",监控着水体、空气、土壤等环境要素的变化,守护着绿水青山。

1.1 环境监测的目的与分类

▶ 1.1.1 环境监测的基本概念

环境监测是指运用物理、化学、生物等现代科学技术方法,间断地或连续地对环境化学污染物及物理和生物污染等因素进行现场的监视、测定和监控,评价环境质量(或污染程度)及其变化趋势。随着工业和科学的发展,环境监测的内容也由工业污染源的监测,逐步发展到对大环境的监测,即监测对象不仅是影响环境质量的污染因子,还包括生物、生态变化。

评价环境质量,仅凭对某一污染物进行某一地点、某一时刻的分析测定是不够的,必须对各种有关污染因素、环境因素在一定范围、时间、空间内进行测定,获取代表环境质量各种标志的数据,才能对环境质量做出客观评价。环境监测包括对污染物分析测试的化学监测,也包括对各种物理因素如热、光、噪声、振动、辐射和放射性等的物理监测,还包括对生物如病菌或霉菌等的生物监测和对区域种群、群落等的生态监测。

环境监测的过程主要包括:监测目标的确定→资料调研→初步监测方案设计→现场调查→监测方案设计→参数选择→优化布点→样品采集→样品运送保存→质量保证方案→分析测试→数据处理→综合评价等。

▶ 1.1.2 环境监测的目的

环境监测的目的是准确、及时、全面地反映环境质量现状及发展趋势,为环境管理、污染源控制、环境规划、环境评价提供科学依据。主要可归纳为以下4个方面。

(1)根据环境质量标准评价环境质量,预测环境质量发展趋势。根据污染物造成的污染影响、污染物浓度的分布、发展趋势和速度,追踪污染物的污染路线,建立污染物空间分布模型,为监督管理、控制污染提供科学依据。

(2)为制定环境法规、标准、规划、污染综合防治对策提供科学依据,并监测环境管理的效果。

(3)收集环境本底数据,积累长期监测资料,为研究环境容量,实施总量控制、目标管理,预测预报环境质量提供数据。

(4)揭示新的污染问题,探明污染原因,确定新的污染物,研究新的监测方法,为环境科学研究提供科学依据。

环境监测被喻为"环保工作的耳目""定量管理的尺子",是进行环保管理、科研、规划、立法及制定政策、进行决策的基础和依据,对经济建设和社会发展起着重要作用。

▶ 1.1.3 环境监测的分类

环境监测按监测目的和性质可分为3类。

1)监视性监测(又称例行监测或常规监测)

监视性监测是监测工作的主体,其工作质量是环境监测水平的标志。对指定的有关项目进行定期的长时间的监测,以确定环境质量及污染源状况、评价控制措施的效果、衡量环境标准实施情况和环境保护工作的进展。这类监测包括污染源监测和环境质量监测。污染源监测主要是掌握污染物排放浓度、排放强度、负荷总量、时空变化等,为强化环境管理和贯彻落实有关法规、标准、制度等提供技术支持。环境质量监测,主要是指定期定点对指定范围的空气、水质、噪声、辐射、生态等各项环境质量因素状况进行监测分析,为环境管理和决策提供依据。

2)特定目的监测(又称特例监测)

特定目的监测的内容、形式很多,但工作频率相对较低,主要包括污染事故监测、仲裁监测、考核验证监测和咨询服务监测4个方面。

(1)污染事故监测 在发生污染事故时进行应急监测,以确定污染物扩散方向、速度和危及范围,为控制污染提供依据。这类监测常采用流动监测(车、船等)、简易监测、低空航测、遥感等手段。

(2)仲裁监测 主要针对污染事故纠纷处理、环境法执行过程中所产生的矛盾进行监测。仲裁监测应由国家指定的权威部门进行,以提供具有法律效力的数据(公证数据),供执法、司法部门仲裁。

(3)考核验证监测 考核验证监测包括对环境监测技术人员和环境保护工作人员的业务考核、上岗培训考核,环境监测方法验证和污染治理项目竣工时的验收监测等。

(4)咨询服务监测 咨询服务监测是为政府部门、科研机构、生产单位提供的服务性监测。例如建设新企业应进行环境影响评价,需要按照评价要求进行监测。

3)研究性监测(又称科研监测)

研究性监测是针对特定目的的科学研究而进行的监测。例如环境本底的监测及研究;有毒有害物质对从业人员的影响研究;监测方法和手段的研究;涉及环境毒理学的研究等。这类研究往往要求多学科合作进行,并且事先必须制定周密的研究计划。

除了上述分类外,环境监测按其监测对象可分为水质监测、空气监测、土壤监测、固体废物监测、生物监测、生态监测、噪声和振动监测、电磁辐射监测、放射性监测、热监测、光监测等。按监测部门可分为气象监测(气象部门)、卫生监测(卫生部门)、例行监测(生态环境部门)和资源监测(自然资源管理部门)等。

1.1.4 环境监测的特点

环境监测以环境中的污染物为对象，这些污染物种类繁多，分布极广。因此，环境监测受对象、手段、时间和空间多变性、污染组分复杂性的影响，具有以下显著特点。

(1)综合性 环境监测的对象涉及"三态"(气态、液态、固态)、"一波"(如热、电、磁、声、光、振动、辐射波等)以及生物等诸多客体；环境监测方法包括化学、物理、生物以及互相结合等多种方法；监测数据解析评价涉及自然科学、社会科学等许多领域。所以具有很强的综合性，只有综合应用各种手段，综合分析各种客体，综合评价各种信息，才能较为准确地揭示监测信息的内涵，评价环境质量状况。

(2)连续性 由于环境污染具有时空变异性等特点，监测数据如同水文气象数据一样，累积时间越长越珍贵。只有在有代表性的监测点位连续监测，才能从大量的数据中揭示污染物的变化规律，预测其变化趋势。因此，监测网络、监测点位的选择一定要科学，而且一旦监测点位的代表性得到确认，必须长期坚持，以保证前后数据的可比性。

(3)可追溯性 要保证监测数据的准确性和可比性，就必须依靠可靠的量值传递体系进行数据的追踪溯源。根据这个特点，要建立环境监测质量保证体系。

(4)执法性 环境监测不同于一般检验测试，它除了需要及时、准确地提供监测数据外，还要根据监测结果和综合分析结论，为主管部门提供决策建议，并按照授权对监测对象执行法规情况进行执法性监督控制。

1.1.5 环境监测的原则

进入环境的化学物质种类繁多，由于人力、监测手段、经济条件、仪器设备等的限制，不能包罗万象地监测分析所有的污染物，只能将潜在危险性大(难降解、具有生物积累性、毒性大和三致类物质)、在环境中出现频率高、残留高、检测方法成熟的化学物质定为优先监测目标，实施优先和重点监测。经过优先选择的污染物称为环境优先污染物，简称为优先污染物，对优先污染物进行的监测称为优先监测。

美国是最早开展优先监测的国家，早在 20 世纪 70 年代中期，就在《清洁水法案》中明确规定了 129 种优先污染物，其中包括 114 种有机化合物、15 种无机金属及其化合物。一方面要求排放优先污染物的厂家采用最佳处理技术，同时制定排放标准，控制点源污染；另一方面制定环境标准，对各水域(河水、湖水、地下水等)实施优先监测，并要求各州政府呈报优先污染物的污染现状，把它们编入环境质量报告书中。

我国在 1989 年通过了《水中优先控制污染物黑名单》，包括 14 类 68 种，其中有机物 12 类 58 种，占总数的 85.3%，包括 10 种卤代烃类、6 种苯系物、4 种氯代苯类、1 种多氯联苯、6 种酚类、6 种硝基苯、4 种苯胺、7 种多环芳烃、3 种酞酸酯、8 种农药、丙烯腈和 2 种亚硝胺。其余 10 种优先控制污染物为重金属砷、铍、镉、铬、铜、铅、汞、镍、铊等和氰化物。

近 30 年来，化学品的品种与性质也在不断发生变化，2017 年，我国发布的《优先控制化学品名录(第一批)》包括有机物 17 类(1,2,4-三氯苯、1,3-丁二烯、5-叔丁基-2,4,6-三硝基间二甲苯、N,N'-二甲苯基-对苯二胺、短链氯化石蜡、二氯甲烷、甲醛、六氯代-1,3-环戊二烯、六溴环十二烷、萘、全氟辛基磺酸及其盐类和全氟辛基磺酰氟、壬基酚及壬基酚聚氧乙烯醚、三氯甲烷、三氯乙烯、十溴二苯醚、四氯乙烯、乙醛)、重金属5类(镉及镉化合物、汞及汞化合物、六价铬化合物、铅化合物、砷及砷化合物)。2020年,我国又发布了《优先控制化学品名录(第二批)》,包括有机物15类、氰化物和铊及铊化合物。在一定阶段,由于受各种因素限制,优选的有毒污染物控制名单只能反映当时的生产与科学技术发展状况。随着生产的发展和科学技术的进步,有毒污染物名单会经常发生变化。

1.2 环境监测的方法及发展趋势

目前所具备的环境监测方法和手段是与当代生产力发展水平相关联的。环境监测采用了当代分析化学及各有关学科发展起来的分析方法和测试手段,但同时又要求不断创新各种新方法和手段,以适应环境监测的种种特殊要求。例如,在很多情况下,要求分析方法具有更高的准确度和灵敏度;对环境样品中所含同一元素要求作细致的形态分析;对河流污染和空气污染要求提供能进行连续自动、跟踪式的监测等。

1.2.1 环境监测的方法

目前,测定环境污染物的方法主要有化学分析法、仪器分析法、生物监测法和分子生物学监测法4大类。环境监测中常用的测定方法和测定项目见表1-1。

表1-1 环境监测中常用的测定方法和测定项目

测定方法			测定项目
化学分析法	重量法		残渣、悬浮物、油脂、硫酸盐化速率、降尘、总悬浮颗粒物、可吸入颗粒物等
	滴定法(酸碱滴定、配位滴定、氧化还原滴定、沉淀滴定)		酸度、碱度、溶解氧、化学需氧量、高锰酸钾指数、生化需氧量、挥发酚、氰化物、硫化物、总氮等
仪器分析法	光化学分析法	分光光度法	金属及非金属离子、二氧化硫、氨氮、砷化物、甲醛等
		荧光分光光度法	多环芳烃、农药、矿物油、硫化物及硼、硒、铍等
		化学发光法	氮氧化物、臭氧等
		红外吸收光谱法	水中石油类和动植物油类、一氧化碳、二氧化碳等
		原子吸收光谱法	多种金属元素
		原子发射光谱法	多种金属元素和少数非金属元素
		原子荧光光谱法	砷、锑、铋、汞、硒等
		X射线荧光光谱法	飘尘中痕量金属化合物、气溶胶吸附硫、水体悬浮粒子中的重金属及溶于水中的痕量元素等
		光散射法	浊度、悬浮物、粉尘量等

测定方法			测定项目
仪器分析法	电化学分析法	电位分析法	pH、溶解氧、氟、氯、氨、镉、氨氮等
		极谱法	溶解氧、铜、铅、锌、镉、砷、铋、铟、锡等
		阳极溶出伏安法	多种金属元素
		库仑法	空气中二氧化硫、氮氧化物、臭氧、总氧化剂、化学需氧量、生化需氧量、卤素、酚、氰、砷、锰、铬等
	色谱法	气相色谱法	有机氯农药、有机磷农药、多氯联苯、多环芳烃、苯胺类、硫氧化物、氮氧化物、一氧化碳、甲醛、苯、二甲苯、总挥发性有机化合物等以及具有挥发性的化合物等
		液相色谱法	多环芳烃、除草剂、杀虫剂等
		离子色谱法	无机阴离子、氨类和一些金属离子等
		薄层色谱法	亚硝胺类、多氯联苯、多环芳烃、农药、大分子质量有机化合物等
		色谱-质谱联用	总挥发性有机化合物、二噁英等多种有机污染物，广泛用于对有机污染物筛选阶段的初始分析
	电感耦合等离子体-质谱法		多种金属元素
	电子能谱法		对尘埃、土壤、底质进行多种元素的状态分析
	电子探针法		同上
	中子活化法		多种元素的测定
生物监测法	水污染指示生物法		水体清洁及污染程度
	空气污染指示生物法		二氧化硫、二氧化氮、臭氧、过氧乙酰硝酸酯、氟化氢、氯气等
分子生物学监测法	酶分析法、免疫分析法		多氯联苯、苯、甲苯和二甲苯混合物、硝基芳烃化合物、对硫磷和其他杀虫剂等
	分子生物学技术		环境诱变物、致病微生物和特定基因型微生物
	生物传感器和生物芯片		农药残留、酸雨、生化需氧量、芳香胺、多氯联苯等

（改编自：但德忠.环境监测.2006.）

1）化学分析法

化学分析法是环境监测分析的基础，主要包括重量法和滴定法。其特点是准确度较高，相对偏差一般小于1%；方法简便，操作快速，所需器具简单，分析费用较低。但是灵敏度较低，仅适用于样品中常量组分的分析；选择性较差，在测定前需要对样品作烦琐的前处理。

2）仪器分析法

仪器分析法亦称物理化学分析法，它是基于物质的物理或物理化学性质建立起来的一大类分析方法。此类分析方法一般具有灵敏度较高、选择性好、自动化程度高等特点，适用于痕量水平测定，在环境监测中普遍应用。光谱分析法、电化学分析法和色谱分析法（色质联用）为环境监测的三大主要分析方法。此外，还有中子活化分析方法、放射性同位素分析方法、电子探针、电子能谱等多种方法，但仪器设备较贵，对分析人员技术水平要求较高。

（1）光谱分析法　光谱分析法是利用光源照射试样,在试样中发生光的吸收、反射、透过、折射、散射、衍射等效应,或在外来能量激发下使试样中被测物发光,最终以仪器检测器接收到的光强度与试样中待测组分含量间存在对应的定量关系而进行分析。环境监测中常用的有可见与紫外分光光度法、原子吸收分光光度法、原子发射分光光度法、化学发光法、非分散红外法、荧光分光光度法等。

（2）电化学分析法　电化学分析法是仪器分析法中的另一个类别,是通过测定试样溶液电化学性质而对其中被测定组分进行定量分析的方法。环境监测中常用的电化学分析法有电导分析法、离子选择性电极法、电解分析法、恒电流滴定法、毛细管电泳法、阳极溶出伏安法等。各种电化学分析法大多可实现自动化分析,很多方法被国家标准所采纳而成为标准方法。

（3）色谱分析法　色谱分析法可用于分析多组分混合物试样,主要是利用混合物中各组分在两相中溶解-挥发、吸附-脱附或其他亲和作用性能的差异,当作为固定相和流动相的两相做相对运动时,使试样中各待测组分在两相中得以分离后进行分析。在环境监测中常用的有气相色谱法、高效液相色谱法、薄层色谱法、离子色谱法等。色谱分析法承担着大多数有机污染物的分析任务。

3）生物监测法

生物监测法是利用生物个体、种群或群落对环境污染及其随时间变化所产生的反应来显示环境污染状况。例如,根据指示植物叶片上出现的伤害症状,可对空气污染做出定性和定量的判断;利用水生生物受到污染物毒害所产生的生理机能(如鱼的血脂活力)变化,监测水质污染状况等。一般来说,生物监测法具有以下优点:能直接反映出环境质量对生态系统的综合影响;可以在大区域范围内密集布点和采样分析;分析费用较低。但由于环境影响因素众多、生物学过程复杂、结果可比性差,其应用受到一定限制。

4）分子生物学监测法

分子生物学监测包括酶分析法、免疫分析法、分子生物学技术、生物传感器和生物芯片等,这类方法特异性强、灵敏度高。

随着技术水平的不断提高,每一项环境监测项目都有可供选择的多种不同分析方法,而正确选择监测分析方法是获得准确结果的关键因素之一。在众多分析方法中应优先选用标准分析方法或通用分析方法。选用标准方法时,应本着企业标准服从行业标准,行业标准服从国家标准,旧标准服从新标准,国内标准尽量与国际接轨的原则,保证结果的可靠性。

▶ 1.2.2　环境监测分析发展趋势

环境监测分析发展迅速,不仅广泛应用了现代分析化学中的各项新成果,而且不断引进近代化学、物理、数学、电子学、生物学和其他学科的最新技术来解决环境问题。环境监测分析有以下发展趋势。

（1）分析方法标准化　分析方法标准化是环境监测的基础和核心环节。环境质量评价和环境保护规划的制定和执行都要以环境监测数据为依据,因而必须研究制定一整套标准分析方法,以保证分析数据的可靠性和准确性。

（2）多种方法和仪器的联合使用　为了更好地解决环境监测中繁杂的分析技术问题,近年来已越来越多地采用仪器联用的方法。气相色谱-质谱联用、液相色谱-质谱联用、电感耦合等离子体-质谱联用、微波等离子体-质谱联用等,可用于解决环境监测中有关污染物特别是有机污染物分析的大量疑难问题。随着技术进步,甚至可以三种仪器联用,如高效液相色谱-电感耦合等离子体-质谱联用,通过液相色谱分离不同形态的重金属,然后通过电感耦合等离子体-质谱检测分离出不同形态重金属的含量。

(3)分析技术连续自动化 环境监测分析逐渐由经典的化学分析过渡到仪器分析,由手工操作过渡到连续自动化的操作。20 世纪 70 年代以来,我国相继建立了水质、空气质量连续自动分析监测系统。从采样点的布局、选择、采样、样品处理、分析测试到数据存储、传输都能实现连续自动化。

(4)污染物形态分析 污染物形态是指污染物在环境中呈现的化学状态、价态和异构状态。不同形态的污染物在环境中有不同的行为过程,并且在不同的条件下可转变为其他形态,其毒性和危害性也不同。了解污染物在环境中存在的形态,对深入认识其环境行为、正确评价其对环境的影响具有非常重要的意义。因此,形态分析技术的研究成为今后环境监测分析的发展方向之一。

(5)现场简易监测分析仪器和技术 突发性环境污染事故的不断发生给环境监测分析人员提出了重要课题。除了实施预防性监测分析外,还必须进行快速简易测定技术的研究以及便携式现场测试仪器的研制。现场快速测定技术主要有以下几类:试纸法、水质速测管法显色反应型、气体速测管法填充管型、化学测试组件法、便携式分析仪器测定法。

(6)"3S"技术 "3S"技术是指遥感(remote sensing,RS)、全球定位系统(global positioning system,GPS)和地理信息系统(geographic information system,GIS),是空间技术、传感器技术、卫星定位与导航技术和计算机技术、通信技术相结合,多学科高度集成的对空间信息进行采集、处理、管理、分析、表达、传播和应用的现代信息技术。"3S"技术在我国环境科学研究方面已有不同程度的应用,"3S"技术可以为大范围的生态环境监测提供综合整体且精确完全的监测结果,是生态环境监测的必需手段。今后,环境监测工作将更加广泛地应用"3S"技术,并不断开发综合性、多功能型的、应用于环境监测的"3S"技术。

1.3 环境标准

《中华人民共和国标准化法》中定义标准(含标准样品),是指农业、工业、服务业以及社会事业等领域需要统一的技术要求。标准包括国家标准、行业标准、地方标准和团体标准、企业标准。国家标准分为强制性标准和推荐性标准,行业标准、地方标准是推荐性标准。强制性标准必须执行,国家鼓励采用推荐性标准。

环境标准是为了防止环境污染、保护人群健康、促进生态良性循环、获得最佳的环境效益和经济效益,对环境和污染物排放源中有害因素的限量阈值及其配套措施所做的统一规定。环境标准是政策、法规的具体体现,是环境管理的技术基础。

环境标准不是一成不变的,它与一定时期的技术经济水平以及环境污染与破坏的状况相适应,并随着技术经济的发展、环境保护要求的提高、环境监测技术的不断进步及仪器普及程度的提高而进行及时调整或更新。通常几年修订一次,在使用时应执行最新的标准。

最新的环境保护标准可以在生态环境部的法规标准中查阅。

▶ 1.3.1 环境标准体系

我国现行的环境标准体系由三级五类标准组成,分别为国家级标准(GB)、地方级标准(DB)和行业标准(HJ),标准类别包括环境质量标准、污染物排放(控制)标准、环境监测方法标准、环境标准样品标准和环境基础标准。

其中环境监测方法标准、环境标准样品标准和环境基础标准没有地方标准。环境标准也分为强制性国家环境标准(代号"GB")和推荐性国家环境标准(代号"GB/T")两种。强制性标准必须执行,属于此类标准的有环境质量标准、污染物排放标准、行政法规规定必须执行的其他环境标准。强制性环境标准以外的环境标准属于推荐性环境标准。图 1-1 是国家环境标准体系示意图。

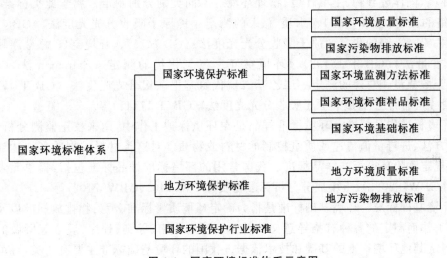

图 1-1　国家环境标准体系示意图

1)国家环境保护标准

(1)环境质量标准　环境质量标准是为了保护人类健康、维持生态良性平衡和保障社会物质财富,并考虑经济技术条件,对环境中有害物质和因素所做的限制性规定,是环境标准的核心。这类标准反映了人类和生态系统对环境质量的综合要求,也考虑了控制污染危害在技术上的可行性和经济上的承担能力。它是衡量环境质量、开展环境保护的依据,也是制定污染物控制标准的基础。我国的环境质量标准包括水环境质量标准、环境空气质量标准、土壤环境质量标准、生态环境质量标准、声与振动环境质量标准等。例如:《地表水环境质量标准》(GB 3838)、《地下水质量标准》(GB/T 14848)、《海水水质标准》(GB 3097)、《渔业水质标准》(GB 11607)、《农田灌溉水质标准》(GB 5084)、《环境空气质量标准》(GB 3095)、《室内空气质量标准》(GB/T 18883)、《土壤环境质量　农用地土壤污染风险管控标准(试行)》(GB 15618)、《声环境质量标准》(GB 3096)、《城市区域环境振动标准》(GB 10070)等。

(2)污染物排放(控制)标准　污染物排放标准是对污染源污染物的允许排放量和排放浓度所做的具体限定。制定这种标准的目的在于直接控制污染源,从而达到减轻或防止环境污染的目的。实行污染物排放标准的结果,应使环境质量标准得以实现。我国的排放标准包括水污染物排放标准、大气污染物排放标准、固体废物污染控制标准、环境噪声排放标准、核与电磁辐射安全标准等。例如:《污水综合排放标准》(GB 8978)、《城镇污水处理厂污染物排放标准》(GB 18918)、《畜禽养殖业污染物排放标准》(GB 18596)、《磷肥工业水污染物排放标准》(GB 15580)、《大气污染物综合排放标准》(GB 16297)、《锅炉大气污染物排放标准》(GB 13271)、《工业窑炉大气污染物排放标准》(GB 9078)、《水泥工业大气污染物排放标准》(GB 4915)、《恶臭污染物排放标准》(GB 14554)、《农用污泥中污染物控制标准》(GB 4284)、《生活垃圾填埋场污染控制标准》(GB 16889)、《社会生活环境噪声排放标准》(GB 22337)、《工业企业厂界环境噪声排放标准》(GB 12348)、《建筑施工场界环境噪声排放标准》(GB 12523)等。

(3)环境监测方法标准 环境监测方法标准是在环境保护工作中以采样、分析、试验、抽样、统计计算等为对象制定的标准,是环境标准化工作的基础。环境监测方法标准按照水环境、大气环境、固体废弃物、土壤环境、物理环境等不同类别分别制定。属于此类标准的有:《水质 总铬的测定》(GB 7466)、《水质 总汞的测定 冷原子吸收分光光度法》(GB 7468)、《水质 铜、铅、锌、镉的测定 原子吸收分光光度法》(GB 7475)、《环境空气 总悬浮颗粒物的测定 重量法》(GB/T 15432)、《环境空气 氮氧化物的测定 Saltzman 法》(GB/T 15435)、《土壤质量 总砷的测定 二乙基二硫代氨基甲酸银分光光度法》(GB/T 17134)、《土壤质量 铅、镉测定 石墨炉原子吸收分光光度法》(GB/T 17141)等。

(4)环境标准样品标准 环境标准样品是在环境保护工作中,用来校正监测分析仪器、评价实验方法、进行量值传递或质量控制的材料或物质。对这类材料或物质必须达到的要求所做的规定称为环境标准样品标准。我国常用的环境标准样品标准包括:铅单元素溶液标准物质(GBW082033)、土壤成分分析标准物质(GBW07401、GBW07402)等。

(5)环境基础标准 环境基础标准是指为确定环境质量标准、污染物排放标准以及其他环境保护工作而制定的各种有指导意义的符号、代号、指南、导则、程序、规范等所做的统一规定,是制定其他环境标准的基础和技术依据。我国的环境基础标准主要有 4 类:环境管理类、环保名词术语类、环保图形符号类及环境信息分类与编码类。例如:《环境保护图形标志－排放口(源)》(GB 15562.1)、《环境保护图形标志-固体废物贮存(处置)场》(GB 15562.2)、《土壤质量-词汇》(GB/T 18834)等。

2)地方环境保护标准

由于我国幅员辽阔,各地情况差别较大,因此不少省市制定了地方排放标准,以起到对国家标准补充、完善的作用,但应该符合以下 2 点:①规定国家标准中所没有规定的项目;②规定国家标准中已有的项目时,地方标准应严于国家标准。地方环境保护标准包括地方环境质量标准和地方污染物排放标准。环境标准样品标准、环境基础标准等不制定地方标准。

3)环境保护行业标准

除上述标准外,在环境保护工作中对还需要统一的技术要求所制定的标准(包括执行各项环境管理制度,监测技术,环境区划、规划的技术要求、规范、导则等)。

▶ 1.3.2 环境标准的作用

(1)环境标准是国家环境保护法规的重要组成部分 我国环境标准具有法规约束性,是我国环境保护法规所赋予的。在《中华人民共和国环境保护法》《中华人民共和国大气污染防治法》《中华人民共和国水污染防治法》《中华人民共和国海洋环境保护法》《中华人民共和国噪声污染防治法》《中华人民共和国固体废物污染环境防治法》等法规中,都规定了实施环境标准的条款。

(2)环境标准是制定环境规划、环境保护计划的依据　环境标准是环境保护工作的目标,环境规划的目标主要是用标准来表示的。我国环境质量标准就是将环境规划总目标依据环境组成要素和控制项目在规划时间和空间予以分解并定量化的产物。

(3)环境标准是判断环境质量和衡量环保工作的准绳　评价一个地区环境质量的优劣、评价一个企业对环境的影响,只有依靠环境标准,才能做出定量化的比较和评价,从而为控制环境质量,进行环境污染综合整治,以及设计切实可行的治理方案提供科学依据。

(4)环境标准是环境保护行政主管部门执法的依据　环境标准是强化环境管理的核心,不论是环境问题的诉讼、排污费的收取、污染治理的目标等执法的依据都是环境标准。

(5)环境标准是推动环保科技进步的动力　提供实施标准可以制止任意排污,促使企业对污染进行治理和管理;采用先进的无污染、少污染的工艺;更新设备。使标准在某种程度上成为判断污染防治技术、生产工艺与设备是否先进可行的依据,成为筛选、评价环保科技成果的一个重要尺度。

▶ 1.3.3　制定环境标准的原则

环境标准体现国家的技术经济政策,因此,环境标准的制定要充分体现科学性和现实性的统一。制定、修订环境标准要遵循以下主要原则。

(1)政策性原则　以国家环境保护方针、政策、法律、法规及有关规章为依据,以保护人体健康和改善环境质量为目标,促进环境效益、经济效益、社会效益的统一。

(2)技术先进、经济合理原则　环境标准应与国家的技术水平、社会经济承受能力相适应。

(3)各类环境标准之间应协调配套　质量标准与排放标准、排放标准与收费标准、国内标准与国际标准之间应该相互协调才能有效贯彻执行。

(4)借鉴适合我国国情的国际标准和其他国家的标准　一个国家的标准是反映该国的技术、经济和管理水平。随着经济全球化,标准趋同已经成为世界各国标准化的目标。采用国际标准既是加入 WTO 的一般要求,也是提高我国环境监测能力和水平、参与国际国内竞争的需要。

▶ 习题与思考题 ◀

(1)环境监测的主要目的是什么?

(2)按照目的和性质不同,环境监测可分为哪几类?

(3)环境监测有哪些特点?

(4)环境监测对象选择的原则有哪些?

(5)什么是环境监测和环境标准?

(6)什么是优先污染物?什么是优先监测?

(7)简述目前环境分析测试的主要方法。

(8)根据环境污染的特点,分析环境监测方法的发展趋势。

(9)我国现行的环境标准体系是什么?

(10)制定环境标准的原则是什么?标准是否越严格越好?

(11)既然有了国家排放标准,为什么还允许制定和执行地方排放标准?

chapter **2**

第2章

水和废水监测

➤ **本章提要**:

　　本章主要介绍水和废水监测方案制订、水样的布点采集、不同分析项目的测定等。通过本章学习,了解我国水污染类型及水质监测常规项目与监测方法,以及水质监测方案制订要点;了解原子吸收分光光度计等大型仪器的基本原理和构造;理解水样测定时空代表性的重要性;掌握水和废水样点布设技术,采样时间和频率,水样的采集和保存方法,以及水样主要物理和化学指标的测定等。

水是一切生命赖以生存的重要自然资源之一,是地球生命的基础,也是人类环境的重要组成部分。随着人口的不断增长和工农业生产的快速发展,用水量和污水排放量急剧增加,致使许多江、河、湖、海、水库乃至地下水等都遭到不同程度的污染。近年来,水资源紧缺和污染问题越来越严重,世界各国都十分重视水资源保护。水质监测是环境监测的重要组成部分,可为控制水污染、保护水资源提供科学依据,为守护绿水青山提供重要支撑。

2.1 概述

▶ 2.1.1 水体污染及其类型

水体污染指由于人类的生活和生产活动,将大量未经处理的工业废水、生活污水、农业回流水及其他废弃物直接排入环境水体,造成水质恶化。水体污染分为以下 3 种类型。

化学污染型:指排入水体的无机和有机污染物造成的水体污染。

物理污染型:指排入水体的有色物质、悬浮固体、放射性物质及高于常温的物质等造成的污染。

生物污染型:指随生活污水、医院污水等排入水体的病原微生物造成的污染。

水体污染物按排放方式可分为点源和面源。污染物进入水体后,经过水的稀释作用和一系列复杂的物理、化学和生物作用,如:挥发、絮凝、水解、络合、氧化还原、微生物降解等,使污染物的浓度降低,水质得到改善,该过程称为水体自净。但是,当进入水体的污染物数量超过水体自净能力时,就会造成水质急剧恶化,致使水体自净功能衰退或丧失。

▶ 2.1.2 水质监测的对象和目的

水质监测分为环境水体监测和水污染源监测。环境水体包括地表水(江、河、湖、库、海水)和地下水;水污染源包括工业废水、生活废水、医院污水等。对它们进行监测的目的可概括为以下几个方面。

(1)对进入江、河、湖泊、水库、海洋等地表水的污染物及渗透到地下水中的污染物质进行经常性监测,以掌握水质的现状及其变化趋势。

(2)对生产、生活等废(污)水排放源排放的各类废(污)水进行监视性监测,评价其是否符合排放标准,为污染源管理提供依据。

(3)对水环境污染事故进行应急监测,为分析判断事故的原因和危害、制定对策提供依据。

(4)为国家制定环境保护法规、标准和规划提供相关数据和资料。

(5)为开展水环境质量评价、预测预报及进行科学研究提供基础数据和技术手段。

(6)收集本底数据,为基础性研究积累资料。

▶ 2.1.3 水质标准及监测项目

1)水质标准

水的用途很广,无论是作为生活饮用水、工业用水、农业灌溉用水还是渔业用水等,都有一定的水质要求。由于用途不同,必须建立起相应的物理、化学、生物学的质量标准,对水中指标加以一定的限制。水质标准包括水环境质量标准和水污染物排放标准,以地表水环境质量标准为例介绍水环境质量标准。我国的《地表水环境质量标准》(GB 3838—2002)见表 2-1a 至表 2-1c。

表 2-1a 地表水环境质量标准基本项目标准限值　　　　　　　　　mg/L

序号	项目	Ⅰ类	Ⅱ类	Ⅲ类	Ⅳ类	Ⅴ类
1	水温/℃	人为造成的环境水温变化应限制在:周平均最大温升≤1;周平均最大温降≤2				
2	pH(无量纲)	6～9				
3	溶解氧≥	饱和率90%(或7.5)	6	5	3	2
4	高锰酸盐指数≤	2	4	6	10	15
5	化学需氧量(COD)≤	15	15	20	30	40
6	五日生化需氧量(BOD₅)≤	3	3	4	6	10
7	氨氮(NH_3-N)≤	0.15	0.5	1.0	1.5	2.0
8	总磷(以 P 计)≤	0.02(湖、库0.01)	0.1(湖、库0.025)	0.2(湖、库0.05)	0.3(湖、库0.1)	0.4(湖、库0.2)
9	总氮(湖、库,以 N 计)≤	0.2	0.5	1.0	1.5	2.0
10	铜≤	0.01	1.0	1.0	1.0	1.0
11	锌≤	0.05	1.0	1.0	2.0	2.0
12	氟化物(以 F⁻计)≤	1.0	1.0	1.0	1.5	1.5
13	硒≤	0.01	0.01	0.01	0.02	0.02
14	砷≤	0.05	0.05	0.05	0.1	0.1
15	汞≤	0.000 05	0.000 05	0.000 1	0.001	0.001
16	镉≤	0.001	0.005	0.005	0.005	0.01
17	铬(六价)≤	0.01	0.05	0.05	0.05	0.1
18	铅≤	0.01	0.01	0.05	0.05	0.1

序号	项目	Ⅰ类	Ⅱ类	Ⅲ类	Ⅳ类	Ⅴ类
19	氰化物≤	0.005	0.05	0.2	0.2	0.2
20	挥发酚≤	0.002	0.002	0.005	0.01	0.1
21	石油类≤	0.05	0.05	0.05	0.5	1.0
22	阴离子表面活性剂≤	0.2	0.2	0.2	0.3	0.3
23	硫化物≤	0.05	0.1	0.2	0.5	1.0
24	粪大肠菌群/(个/L)≤	200	2 000	10 000	20 000	40 000

表 2-1b　集中式生活饮用水地表水源地补充项目标准限值　　　　　mg/L

序号	项目	标准值
1	硫酸盐(以 SO_4^{2-} 计)	250
2	氯化物(以 Cl^- 计)	250
3	硝酸盐(以 N 计)	10
4	铁	0.3
5	锰	0.1

表 2-1c　集中式生活饮用水地表水源地特定项目标准限值　　　　　mg/L

序号	项目	标准值	序号	项目	标准值
1	三氯甲烷	0.06	15	甲醛	0.9
2	四氯化碳	0.002	16	乙醛	0.05
3	三溴甲烷	0.1	17	丙烯醛	0.1
4	二氯甲烷	0.02	18	三氯乙醛	0.01
5	1,2-二氯乙烷	0.03	19	苯	0.01
6	环氧氯丙烷	0.02	20	甲苯	0.7
7	氯乙烯	0.005	21	乙苯	0.3
8	1,1-二氯乙烯	0.03	22	二甲苯	0.5
9	1,2-二氯乙烯	0.05	23	异丙苯	0.25
10	三氯乙烯	0.07	24	氯苯	0.3
11	四氯乙烯	0.04	25	1,2-二氯苯	1.0
12	氯丁二烯	0.002	26	1,4-二氯苯	0.3
13	六氯丁二烯	0.000 6	27	三氯苯	0.02
14	苯乙烯	0.02	28	四氯苯	0.02

环境监测

序号	项目	标准值	序号	项目	标准值
29	六氯苯	0.05	55	对硫磷	0.003
30	硝基苯	0.017	56	甲基对硫磷	0.002
31	二硝基苯	0.5	57	马拉硫磷	0.05
32	2,4-二硝基甲苯	0.000 3	58	乐果	0.08
33	2,4,6-三硝基甲苯	0.5	59	敌敌畏	0.05
34	硝基氯苯	0.05	60	敌百虫	0.05
35	2,4-二硝基氯苯	0.5	61	内吸磷	0.03
36	2,4-二氯苯酚	0.093	62	百菌清	0.01
37	2,4,6-三氯苯酚	0.2	63	甲萘威	0.05
38	五氯酚	0.009	64	溴氰菊酯	0.02
39	苯胺	0.1	65	阿特拉津	0.003
40	联苯胺	0.000 2	66	苯并[a]芘	2.8×10^{-6}
41	丙烯酰胺	0.000 5	67	甲基汞	1.0×10^{-6}
42	丙烯腈	0.1	68	多氯联苯	2.0×10^{-5}
43	邻苯二甲酸二丁酯	0.003	69	微囊藻毒素-LR	0.001
44	邻苯二甲酸二(2-乙基己基)酯	0.008	70	黄磷	0.003
45	水合肼	0.01	71	钼	0.07
46	四乙基铅	0.000 1	72	钴	1.0
47	吡啶	0.2	73	铍	0.002
48	松节油	0.2	74	硼	0.5
49	苦味酸	0.5	75	锑	0.005
50	丁基黄原酸	0.005	76	镍	0.02
51	活性氯	0.01	77	钡	0.7
52	滴滴涕	0.001	78	钒	0.05
53	林丹	0.002	79	钛	0.1
54	环氧七氯	0.000 2	80	铊	0.000 1

　　该标准将标准项目分为:地表水环境质量标准基本项目、集中式生活饮用水地表水源地补充项目和集中式生活饮用水地表水源地特定项目。基本项目适用于我国江河、湖泊、运河、渠道、水库等具有使用功能的地表水域。具有特定功能的水域,执行相应的专业用水水质标准。依据地表水水域环境功能和保护目标,按功能高低依次划分为以下 5 类。

　　Ⅰ类:主要适用于源头水、国家自然保护区。

　　Ⅱ类:主要适用于集中式生活饮用水地表水源地一级保护区、珍稀水生生物栖息地、鱼虾类产卵场、仔稚幼鱼的索饵场等。

Ⅲ类:主要适用于集中式生活饮用水地表水源地二级保护区、鱼虾类越冬场、洄游通道、水产养殖区等渔业水域及游泳区。

Ⅳ类:主要适用于一般工业用水区及人体非直接接触的娱乐用水区。

Ⅴ类:主要适用于农业用水区及一般景观要求水域。

2) 监测项目选择的原则

水质监测项目根据水体功能和污染源种类不同有较大差异。随着污染物质的增加、检测手段和分析方法的发展进步,国际和国内相应标准不断更新,水质监测项目也不断变化。监测项目选择的基本原则如下。

(1) 依据监测目的、水质特点,选择测定项目。优先选择水环境质量标准和水污染物排放标准中要求控制的监测项目。通常先考虑具有一定代表性和综合性的常规项目如悬浮物或浊度、pH、化学需氧量、生化需氧量等,然后结合水污染源特征和水环境保护功能区划有针对性地选择特征污染物作为监测项目。

(2) 优先选择对人和其他生物危害大、对环境质量影响范围广的污染物。如"三致"物质以及目前很受关注的持久性有机污染物(persistent organic pollutants, POPs)、生物积累性有毒物质重金属等需重点监测。

(3) 选择的监测项目具有标准分析方法或等效方法。

3) 监测项目

(1) 地表水监测 地表水(如江、河、湖、库和水渠)选择国家和地方的地表水环境质量标准如 GB 3838—2002、《地表水监测技术规范》以及《地表水自动监测技术规范》(HJ 915—2017)中要求控制的监测项目;饮用水及集中式饮用水水源地参照《生活饮用水卫生标准》(GB 5749—2006)和《地表水环境质量标准》(GB 3838—2002),除监测常规项目外,必须注意剧毒和"三致"有毒化学品的监测。一般将监测项目分为必测(常规)项目和选测(非常规)项目,详细指标与要求可参考表 2-2。

海水参照《海水水质标准》(GB 3097—1997)和《近岸海域环境监测规范》(HJ 442—2020)有关监测项目的规定。必测项目有:水深、盐度、水温、悬浮物、pH、溶解氧、化学需氧量、生化需氧量、活性磷酸盐、无机氮(亚硝酸盐氮、硝酸盐氮、氨氮)、非离子氨、汞、镉、铅、铜、锌、砷、石油类等;选测项目有:海况、风速、风向、气温、气压、天气现象、水色(臭和味)、粪大肠菌群、浑浊度、透明度、漂浮物质、硫化物、挥发性酚、氰化物、六价铬、总铬、镍、硒、阴离子表面活性剂、六六六、滴滴涕、有机磷农药、苯并[a]芘、多氯联苯、狄氏剂、氯化物、活性硅酸盐、总有机碳、铁、锰等。

(2) 废(污)水监测 我国《污水监测技术规范》(HJ 91.1—2019)规定,排污单位的污水监测项目应按照排污许可证、污染物排放(控制)标准、环境影响评价文件及其审批意见、其他相关环境管理规定等明确要求的污染控制项目来确定。各级生态环境主管部门或排污单位可根据本地区水环境质量改善需求、污染源排放特征等条件,增加监测项目。工业废水监测项目主要包括物理指标(色度、悬浮物等)和化学指标如非金属无机物(pH、硫化物、氟化物、氰化物、氨氮、总氮、总磷等),金属化合物(铜、铅、锌、镉、汞、铬、砷等)和有机污染物(COD、BOD_5、挥发酚、石油类和动植物油类、总有机碳、阴离子表面活性剂、苯类、苯胺类、硝基苯类、多环芳烃、有机氯、有机磷等)。但是,工业类别不同,废水的监测项目差别较大。例如：冶金、矿山类废水主要监测重金属和非重金属化合物；石油、有机化工类废水监测多为有机污染物。我国对 COD、石油类、氨氮、氰化物、六价铬、汞、铅、镉和砷等实施污染物总量控制，即要求"浓度控制＋流量控制"，需建立实时在线监测系统对污水排放流量进行同步测量。

表 2-2 地表水监测项目

类型	必测项目	选测项目
河流	常规五参数（水温、pH、溶解氧、电导率、浊度）、高锰酸盐指数、化学需氧量、BOD_5、氨氮、总氮、总磷、铜、锌、氟化物、硒、砷、汞、镉、铬（六价）、铅、氰化物、挥发酚、石油类、阴离子表面活性剂、硫化物和粪大肠菌群（潮汐河流增加氯化物）	总有机碳、甲基汞，其他项目根据纳污情况由各级相关生态环境主管部门确定
集中式饮用水源地	水温、pH、溶解氧、悬浮物、高锰酸盐指数、化学需氧量、BOD_5、氨氮、总氮、总磷、铜、锌、氟化物、铁、锰、硒、砷、汞、镉、铬（六价）、铅、氰化物、挥发酚、石油类、阴离子表面活性剂、硫化物、硫酸盐、氯化物、硝酸盐和粪大肠菌群	三氯甲烷、四氯化碳、三溴甲烷、二氯甲烷、1,2-二氯乙烷、环氧氯丙烷、氯乙烯、1,1-二氯乙烯、1,2-二氯乙烯、三氯乙烯、四氯乙烯、氯丁二烯、六氯丁二烯、苯乙烯、甲醛、乙醛、丙烯醛、三氯乙醛、苯、甲苯、乙苯、二甲苯、异丙苯、氯苯、1,2-二氯苯、1,4-二氯苯、三氯苯、四氯苯、六氯苯、硝基苯、二硝基苯、2,4-二硝基甲苯、2,4,6-三硝基甲苯、硝基氯苯、2,4-二硝基氯苯、2,4-二氯苯酚、2,4,6-三氯苯酚、五氯酚、苯胺、联苯胺、丙烯酰胺、丙烯腈、邻苯二甲酸二丁酯、邻苯二甲酸二（2-乙基己基）酯、水合肼、四乙基铅、吡啶、松节油、苦味酸、丁基黄原酸、活性氯、滴滴涕、林丹、环氧七氯、对硫磷、甲基对硫磷、马拉硫磷、乐果、敌敌畏、敌百虫、内吸磷、百菌清、甲萘威、溴氰菊酯、阿特拉津、苯并[a]芘、甲基汞、多氯联苯、微囊藻毒素-LR、黄磷、钼、钴、铍、硼、锑、镍、钡、钒、钛、铊
湖泊水库	常规五参数（水温、pH、溶解氧、电导率、浊度）、高锰酸盐指数、化学需氧量、BOD_5、氨氮、总氮、总磷、铜、锌、氟化物、硒、砷、汞、镉、铬（六价）、铅、氰化物、挥发酚、石油类、阴离子表面活性剂、硫化物、粪大肠菌群、透明度和叶绿素 a	总有机碳、甲基汞、硝酸盐、亚硝酸盐，其他项目根据纳污情况由各级相关生态环境主管部门确定
排污河（渠）	根据纳污情况，参照工业废水监测项目进行	

（3）底质和地下水监测项目　底质监测必测项目：砷、汞、铬、六价铬、铅、镉、铜、锌、硫化物和有机质。选测项目：有机氯农药、有机磷农药、除草剂、多氯联苯（PCBs）、烷基汞、苯系

物、多环芳烃和邻苯二甲酸酯类。地下水监测项目可参考《地下水质量标准》(GB/T 14848—2017)中要求控制的监测项目,包括:常规指标和非常规指标。常规指标 39 种,包括:感官性状及一般化学指标 20 种,如色、嗅味、pH 等;微生物指标 2 种,即总大肠菌群和菌落总数;毒理学指标 15 种,如亚硝酸盐、氰化物、重金属等;放射性指标 2 种,即总 α 放射性和总 β 放射性。非常规指标包括 54 种无机和有机毒理学指标,以有机毒理学指标为主。可根据本地区地下水功能用途,酌情增加某些选测项目。另外矿区或地球化学高背景区和饮水型地方病流行区,应增加反映地下水特种化学组分天然背景含量的监测项目。

▶ 2.1.4　水质监测规范与分析方法

　　为使监测结果具有可比性,近些年我国相继颁发和更新了一系列环境监测规范及分析方法标准,对各类水体中的不同污染物质都编制了规范化的技术要求及标准监测分析方法。水环境监测规范是对水质监测的监测方案制订,采样点位,监测采样,样品保存、运输和交接,监测项目与分析方法,监测数据处理,质量保证与质量控制等技术要求或水质自动监测系统建设、验收、运行和管理等方面的技术要求做出规定。如:《地表水监测技术规范》和《地表水自动监测技术规范(试行)》(HJ 915—2017)对地表水(江河、湖泊、水库和渠道等)监测做出了规范要求;而《污水监测技术规范》(HJ 91.1—2019)、《地下水环境监测技术规范》(HJ 164—2020)和《近岸海域环境监测技术规范》(HJ 442—2020)则分别是对污水、地下水和近岸海域水质监测做出了规范要求;此外,《水质　样品的保存和管理技术规定》(HJ 493—2009)、《水质　采样技术指导》(HJ 494—2009)、《水质　采样方案设计技术规定》(HJ 495—2009)以及《近岸海域环境监测点位布设技术规范》(HJ 730—2014)等是对采集水质样品各环节而制定的技术规范。

　　随着环境科学的发展,水质监测分析方法在不断地完善,检测仪器逐渐向自动化更新。按照检测手段分类,水质监测方法包括经典化学分析法(重量法和滴定法)、仪器分析法(光学分析、电化学分析、色谱分析和质谱分析)和自动化仪器分析法。用于测定无机污染物的分析方法,主要有分光光度法、电化学法、离子色谱法、气相分子吸收光谱法、原子吸收法、原子荧光法、电感耦合等离子体原子发射光谱法和电感耦合等离子体质谱法等;用于测定有机污染物的分析方法,主要有气相色谱法、高效液相色谱法、气相色谱-质谱法和液相色谱-质谱法。正确选择监测分析方法是获得准确测试结果的关键,其选择原则应遵循:灵敏度和准确度能满足测定要求;方法成熟;抗干扰能力好;操作简便。

　　我国水环境监测分析方法包括标准分析方法和等效方法,前者是指国家或行业的标准方法,其成熟性和准确度好,是环境污染纠纷法定的仲裁方法;后者是指国内少数单位研究和应用过,或直接从发达国家引进,属于新方法或新技术。水环境监测项目分析方法应优先选用国家质量标准或排放标准中规定的标准方法(选择顺序为国家标准、行业标准);若适用性满足要求,其他国家、行业标准方法也可选用;尚无国家、行业标准分析方法的,可选用国际标准、区域标准、知名技术组织或由有关科技书籍或期刊中公布的、设备制造商规定的其他方法,但须按照《环境监测分析方法标准制订技术导则》(HJ 168)的要求进行方法确认和验证。

水质监测方案是完成水质监测任务的工作程序和技术方法的总体设计。监测方案的制订首先要明确监测目的,然后在实地调查研究的基础上确定监测项目,布设监测网点,合理安排采样时间和采样频率,选定采样方法和分析技术,提出监测报告要求,制定质量保证措施和实施计划等,确保监测结果在时间和空间上具有代表性,能够反映水质的时空变化情况。

2.2.1 地表水水质监测方案的制订

2.2.1.1 基础资料收集

在制订监测方案之前,应尽可能完备地收集欲监测水体及所在区域的有关资料,主要包括以下内容。

(1)水体的水文、气候、地质、地貌等背景资料。如:水位、水量、流速及流向的变化;降水量、蒸发量及历史上的水情;河流的宽度、深度、河床结构及地质状况;湖泊沉积物的特性、温层分布、等深线等。

(2)水体沿岸城市分布、人口分布、工业布局、污染源及其排污情况、城市给排水情况等。

(3)水体沿岸的资源情况和水资源的用途、饮用水源分布和重点水源保护区、水体流域土地功能及其近期使用计划等。

(4)历年水质监测资料等。如:目标水体的丰水期、枯水期、平水期的时间范围情况变化等。

(5)地表径流污水、雨污水分流情况,农田灌溉排水,农药和化肥使用情况等。

2.2.1.2 监测断面和采样点的设置

在对上述基础资料综合分析的基础上,结合监测目的、水质的均一性、采样的难易程度、监测项目及选用的监测方法、有关的标准法规,并考虑人力、物力等因素合理确定监测断面(指为测量或采集水质样品,设置在垂直于水流方向上的整个剖面)和采样点。

1)设置原则

确定地表水监测断面和采样点时应遵循代表性、可控性、经济性及不断优化的原则。监测断面在总体和宏观上须能反映水系或所在区域的水环境质量状况。各断面的具体位置须能反映所在区域环境的污染特征;尽可能以最少的断面获取足够的有代表性的环境信息;同时还需考虑实际采样时的可行性和方便性;尽量利用现有的桥梁;生态环境主管部门根据生态环境管理需求设置考核断面。其具体原则包括:

(1)有大量污水和废水排入河流的主要居民区、工业区的上游和下游;支流与干流汇合处;湖泊、水库、河口的主要入口和出口;国际河流出入国境线出入口;入海河流河口和受潮汐影响的河段,应该设置监测断面。

(2)根据水体功能区设置控制断面,同一水体功能区至少设置1个监测断面。

（3）断面位置应避开死水区、回水区、排污口处，尽量在顺直河段上，选择河床稳定、水流平稳、水面宽阔、无急流或浅滩且方便采样处。

（4）监测断面的布设应考虑水文测流断面，以便利用其水文参数，实现水质监测与水量监测的结合。

（5）监测断面的布设应考虑社会经济发展、监测工作的实际状况和需要，要具有相对的长远性。

（6）流域同步监测中，根据流域规划和污染源限期达标目标确定监测断面。

2）河流监测断面的设置

江河水系监测断面一般可分为以下几种。

（1）背景断面　背景断面是指评价某一完整水系的水质状况在未受人类生活和生产活动影响的区域，能够提供水环境背景值的断面。原则上设在水系源头或未受污染的上游河段，应基本不受人类活动影响，远离城市居民区、工业区、农药化肥施用区及主要交通路线。

（2）对照断面　对照断面是指具体判断某一区域水环境污染程度时，位于该区域所有污染源上游处，能够提供这一区域水环境本底值的断面。一般设置在河流进入城市或工业区之前的地方，避开各种废水、污水流入或回流处。一个河段一般只设 1 个对照断面，如果有支流时可酌情增加。

（3）控制断面　控制断面是指可以反映水环境受污染程度及其变化情况的断面。为评价监测河段两岸污染源对水体水质影响而设置。一般设在主要排污口下游基本混合均匀、距排污口 500～1 000 m 处。控制断面的数量、控制断面与排污区（口）的距离可根据以下因素确定：主要污染区数量及其间的距离、各污染源实际情况、主要污染物迁移转化规律和其他水文特征等。此外，还应考虑对纳污量的控制程度，即各控制断面控制的纳污量不应小于该河段总纳污量的 80%。如果某河段的各控制断面均有 5 年以上监测资料，可利用已有资料优化断面，确定控制断面的位置和数量。

（4）消减断面　消减断面是指工业废水或生活污水在水体内流经一定距离而达到最大限度混合，污染物受到稀释、降解，其主要污染物浓度有明显降低的断面。通常设在城市或工业区下游污染物浓度显著下降处或最后一个排污口下游 1 500 m 以外的河段。

（5）管理断面　管理断面是指为特定的环境管理需要而设置的断面，如：定量化考核、了解各污染源排污、监视饮用水源、流域污染源限期达标排放和河道整治等。

一般对流域（水系）可设立背景断面、控制断面（若干）和入海口断面。对行政区域可设背景断面（对水系源头）或入境断面（对过境河流）或对照断面或控制断面（若干）和入海口断面或出境断面；一般由国务院生态环境行政主管部门统一设置省（自治区、直辖市）界断面。对于流经某一区域的某个河段，只需设置对照断面、控制断面和消减断面，如图 2-1 所示。

此外，对流程较长的重要河流，为了解水质、水量变化情况，经适当距离后应设置监测断面；水网地区流向不定的河流，应根据常年主导流向设置监测断面；水网地区，应视实际情况设置若干控制断面，其控制的径流量之和应不少于总径流量的 80%；有人工建筑物并受人工控制的河段，视情况分别在闸（坝、堰）上、下游设置断面，如果水质无明显差别，可只在闸

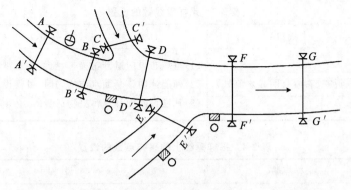

→水流方向;🏭自来水厂取水点;○污染源;🔳排污口;A—A'对照断面;
B—B'、C—C'、D—D'、E—E'、F—F'控制断面;G—G'消减断面

图 2-1 河流监测断面设置示意图

(引自:奚旦立.环境监测.2019)

(坝、堰)上游设置监测断面;季节性河流和人工控制河流,由于实际情况差异很大,监测断面确定、以及采样频次与监测项目、监测数据使用等,可由各省(自治区、直辖市)生态环境主管部门自定。

3)湖泊和水库监测断面的布设

湖泊、水库和池塘通常只设监测垂线,如有特殊情况可参照河流的有关规定设置监测断面。

(1)湖水(库、池塘)区的不同水域,如:进水区、出水区、深水区、浅水区、湖心区、岸边区,按水体类别设置监测垂线。

(2)在湖(水库)的各功能区,如:饮用水源、风景游览区、鱼类回流和产卵区、养殖区等,按照水体功能设置监测垂线;若无明显功能区别,可用网格法均匀设置监测垂线。

(3)受污染物影响较大的重要湖泊、水库,应在污染物主要输送路线上设置控制断面。

4)近岸海域监测点位的布设

参考《近岸海域环境监测点位布设技术规范》(HJ 730—2014)有关规定。

临岸近岸海域环境质量监测点位一般按岸线利用程度及水质功能区划确定密度,受污染严重区域,可考虑适当加密,具体如下。

(1)城镇岸线 滨海城镇、人口密集区、重要港口、工业园区及重要河口占用岸线长度小于 5 km,一般布设 1 个点位;占用岸线长度 5～30 km,一般布设 2 个点位;占用岸线长度大于 30 km,每增加 15～20 km 增设 1 个点位。区域相连的,按照一个整体区域考虑;点位之间的距离一般大于 5 km。

(2)自然岸线 岸线长度 20～50 km,布设 1 个监测点位;占用岸线 50～100 km,布设 2 个监测点位;占用岸线 100 km 以上,每增加 50 km 增设 1 个点位。自然岸线监测点位与城镇岸线监测点位之间的距离应大于 10 km。

5)采样点位的确定

设置监测断面后,应根据水面的宽度确定断面上的采样垂线,再根据采样垂线处的水深确定采样点的数量和位置。采样垂线数和各垂线上的采样点数应符合表 2-3 和表 2-4 的要求,引自《水质 采样方案设计技术规定》(HJ 495—2009)。

表 2-3　采样垂线数的设置

水面宽/m	垂线数	说　明
≤50	1 条(中泓)	(1)垂线布设应避开污染带,要测污染带应另加垂线
50~100	2 条(近左、右岸有明显水流处)	(2)确能证明该断面水质均匀时,可仅设中泓垂线
>100	3 条(左、中、右)	(3)凡在该断面计算污染物通量时,必须按本表设置垂线

表 2-4　采样垂线上的采样点数的设置

水深/m	采样点数	说　明
≤5	上层 1 点	(1)上层指水面下 0.5 m 处,水深不到 0.5 m 时,在水深 1/2 处
5~10	上、下层 2 点	(2)下层指河底以上 0.5 m 处 (3)中层指 1/2 水深处
>10	上、中、下 3 层 3 点	(4)封冻时在冰下 0.5 m 处采样,水深不到 0.5 m 时,在水深 1/2 处采样 (5)凡在该断面计算污染物通量时,必须按本表设置采样点

湖泊、水库监测垂线上采样点的布设与河流相同,但是如果存在温度分层现象,应先测定不同水深处的水温、溶解氧等参数,确定分层情况后,再决定垂线上采样点位和数目。

海域的采样点根据水深分层设置,如水深 50~100 m,分别在表层、10 m 层、50 m 层和底层设采样点。

监测断面和采样点位确定后,其所在位置应有固定、明显的天然标志物。如果没有,则应设置人工标志物,如:竖石柱、打木桩等,或采样时用 GPS 定位,使每次采集的样品都取自同一位置,保证其代表性和可比性。

2.2.1.3　采样时间和采样频率的确定

确定采样频次的原则依据不同的水体功能、水文要素和污染源、污染物排放等实际情况,力求以最低的采样频次,取得最有时间代表性的样品,既要满足反映水质状况的要求,又要切实可行。原则如下。

(1)原则上每月至少采样 1 次,如月度内,断面所处河流因自然原因或人为干扰使其河流特征属性发生较大变化,应按需开展加密监测。

(2)背景断面,可每半年采样 1 次。

(3)年度内每月均未检出的指标可按需降低监测频次。

(4)受潮汐影响的监测断面,分别在大潮期和小潮期采样,每次可以采集涨、退潮水样并分别测定。涨潮水样应在水面涨平时采样,退潮水样应在水面退平时采样。仅评价地表水水环境质量时,可只采集退潮水样。

▶ 2.2.2　地下水水质监测方案的制订

储存在土壤和岩石空隙(孔隙、裂隙、溶隙)中地表以下饱和含水层的重力水统称地下水。相对于地表水而言,地下水的组成比较稳定,水质参数的变化比较缓慢,但是也存在着时间和空间上的变化。由于地质构造复杂,地下水采样点的设置与地表水有很大差异,然而其监测方案的制订过程基本与地表水相同,可参考《地下水环境监测技术规范》(HJ 164—2020)。

1)调查研究与资料收集

(1)收集、汇总监测区域的水文、地质、气象等方面的有关资料和以往的监测资料,例如:地质图、剖面图、测绘图、水井的成套参数(井位、钻井日期、井深、成井方法、含水层位置、抽水试验数据、钻探单位、使用价值、水质资料等)、地下水质类型、含水层分布、地下水径流和排泄方向、地下水资源开发利用情况以及作为当地地下水补给水源的江、河、湖、海的地理分布及其水文特征(水位、水深、流速、流量)、水利工程设施、地表水的利用情况及其水质状况。

(2)调查区域规划与发展、城镇与工业区分布、地下水资源开发和土地利用情况;了解化肥和农药的施用面积和施用量;调查污水灌溉、排污、纳污及地表水的污染现状。

(3)调查水污染源类型与分布情况及污水排放特征、水质现状及其开发利用情况等。

在调查研究的基础上,确定主要污染源和污染物。根据地区特点及地下水的主要类型,将地下水分为若干个水文地质单元。

2)采样点的布设

地下水监测井布点时,应考虑环境水文地质条件、地下水开采情况、污染物的分布和扩散形式以及区域水化学特征等因素。地下水监测以浅层地下水(又称潜水)为主,应尽可能利用各水文地质单元中已有的水井或机井。还可对深层地下水(又称承压水)的相关水层水质进行钻孔监测。通常布设 2 类采样点,即背景值监测井和污染控制监测井。

(1)背景值监测井　地下水背景值监测点应设在地下水流向的上游不受监测地区污染源影响的区域。为了解地下水体未受人为影响条件下的水质状况,需在研究区域的非污染地段设置地下水背景值监测井(对照井)。根据区域水文地质单元状况和地下水主要补给来源,在污染区外围地下水水流上方垂直水流方向,设置 1 个或数个背景值监测井。背景值监测井应尽量远离城市居民区、工业区、农药化肥施用区、农灌区及交通要道。

(2)污染控制监测井　污染控制监测井的布设,主要根据污染物在地下水中的扩散形式而确定,可根据当地地下水流向、污染源分布状况和污染物在地下水中扩散形式,采取点面结合的方法布设污染控制监测井,监测重点是供水水源地保护区。有几种情况,见表 2-5。

表 2-5　地下水污染类型、成因及监测井布设方法

污染类型	污染原因	监测井布设方法
条带状污染	渗坑、渗井和固体废物堆放区的污染物在含水层渗透性较大的地区易造成条带状污染	沿地下水流向布设,采用平行和垂直地下水流向的方式布设
块状污染	污灌区、污染区及缺乏卫生设施的居民区生活污水渗透地下易造成大面积垂直的块状污染	采用平行和垂直地下水流向的方式布设
点状污染	渗坑、渗井和堆渣区的污染物在含水层渗透小的地区易造成点状污染	在污染源附近按"十"字形布设
带状污染	沿河、渠排放的工业废水和生活污水渗漏易造成带状污染	根据河渠的状态、地下水流向和所处的地质条件,采用网格布点法垂直于河渠布设

此外,地下水位下降的漏斗区,主要形成开采漏斗附近的侧向污染扩散,应在漏斗中心布设监控测点,必要时可穿过漏斗中心按十字形或放射状向外围布设监测线。透水性好的强扩散区或年限已久的老污染源,污染范围可能较大,监测线可适当延长;反之,可只在污染源附近布点。区域内的代表性泉、自流井、地下长河出口应布设监测点。为了解地下水与地表水体之间的补(给)排(泄)关系,可根据地下水流向,在已设置地表水监测断面的地表水体设置垂直于岸边线的地下水监测线。选定的监测点(井)应经生态环境行政主管部门审查确认。一经确认不准任意变动,确需变动时,需征得生态环境行政主管部门同意,并重新进行审查确认。

3) 采样时间和频率

(1)背景值监测井和区域性控制的孔隙承压水井每年枯水期采样 1 次。污染控制监测井逢单月采样 1 次,全年 6 次。作为生活饮用水集中供水的地下水监测井,每月采样 1 次。污染控制监测井的某一监测项目如果连续两年均低于控制标准值的 1/5,且在监测井附近确实无新增污染源,而现有污染源排污量未增加的情况下,该项目可每年在枯水期采样 1 次进行监测。一旦监测结果大于控制标准值的 1/5,或在监测井附近有新的污染源或现有污染源新增排污量时,即恢复正常采样频次。已建立长期监测点的地方也可按月采样监测。

(2)同一水文地质单元的监测井采样时间尽量相对集中,日期跨度不宜过大。

(3)有异常情况的监测井点,应适当增加采样监测的频次。

▶ 2.2.3　水污染源监测方案的制订

水污染源包括工业废水、生活污水、医院污水等。在制订监测方案时,首先要进行资料收集和现场调查研究,查清用水情况、废水和污水的类型、主要污染物及排污去向和排放量、废水处理情况。然后进行综合分析,确定监测目的、监测点位、监测项目、监测方法、采样频次、采样器材、现场测试仪器、样品保存、运输和交接、采样安全以及监测质量保证和质量控制措施等。具体可参考《污水监测技术规范》(HJ 91.1—2019)。

1) 采样点的设置

水污染源一般经管道或渠、沟排放,截面积比较小,不需设置断面,可按以下原则直接确定采样点位。

(1)污染物排放监测点位　在污染物排放(控制)标准规定的监控位置设置监测点位。对于环境中难以降解或能在动植物体内蓄积,对人体健康和生态环境产生长远不良影响,具有致癌、致畸、致突变的,根据环境管理要求确定的应在车间或生产设施排放口监控的水污染物,在含有此类水污染物的污水与其他污水混合前的车间或车间预处理设施的出水口设置监测点位;如果含此类水污染物的同种污水实行集中预处理,则车间预处理设施排放口是指集中预处理设施的出水口。如环境管理有要求,还可同时在排污单位的总排放口设置监测点位。

对于其他水污染物,监测点位设在排污单位的总排放口。如环境管理有要求,还可同时在污水集中处理设施的排放口设置监测点位。

(2)污水处理设施处理效率监测点位　监测污水处理设施的整体处理效率时,在各污水进入污水处理设施的进水口和污水处理设施的出水口设置监测点位;监测各污水处理单元的处理效率时,在各污水进入污水处理单元的进水口和污水处理单元的出水口设置监测点位。

(3)雨水排放监测点位 排污单位应雨污分流,雨水经收集后由雨水管道排放,监测点位设在雨水排放口;如环境管理要求雨水经处理后排放的,监测点位按污染物排放监测点位要求设置。

2)采样时间和频率

不同类型的废水或污水的性质和排放特点各不相同,工业废水、生活污水的水质和流量随着时间的变化而改变。采集的水样应具有代表性,能反映污水的水质情况。一般情况下,采集时间和采样频次根据生产工艺特点和生产周期确定。

(1)排污单位的排污许可证、相关污染物排放(控制)标准、环境影响评价文件及其审批意见、其他相关环境管理规定等对采样频次有规定的,按规定执行。

(2)如未明确采样频次的,按照生产周期确定采样频次。生产周期在8 h以内的,采样时间间隔应不小于2 h;生产周期大于8 h,采样时间间隔应不小于4 h;每个生产周期内采样频次应不少于3次。如无明显生产周期、稳定、连续生产,采样时间间隔应不小于4 h,每个生产日内采样频次应不少于3次。排污单位间歇排放或排放污水的流量、浓度、污染物种类有明显变化的,应在排放周期内增加采样频次。雨水排放口有明显水流动时,可采集1个或多个瞬时水样。

(3)为确认自行监测的采样频次,排污单位也可在正常生产条件下的一个生产周期内进行加密监测:周期在8 h以内的,每1 h采样1次;生产周期大于8 h的,每2 h采集1次;但每个生产周期采样次数不少于3次,采样的同时测流量。

▶ 2.2.4 底质的监测布点

底质指江、河、湖、库、海等水体底部表层沉积物质。它是矿物、岩石、土壤的自然侵蚀和废(污)水排出物沉积及生物活动、物质之间物理、化学反应等过程的产物。通过底质监测可以了解水环境污染状况,追溯水环境污染历史,研究污染物的沉积、迁移、转化规律和对水生生物特别是底栖生物的影响,并为评价水体质量和沉积污染物对水体的潜在危险,预测水质变化趋势提供依据。

底质监测断面的位置应与水质监测断面重合,采样点在水质采样点垂线的正下方,以便与水质监测情况进行比较。当正下方无法采样时,可略做移动。移动的情况应在采样记录表上详细注明。湖(库)底质采样点一般应设在主要河流及污染源进入后与湖(库)水混合均匀处。采样点应避开河床冲刷、底质沉积不稳定及水草茂盛、表层底质易受搅动之处。

2.3 水样的采集、保存和预处理

采集具有代表性的水样是水质监测的关键环节。分析结果的准确性首先依赖于样品的采集和保存。为了得到具有真实代表性的水样,需要选择合理的采样位置、采样时间和科学的采样技术。

▶ 2.3.1 水样的类型

对于天然水体,为了使采集的水样具有代表性,应根据分析目的和现场实际情况来选定采集样品的类型和采样方法;对于工业废水和生活污水,应根据生产工艺、排污规律和监测目的,科学、合理地设计水样采集的种类和采样方法。归纳起来,水样类型主要有以下3种。

(1)瞬时水样 瞬时水样是指在某一时间和地点从水体中随机采集的分散水样。当水体水质稳定,或其组分在相当长的时间或相当大的空间范围内变化不大时,瞬时水样具有很好的代表性;当水体组分及含量随时间和空间变化时,就应隔时、多点采集瞬时水样,分别进行分析,掌握水质的变化规律。

(2)混合水样 等时混合水样是指在某一时段内,在同一采样点位按等时间间隔所采等体积水样的混合水样。等比例混合水样是指在某一时段内,在同一采样点位所采水样量随时间或流量成比例的混合水样。如果水的流量随时间变化,必须采集流量比例混合样,即在不同时间依照流量大小按比例采集的混合样。

(3)综合水样 把不同采样点同时采集的各个瞬时水样混合后所得到的样品称综合水样。这种水样在某些情况下更具有实际意义。例如,当为几条排污河、渠建立综合处理厂时,以综合水样取得的水质参数作为设计的依据更为合理。

▶ 2.3.2 水样的采集

1)采样前的准备

采样前,要根据监测项目、监测内容和采样方法的具体要求,选择适宜的盛水容器和采样器,并清洗干净。采样器材包括采样器、静置用容器、水样容器和水样保存剂等。采集和盛装水样样品的容器要求材质化学稳定性好,保证水样各组分在贮存期内不与容器发生反应,能够抵御环境温度从高温到严寒的变化,抗震,大小、形状和重量适宜,能严密封口并容易打开,容易清洗并可反复使用。材质和结构应符合《水质采样 样品的保存和管理技术规定》(HJ 493)中的规定。同时要确定总采样量(分析用量和备份用量),并准备好交通工具。

采样器包括:①塑料桶;②表层采样器;③深层采样器;④自动采样器;⑤其他满足采样需求且不影响监测结果的采样器。静置用容器可使用塑料桶。常用材料有高压聚乙烯塑料(以 P 表示)、一般玻璃(G)和硬质玻璃或硼硅玻璃(BG)。不同监测项目水样容器应采用适当的材料。水质监测,尤其是进行痕量组分测定时,常常因容器污染造成误差。为减少器壁溶出物对水样的污染和器壁吸附现象,须注意容器的洗涤方法。如果监测项目采用的分析方法中未明确采样容器材质、保存剂及其用量、保存期限和采集的水样体积等内容时,表2-6列出了保存水样的一般要求。由于天然水和废水的性质复杂,在分析之前,需要验证保存方法处理过的样品的稳定性。

表 2-6 所列洗涤方法,系指对已用容器的一般洗涤方法。若新启用容器,应事先做更充分的清洗,容器应做到定点、定项。常用洗涤法是用洗液或 10% 硝酸或盐酸浸泡,然后用自来水冲洗和蒸馏水洗净。容器的洗涤还与监测对象有关,如:测硫酸盐和铬时,容器不能用

重铬酸钾-硫酸洗液;测磷酸盐时不能用含磷洗涤剂;测汞时容器洗净后尚需用硝酸[1:3 (V/V)]浸泡数小时。

表 2-6　水样常规监测项目的容器、洗涤和保存要求

待测项目	容器类别	保存方法	保存期	最少采样量/mL	容器洗涤方法
浊度	P 或 G	避光,冷藏	12 h(尽量现场测定)	250	I
色度	P 或 G	避光,冷藏	12 h(尽量现场测定)	250	I
酸度	P 或 G	避光,冷藏	30 d	500	I
碱度	P 或 G	避光,冷藏	12 h	500	I
臭	G	冷藏,大量测定可带离现场	6 h	500	
悬浮物	P 或 G	避光,冷藏	14 d	500	I
pH	P 或 G		12 h(尽量现场测定)	250	I
电导率	P 或 BG		12 h(尽量现场测定)	250	I
溶解氧	溶解氧瓶	碘量法加 1 mL 1 mol/L 硫酸锰和 2 mL 1 mol/L 碱性碘化钾,避光	24 h(尽量现场测定)	满瓶	I
BOD$_5$	棕色 G(实心塞)	冷藏,避光	12 h	250	I
	P	−20℃冷冻	最长可保存 6 m(浓度 <50 mg/L 保存 30 d)	1 000	
COD	G	H_2SO_4 酸化,pH≤2,冷藏	2 d	500	I
	P	−20℃冷冻	30 d,最长 6 m	100	
总有机碳(TOC)	G	H_2SO_4 酸化,pH≤2,冷藏	7 d	250	I
	P	−20℃冷冻	30 d	100	
氨氮	P 或 G	H_2SO_4 酸化,pH≤2,冷藏	7 d	250	I
硝酸盐氮	P 或 G	抽滤,冷藏,避光;或加 HCl 酸化,pH 1~2	7 d	250	I
	P	−20℃冷冻	30 d	250	
亚硝酸盐氮	P 或 G	抽滤,避光,冷藏	24 h	250	I
总氮	P 或 G	加 H_2SO_4,pH 1~2	7 d	250	I
	P	−20℃冷冻	30 d	500	
磷酸盐	P 或 G	抽滤,避光,冷藏	2 d	250	IV
总磷(以 P 计)	P 或 G	H_2SO_4/HCl 酸化,pH≤2,冷藏	24 h	250	IV
	P	−20℃冷冻	30 d	250	

待测项目	容器类别	保存方法	保存期	最少采样量/mL	容器洗涤方法
氟化物（以 F⁻ 计）	P	避光,冷藏	14 d	250	I
氯化物（以 Cl⁻ 计）	P 或 G	抽滤,避光,冷藏	30 d	250	I
总氰化物	P 或 G	加 NaOH,pH≥9,冷藏	7 d,如果硫化物存在,保存 12 h	250	I
碘化物	P 或 G	NaOH,pH 约为 12	14 h	250	I
余氯	P 或 G	避光	最好在采集后 5 min 内现场分析	500	I
硫酸盐	P 或 G	抽滤,避光,冷藏	30 d	250	I
硫化物	棕色 G（实心塞）	1 L 水样加 NaOH 至 pH 9,加入 5％抗坏血酸 5 mL,饱和 EDTA 3 mL,滴加饱和 $Zn(Ac)_2$,至胶体产生,常温避光；先加乙酸锌-乙酸钠,再加 NaOH 调至弱碱性,避光（现场固定）,冷藏	24 h	满瓶	I
砷	P 或 G	1 L 水样中加浓 HNO_3 10 mL;DDTC 法,1 L 水样中加 HCl 2 mL;如用原子荧光法测定,1 L 水样中加 10 mL 浓 HCl	14 d	250	III
六价铬	P 或 G	NaOH,pH 8～9	14 d	250	酸洗III
总铬	P 或 G	1 L 水样中加浓 HNO_3 10 mL	30 d	100	酸洗III
汞	P 或 G	如水样为中性,1 L 水样中加浓 HCl 10 mL	14 d	250	III
硼	P	过 0.45 μm 滤膜,加 HNO_3 使其含量达到 1％	14 d	250	酸洗I
铅、镉	P 或 G	加浓 HNO_3,使 pH 1～2	14 d	250	III
石油类	G	HCl 酸化,pH≤2	7 d	250	II
挥发酚类	G	加 H_3PO_4 酸化至 pH≤2,加抗坏血酸 0.01～0.02 g 除去残余氯,避光,冷藏	24 h	1 000	I

待测项目	容器类别	保存方法	保存期	最少采样量/mL	容器洗涤方法
阴离子表面活性剂	P 或 G	1%(V/V)的甲醛,冷藏	7 d	500	Ⅳ
总大肠菌群和粪大肠菌群、细菌总数、大肠菌总数、粪大肠菌、粪链球菌、沙门氏菌、志贺氏菌等	G(灭菌)或无菌袋	与其他项目一同采样时,先单独采集微生物样品,不预洗采样瓶,加硫代硫酸钠 0.2~0.5 g/L 除去残余氯,避光,冷藏,	6 h	1 000	Ⅰ

注:P 为聚乙烯瓶(桶),G 为硬质玻璃瓶,BG 为硼硅酸盐玻璃瓶;m 为月,d 为天,h 为小时,min 为分;Ⅰ、Ⅱ、Ⅲ、Ⅳ 分别为 4 种洗涤方法。Ⅰ 为洗涤剂洗 1 次,自来水洗 3 次,蒸馏水洗 1 次。对于采集微生物和生物的采样容器,须经 160℃ 干热灭菌 2 h。经灭菌的微生物和生物采样容器必须在 2 周内使用,否则应重新灭菌。经 121℃ 高压蒸汽灭菌 15 min 的采样容器,如不立即使用,应于 60℃ 将瓶内冷凝水烘干,2 周内使用。细菌检测项目采样时不能用水样冲洗采样容器,不能采混合水样,应单独采样 2 h 后送实验室分析。Ⅱ 为洗涤剂洗 1 次,自来水洗 2 次,HNO₃[1∶3(V/V)]荡洗 1 次,自来水洗 3 次,蒸馏水洗 1 次。Ⅲ 为洗涤剂洗 1 次,自来水洗 2 次,HNO₃[1∶3(V/V)]荡洗 1 次,自来水洗 3 次,去离子水洗 1 次。Ⅳ 为铬酸洗液洗 1 次,自来水洗 3 次,蒸馏水洗 1 次。如果采集污水样品可省去用蒸馏水、去离子水清洗的步骤。

2)采样设备

采集表层水样,可用桶、瓶等容器直接采集。目前我国已经生产出不同类型的水质监测采样器,如:单层采水器、直立式采水器、深层采水器、连续自动定时采水器等,广泛用于地表水和污水采样。

常用采水器是一个用绳子吊起的玻璃瓶或塑料瓶或不锈钢瓶,瓶底是一块活动底板、瓶侧装有放水口,瓶盖是带轴的两个半圆上盖,瓶内置温度计,用绳系牢瓶子提手,绳上标有刻度(图 2-2)。采样时,先夹住出水口橡皮管,让采水器沉入水中,翻盖自动打开,底部入水口自动开启。下沉深度应在系绳上标记,当沉入所需深度时,即上提系绳,上盖和下入水口挡板自动关闭,提出水面后,不要碰及下底,以免水样泄漏。将出水口橡皮管伸入容器口,松开铁夹,水样即注入容器。

急流采水器适于采集地段流量大、水层深的水样。它是将一根长钢管固定在铁框上,钢管是空心的,管内装橡皮管,管上部的橡皮管用铁夹夹紧,下部的橡皮管与瓶塞上的短玻璃管相接,橡皮塞上另有一长玻璃管直通至采样瓶底部(图 2-3)。采集水样前,需将采样瓶的橡皮塞子塞紧,然后沿船身垂直方向伸入特定水深处,打开铁夹,水样即沿长玻璃管流入样瓶中。此种采水器是隔绝空气采样,可供溶解氧测定。

此外还有各种深层采水器[图 2-4 是一种机械(泵)式采水器,它用泵通过采水管抽吸预定水层的水样]和自动采水器。

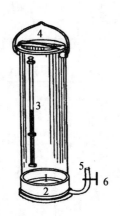

1.活动底板　2.配重环　3.温度计
4.翻盖　5.出水口　6.止水夹
图 2-2　常规采水器

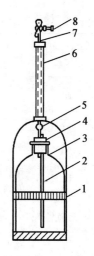

1.铁框　2.长玻璃管　3.采样瓶　4.橡胶塞
5.短玻璃管　6.钢管　7.橡胶管　8.夹子
图 2-3　急流采水器
(引自:奚旦立.环境监测.2019)

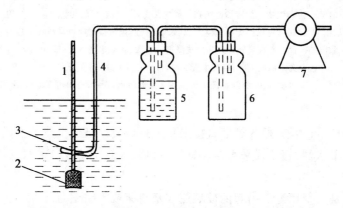

1.细绳　2.重锤　3.采样头　4.采样管　5.采样瓶　6.安全瓶　7.泵
图 2-4　泵式采水器
(引自:奚旦立.环境监测.2019)

3)采样方法

(1)在河流、湖泊、水库及海洋采样应有专用监测船或采样船,若无条件也可用手划或机动的小船,逆流采样。如果位置合适,可在桥或坎上采样。较浅的河流和近岸水浅的采样点可以涉水采样。采样容器口应迎着水流方向,采样后立即加盖塞紧,避免接触空气,并避光保存。深层水的采集,可用抽吸泵采样,利用船等行驶至特定采样点,将采水管沉降至规定的深度,用泵抽取水样即可。采集底层水样时,切勿搅动沉积层。

(2)采集自来水或从机井采样时,应先放水数分钟,使积留在水管中的杂质及陈旧水排出后再取样。采样器和塞子须用采集水样洗涤 3 次。对于自喷泉水,在涌水口处直接采样。

(3)从浅埋排水管、沟道中采集废(污)水,用采样容器直接采集。对埋层较深的排水管、沟道,可用深层采水器或固定在负重架内的采样容器,沉入检测井内采样。

(4)采用自动采水器可自动采集瞬时水样和混合水样。当废(污)水排放量和水质较稳定时,可采集瞬时水样;当排放量较稳定,水质不稳定时,可采集时间等比例水样;当二者都不稳定时,必须采集流量等比例水样。

4)水样采集量和现场记录

水样采集量根据监测项目确定,不同的监测项目对水样的用量和保存条件有不同的要求,所以采样量必须按照各个监测项目的实际情况分别计算,再适当增加20%~30%。底质采样量通常为1~2 kg。

采样完成并加好保存剂后,要贴上样品标签或在水样说明书上做好详细记录,记录内容包括采样现场描述与现场测定项目两部分。采样现场描述的内容包括:样品名称、编号、采样断面、采样点、添加保存剂种类和数量、监测项目、采样者、登记者、采样日期和时间、气象参数(气温、气压、风向、风速、相对湿度)、流速、流量等。水样采集后,对有条件进行现场监测的项目进行现场监测和描述,如:水温、色度、臭味、pH、电导率、溶解氧、透明度、氧化还原电位等,以防变化。

2.3.3　底质样品的采集

沉积物采样分表层沉积物采样和柱状沉积物采样。表层沉积物采样是用各种掘式和抓式采样器(图 2-5),用手动绞车或电动绞车进行采样。柱状沉积物采样是采用各种管状或筒状的采样器(图 2-6),利用自身重力或通过人工锤击,将管子压入沉积物中至所需深度,然后将管子提取上来,用通条将管中的柱状沉积物样品压出。

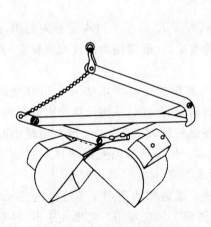

图 2-5　表层沉积物采样器

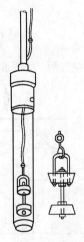

图 2-6　柱状沉积物采样器

底质采样量通常为1~2 kg,一次的采样量不够时,可在周围采集几次,并将样品混匀。样品中的砾石、贝壳、动植物残体等杂物应予剔除。在较深水域一般常用掘式采泥器采样。在浅水区域或干涸河段用塑料勺或金属铲等即可采样。样品在尽量沥干水分后,用塑料袋包装或用玻璃瓶盛装;供测定有机物的样品,用金属器具采样,置于棕色磨口玻璃瓶中。瓶口不要沾污,以保证磨口塞能塞紧。

2.3.4　流量的测量

为了计算水体污染负荷是否超过环境容量、控制污染源排放量和评价污染控制效果等，需要了解相应水体的流量。因此在采集水样的同时，还需要测量水体的水位（m）、流速（m/s）、流量（m³/s）等水文参数。河流流量测量和工业废水、污水排放过程中的流量测量方法基本相同，主要有：流速仪法、浮标法、容积法、溢流堰法等。对于较大的河流，水利部门通常都设有水文测量断面，应尽可能利用这些断面。若监测河段无水文测量断面，应选择水文参数比较稳定、流量有代表性的断面作为测量断面。

（1）流速仪法　使用流速仪可直接测量河流或废（污）水的流量。流速仪法通过测量河流或排污渠道的过水截面积，以流速仪测量水流速，从而计算水流量。流速仪法测量范围较宽，多数用于较宽的河流或渠道的流量测量。测量时需要根据河流或渠道深度和宽度确定垂直测点数和水平测点数。流速仪有多种规格，常用的有旋杯式和旋桨式两种，测量时将仪器放到规定的水深处，按照仪器说明书要求操作。

（2）浮标法　浮标法是一种粗略测量小型河、渠中水流速的简易方法。测量时选取一平直河段，测量该河段 2 m 间距内起点、中点和终点 3 个过水横断面面积，求出其平均横断面面积。在上游河段投入浮标（如木棒、泡沫塑料、小塑料瓶等），测量浮标流经确定河段（L）所需要的时间，重复测量多次，求出所需时间的平均值（t），即可计算出流速（L/t），进而可按下式计算流量：

$$Q = K \times \overline{v} \times A$$

式中：Q 为水流量，m³/s；$\overline{v}$ 为浮标平均流速，m/s，等于 L/t；A 为过水横断面面积，m²；K 为浮标系数，与空气阻力、断面上流速分布的均匀性有关，一般需用流速仪对照标定，其范围为 0.84～0.90。

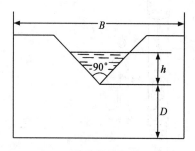

图 2-7　三角堰法测量流量示意图
（引自：奚旦立.环境监测.2019）

（3）容积法　容积法是将污水接入已知容量的容器中，测定其充满容器所需时间，从而计算污水流量的方法。本法简单易行，测量精度较高，适用于污水量较小的连续或间歇排放的污水。但溢流口与受纳水体应有适当落差或能用导水管形成落差。

（4）溢流堰法　溢流堰法适用于不规则的污水沟、污水渠中水流量的测量。该法是用三角形或矩形、梯形堰板拦住水流，形成溢流堰，测量堰板前后水头和水位，计算流量。图 2-7 为用三角堰法测量流量的示意图，流量计算公式如下：

$$Q = Kh^{5/2}$$

$$K = 1.354 + \frac{0.004}{h} + \left(0.14 + \frac{0.2}{\sqrt{D}}\right)\left(\frac{h}{B} - 0.09\right)^2$$

式中：Q 为水流量，m³/s；h 为过堰水头高度，m；K 为流量系数；D 为从水流底至堰缘的高度，m；B 为堰上游水流宽度，m。

在下述条件下,上式误差<±1.4%:0.5 m≤B≤1.2 m;0.1 m≤D≤0.75 m;0.07 m≤ h≤0.26 m;$K = \dfrac{B}{3}$。

2.3.5 水样的运输与保存

(1)样品的运输　水样采集后,应尽快送到实验室分析测定。通常情况下,水样运输时间不超过24 h。在运输过程中应注意:装箱前应将水样容器内外盖盖紧,对盛水样的玻璃磨口瓶应用聚乙烯薄膜覆盖瓶口,并用细绳将瓶塞与瓶颈系紧;装箱时用泡沫塑料或波纹纸板垫底和间隔防震。需冷藏的样品,应采取制冷保存措施;冬季应采取保温措施,以免冻裂样品瓶。

(2)样品的保存　水样在存放过程中,可能会发生一系列理化性质的变化。由于生物的代谢活动,会使水样的pH、溶解氧、生化需氧量、二氧化碳、碱度、硬度、磷酸盐、硫酸盐、硝酸盐和某些有机化合物的浓度发生变化;由于化学作用,测定组分可能被氧化或还原。如:六价铬在酸性条件下易被还原为三价铬,余氯可能被还原变为氯化物,硫化物、亚硫酸盐、亚铁、碘化物和氰化物可能因氧化而损失;由于物理作用,测定组分会被吸附在容器壁上或悬浮颗粒物的表面上,如:金属离子可能与玻璃器壁发生吸附和离子交换,溶解的气体可能损失或增加,某些有机化合物易挥发损失等。为了避免或减少水样的组分在存放过程中的变化和损失,部分项目要在现场测定。不能尽快分析时,应根据不同监测项目的要求,放在性能稳定的材料制成的容器中,采取适宜的保存措施。

为了减缓水样在存放过程中的生物作用、化合物的水解和氧化还原作用及挥发和吸附作用,可采取的保存措施有:①选择适当材料的容器。②冷藏或冷冻以降低细菌活性和化学反应速率。③控制溶液的pH:测定金属离子的水样常用硝酸酸化至pH 1~2,既可以防止重金属的水解沉淀,又可以防止金属在器壁表面上的吸附,同时在pH 1~2的酸性介质中还能抑制生物的活动。④加入化学试剂抑制氧化还原反应和生化反应:(a)加入氧化剂,如:水样中痕量汞易被还原,引起汞的挥发性损失,加入硝酸-重铬酸钾溶液可使汞维持在高氧化态,汞的稳定性大为改善。(b)加入还原剂,如:测定硫化物的水样,加入抗坏血酸对保存有利。含余氯水样,能氧化氰离子,可使酚类、烃类、苯系物氯化生成相应的衍生物,可在采样时加入适当的硫代硫酸钠予以还原,除去余氯干扰等。(c)加入生物抑制剂,如:在测氨氮、硝酸盐氮和COD的水样中,加氯化汞或三氯甲烷、甲苯作防护剂可以抑制生物对亚硝酸盐、硝酸盐、铵盐的氧化还原作用。在测酚水样中用磷酸调溶液的pH,加入硫酸铜能控制苯酚分解菌的活动。

在水样中加入任何保存剂都不应对后续的分析测试工作带来影响。保存剂的纯度和等级需满足分析方法要求。样品中加入保存剂后,应做相应的空白试验。当加入保存剂的样品,经过稀释后,在分析计算结果时要充分考虑。但如果加入足够浓的保存剂,因加入体积很小,可以忽略其稀释影响。固体保存剂,因会引起局部过热,相反会影响样品,应该避免使用。表2-6列出了我国现行的水样保存方法和保存期,使用时应结合具体工作验证其适用性。

环境水样所含组分复杂,多数待测组分的浓度低,形态各异,且样品中存在大量干扰物质,因此在分析测定之前,需要进行样品的预处理,以得到待测组分适合于分析方法要求的形态和浓度,并与干扰性物质最大限度地分离。水样的预处理主要指水样的消解、微量组分的富集与分离。

2.3.6.1　水样的消解

当对含有机物的水样中的无机元素进行测定时,需要对水样进行消解处理。消解处理的目的是破坏有机物、溶解颗粒物,并将各种价态的待测元素氧化成单一高价态或转变成易于分离的无机化合物。消解主要有湿式消解法和干灰化法两种。消解后的水样应清澈、透明、无沉淀。

1)湿式消解法

(1)硝酸消解法　对于较清洁的水样,可用此法,详见《水质　金属总量的消解　硝酸消解法》(HJ 677—2013)。具体方法是:准确量取混匀的水样 50 mL 于 150 mL 锥形瓶中,加入 5 mL 浓硝酸,盖上表面皿或小漏斗,在电热板上加热煮至近沸,不沸腾加热回流 30 min,移去表面皿或小漏斗,蒸发至溶液 5 mL 左右,试液应清澈透明,呈浅色或无色,否则,应再加 5 mL 浓硝酸继续消解,重复这一步骤至无棕色烟冒出。蒸至溶液 5 mL 左右时,取下锥形瓶,稍冷却后加 3 mL 过氧化氢溶液,同前回流加热至不再有大量气泡产生。重复加 1 mL 过氧化氢溶液加热,至只有细微气泡或外观无变化为止。若有沉淀,应过滤,滤液冷却至室温后于 50 mL 容量瓶中定容,备用。

(2)硝酸-硫酸消解法　这两种酸都是强氧化性酸,其中硝酸沸点低(83℃),而浓硫酸沸点高(338℃),两者联合使用,可大大提高消解温度和消解效果,应用广泛。常用的硝酸与硫酸的比例为5:2。消解时,先将硝酸加入水样中,加热蒸发至小体积,稍冷,再加入硫酸、硝酸,继续加热蒸发至冒大量白烟,冷却后加适量水温热溶解可溶盐。若有沉淀,应过滤,滤液冷却至室温后定容备用。为提高消解效果,常加入少量过氧化氢溶液。该法不适用于含易生成难溶硫酸盐组分(如铅、钡、锶等元素)的水样。

(3)硝酸-高氯酸消解法　这两种酸都是强氧化性酸,联合使用可消解含难氧化有机物的水样。方法要点是:取适量水样于锥形瓶中,加 5~10 mL 硝酸,在电热板上加热、消解至大部分有机物被分解。取下锥形瓶,稍冷却,再加 2~5 mL 高氯酸,继续加热至开始冒白烟,如试液呈深色再补加硝酸,继续加热至浓厚白烟将尽,取下锥形瓶,冷却后加2%硝酸溶解可溶盐。若有沉淀,应过滤,滤液冷却至室温后定容备用。因为高氯酸能与羟基化合物反应生成不稳定的高氯酸酯,有发生爆炸的危险,故应先加入硝酸氧化水样中的羟基有机物,稍冷后再加高氯酸处理。

(4)硫酸-磷酸消解法　两种酸的沸点都比较高,其中,硫酸氧化性较强,磷酸能与一些金属离子如 Fe^{3+} 等络合,两者结合消解水样,有利于测定时消除 Fe^{3+} 等离子的干扰。

(5)硫酸-高锰酸钾消解法　该方法常用于消解测定汞的水样。高锰酸钾是强氧化剂,在中性、碱性、酸性条件下都可以氧化有机物,其氧化产物多为草酸根,但在酸性介质中还可继续氧化。消解要点是:取适量水样,加适量硫酸和 5% 高锰酸钾溶液,混匀后加热煮沸,冷却,滴加盐酸羟胺破坏过量的高锰酸钾。

（6）多元消解法　为提高消解效果,在某些情况下需要通过多种酸的配合使用,特别是在要求测定大量元素的复杂介质体系中。例如,处理测定总铬废水时,需要使用硫酸、磷酸和高锰酸钾消解体系。

（7）碱分解法　当酸消解法造成某些元素挥发或损失时,可采用碱分解法。即在水样中加入氢氧化钠和过氧化氢溶液,或者氨水和过氧化氢溶液,加热沸腾至近干,稍冷却后加入水或稀碱溶液温热溶解可溶盐。

（8）微波消解法　微波消解法主要是结合高压消解和微波快速加热的工作原理,对水样进行激烈搅拌、充分混合和加热,能够有效提高分解速度,缩短消解时间,提高消解效率。同时,避免了待测元素的损失和可能造成的污染。详见《水质　金属总量的消解　微波消解法》（HJ 678—2013）。

2）干灰化法

干灰化法又称高温分解法。具体方法是：取适量水样于白瓷或石英蒸发皿中,于水浴上先蒸干,固体样品可直接放入坩埚中,然后将蒸发皿或坩埚移入马弗炉内,于450～550℃灼烧至残渣呈灰白色,使有机物完全分解去除。取出蒸发皿,稍冷却后,用适量2％硝酸（或盐酸）溶解样品灰分,过滤后滤液经定容后供分析测定。本方法不适用于处理测定易挥发组分（如砷、汞、镉、硒、锡等）的水样。

2.3.6.2　水样的富集与分离

水质监测中,待测物的含量往往极低,大多处于痕量水平,常低于分析方法的检出下限,并有大量共存物质存在,干扰因素多,所以在测定前须进行水样中待测组分的分离与富集,以排除分析过程中的干扰,提高测定的准确性和重现性。富集和分离过程往往是同时进行的,常用的方法有：过滤、挥发、蒸发、蒸馏、萃取、沉淀、吸附、冷冻浓缩、层析等,比较先进的技术有：固相萃取、微波萃取、超临界流体萃取等,应根据具体情况选择使用。

1）挥发、蒸发和蒸馏

挥发、蒸发和蒸馏主要是利用共存组分的挥发性不同（沸点的差异）进行分离。

（1）挥发　挥发是利用某些污染组分挥发度大,或者将欲测组分转变成易挥发物质,然后用惰性气体带出而达到分离的目的。常见静态顶空法和动态顶空法,前者原理是将待测样品置入一密闭的容器中,通过加热升温使挥发性组分从样品基体中挥发出来,在气液（或气固）两相中达到平衡,直接抽取顶部气体进行色谱分析,根据待测组分在两相中的分配系数和两相体积比以及实测的顶部气体待测物浓度,可计算得到样品中挥发性组分的含量。后者又叫吹扫捕集法或气提法,主要用于沸点低于200℃的多种挥发性有机物的分离和浓缩。其装置由样品吹脱器、捕集器和解吸器组成。该方法是在环境温度下将惰性气体鼓泡通入水样中,将挥发性组分吹出直接导入仪器中进行测定,或导入吸收柱中吸收富集解吸后再进行测定。如：水中汞的测定采用气提法,先将汞离子用氯化亚锡还原为原子态汞,然后通入惰性气体（N_2 或 Ar）将其带出水样并送入冷原子荧光仪测定。

（2）蒸发　蒸发一般是利用水的挥发性,将水样在水浴、油浴或沙浴上加热,使水分缓慢蒸出,而待测组分得以浓缩。该法简单易行,无须化学处理,但存在缓慢、易吸附损失的缺点。

（3）蒸馏　蒸馏分离是利用各组分的沸点及其蒸气压大小的不同实现分离的方法,分为常压蒸馏、减压蒸馏、水蒸气蒸馏、分馏法等。加热时,较易挥发的组分富集在蒸气相,通过对蒸气相进行冷凝或吸收,使挥发性组分在馏出液或吸收液中得到富集。常压蒸馏在酸性介质中适用于测定水样中的挥发酚、氰化物、氟化物等,在碱性介质中适用于测定水样中的氨氮;减压蒸馏适用于监测水样中石油类污染物。

2)萃取法

根据所用萃取相为有机溶剂和固体物质,水样萃取可分为液-液萃取法和固相萃取法。

(1)液-液萃取法 液-液萃取也叫溶剂萃取,是基于物质在互不相溶的两种溶剂中分配系数不同,从而达到组分的富集与分离。具体分为以下两类:①有机物的萃取。分散在水相中的有机物易被有机溶剂萃取,利用"相似相溶"原理可以富集分散在水样中的有机污染物。常用的有机溶剂有三氯甲烷、四氯化碳、正己烷等;②无机物的萃取。多数无机物质在水相中均以水合离子状态存在,无法用有机溶剂直接萃取。为实现用有机溶剂萃取,通过加入一种试剂,使其与水相中的离子态组分相结合,生成一种不带电、易溶于有机溶剂的物质。根据生成可萃取物类型的不同,可分为螯合物萃取体系、离子缔合物萃取体系、三元络合物萃取体系和协同萃取体系等。在环境监测中常用的是螯合物萃取体系,利用金属离子与螯合剂形成疏水性的螯合物后被萃取到有机相,主要应用于金属阳离子的萃取。

(2)固相萃取法 固相萃取法(solid phase extraction, SPE)是利用水样中欲测组分与共存干扰组分在固相萃取剂上作用力强弱不同,使它们彼此分离。其萃取原理与液相色谱柱分离模式非常相似,采用选择性吸附、选择性洗脱的方式对水样进行分离、净化和富集,常以固体填料如含 C_{18} 或 C_8、腈基、氨基等基团的特殊填料填充于塑料小柱中作固定相,样品溶液中被测物或干扰物吸附到固定相中,然后以流动相洗脱富集待测物。根据作用原理,SPE 一般可分为正相、反相、离子交换和吸附固相萃取等。基本步骤包括柱活化、上样、干扰物洗脱和目标物洗脱 4 步。影响固相萃取效率的关键因素是吸附剂和洗脱剂的选择。

与液-液萃取相比,固相萃取具有更多优势。如:使用的有机溶剂少,能处理小体积样品;被测物回收率高,被测物与基体或干扰物质的分离选择性和分离效率更高;不会出现溶剂萃取过程中的乳化现象;操作简便,快速,易于自动化,可同时处理大批量样品。因此,SPE 技术在生物、医药、环境、食品等样品前处理中成为最有效和最受欢迎的技术之一。水中痕量有机污染物的分离浓缩多采用固相萃取法,如痕量酚类化合物、硝基苯类化合物等。

3)沉淀分离法

沉淀分离法是基于溶度积原理,利用沉淀反应进行分离。在待分离试液中,加入适当的沉淀剂,在一定条件下,使欲测组分沉淀出来,或者将干扰组分析出沉淀,以达到组分分离的目的。

4)吸附法

吸附法是利用多孔性的固体吸附剂将水中的一种或多种组分吸附于表面,以达到组分分离的目的。常用的吸附剂主要有:活性炭、硅胶、氧化铝、分子筛、大孔树脂等。被吸附富集于吸附剂表面的组分可用有机溶剂或加热等方式解吸出来,进行分析测定。

5)离子交换法

离子交换法是利用离子交换剂与溶液中的离子发生交换反应进行分离的方法。离子交换剂分为无机离子交换剂和有机离子交换剂。目前广泛应用的是有机离子交换剂,即离子交换树脂。通过树脂与试液中的离子发生交换反应,再用适当的淋洗液将已交换在树脂上的待测离子洗脱,以达到分离和富集的目的。该法既可以富集水中痕量无机物,又可以富集痕量有机物,分离效率高。

2.4 基本理化性质测定

水的理化指标如温度、pH、残渣、盐度、电导率、氧化还原电位等能够反映水体的一般性状。颜色、气味、浑浊度、透明度等成为水的感官物理性状,是指人类感觉器官对水质好坏的反映和评价。这种感官反映和评价常常带有一定的主观因素。

▶ 2.4.1 温度

温度是水质的一项重要物理指标。水的物理化学性质和生物化学反应与温度有着密切关系,如水中溶解性气体(氧、二氧化碳等)的溶解度、微生物活动、pH 和盐度等都与温度变化有关。一般情况下,温度每升高 10℃,反应速率约增加 1 倍。水温的测定对水体自净、水中的碳酸盐平衡、各种形式碱度的计算、气体和盐类在水中的饱和溶解度,以及水处理过程中的运转控制等都有重要的意义。若发现水温突然升高,表明水体可能受到热污染。

温度的测定应在现场进行,通常分为表层水温观测和深水温度观测。水温测定的国家标准为《水质 水温的测定 温度计或颠倒温度计测定法》(GB 13195—91)。

2.4.1.1 仪器与测定要点

常用的测量仪器有水银温度计、颠倒温度计及热敏电阻温度计。测量表层水温时用表层温度计[图 2-8(a)],较深水体可用深水温度计(≤40 m)[图 2-8(b)]或者颠倒温度计(>40 m)[图 2-8(c)]。深水温度计由感应部件温度计感应头和盛水筒部件组成。盛水筒部件由上、下活门和盛水筒、进水口等组成,温度计感应头插在筒的中央。当仪器放入水中以及下降时,由于水的浮力和相对运动阻力的作用,盛水筒的上下活门同时开启。当仪器下降到预定深度停止下降时,上、下活门自动将盛水筒关闭,这时盛水筒中就装满了所测深度的水样。在仪器上提时,利用水的阻力将盛水筒牢牢地封闭,筒内的水样和筒外的水不发生交换。仪器提出水面后,即可通过温度计读出筒中水样的温度。

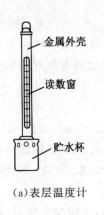

(a)表层温度计

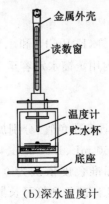

(b)深水温度计

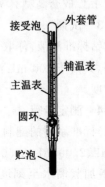

(c)颠倒温度计

图 2-8 温度计

各类温度计使用前应经过校正。测定时,将温度计插入水中,感温 5 min 以上,以获得稳定的读数。一般情况下,温度记录应准确至 0.5℃,而计算水中溶解氧或科研工作需要时,则应准确至 0.1℃。深水温度观测一般可只观测底层(距底质表层 1 m 以上),如有必要分层观测,按深度先划好观测层次。

2.4.1.2 注意事项

地表水的温度受气温影响较大,故应同时测气温。测气温的温度计球部(感温部分)不应有水,以防因水分蒸发而降低测定值。

▶ 2.4.2 色度

色度是水样颜色深浅的量度。纯水无色透明,但是在自然界中水和废水常常因含有各种有机物质或无机盐类而显示不同的颜色。水的颜色分为真色和表色。真色是指除去悬浮物后水的颜色,是由水中所含溶解物质或胶体物质所造成的;表色是没有去除悬浮物的水所具有的颜色,是水中所含溶解物质、胶体物质和悬浮物质共同造成的。在测定真色前,若水样较浑浊,应事先放置澄清或离心后吸取上清液,也可用孔径 0.45 μm 滤膜过滤去除悬浮物,但不得用滤纸,以防吸附除去一些真色。

色度测定的方法有目视法和分光光度计法。目视法的标准方法是铂钴标准比色法(GB 11903—89),对饮用水和由于存在天然物质而使水产生颜色的都可应用。大多数高色度的工业废水可采用分光光度法或稀释倍数法(HJ 1182—2021)进行测定。水的颜色也可以用恰当的文字予以描述,如用无色、微黄、浅黄、棕黄等来表示颜色的种类和深浅程度。废水和污水以及其他非黄色色调的水样,其颜色一般只作定性的描述,如:浅绿色、淡红色、深蓝色、暗黑色等。

2.4.2.1 铂钴标准比色原理

以氯铂酸钾和氯化钴溶液配成标准色列,与被测水样的颜色进行目视比色,确定水样的色度。以每升水中含有 1 mg 铂和 0.5 mg 钴所具有的颜色为 1 个色度单位,称为 1 度。本方法适用于清洁的、带有黄色色调的天然水和饮用水的色度测定,不适用于颜色很深的工业废水。

2.4.2.2 仪器

50 mL 成套高型具塞比色管;离心机。

2.4.2.3 试剂

铂钴标准溶液:称取 1.246 0 g 氯铂酸钾(K_2PtCl_6)和 1.000 g 干燥的氯化钴($CoCl_2 \cdot 6H_2O$),共溶于 100 mL 浓盐酸,在容量瓶内用蒸馏水定容至 1 000 mL。此标准溶液的色度为 500 度。

2.4.2.4 测定步骤

(1)标准系列的配制 取 11 支 50 mL 具塞比色管,分别加入 0 mL、0.50 mL、1.00 mL、1.50 mL、2.00 mL、2.50 mL、3.00 mL、3.50 mL、4.00 mL、4.50 mL 及 5.00 mL 铂钴标准溶液,各加蒸馏水至刻度,摇匀。配成的标准色度依次为 0 度、5 度、10 度、15 度、20 度、25 度、30 度、35 度、40 度、45 度及 50 度。此标准色列管可长期保存使用。

(2)水样的测定 另取 50 mL 澄清水样于比色管中,如水样色度过高,可减少水样量,加蒸馏水稀释至刻度。

在光线充足处,将水样与标准色列并列放在白色背景上比色,使光线从底部向上透过比色管,自管口向下垂直观察比色。记录相当标准管色度的读数。

2.4.2.5 结果计算

$$水样色度 = A \times \frac{50}{V}$$

式中:A 为稀释后水样相当于铂钴标准色列的色度,度;V 为水样的体积,mL。

2.4.2.6 注意事项

(1)水色与 pH 有关,pH 高时往往色度加深,故应同时测定水样的 pH。在报告样品色度的同时,报告 pH。

(2)如果样品中有泥土或其他很细的悬浮物,虽经澄清、离心等预处理仍得不到透明水样时,则只测表色。

2.4.3 臭

臭是人的嗅觉器官对水中含有挥发性物质的不良感官反应,提供危险可能性的最初警告,对饮用水或娱乐用水来说是一项重要水质指标。清洁的水应不具有任何臭气和异味,而污染水中由于含有大量的挥发性污染物(如石油、酚等)以及有机物腐败分解的各种气体(如硫化氢、氨等)而产生强烈臭气,因此,水的臭气总与受污染程度有关。

人的嗅觉对某些物质有十分灵敏的反应,即使含量极微也能辨出。有关感官特性的化学分析虽有所进展,但是目前臭的试验手段还是依靠人的嗅觉。由于嗅觉受个人的年龄、健康状况、心理因素以及温度、湿度等的影响,臭试验的结果很难用严格的物理量表示。通常用文字对臭的性质及强度做定性描述,用臭阈值或臭强度表示。在 60℃下,水样经用无臭水稀释至刚能察觉出臭时的稀释倍数,称为臭阈值;在一定温度下,用等量无臭水对水样反复进行稀释操作,直至闻不到臭为止,此重复次数即为臭强度。

2.4.3.1 定性描述法

水的臭气与温度有关,加热时臭气更为强烈,所以臭的试验有常温法和煮沸法。

1)原理

检验人员根据嗅觉分别感受常温时(20℃)和煮沸后水样的气味,并进行定性描述和臭强度分级。

定性描述可用下列形容词予以描述:

正常——不具有任何气味;

芳香气味——花香、水果香气等;

化学药品气味——氯气味、石油气味(汽油、煤油、煤焦油等气味)、酚气味、硫化氢气味等;

不愉快气味——鱼腥味、泥土味、霉烂气味等。

臭强度分级见表 2-7。

2)仪器

250 mL 三角瓶;温度计。

表 2-7　臭强度等级

等级	强度	说明
0	无	无任何气味
1	微弱	一般人难以察觉,但嗅觉敏感者可以察觉
2	弱	一般人刚能察觉
3	明显	已能明显察觉
4	强	有显著的臭味
5	很强	有强烈的臭味或异味

3)试剂

无臭水:可将自来水通过颗粒活性炭处理后作为无臭水,也可将自来水煮沸,蒸去原体积的 1/10 后作为无臭水。

4)测定步骤

(1)常温水样的测定　取 100 mL 水样于 250 mL 三角瓶内,用冷水或热水在瓶外调节水温至(20±2)℃。振荡瓶内水样,从瓶口闻水的气味,进行定性描述并确定臭强度等级。

(2)煮沸后水样的测定　将瓶内水煮沸,立即取下,稍冷却后闻水的气味,进行定性描述并确定臭强度等级。

2.4.3.2　臭阈值法

1)原理

用无臭水将水样稀释,直至分析人员刚刚闻到气味为止,此时的稀释倍数叫臭阈值。此法既适用于几乎无臭的天然水,也适用于臭阈值大到数千的工业废水。

2)仪器

500 mL 具塞锥形瓶;温度计。

3)试剂

无臭水:同 2.4.3.1 中的 3)。

4)测定步骤

分别量取 0 mL、2 mL、8 mL、12 mL、50 mL、100 mL 水样于 500 mL 具塞锥形瓶中,用无臭水稀释至 200 mL,盖上瓶塞,在水浴上加热到预热温度[一般选(60±1)℃ 或(40±1)℃]。先从空白(无臭水)的瓶子开始,取下振荡 2～3 次,打开瓶塞闻其气味。照此法按水样体积由小到大的顺序依次进行检验。当嗅至某一瓶有气味时,记录序号。

以检出有气味的水样瓶号为中间号,按表 2-8 所示系列重新配制一组水样(例如,初测时检出气味的水样为 12 mL,重配时应取水样分别为 4 mL、5 mL、7 mL、8 mL、9 mL、12 mL、17 mL、25 mL、35 mL),并按上述方法再进行检验。在配制的系列中可插入几个空白水样。检验中有气味的记录为"+",无气味的记录为"-"。有时,出现水样浓度低的为"+",而浓度高的反而为"-",此时以开始连续出现"+"的那个水样的稀释倍数作为臭阈值。

5)结果表示

臭阈值(threshold odor number,TON)的计算公式为:

$$TON = \frac{水样毫升数 + 无臭水毫升数}{水样毫升数}$$

表 2-8　不同稀释比例时的臭阈值

稀释至 200 mL 试样的原水样体积/mL	臭阈值	稀释至 200 mL 试样的原水样体积/mL	臭阈值
200	1	12	17
140	1.4	8.3	24
100	2	5.7	35
70	3	4	50
50	4	2.8	70
35	6	2	100
25	8	1.4	140
17	12	1.0	200

不同检验人员因嗅觉敏感程度不同,可能造成结果不一致,一般选择 5 名以上嗅觉灵敏的检验人员同时检验,取检验结果的几何平均值。几何平均值为 n 个数值乘积的 n 次方根。

6)注意事项

(1)如水样含有余氯,应在脱氯前、后各检验 1 次。用新配制的硫代硫酸钠溶液(3.5 g $Na_2S_2O_3 \cdot 5H_2O$ 溶于 1 000 mL 水中,1 mL 此溶液可除去 0.5 mg 余氯)脱氯。

(2)臭阈值随温度而变,报告中必须注明检验时的水温。

(3)检验人员在检臭前应避免外来气味的刺激。

▶ 2.4.4　浊度

浊度是反映水中不溶解物质对光线透过时阻碍程度的指标。水中含有泥土、粉砂、有机物、无机物、浮游生物和其他微生物等悬浮物和胶体物质,都可使水体呈现浑浊。一般来说,水中的不溶解物质越多,浊度也会越高,但两者之间并没有定量相关关系。因为浊度的大小不仅与不溶解物质的数量、浓度有关,还与这些不溶解物质的颗粒大小、形状和物质表面对光的散射特性等密切相关。浊度和色度虽然都反映了水的光学性质,但它们是有区别的。色度是由于水中的溶解物质引起的,而浊度则是由于不溶解物质所引起的。所以有的水样色度很高但不浑浊,反之亦然。

浊度是自来水厂水质的一个重要指标,饮用水浊度应小于 5 度。水源浊度的大小,直接影响自来水厂的净化操作。水体浊度增加不仅影响表观,而且妨碍阳光透射,影响水生植物正常的光合作用以及水生动物的生长。在水质分析中,浊度的测定通常仅用于天然水和饮用水。至于污水和废水,因含有大量的悬浮状污染物质,大多是相当浑浊的,一般只作悬浮固体的测定而不测定浊度。目前,测定浊度的方法有分光光度法(GB 13200—91)、目视比浊法(GB 13200—91)和浊度计法(HJ 1075—2019)。测定浊度的水样收集于具塞玻璃瓶内,应在取样后尽快测定。如需保存,可在 4℃冷暗处保存 24 h,测试前要激烈振摇水样并恢复到室温。

2.4.4.1 浊度计法原理

利用一束稳定光源光线通过盛有待测样品的样品池,传感器处在与发射光线垂直的位置上测量散射光强度。光束射入样品时产生的散射光的强度与样品中浊度在一定浓度范围内成比例关系。

2.4.4.2 仪器

500 mL 具塞玻璃瓶或聚乙烯瓶;浊度计。

2.4.4.3 试剂

(1)六次甲基四胺($C_6H_{12}N_4$):临用前取适量平布于表面皿上,置于硅胶干燥器中放置 48 h 去除湿存水。

(2)硫酸肼($N_2H_6SO_4$):临用前取适量平布于表面皿上,置于硅胶干燥器中放置 48 h 去除湿存水。

(3)浊度标准贮备液(4 000 NTU):称取 5.0 g(准确至 0.01 g)六次甲基四胺和 0.5 g(准确至 0.01 g)硫酸肼,分别溶解于 40 mL 实验水中,合并转移至 100 mL 容量瓶中,用实验用水稀释定容至标线。在(25±3)℃下水平放置 24 h,制备成浊度为 4 000 NTU 的浊度标准贮备液。在室温条件下避光可保存 6 个月。也可购买市售有证标准样品。

(4)浊度标准使用液(400 NTU):将浊度标准贮备液摇匀后,准确移取 10.00 mL 至 100 mL 容量瓶中,用实验用水稀释定容至标线,摇匀,制备成浊度为 400 NTU 的浊度标准使用液。在 4℃以下冷藏条件下避光可保存 1 个月。

(5)滤膜:孔径≤0.45 μm,水相微孔滤膜。临用前应先用 100 mL 实验用水浸泡 1 h,以免滤膜碎屑影响空白。

2.4.4.4 测定步骤

(1)仪器自检 按照仪器说明书打开仪器预热,仪器进行自检之后进入测量状态。

(2)校准 将实验用水倒入样品池内,对仪器进行零点校准。按照仪器说明书将浊度标准使用液稀释成不同浓度点,分别润洗样品池数次后,缓慢倒至样品池刻度线。按仪器提示或仪器使用说明书的要求进行标准系列校准。

(3)样品测定 将样品摇匀,待可见的气泡消失后,用少量样品润洗样品池数次。将完全均匀的样品缓慢倒入样品池内,至样品池的刻度线即可,用柔软的无尘布擦去样品池外的水和指纹。将样品池放入仪器读数时,应将样品池上的标识对准仪器规定的位置。按下仪器测量键,待读数稳定后记录。超过仪器量程范围的样品,可用实验用水稀释后测量。

(4)空白测定 按照与样品测定相同的测量条件进行实验用水的测定。

2.4.4.5 结果表示

一般仪器都能直接读出测量结果,无须计算。经过稀释的样品,读数乘稀释倍数,即为样品的浊度值。当测定结果小于 10 NTU 时,保留小数点后 1 位;测定结果大于等于 10 NTU 时,保留至整数位。

2.4.4.6 注意事项

(1)经冷藏保存的样品应放置至室温后测量,测量时应充分摇匀,并尽快将样品倒入样品池内,倒时应沿着样品池缓慢倒入,避免产生气泡。

(2)仪器样品池的洁净度及是否有划痕会影响浊度的测量。应定期进行检查和清洁,有细微划痕的样品池可通过涂抹硅油薄膜并用柔软的无尘布擦拭来去除。

环境监测

(3)10 NTU 以下样品建议选择入射光为 400～600 nm 的浊度计,有颜色样品应选择入射光为(860±30) nm 的浊度计。

(4)为了使测量结果更具可比性,应记录所用仪器的型号及入射光波长。

2.4.5 透明度

透明度是指水样的澄清程度。洁净的水是透明的,水中存在悬浮物、有色物质或藻类时,透明度便降低。透明度与浊度相反,水中悬浮物越多,其透明度就越低。测定透明度有铅字法、塞氏盘法和十字法。

2.4.5.1 塞氏盘法原理

利用一个白色圆盘(称为塞氏盘)沉入水中后,观察到不能看见它时的深度。这是一种现场测定透明度的方法。

2.4.5.2 仪器

透明度盘(又称塞氏盘,以较厚的白铁皮剪成直径 200 mm 的圆板,在板的一面从中心平分为 4 个部分,以黑白漆相间涂布,正中心开小孔,穿一条铅丝,下面加一个铅锤,上面系小绳,绳上 10 cm 用有色丝线或漆做上一个标记即成,如图 2-9 所示)。

2.4.5.3 测量步骤

测定时将盘在船的背光处平放入水中,逐渐下沉,至恰恰不能看见盘面的白色时,其深度为透明度,以 cm 为单位。观察时需反复 2～3 次。

2.4.5.4 注意事项

透明度盘使用较长时间后,白漆的颜色会逐渐变黄,必须重新涂漆。

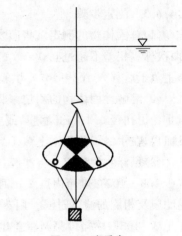

图 2-9 塞氏盘

2.4.6 固体物

水样中含有的物质分为可溶性物质和不溶性物质 2 类。前者如可溶性无机盐类和有机物,后者如可沉降的物质和悬浮物等。这种水样蒸发后就会留下固体物,也称残渣。固体物分为总固体物(又称总残渣)、溶解性固体物(又称可滤残渣)和悬浮物(又称不可过滤残渣) 3 种。

总固体物指在一定温度下将水样蒸发、烘干后剩余的残留物,是水样中的可滤残渣和不可过滤残渣之和。在烘干时,因有机物挥发、吸着水或结晶水的变化及物质的氧化或分解可使残渣的重量发生变化,因此残渣的重量与烘干温度有密切关系,应选择适当的烘干温度。通常选用 103～105℃ 为各种水样残渣测定的烘干温度,在这一温度烘干,结晶水不损失,有机物不破坏(挥发性有机物会损失),重碳酸盐可变为碳酸盐,吸着水可能保留一些,烘干至恒重所需时间较长。

溶解性固体物指过滤后的水样蒸发、烘干所剩余的残留物,其主要成分应是可溶性无机盐。但由于所用过滤器孔径大小不同,可滤残渣和不可滤残渣的量只有相对意义。

悬浮物指水样过滤后留在过滤器上的固体物质。直接测定法是将一定体积水样过滤,将固体残留物及滤纸烘干并称重,减去滤纸重量即为不可滤残渣。此外,也可由总残渣减去可滤残渣得出不可滤残渣的重量。

2.4.6.1 原理

将混合均匀的水样,在蒸发皿中于蒸汽浴或水浴上蒸干,放在 $103\sim105℃$ 烘箱内烘至恒重,增加的质量为总固体物。将过滤后水样放在称至恒重的蒸发皿内蒸干,然后在 $103\sim105℃$ 烘箱内烘至恒重,增加的重量为溶解性固体物。使一定体积的水样通过已知重量的滤器,在一定温度下烘干至恒重,滤器的增重即为悬浮物。

2.4.6.2 仪器

直径 90 mm 瓷蒸发皿(也可用 150 mL 硬质烧杯或玻璃蒸发皿);烘箱;分析天平;蒸汽浴或水浴;孔径 0.45 μm 滤膜及配套滤器或中速定量滤纸;称量瓶。

2.4.6.3 测定步骤

(1)总固体物的测定 将蒸发皿在 $103\sim105℃$ 烘箱内烘 30 min,冷却后称重,直至恒重(两次称重相差不超过 0.000 5 g)。取适量摇匀的水样(如 50 mL)置于上述蒸发皿内,在水浴上蒸干后移入 $103\sim105℃$ 烘箱内烘 1 h。冷却后称重,直至恒重。

(2)溶解性固体物的测定 将蒸发皿在 $103\sim105℃$ 烘箱内烘 30 min,冷却后称重,直至恒重。用孔径 0.45 μm 滤膜,或中速定量滤纸过滤水样。取适量过滤后的水样置于上述蒸发皿内,在水浴或蒸汽浴上蒸干后移入 $103\sim105℃$ 烘箱内烘 1 h,冷却后称重至恒重。

(3)悬浮物的测定 将滤膜(或滤纸,下同)放在内径 $30\sim50$ mm 的称量瓶中,打开瓶盖置于 $103\sim105℃$ 烘箱内烘 2 h,取出冷却后加盖称重,直至恒重。取摇匀的适量水样通过上述滤膜及相应的滤器过滤。用蒸馏水冲洗残渣 $3\sim5$ 次。小心取下滤膜,放入原称量瓶中,在 $103\sim105℃$ 烘箱内打开瓶盖烘 2 h,取出冷却后加盖称重,直至恒重。

2.4.6.4 结果计算

水样中固体物(总固体物/溶解性固体物/悬浮物)的质量浓度按下式计算:

$$\rho(总固体物/溶解性固体物/悬浮物,mg/L) = \frac{(m_2 - m_1) \times 1\ 000 \times 1\ 000}{V}$$

式中:m_1 为蒸发皿质量/蒸发皿质量/滤膜和称量瓶总质量,g;m_2 为总固体物和蒸发皿总质量/溶解性固体物和蒸发皿总质量/滤膜、称量瓶和悬浮物总质量,g;V 为水样体积,mL;1 000 为单位换算系数。

2.4.6.5 注意事项

(1)水样要适量,使蒸发皿中固体物的量大于 25 mg 为宜。

(2)当水中总固体物量大于 1 000 mg/L 时,多采用$(180\pm2)℃$的烘干温度。

▶ 2.4.7 电导率

电导率是以数字表示溶液传导电流的能力。水的电导率与其所含的无机酸、碱、盐的量有一定的关系。电导率的标准单位是 S/m(西门子/米),一般实际使用的单位为 μS/cm。新鲜蒸馏水的电导率为 $0.5 \sim 2\ \mu S/cm$，放置一段时间后因吸收二氧化碳可上升到 $2 \sim 4\ \mu S/cm$。天然水的电导率为 $50 \sim 1\ 000\ \mu S/cm$，高含盐量的水可达 $10\ 000\ \mu S/cm$ 以上，海水约为 $30\ 000\ \mu S/cm$。由于电导率与溶液中离子含量大致成比例关系，因此，通过电导率的测定可以间接地推测水中离子的总浓度或含盐量。电导率的测定常用电导仪，使用时要注意阅读使用说明书。

2.4.7.1 原理

电导(G)是电阻(R)的倒数。将两个电极插入溶液中，可以测出两电极间的电阻，根据欧姆定律，温度一定时，这个电阻值与电极的间距 l(cm)成正比，与电极的截面积 A(cm^2)成反比。

$$G = \frac{1}{R} = k \times \frac{A}{l}$$

由于电极面积 A 与间距 l 都是固定不变的，故 l/A 是一常数，称电导池常数(以 Q 表示)。比例常数 ρ 叫作电阻率，其倒数 $1/\rho$ 称为电导率，以 k 表示。

$$k = \frac{1}{\rho} = \frac{1}{R} \times \frac{l}{A}$$

已知电导池常数，测出电阻后即可求出电导率。

2.4.7.2 仪器

电导仪(误差不超过 1%)；温度计(能读至 0.1℃)；恒温水浴锅[(25±0.2)℃]。

2.4.7.3 试剂

(1)纯水：将蒸馏水通过离子交换柱，电导率小于 $0.1\ \mu S/cm$。

(2)氯化钾标准溶液($c = 0.010\ 0\ mol/L$)：称取 0.745 6 g 于 105 ℃ 干燥并冷却后的氯化钾，溶于纯水中，在 25℃ 下定容至 1 000 mL。此溶液的电导率为 1 413 $\mu S/cm$ 或 1.413 mS/cm(25℃)。

2.4.7.4 测定步骤

(1)电导池常数的测定　用 0.010 0 mol/L 氯化钾标准溶液冲洗电导池 3 次，然后在此电导池内注满氯化钾标准溶液，放入恒温水浴中，15 min 后插入电导电极，测定溶液的电导值或电阻值。重复数次，使读数稳定在 ±2% 范围内，取平均值。

(2)水样的测定　用水样冲洗电导池数次后，装满水样，同(1)步骤测定水样的电导值或电阻值。

2.4.7.5 结果计算

$$Q = \frac{1\ 413}{G_{KCl}} = 0.001\ 413 R_{KCl}$$

$$k = Q \times G_w = \frac{Q}{R_w} \times 10^6$$

式中：Q 为电导池常数，cm^{-1}；G_{KCl} 为氯化钾溶液的电导值，μS；R_{KCl} 为氯化钾溶液的电阻，Ω；k 为水样的电导率，$\mu S/cm$；G_w 为水样的电导值，μS；R_w 为水样的电阻，Ω。

2.4.7.6 注意事项

(1)最好使用和水样电导率相近的氯化钾标准溶液来测定电导池常数。

（2）要经常用氯化钾标准溶液来校准仪器。

（3）水温对电导率测定有很大影响，如果测定温度不是 25℃，需要进行温度校正。

▶ 2.4.8　pH

pH 表示水的酸碱性强弱，是一项重要的水质指标，对化学和生物化学反应有着重大影响。天然水的 pH 多为 6.5～8.5，工业废水的 pH 因其含酸碱量不同而有较大差异。测定的方法有电极法（HJ 1147—2020）和比色法。比色法简便易行，但准确度较差，且受水体颜色、浊度及其他物质（氧化剂、还原剂等）干扰。常用的方法为玻璃电极法，但在测定 pH 大于 10 的水样时误差较大，读数偏低。

2.4.8.1　电极法原理

pH 由测量电池的电动势而得。该电池通常由参比电极和氢离子指示电极组成。溶液每变化 1 个 pH 单位，在同一温度下电位差的改变是常数，据此在仪器上直接以 pH 的读数表示。

2.4.8.2　仪器

酸度计；电极；温度计；磁力搅拌器。

2.4.8.3　试剂

配制 pH 标准缓冲溶液所用的蒸馏水应在临用前煮沸，赶除二氧化碳，电导率小于 2 μS/cm，pH 为 6.7～7.3 为宜。测量 pH 时，按水样呈酸性、中性和碱性 3 种可能，常配制 3 种标准溶液：

（1）pH 标准溶液甲（pH 4.00，25℃）：称取在 110～130℃ 干燥 2～3 h 的邻苯二甲酸氢钾（$KHC_8H_4O_4$）10.12 g，溶于水并在容量瓶中稀释至 1 L。

（2）pH 标准溶液乙（pH 6.86，25℃）：分别称取在 110～130℃ 干燥 2～3 h 的磷酸二氢钾（KH_2PO_4）3.388 g 和磷酸氢二钠（Na_2HPO_4）3.533 g，溶于水并在容量瓶中稀释至 1 L。

（3）pH 标准溶液丙（pH 9.18，25℃）：称取与饱和溴化钠（或氯化钠加蔗糖）溶液（室温）共同放置在干燥器中平衡两昼夜（为了使晶体具有一定的组成）的硼酸钠（$Na_2B_4O_7 \cdot 10H_2O$）3.80 g，溶于水并在容量瓶中稀释至 1 L。

也可购买市售合格标准缓冲溶液，按照说明书使用。

2.4.8.4　测定步骤

（1）仪器校准　使用 pH 试纸粗测样品的 pH，根据样品的 pH 大小选择两种合适的校准用标准缓冲溶液。采用两点校准法，两种标准缓冲溶液 pH 相差约 3 个 pH 单位。样品 pH 尽量在两种标准缓冲溶液 pH 范围之间，若超出范围，样品 pH 至少与其中一个标准缓冲溶液 pH 之差不超过 2 个 pH 单位。操作程序按仪器使用说明书进行。先将水样与标准溶液调到同一温度，记录测定温度，并将仪器温度补偿旋钮调至该温度上。

详细步骤如下：①将电极浸入第一个标准缓冲溶液，缓慢水平搅拌，避免产生气泡，待读数稳定后，调节仪器示值与标准缓冲溶液的 pH 一致；②用蒸馏水冲洗电极，并用滤纸边缘吸去电极表面水分，将电极浸入第二个标准缓冲溶液中，缓慢水平搅拌，避免产生气泡，待读数稳定后，调节仪器示值与标准缓冲溶液的 pH 一致；③重复①操作，待读数稳定后，仪器的示值与标准缓冲溶液的 pH 之差应≤0.05 个 pH 单位，否则重复步骤①和②，直至合格。

(2)样品的测定　用蒸馏水冲洗电极并用滤纸边缘吸去电极表面水分,现场测定时根据使用的仪器取适量样品或直接测定;实验室测定时将样品沿杯壁倒入烧杯中,立即将电极浸入样品中,缓慢水平搅拌,避免产生气泡。待读数稳定后记下 pH。具有自动读数功能的仪器可直接读取数据。每个样品测定后都要用蒸馏水冲洗电极。

2.4.8.5　结果表示

测定结果保留小数点后 1 位,并注明样品测定时的温度。当测量结果超出测量范围(0~14)时,以"强酸,超出测量范围"或"强碱,超出测量范围"报出。

2.4.8.6　注意事项

(1)玻璃电极在使用前先放入蒸馏水中浸泡 24 h 以上。用毕要冲洗干净,浸泡在水中。

(2)测定 pH 时,为减少空气和水样中二氧化碳的溶入或挥发,在测水样之前,不应提前打开水样瓶。

(3)玻璃电极表面受到污染时,需要进行处理。如果附着无机盐结垢,可用温稀盐酸溶解;对钙、镁等难溶性垢,可用 EDTA-Na$_2$ 溶液溶解;沾有油污时,可由丙酮清洗。电极按上述方法处理后,应在蒸馏水中浸泡一昼夜再使用。注意忌用无水乙醇、脱水性洗涤剂处理电极。

(4)酸度计 1 min 内读数变化小于 0.05 个 pH 单位即可视为读数稳定。

2.4.9　E_h

氧化还原电位是水体的综合指标之一。天然水体中存在着无机、有机物质和活的生物体,不断进行着多种复杂的化学和生物化学过程,其中氧化还原过程占有重要的地位。水体中存在的重要氧化还原体系有氧体系、铁体系、锰体系、硫体系、氢体系以及各种有机物体系。这些氧化还原体系中的物质所处的状态不同,决定了水体的氧化还原状况。通过测定水的氧化还原电位,可了解发生于水中的一些氧化还原反应进行的方向。

2.4.9.1　原理

用铂电极作指示电极、饱和甘汞电极作参比电极,插入有氧化还原作用的水中,金属表面便会产生电子转移反应,电极和水溶液之间产生电位差。电极反应达到平衡时,测定相对于甘汞电极的氧化还原电位值(E_h),然后再换算成相对于标准氢电极的氧化还原电位值(E_h)。

2.4.9.2　仪器

毫伏计或通用 pH 计;铂电极;饱和甘汞电极或银-氯化银电极;温度计。

2.4.9.3　试剂

(1)纯水:去离子水(电导率要求小于 2 μS/cm)。在配制标准溶液前,应将去离子水煮沸数分钟,冷却,以去除水中的二氧化碳。

(2)标准溶液:目前没有稳定的氧化还原标准溶液,但通常用 2 种溶液来校正。第一种是由 0.003 mol/L 高铁氰化钾、0.003 mol/L 亚铁氰化钾和 0.1 mol/L 氯化钾组成的电位标准溶液。当铂电极与饱和甘汞电极插入此溶液中,在 25℃ 电池电动势为 186 mV。若换算成 E_h 则为 430 mV。如果实测 mV 数与标准电位相差±10 mV 以上,则铂电极要净化处理;第二种是称取 300 mg 醌-氢醌,溶于 500 mL pH 为 4 的缓冲溶液中,组成所谓电位标准溶液。14～30℃范围内,铂电极与饱和甘汞电极浸入此溶液中,产生 210～220 mV,若使用银-氯化银为参比电极,则产生 245～270 mV。这种溶液配制 48 h 以后不宜使用。

(3)硝酸溶液[1∶1(V/V)]。

(4)硫酸溶液[3∶97(V/V)]。

2.4.9.4　测定步骤

(1)铂电极的检查和校正　以铂电极为指示电极,连接仪器正极;以汞电极为参比电极,连接仪器负极。将两电极插入具有固定电位的标准溶液中,其电位值应与标准值相符。步骤如下:①将电极置于硝酸溶液[1∶1(V/V)]中,缓缓加热至近沸并保持 5 min。冷却后,将电极取出,用纯水洗净;②将电极浸入硫酸溶液[3∶97(V/V)]中,使该电极与 1.5 V 干电池正极相接,干电池负极与另一支铂电极相接,保持 5～8 min,将与电池正极相接的铂电极取出,用纯水洗净;净化后的电极重新用标准溶液检验,直至合格为止,用纯水洗净备用。

(2)样品测定　取洁净的 500 mL 棕色广口瓶一个,用橡皮塞塞紧瓶口,其上打有 5 个孔,分别插入铂电极、饱和甘汞(或氯化银)电极、温度计及 2 支玻璃管。其中 2 支玻璃管分别供进水和出水用。参比电极的试剂添加口应在瓶塞以上,以免参比电极内进水样,而且添加试剂也较方便。电极插至瓶中间位置,不能触及瓶底。电极与仪器接好。

用大塑料桶在现场采集水样,立即盖紧桶盖,其上开一个小孔,插入橡皮管。用虹吸法将水样不断送入测量用广口瓶中,在水流动的情况下,按仪器使用说明进行测定。

2.4.9.5　结果计算

水样的氧化还原电位(E_h)按下式计算:

$$E_h = E_{obs} + E_{ref}$$

式中:E_{obs} 为由铂电极-饱和甘汞电极测得氧化还原电位值,mV;E_{ref} 为 t℃时,饱和甘汞电极电位值,mV,其值随温度变化而变化。

2.4.9.6　注意事项

(1)E_h 校正步骤是测量标准溶液的电池电动势。

(2)水的氧化还原电位必须在现场测定,并注意防止空气进入影响氧化还原电位。

(3)电极表面必须保持光亮。测完一个样品后,必须用纯水充分冲洗电极。测试时,待数值稳定时再读数。

(4)测得的氧化还原电位不能作为氧化还原物质浓度的指标,只能表示水体的氧化还原状况。

▶ 2.4.10　溶解氧

溶解于水中的分子态氧称为溶解氧,用 DO(dissolved oxygen)表示。水体中溶解氧含量的多少,在一定程度上能够反映出水体受污染的程度。当水体受到有机物污染时,由于氧化有机物质需要耗氧,水中溶解氧量就逐渐减少。当污染严重时,氧化作用加快,可使水中溶解氧含量趋近于零。在这种情况下,厌氧细菌迅速繁殖,水中有机污染物质发生腐败作用,使水体变黑发臭。水中溶解氧与水生动植物的生存关系密切。当水中溶解氧低于 4 mg/L 时,许多鱼类就会呼吸困难,继续降低,则会窒息死亡。水中有藻类生长时,由于光合作用而放出氧,可使水中的溶解氧为过饱和状态。一般情况下,湖塘水的溶解氧与水层的深度成反比。地下水往往只含有少量的溶解氧,深层地下水甚至无溶解氧。

溶解氧的多少与水体自净作用也有着极其密切的关系。在一条流动的河水中,取不同地段的水样测定溶解氧量,可以帮助了解该河流不同地段的自净效率和速度。溶解氧是衡量水体污染和水体自净能力的一项重要指标,在环境保护、用水和废水处理等方面有着重要的意义。溶解氧的测定有化学碘量法(又称温克勒法 GB 7489—87)、修正的碘量法、膜电极电化学探头法(HJ 506—2009)以及荧光光谱法等。清洁水可用碘量法;受污染的地面水和工业废水必须用修正的碘量法或氧电极法。

2.4.10.1 碘量法

1)原理

在水样中分别加入硫酸锰和碱性碘化钾,水中的溶解氧可以将低价锰氧化成高价锰,生成四价锰的氢氧化物棕色沉淀。四价锰具有氧化性,在有碘化钾存在时,加酸溶解沉淀,与碘离子反应,析出游离碘。以淀粉作指示剂,用硫代硫酸钠标准溶液滴定析出的碘,就可以测得水中溶解氧的浓度。反应式如下:

$$MnSO_4 + 2NaOH = Na_2SO_4 + Mn(OH)_2 \downarrow (白色)$$
$$2Mn(OH)_2 + O_2 = 2MnO(OH)_2 \downarrow (棕色)$$
$$MnO(OH)_2 + 2H_2SO_4 = Mn(SO_4)_2 + 3H_2O$$
$$Mn(SO_4)_2 + 2KI = MnSO_4 + K_2SO_4 + I_2$$
$$I_2 + 2Na_2S_2O_3 = 2NaI + Na_2S_4O_6$$

2)仪器

溶解氧瓶;250 mL 碘量瓶。

3)试剂

(1)硫酸锰溶液:称取 340 g $MnSO_4$ 或 380 g $MnSO_4 \cdot H_2O$ 溶于水,用水稀释至 1 000 mL。此溶液加至酸化过的碘化钾溶液中,遇淀粉不得产生蓝色,即不得析出游离碘。

(2)碱性碘化钾溶液:称取 350 g 氢氧化钠溶解于 300~400 mL 水中,另称取 150 g 碘化钾溶于 200 mL 水中,待氢氧化钠溶液冷却后,将两溶液合并,混匀,用水稀释至 1 000 mL。如有沉淀,则放置过夜后,倾出上清液,贮于塑料瓶中,用橡皮塞塞紧,黑纸包裹避光保存。

(3)浓硫酸($\rho = 1.84$ g/mL)。

(4)硫酸溶液[1:5(V/V)]:将浓硫酸 33 mL 慢慢倒入 165 mL 蒸馏水中。

(5)淀粉溶液[1%(m/V)]:称取 1 g 可溶性淀粉用少量水调成糊状,再用刚煮沸的水冲稀至 100 mL。冷却后,加入 0.1 g 水杨酸或 0.4 g 二氯化锌防腐。

(6)碘酸钾标准溶液[$c(1/6KIO_3) = 0.010\ 0$ mol/L]:称取 0.356 7 g 碘酸钾(优级纯,180℃干燥 2 h),溶解于水,移入 1 000 mL 容量瓶中,用水稀释至标线,摇匀。

(7)硫代硫酸钠溶液[$c(Na_2S_2O_3 \cdot 5H_2O) \approx 0.01$ mol/L]:称取 2.5 g 硫代硫酸钠($Na_2S_2O_3 \cdot 5H_2O$)溶于煮沸放冷的水中,加入 0.2 g 碳酸钠,用水稀释至 1 000 mL,贮于棕色瓶中。

使用前标定:于 250 mL 碘量瓶中,加入 100 mL 水和 0.5 g 碘化钾,加入 20.00 mL 浓度为 0.010 0 mol/L 的碘酸钾标准溶液,5 mL 硫酸溶液[1:5(V/V)],密塞,摇匀。于暗处静置 5 min 后,用待标定的硫代硫酸钠溶液滴定至溶液呈淡黄色,加入 1 mL 淀粉溶液,继续滴定至蓝色刚好退去为止,记录用量,按下式计算硫代硫酸钠溶液的浓度。

$$c = \frac{20.00 \times 0.010\,0}{V}$$

式中:c 为硫代硫酸钠溶液的浓度,mol/L;V 为滴定时消耗硫代硫酸钠溶液的体积,mL。

4)测定步骤

(1)溶解氧的固定　用吸管插入溶解氧瓶的液面下,加入 1 mL 硫酸锰溶液、2 mL 碱性碘化钾溶液,盖好瓶塞,颠倒混合数次,静置。待棕色沉淀物降至瓶内一半时,再颠倒混合一次,待沉淀物下降到瓶底。一般在取样现场固定。

(2)析出碘　轻轻打开瓶塞,立即用吸管插入液面下加入 2.0 mL 硫酸。小心盖好瓶塞,颠倒混合摇匀,至沉淀物全部溶解为止,在暗处放置 5 min。

(3)样品的测定　吸取 100.0 mL 上述溶液于 250 mL 三角瓶中,用硫代硫酸钠溶液滴定至溶液呈淡黄色,加入 1 mL 淀粉溶液,继续滴定至蓝色刚好退去为止,记录硫代硫酸钠溶液用量(V)。

5)结果计算

水样中的溶解氧量按下式计算:

$$\rho(O_2, mg/L) = \frac{c \times V \times 8 \times 1\,000}{V_{水}}$$

式中:c 为硫代硫酸钠标准溶液浓度,mol/L;V 为滴定时消耗硫代硫酸钠体积,mL;$V_{水}$ 为吸取水样的体积,mL;8 为氧(1/2O)的摩尔质量,g/mol;1 000 为单位换算系数。

6)注意事项

(1)采样时应采用溶解氧瓶进行,避免曝气,注意水样不要与空气相接触。瓶内需完全充满水样,盖紧瓶塞,瓶塞下不要残留任何气泡。若从管道或水龙头采集水样,可用橡皮管或聚乙烯软管,一端紧接龙头,另一端深入瓶底,任水沿瓶壁注满溢出数分钟后加塞盖紧,不留气泡。从装置或容器中采样时宜用虹吸法。

(2)水样采集后,为防止溶解氧因生物活动而发生变化,应立即加入必要的药剂,使氧"固定"于样品中,并存于冷暗处。其余操作可携回实验室进行,但也应尽快完成测定。

(3)水样有色或含有氧化性、还原性物质、藻类、悬浮物等会干扰测定。如含有三价铁离子、游离氯、亚硝酸盐等能使碘离子氧化为碘的氧化性物质,会引起正干扰。如含有能使碘还原的物质则引起负干扰。为了保证测定的准确性,均须采用修正的碘量法,需要在测定前先对水样进行预处理。

为了除去水样中的亚硝酸盐,可以加入叠氮化钠,在酸性条件下将 NO_2^- 分解破坏。

如果水样中含有还原性物质 Fe^{2+}、S^{2-}、有机物等,可用高锰酸钾氧化,过量的高锰酸钾用草酸除去(加草酸至溶液的紫色恰好退去),防止过量。

如果水样中含有 Fe^{3+},溶液酸化后 Fe^{3+} 将与 KI 作用而析出碘,使分析结果偏高。可在水样采集后,用吸管插入液面下加入 1 mL 40% 的氟化钾溶液,使 Fe^{3+} 与 F^- 生成络合物,抑制 Fe^{3+} 与 KI 的作用。

如果水样有颜色,或含有藻类等细微悬浊物,可在采样瓶中用吸管插入液面下,加入 10 mL 10%(m/V)明矾[(硫酸铝钾 $KAl(SO_4)_2 \cdot 12H_2O$)]溶液,絮凝去除水中颜色或藻类等细微悬浊物。

如果水样中含有活性污泥等悬浮物,会因吸附作用消耗较多的碘,从而干扰测定。可在水样中加入硫酸铜和氨基磺酸(NH_2SO_2H)絮凝去除悬浮物。

如果水样中游离氯大于 0.1 mg/L,应预先于水样中加入硫代硫酸钠去除。即用两个溶解氧瓶各取一瓶水样,在其中一瓶加入 5 mL 硫酸[1:5(V/V)]和 1 g 碘化钾,摇匀,此时游离出碘。以淀粉作指示剂,用硫代硫酸钠溶液滴定至蓝色刚退,记下用量(相当于除去游离氯的量)。在另一瓶水样中,加入同样量的硫代硫酸钠溶液,摇匀后,按步骤测定。

(4)如果水样呈强酸或强碱性,可用氢氧化钠或硫酸溶液调至中性后测定。

2.4.10.2 电化学探头法

1)方法原理

溶解氧电化学探头是一个用选择性薄膜封闭的小室,室内有两个金属电极并充有电解质。氧和一定数量的其他气体及亲液物质可透过这层薄膜,但水和可溶性物质的离子几乎不能透过这层膜。将探头浸入水中进行溶解氧的测定时,由于电池作用或外加电压在两个电极间产生电位差,使金属离子在阳极进入溶液,同时氧气通过薄膜扩散在阴极获得电子被还原,产生的电流与穿过薄膜和电解质层的氧的传递速度成正比,即在一定的温度下该电流与水中氧的分压(或浓度)成正比。

2)仪器

溶解氧测量仪;磁力搅拌器;电导率仪;溶解氧瓶。

3)试剂

(1)无水亚硫酸钠(Na_2SO_3)或七水合亚硫酸钠($Na_2SO_3 \cdot 7H_2O$)。

(2)二价钴盐,例如六水合氯化钴($CoCl_2 \cdot 6H_2O$)。

(3)零点检查溶液:称取 0.25 g 无水或七水合亚硫酸钠和约 0.25 mg 钴盐,溶解于 250 mL 蒸馏水中,临用时现配。

4)测定步骤

(1)仪器校准 当测量的溶解氧质量浓度水平低于 1 mg/L(或 10%饱和度)时,或者当更换溶解氧膜罩或内部的填充电解液时,需要进行零点检查和调整。若仪器具有零点补偿功能,则不必调整零点。零点调整:将探头浸入零点检查溶液中,待反应稳定后读数,调整仪器到零点。

在一定的温度下,向蒸馏水中曝气,使水中氧的含量达到饱和或接近饱和。在这个温度下保持 15 min,采用前述碘量法规定的方法测定溶解氧的质量浓度。将探头浸没在瓶内,瓶中完全充满按上述步骤制备并测定的样品,让探头在搅拌的溶液中稳定 2～3 min 以后,调节仪器读数至样品已知的溶解氧质量浓度。当仪器不能再校准,或仪器响应变得不稳定或较低时,及时更换电解质或(和)膜。

(2)测定 将探头浸入样品,不能有空气泡截留在膜上,停留足够的时间,待探头温度与水温达到平衡,且数字显示稳定时读数。必要时,根据所用仪器的型号及对测量结果的要求,检验水温、气压或含盐量,并对测量结果进行校正。

探头的膜接触样品时,样品要保持一定的流速,防止与膜接触的瞬间将该部位样品中的溶解氧耗尽,使读数发生波动。对于流动样品(例如河水):应检查水样是否有足够的流速(不得小于 0.3 m/s),若水流速低于 0.3 m/s,需在水样中往复移动探头,或者取分散样品进行测定。对于分散样品,容器能密封以隔绝空气并带有搅拌器。将样品充满容器至溢出,密闭后进行测量。调整搅拌速度,使读数达到平衡后保持稳定,并不得夹带空气。

5)结果表示

(1)mg/L 状态下直接以 mg/L 为单位读取溶解氧的质量浓度。

(2)氧的饱和百分比读数(%)表示的是水中溶解氧的饱和百分率,为氧的实测溶解度与相应大气压和温度下水中氧的理论溶解度的比值百分数。

6)注意事项

(1)干扰 水中存在的一些气体和蒸汽,例如氯、二氧化硫、硫化氢、胺、氨、二氧化碳、溴和碘等物质,通过膜扩散影响被测电流而干扰测定。水样中的其他物质如溶剂、油类、硫化物、碳酸盐和藻类等物质可能堵塞薄膜、引起薄膜损坏和电极腐蚀,影响被测电流而干扰测定。

(2)线性检查 新仪器投入使用前、更换电极或电解液以后,应检查仪器的线性,一般每隔两个月运行一次线性检查。

(3)电极的维护 任何时候都不得用手触摸膜的活性表面。电极和膜片的清洗:若膜片和电极上有污染物,会引起测量误差,一般 1～2 周清洗一次。

2.5 有机污染指标测定

水体污染在很大程度上是由有机污染物造成的,尤其是城市周围的水域,由于排入大量生活污水和各种工业(如造纸、食品、印染等)废水,受有机物污染更为严重。它们以毒性和使水中溶解氧减少的形式对水生生态系统造成危害。目前多用化学需氧量(chemical oxygen demand,COD)、生化需氧量(biochemical oxygen demand,BOD)、总有机碳(total organic carbon,TOC)和总需氧量(total oxygen demand,TOD)等综合指标或某一类有机污染物(如挥发酚类、石油类等)来表征有机污染物含量。但是,许多痕量有机物对上述指标的贡献极小,其危害或潜在危害却很大。因此,随着分析测试技术以及分析仪器的发展,越来越多的痕量有毒有机物可以被逐一测定。

▶ 2.5.1 化学需氧量

化学需氧量(COD)是指在一定条件下,用强氧化剂重铬酸钾处理水样时所消耗氧化剂的量,以氧的 mg/L 表示结果。化学需氧量反映了水中受还原性物质污染的程度。水中还原性物质包括有机物、亚硝酸盐、亚铁盐、硫化物等。水被有机物污染是很普遍的,因此,化学需氧量也作为有机物相对含量的指标之一。在强酸性条件下用重铬酸钾作氧化剂,并加入硫酸银作催化剂,绝大多数有机化合物能被消解,但部分直链脂肪族和芳香烃等仍不易被消解,因此,化学需氧量只能反映能被重铬酸钾氧化的有机污染物。

测定化学需氧量标准方法有重铬酸盐法(HJ 828—2017),该法适用于地表水、生活污水和工业废水,但不适用于含氯化物浓度大于 1 000 mg/L(稀释后)的水样。当取样量为 10.0 mL 时,方法的检出限为 4 mg/L,测定下限为 16 mg/L。未经稀释的水样测定上限为 700 mg/L,超过此限时需稀释后测定。其他方法有恒电流滴定法、快速密闭催化消解法、氯气校正法和快速消解分光光度法(HJ/T 399—2007),后者已制成适用于大批量样品测定的 COD 仪器,其性能要求符合《COD 光度法快速测定仪技术要求及检测方法》(HJ 924—2017)规定。

恒电流滴定法是水样在氧化剂氧化后过量的重铬酸钾用电解产生的亚铁离子作为库仑滴定剂,进行库仑滴定。根据电解产生亚铁离子所消耗的电量,按照法拉第定律计算 COD 值。快速密闭催化消解法是在经典重铬酸钾-硫酸消解体系中加入助催化剂硫酸铝与钼酸铵,于具密封塞的加热管中消解的方法。氯气校正法适用于氯离子含量大于 1 000 mg/L,小于 20 000 mg/L 的高氯废水 COD 的测定。

2.5.1.1 重铬酸盐法

1)COD_{Cr} 原理

在强酸性溶液中,一定量的重铬酸钾将水样中的还原性物质(主要是有机物)氧化,其氧化作用按下列反应式进行:

$$2Cr_2O_7^{2-}+16H^++3C(代表有机物)\longrightarrow 4Cr^{3+}+8H_2O+3CO_2\uparrow$$

加硫酸银作为催化剂,促进不易氧化的链烃氧化,过量的重铬酸钾用试亚铁灵作指示剂,硫酸亚铁铵溶液回滴:

$$Cr_2O_7^{2-}+14H^++6Fe^{2+}\rightarrow 6Fe^{3+}+2Cr^{3+}+7H_2O$$

根据所消耗的重铬酸钾量计算出水样的化学需氧量。

用 0.25 mol/L 浓度的重铬酸钾溶液可测定大于 50 mg/L 的 COD 值。用 0.025 mol/L 浓度的重铬酸钾可以测定 5~50 mg/L 的 COD 值,但准确度较差。

2)仪器

回流装置[带有 250 mL 磨口锥形瓶的全玻璃回流装置。可选用水冷或风冷全玻璃回流装置(图 2-10),或其他等效回流冷凝装置];加热装置(电热板或电炉或其他等效消解装置);酸性滴定管。

3)试剂

(1)重铬酸钾标准溶液[c(1/6$K_2Cr_2O_7$)=0.250 0 mol/L]:称取预先在 105℃烘干 2 h 的基准或优级纯重铬酸钾 12.258 g 溶于水中,移入 1 000 mL 容量瓶,稀释至标线,摇匀。

(2)试亚铁灵指示液:称取 1.5 g 邻菲啰啉($C_{12}H_8N_2\cdot H_2O$)和 0.7 g 硫酸亚铁($FeSO_4\cdot 7H_2O$)溶于水中,稀释至 100 mL,贮于棕色瓶内。

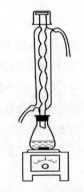

图 2-10 加热回流装置

(3)硫酸亚铁铵标准溶液{c[$(NH_4)_2Fe(SO_4)_2\cdot 6H_2O$]=0.05 mol/L}:称取 19.5 g 硫酸亚铁铵溶于水中,边搅拌边缓慢加入 10 mL 浓硫酸,冷却后移入 1 000 mL 容量瓶中,加水稀释至标线,摇匀。临用前,用重铬酸钾标准溶液标定。

标定方法:准确吸取 5.00 mL 重铬酸钾标准溶液于 250 mL 锥形瓶中,加水稀释至

50 mL 左右,缓慢加入 15 mL 浓硫酸,混匀。冷却后,加入 3 滴试亚铁灵指示液(约 0.15 mL),用硫酸亚铁铵溶液滴定到溶液的颜色由黄色经黄绿色至红褐色即为终点。

$$c\left[(NH_4)_2Fe(SO_4)_2\right]=0.250\ 0\times\frac{5.00}{V}$$

式中:c 为硫酸亚铁铵标准溶液的浓度,mol/L;V 为硫酸亚铁铵标准滴定溶液的用量,mL。

(4)硫酸-硫酸银溶液:于 1 000 mL 浓硫酸中加入 10 g 硫酸银,放置 1～2 d,不时摇动溶解。

(5)硫酸汞($\rho=100$ g/L):称取 10 g 硫酸汞溶于 100 mL 硫酸溶液[1:9(V/V)]中,摇匀。

4)测定步骤

(1)取 10.00 mL 混合均匀的水样(或适量水样稀释至 10.00 mL),置于 250 mL 磨口锥形瓶中,依次加入硫酸汞溶液(按质量比硫酸汞:氯离子≥20:1 加入,最大加入量为 2 mL)和重铬酸钾标准溶液 5.00 mL,再加几颗防爆沸玻璃珠,摇匀。将锥形瓶连接到回流装置冷凝管下端,从冷凝管上端慢慢加入 15 mL 硫酸-硫酸银溶液,轻轻摇动锥形瓶使溶液混匀,加热回流 2 h(从沸腾开始计时)。

(2)冷却后,先用 45 mL 水冲洗冷凝器壁,取下锥形瓶。

(3)溶液冷却至室温后,加 3 滴试亚铁灵指示剂,用硫酸亚铁铵标准溶液滴定,溶液的颜色由黄色经蓝绿色至红褐色即为终点,记录硫酸亚铁铵标准溶液的用量。

(4)测定水样的同时,以 10.00 mL 重蒸馏水做空白试验,其操作步骤和水样相同。

5)结果计算

水样的化学需氧量按下式计算:

$$COD_{Cr}(O_2,mg/L)=\frac{(V_0-V_1)\times c\times 8\times 1\ 000}{V}\times f$$

式中:c 为硫酸亚铁铵标准溶液的浓度,mol/L;V 为水样的体积,mL;V_0 为滴定空白时硫酸亚铁铵标准溶液用量,mL;V_1 为滴定水样时硫酸亚铁铵标准溶液的用量,mL;8 为氧(1/2 O)的摩尔质量,g/mol;f 为样品稀释倍数。

当 COD_{Cr} 的测定结果小于 100 mg/L 时,保留整数位,当测定结果大于等于 100 mg/L 时保留 3 位有效数字。平行样的相对偏差不超过±10%。

6)注意事项

(1)0.8 g 硫酸汞可与 40 mg 氯离子络合,若氯离子浓度较低,亦可少加硫酸汞,保持硫酸汞:氯离子=20:1(质量分数)。若出现少量氯化汞沉淀,并不影响测定。若水样中氯离子大于 1 000 mg/L,则水样应先作定量稀释处理后再行测定。

(2)对于化学需氧量小于 50 mg/L 的水样,应改用 0.025 0 mol/L 重铬酸钾标准溶液,回滴时用 0.010 0 mol/L 硫酸亚铁铵标准溶液。

(3)水样加热回流后,溶液中重铬酸钾剩余量应为加入量的 1/5～4/5 为宜。

(4)用邻苯二甲酸氢钾标准溶液检查试剂的质量和操作技术时,每克邻苯二甲酸氢钾的理论 COD_{Cr} 为 1.176 g,溶解 0.425 1 g 邻苯二甲酸氢钾($HOOCC_6H_4COOK$)于重蒸馏水中,转入 1 000 mL 容量瓶,用重蒸馏水稀释至标线,配制为 500 mg/L 的 COD_{Cr} 标准溶液,用时新配。

2.5.1.2 快速消解分光光度法

1）原理

试样中加入已知量的重铬酸钾溶液，在强硫酸介质中，以硫酸银作为催化剂，经高温消解后，用分光光度法测定COD。当试样中COD为100～1 000 mg/L，在(600±20) nm 波长处测定重铬酸钾被还原产生的三价铬(Cr^{3+})的吸光度，试样中COD与三价铬(Cr^{3+})的吸光度的增加值成正比例关系，将三价铬(Cr^{3+})的吸光度换算成试样的COD。当试样中COD为15～250 mg/L，在(440±20) nm 波长处测定重铬酸钾未被还原的六价铬(Cr^{6+})和被还原产生的三价铬(Cr^{3+})的两种铬离子的总吸光度；试样中COD与六价铬(Cr^{6+})的吸光度减少值成正比例，与三价铬(Cr^{3+})的吸光度增加值成正比例，与总吸光度减少值成正比例，将总吸光度值换算成试样的COD。

2）仪器

消解管；加热器；光度计。

3）测定要点

(1)校准曲线的绘制　打开加热器，预热到设定的(165±2)℃。选定预装混合试剂{重铬酸钾溶液＋硫酸银-硫酸溶液[＋硫酸汞溶液(可选)]}，量取相应体积的COD标准系列溶液(试样)沿消解管内壁慢慢加入消解管中。拧紧消解管管盖，手执管盖颠倒摇匀消解管中溶液，用无毛纸擦净管外壁。将消解管放入(165±2)℃的加热器的加热孔中，加热器温度略有降低，待温度升到设定的(165±2)℃时，计时加热 15 min。从加热器中取出消解管，待消解管冷却至 60℃ 左右时，手执管盖颠倒摇动消解管几次，使管内溶液均匀，用无毛纸擦净管外壁，静置，冷却至室温。高量程方法在(600±20)nm 波长处，低量程方法在(440±20)nm 波长处，以水为参比液，用光度计测定吸光度值。高/低量程COD标准系列使用溶液COD对应其测定的吸光度值减去空白试验测定的吸光度值的差值，绘制校准曲线。

(2)试样的测定　按照要求选定对应的预装混合试剂，取相应体积搅拌均匀的试样，按照校准曲线步骤进行测定。若试样中含有氯离子时，选用含汞预装混合试剂进行氯离子的掩蔽。

测定的COD由相应的校准曲线查得，或由光度计自动计算得出。

4）注意事项

(1)在(600±20) nm 处测试时，Mn^{3+}、Mn^{6+} 或 Mn^{7+} 形成红色物质，会引起正偏差，500 mg/L 的锰溶液(硫酸盐形式)引起正偏差COD为 1 083 mg/L，50 mg/L 的锰溶液(硫酸盐形式)引起正偏差COD为 121 mg/L；而在(440±20) nm 处，则 500 mg/L 的锰溶液(硫酸盐形式)的影响比较小，引起的偏差COD为 −7.5 mg/L，50 mg/L 的锰溶液(硫酸盐形式)的影响可忽略不计。

(2)试样中的有机氮通常转化成铵离子，铵离子不被重铬酸钾氧化。

(3)若消解液混浊或有沉淀，影响比色测定时，应用离心机离心变清后，再用光度计测定。若消解液颜色异常或离心后仍不能变澄清的样品不适用本测定方法。

▶ 2.5.2 高锰酸盐指数

高锰酸盐指数(I_{Mn})，是指在一定条件下，以高锰酸钾为氧化剂，处理水样时所消耗的氧化剂量,以氧的 mg/L 来表示。水中的亚硝酸盐、亚铁盐、硫化物等还原性无机物和在此条件下可被氧化的有机物,均可消耗高锰酸钾。因此,高锰酸盐指数常被作为水体受还原性有机(和无机)物质污染程度的综合指标。

按测定溶液的介质不同,分为酸性高锰酸钾和碱性高锰酸钾法(GB 11892—89)。

2.5.2.1 酸性高锰酸钾法原理

水样加入硫酸呈酸性后,加入一定量的高锰酸钾溶液,并在沸水浴中加热反应一定的时间。剩余的高锰酸钾,用草酸钠溶液还原并加入过量,再用高锰酸钾溶液回滴过量的草酸钠,通过计算求出高锰酸盐指数数值。

显然高锰酸盐指数是一个相对的条件性指标,其测定结果与溶液的酸度、高锰酸盐浓度、加热温度和时间有关。因此,测定时必须严格遵守操作规定,使结果具可比性。测定过程中高锰酸钾与有机物的反应式为:

$$4MnO_4^- + 12H^+ + 5C(代表有机物) \rightarrow 4Mn^{2+} + 6H_2O + 5CO_2 \uparrow$$

高锰酸钾与草酸的反应式为:

$$2MnO_4^- + 5C_2O_4^{2-} + 16H^+ \rightarrow 2Mn^{2+} + 8H_2O + 10CO_2 \uparrow$$

2.5.2.2 仪器

沸水浴装置;250 mL 锥形瓶;50 mL 酸式滴定管;定时钟。

2.5.2.3 试剂

(1)高锰酸钾标准贮备液[$c(1/5KMnO_4) = 0.1$ mol/L]:称取 3.2 g 高锰酸钾溶于 1.2 L 水中,加热煮沸,使体积减少到约 1 L,放置过夜,用 G-3 玻璃砂芯漏斗过滤后,滤液贮于棕色瓶中保存。

(2)高锰酸钾标准溶液[$c(1/5KMnO_4) = 0.01$ mol/L]:吸取 100 mL 上述高锰酸钾溶液,用水稀释至 1 000 mL,贮于棕色瓶中。使用当天应进行标定,并调节至 0.01 mol/L 准确浓度。

(3)硫酸溶液[1:3(V/V)]。

(4)草酸钠标准贮备液[$c(1/2Na_2C_2O_4) = 0.100$ mol/L]:称取 0.670 5 g 在 105~110℃ 烘干 1 h 并冷却的草酸钠溶于水,移入 100 mL 容量瓶中,用水稀释至标线。

(5)草酸钠标准溶液[$c(1/2Na_2C_2O_4) = 0.010 0$ mol/L]:吸取 10.00 mL 上述草酸钠溶液,移入 100 mL 容量瓶中,用水稀释至标线。

2.5.2.4 测定步骤

分取 100.0 mL 混匀水样(如高锰酸盐指数高于 5 mg/L,则酌情少取,并用水稀释至 100 mL)于 250 mL 锥形瓶中。加入 5 mL 硫酸[1:3(V/V)],摇匀。加入 10.00 mL 浓度为 0.01 mol/L 高锰酸钾溶液,摇匀,立刻放入沸水浴中加热 30 min(从水浴重新沸腾起计时)。沸水浴液面要高于反应溶液的液面。取下锥形瓶,趁热加入 10.00 mL 浓度为 0.010 0 mol/L 草酸钠标准溶液,摇匀。立即用 0.01 mol/L 高锰酸钾溶液滴定至显微红色,记录高锰酸钾溶液消耗量。

高锰酸钾溶液浓度的标定:将上述已滴定完毕的溶液加热至约 70℃,准确加入 10.00 mL 草酸钠标准溶液(0.010 0 mol/L),再用 0.01 mol/L 高锰酸钾溶液滴定至显微红色。记录高锰酸钾溶液消耗量,按下式求得高锰酸钾溶液的校正系数(K):

$$K = 10.00/V$$

式中:V 为高锰酸钾溶液消耗量(mL);10.00 为加入草酸钠标准溶液体积,mL。

2.5.2.5　结果计算

(1)水样不经稀释

$$高锰酸盐指数(O_2, mg/L) = \frac{[(10.00 + V_1)K - 10.00] \times c \times 8 \times 1\,000}{100.0}$$

式中:V_1 为回滴草酸钠消耗高锰酸钾标准溶液体积,mL;K 为校正系数;c 为草酸钠标准溶液浓度,mol/L;8 为氧($1/2$O)摩尔质量;10.00 为吸取高锰酸钾溶液体积,mL;100.0 为吸取水样体积,mL;1 000 为单位换算系数。

(2)水样经稀释

$$高锰酸盐指数(O_2, mg/L) = \frac{\{[(10.00 + V_1)K - 10.00)] - [(10.00 + V_0)K - 10.00] \times f\} \times c \times 8 \times 1\,000}{V_2}$$

式中:V_0 为空白试验中高锰酸钾溶液消耗量,mL;V_2 为分取水样,mL;f 为稀释水样中含水的比值。

2.5.2.6　注意事项

(1)在水浴中加热完毕后,溶液仍保持淡红色,如变浅或全部退去,说明高锰酸钾的用量不够。此时,应将水样稀释倍数加大后再测定。

(2)在酸性条件下,草酸钠和高锰酸钾的反应温度应保持在 60～80℃,所以滴定操作必须趁热进行,若溶液温度过低,需适当加热。

(3)当水样的高锰酸盐指数数值超过 5 mg/L 时,则酌情分取少量,并用水稀释后再测定。

(4)当水样中的氯离子含量超过 300 mg/L,在酸性条件下,氯离子可与硫酸反应生成盐酸,再被高锰酸钾氧化,从而消耗过多的氧化剂导致结果偏高。因碱性条件下高锰酸钾不能氧化水中的氯离子,因此可用碱性法测定氯离子浓度较高的水样。

▶ 2.5.3　生化需氧量

生化需氧量(BOD)是指在有溶解氧的条件下,好氧微生物在分解水中有机物的生物化学过程中所消耗的溶解氧量。BOD 能相对反映出微生物可以分解有机污染物的含量,比较符合水体自净情况,是反映水体被有机物污染程度的综合指标,也是研究废水的可生化降解性和生化处理效果的重要参数。有机物在微生物作用下好氧分解大体上分 2 个阶段。第一阶段称为含碳物质氧化阶段,主要是含碳有机物氧化为二氧化碳和水,第二阶段称为硝化阶段,主要是含氮有机化合物在硝化菌的作用下分解为亚硝酸盐和硝酸盐。然而这两个阶段并非截然分开,而是各有主次。对生活污水及性质与其接近的工业废水,硝化阶段 5～7 d,甚至 10 d 以后才显著进行。微生物彻底分解有机物,通常需 100 多天,而目前国内外广泛采用的是 20℃ 五日培养法(BOD_5),即(20 ± 1)℃培养 5 d $\pm$ 4 h 前后的溶解氧之差为 BOD_5,以氧的 mg/L 表示,此测定的结果一般不包括硝化阶段。

测定 BOD 的方法主要有稀释与接种法（HJ 505—2009）、微生物传感器快速测定法（HJ/T 86—2002）、库仑法、测压法等。

库仑法原理是在密闭培养瓶中，水样在恒温条件下用电磁搅拌器搅拌，当水样中的溶解氧因微生物降解有机物被消耗时，则培养瓶内空间的氧溶解进入水样，生成的二氧化碳从水中逸出被置于瓶内上部的吸附剂吸收，使瓶内的氧分压和总气压下降。用电极式压力计检出下降量，并转换成电信号，经放大送入继电器电路接通恒流电源及同步电机，电解瓶内（装有中性硫酸铜溶液和电解电极）便自动电解产生氧气供给培养瓶，待瓶内气压回升至原压力时，继电器断开，电解电极和同步电机停止工作。此过程反复进行，使培养瓶内空间始终保持恒压状态。根据法拉第定律，由恒电流电解所消耗的电量便可计算耗氧量。仪器能自动显示测定结果，记录生化需氧量曲线。

测压法则是在密闭的培养瓶中，水样中溶解氧被微生物消耗，微生物因呼吸作用产生与耗氧量相当的 CO_2，当 CO_2 被吸收后使密闭系统的压力降低，根据压力测得的压降可求出水样的 BOD。在实际测定中，先以标准葡萄糖谷氨酸溶液的 BOD 和相应的压差作关系曲线，然后以此曲线校准仪器刻度，便可直接读出水样的 BOD。与化学测定法相比，仪器法能够克服稀释过程中的供氧困难，保证不断地供氧；方法简单，误差小，准确度高。

下面重点介绍稀释与接种法和微生物传感器快速测定法。

2.5.3.1　稀释与接种法

1）原理

在培养前和培养后分别测定溶解氧，两者之差即为生化需氧量。对某些地面水及大多数工业废水，因含较多的有机物，需要稀释后再培养测定，以降低其浓度和保证有充足的溶解氧。稀释的程度应使培养中所消耗的溶解氧，以及剩余溶解氧均不小于 2 mg/L。在测定过程中，所用稀释水本身有机物含量应很低（BOD$_5$ 小于 0.5 mg/L），加入一定量的营养物质，如钙、铁、镁的盐类和磷酸盐缓冲溶液，以保持一定的 pH，保证微生物生长的需要。并且还需经过充氧，使溶解氧接近饱和，达到 8 mg/L 以上。对于不含或少含微生物的工业废水，如酸性、碱性、高温、冷冻保存或经过氯化处理的废水，在测定 BOD$_5$ 时应进行接种，以引入能分解废水中有机物的微生物。当废水中存在着难以被一般生活污水中的微生物以正常速度降解的有机物或含有剧毒物质时，应将驯化后的微生物引入水样中进行接种。

本方法适用于测定 BOD$_5$≥2 mg/L，最大不超过 6 000 mg/L 的水样。当水样 BOD$_5$＞6 000 mg/L，会因稀释带来一定的误差。

2）仪器

恒温培养箱；5～20 L 细口玻璃瓶；1 000～2 000 mL 量筒；溶解氧瓶；虹吸管；滤膜（孔径为 1.6 μm）；曝气装置；玻璃搅拌棒（棒的长度应比所用量筒高度长 20 cm，在棒的底端固定一个直径比量筒底小、并带有几个小孔的硬橡胶板）。

3）试剂

(1) 碘量法测定溶解氧 2.4.10.1 中 3) 的全部试剂。

(2) 磷酸盐缓冲溶液　将 8.5 g 磷酸二氢钾（KH_2PO_4）、21.75 g 磷酸氢二钾（K_2HPO_4）、33.4 g 七水合磷酸氢二钠（$Na_2HPO_4 \cdot 7H_2O$）和 1.7 g 氯化铵（NH_4Cl）溶于水中，稀释至 1 000 mL。此溶液的 pH 为 7.2。

(3) 硫酸镁溶液　将 22.5 g 七水合硫酸镁（$MgSO_4 \cdot 7H_2O$）溶于水中，稀释至 1 000 mL。

(4)氯化钙溶液　将 27.5 g 无水氯化钙溶于水,稀释至 1 000 mL。

(5)氯化铁溶液　将 0.25 g 六水合氯化铁($FeCl_3 \cdot 6H_2O$)溶于水,稀释至 1 000 mL。

(6)葡萄糖-谷氨酸标准溶液　将葡萄糖($C_6H_{12}O_6$,优级纯)和谷氨酸($HOOC—CH_2—$ $CH_2—CHNH_2—COOH$,优级纯)在 130℃干燥 1 h,各称取 150 mg 溶于水中,在 1 000 mL 容量瓶中稀释至标线,混合均匀。此溶液的 BOD_5 为(210 ± 20)mg/L,现用现配。此溶液也可少量冷冻保存,融化后立刻使用。

(7)稀释水　在 5~20 L 玻璃瓶内装入一定量的水,控制水温在 20℃左右。然后用无油空气压缩机或薄膜泵,将吸入的空气先后经活性炭吸附管及水洗涤管后,导入稀释水内曝气 2~8 h,使稀释水中的溶解氧接近于饱和。瓶口盖以两层经洗涤晾干的纱布,置于 20℃培养箱中放数小时,使水中溶解氧含量达 8 mg/L 左右。临用前每升水中加入氯化钙溶液、氯化铁溶液、硫酸镁溶液、磷酸盐缓冲溶液各 1 mL,并混合均匀。稀释水的 pH 应为 7.2,其 BOD_5 应小于 0.2 mg/L。

(8)接种液　可选择以下任一方法,以获得适用的接种液:①城市污水。一般采用生活污水,在室温下放置一夜,取上清液供用。②表层土壤浸出液。取 100 g 花园或耕层土壤,加入 1 L 水,混合并静置 10 min,取上清液供用。③含城市污水的河水或湖水。④污水处理厂的出水。⑤当分析含有难降解物质的废水时,在其排污口下游 3~8 km 处取水样作为废水的驯化接种液。如无此种水源,可取中和或经适当稀释后的废水进行连续曝气,每天加入少量该种废水,同时加入适量表层土壤或生活污水,使能适应该种废水的微生物大量繁殖。当水中出现大量絮状物,或检查其化学需氧量的降低值出现突变时,表明使用的微生物已进行繁殖,可用做接种液。一般驯化过程需要 3~8 d。

(9)接种稀释水　分取适量接种液,加入稀释水中,混匀。每升稀释水中接种液加入量为:生活污水 1~10 mL;或表层土壤浸出液 20~30 mL;或河水、湖水 10~100 mL。接种稀释水的 pH 应为 7.2,BOD_5 0.3~1.0 mg/L 为宜,应小于 1.5 mg/L。接种稀释水配制后应立即使用。

(10)盐酸溶液[$c(HCl)=0.5$ mol/L]　将 40 mL 浓盐酸溶于水中,稀释至 1 000 mL。

(11)氢氧化钠溶液[$c(NaOH)=0.5$ mol/L]　将 20 g 氢氧化钠溶于水中,稀释至 1 000 mL。

(12)亚硫酸钠溶液[$c(Na_2SO_3)=0.025$ mol/L]　将 1.575 g 亚硫酸钠溶于水中,稀释至 1 000 mL。此溶液不稳定,需现用现配。

(13)丙烯基硫脲硝化抑制剂[$\rho(C_4H_8N_2S)=1.0$ g/L]　溶解 0.20 g 丙烯基硫脲于 200 mL 水中混合,4℃保存,此溶液可稳定保存 14 d。

4)样品的前处理

(1)pH 调节　若样品或稀释后样品 pH 不在 6~8 范围内,应用盐酸溶液或氢氧化钠溶液调节其 pH 至 6~8。

(2)余氯和结合氯的去除　若样品中含有少量余氯,一般在采样后放置 1~2 h,游离氯即可消失。对在短时间内不能消失的余氯,可加入适量亚硫酸钠溶液去除样品中存在的余氯和结合氯,加入的亚硫酸钠溶液的量由下述方法确定。取已中和好的水样 100 mL,加入乙酸溶液 10 mL、碘化钾溶液 1 mL,混匀,暗处静置 5 min。用亚硫酸钠溶液滴定析出的碘至淡黄色,加入 1 mL 淀粉溶液呈蓝色。再继续滴定至蓝色刚刚退去,即为终点,记录所用亚硫酸钠溶液体积,由亚硫酸钠溶液消耗的体积,计算出水样中应加亚硫酸钠溶液的体积。

（3）样品均质化　含有大量颗粒物、需要较大稀释倍数的样品或经冷冻保存的样品，测定前均需将样品搅拌均匀。

（4）样品中有藻类　若样品中有大量藻类存在，BOD_5 的测定结果会偏高。当分析结果精度要求较高时，测定前应用滤孔为 $1.6~\mu m$ 的滤膜过滤，检测报告中注明滤膜滤孔的大小。

（5）含盐量低的样品　若样品含盐量低，非稀释样品的电导率小于 $125~\mu S/cm$ 时，需加入适量相同体积的 4 种盐溶液，使样品的电导率大于 $125~\mu S/cm$。每升样品中至少需加入各种盐的体积 V 按下式计算：

$$V=(\Delta K-12.8)/113.6$$

式中：V 为需加入各种盐的体积，mL；ΔK 为样品需要提高的电导率值，$\mu S/cm$。

5）测定步骤

（1）不经稀释的水样　测定前待测试样的温度达到 $(20\pm2)℃$，若样品中溶解氧浓度低，需要用曝气装置曝气 15 min，充分振摇赶走样品中残留的空气泡；若样品中氧过饱和，将容器 2/3 体积充满样品，用力振荡赶出过饱和氧，然后根据试样中微生物含量情况确定测定方法。非稀释法可直接取样测定；非稀释接种法，每升试样中加入适量的接种液，待测定。若试样中含有硝化细菌，有可能发生硝化反应，需在每升试样中加入 2 mL 丙烯基硫脲硝化抑制剂。

直接以虹吸法将约 20℃ 的混匀水样转移入两个溶解氧瓶，充满水样后溢出少许，加塞，瓶内不应留有气泡。其中一瓶随即测定溶解氧（测定方法见 2.4.10.1 或 2.4.10.2 分析步骤），另一瓶的瓶口进行水封后，放入培养箱中，在 $(20\pm1)℃$ 培养 5 d。在培养过程中注意添加封口水。从开始放入培养箱算起，经过五昼夜后，弃去封口水，测定溶解氧。非稀释接种法，需同步做空白，即每升稀释水中加入与试样中相同量的接种液作为空白试样，需要时每升试样中加入 2 mL 丙烯基硫脲硝化抑制剂。

（2）需经稀释的水样　一般规定 BOD_5 的质量浓度大于 6 mg/L，且样品中有足够的微生物，采用稀释法测定；若试样中的有机物含量较多，BOD_5 的质量浓度大于 6 mg/L，但试样中无足够的微生物，采用稀释接种法测定。

首先，需要确定稀释倍数。样品稀释的程度应使消耗的溶解氧质量浓度不小于 2 mg/L，培养后样品中剩余溶解氧质量浓度不小于 2 mg/L，且试样中剩余的溶解氧的质量浓度为开始浓度的 1/3～2/3 为最佳。稀释倍数可根据样品的总有机碳（TOC）、高锰酸盐指数（I_{Mn}）或化学需氧量（COD）的测定值，按照表 2-9 列出的 BOD_5 与 TOC、I_{Mn} 或 COD 的比值 R 估计 BOD_5 的期望值（R 与样品的类型有关），再根据表 2-10 确定稀释因子。当不能准确地选择稀释倍数时，一个样品做 2～3 个不同的稀释倍数。

表 2-9　典型的比值 R

水样类型	总有机碳 R （BOD_5/TOC）	高锰酸盐指数 R （BOD_5/I_{Mn}）	化学需氧量 R （BOD_5/COD）
未处理废水	1.2～2.8	1.2～1.5	0.35～0.65
生化处理废水	0.3～1.0	0.5～1.2	0.20～0.35

表 2-10　BOD$_5$ 测定的稀释倍数

BOD$_5$ 的期望值/(mg/L)	稀释倍数	水样类型
6~12	2	河水,生物净化的城市污水
10~30	5	河水,生物净化的城市污水
20~60	10	生物净化的城市污水
40~120	20	澄清的城市污水或轻度污染的工业废水
100~300	50	轻度污染的工业废水或原城市污水
200~600	100	轻度污染的工业废水或原城市污水
400~1 200	200	重度污染的工业废水或原城市污水
1 000~3 000	500	重度污染的工业废水
2 000~6 000	1 000	重度污染的工业废水

按照确定的稀释倍数,将一定体积的试样或处理后的试样用虹吸管加入已加部分稀释水或接种稀释水的稀释容器中,加稀释水或接种稀释水至刻度,轻轻混合避免残留气泡,待测定。若稀释倍数超过 100 倍,可进行两步或多步稀释。若试样中有微生物毒性物质,应配制几个不同稀释倍数的试样,选择与稀释倍数无关的结果,并取其平均值。

试样测定结果与稀释倍数的关系确定如下:当分析结果精度要求较高或存在微生物毒性物质时,一个试样要做两个以上不同的稀释倍数,每个试样每个稀释倍数做平行双样,同时进行培养。测定培养过程中每瓶试样氧的消耗量,并画出氧消耗量对每一稀释倍数试样中原样品的体积曲线。若此曲线呈线性,则此试样中不含有任何抑制微生物的物质,即样品的测定结果与稀释倍数无关;若曲线仅在低浓度范围内呈线性,取线性范围内稀释比的试样测定结果计算 BOD$_5$ 的平均值。

按照选定的稀释比例,用虹吸法沿筒壁先引入部分稀释水(或接种稀释水)于 1 000 mL 量筒中,加入需要量的均匀水样,再引入稀释水(或接种稀释水)至 1 000 mL,用带胶板的玻璃棒小心上下搅匀。搅拌时勿使搅拌棒的胶板露出水面,防止产生气泡。

按照不经稀释的水样的测定步骤进行装瓶,测定当天溶解氧和培养 5 d 后的溶解氧。另取两个溶解氧瓶,用虹吸法装满稀释水(或接种稀释水)作为空白试验。测定 5 d 前、后的溶解氧。按照 2.4.10.1 或 2.4.10.2 中溶解氧的分析步骤进行。

6)结果计算

(1)不经稀释直接培养的水样

$$BOD_5(O_2,mg/L)=\rho_1-\rho_2$$

式中:ρ_1 为水样在培养前的溶解氧质量浓度,mg/L;ρ_2 为水样经 5 d 培养后,剩余溶解氧质量浓度,mg/L。

(2)经稀释后培养水样

$$BOD_5(O_2,mg/L)=\frac{(\rho_1-\rho_2)-(\rho_3-\rho_4)\times f_1}{f_2}$$

式中:ρ_3 为稀释水(或接种稀释水)在培养前的溶解氧质量浓度,mg/L;ρ_4 为稀释水(或接种稀释水)在培养后的溶解氧质量浓度,mg/L;f_1 为稀释水(或接种稀释水)在培养液中所占比例;f_2 为水样在培养液中所占比例。

f_1 和 f_2 的计算,例如培养液的稀释比为 3%,即 3 份水样,97 份稀释水,则 $f_1=0.97$,$f_2=0.03$。结果小于 100 mg/L 时,保留一位小数;100~1 000 mg/L 时,取整数;大于 1 000 mg/L 时,以科学计数法报出。结果报告中应注明:样品是否经过过滤、冷冻或均质化处理。

7)注意事项

(1)测定生化需氧量的水样,采集时应充满并封于瓶中,在 0~4℃ 下进行保存。一般应在 6 h 内进行分析。在任何情况下贮存时间都不应超过 24 h。

(2)每一批样品做 2 个分析空白试样,稀释法空白试样的测定结果不能超过 0.5 mg/L,非稀释接种法和稀释接种法空白试样的测定结果不能超过 1.5 mg/L,否则应检查可能的污染来源。在 2 个或 3 个稀释比的样品中,消耗溶解氧大于 2 mg/L、剩余溶解氧不小于 2 mg/L 的,应取其平均值作为结果。若剩余的溶解氧小于 2 mg/L,甚至为零时,应加大稀释比。溶解氧消耗量小于 2 mg/L 有 2 种可能,一是稀释倍数过大;另一可能是微生物菌种不适应,活性差,或含毒物质浓度过大,这时可能出现在几个稀释比中,稀释倍数大的消耗溶解氧反而较多的现象。

(3)为检查稀释水和接种液的质量以及化验人员的操作水平,一般要求每一批样品做 1 个标准样品,可将 20 mL 葡萄糖-谷氨酸标准溶液用接种稀释水稀释至 1 000 mL,按测定 BOD_5 的步骤操作。测得 BOD_5 应为 180~230 mg/L。否则应检查接种液、稀释水的质量和操作技术是否存在问题。

(4)水样稀释倍数超过 100 倍时,应预先在容量瓶中用水初步稀释后,再取适量进行稀释培养。

2.5.3.2 微生物传感器快速测定法

1)原理

微生物电极是一种将微生物技术与电化学检测技术相结合的传感器,其结构如图 2-11 所示。主要由溶解氧电极和紧贴其透气膜表面的固定化微生物膜组成。响应 BOD 物质的原理是:当将电极插入恒温、溶解氧浓度一定的不含 BOD 物质的底液时,由于微生物的呼吸活性一定,底液中的溶解氧分子通过微生物膜扩散进入氧电极的速率一定,微生物电极输出一稳态电流;如果将 BOD 物质加入底液中,则该物质的分子与氧分子一起扩散进入微生物膜,因为膜中的微生物对 BOD 物质发生同化作用而耗氧,导致进入氧电极的氧分子减少,即扩散进入的速率降低,使电极输出电流减小,并在几分

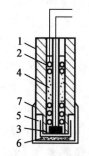

1. 塑料管　2. Ag-AgCl 电极
3. 黄金电极　4. KCl 内充液
5. 聚四氟乙烯薄膜
6. 微生物膜　7. 压帽

图 2-11　微生物电极结构示意图

钟内降至新的稳态值。在适宜的 BOD 物质浓度范围内,电极输出电流降低值与 BOD 物质浓度之间呈线性关系,而 BOD 物质浓度又和 BOD 之间有定量关系,据此可换算出水样中 BOD。

微生物膜电极 BOD 测定仪的工作原理如图 2-12 所示。该测定仪由测量池(装有微生物膜电极、鼓气管及被测水样)、恒温水浴、恒电压源、控温器、鼓气泵、A/D 信号转换和测量

系统组成。恒电压源输出 0.72 V 电压,加于 Ag-AgCl 电极(正极)和黄金电极(负极)上。黄金电极因被测溶液 BOD 物质浓度不同产生的极化电流变化送至阻抗转换和微电流放大电路,经放大的微电流再送至 A/D 转换器或 I/V 转换器,转换后的信号进入数字显示器或记录仪记录。仪器经用标准 BOD 物质溶液校准后,可直接显示被测溶液的 BOD,并在 20 min 内完成一个水样的测定。该仪器适用于 BOD 浓度为 2~500 mg/L 的地表水、生活污水和工业废水的监测,当 BOD 较高时可经适当稀释后测定。

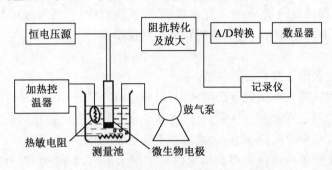

图 2-12 微生物膜电极 BOD 测定仪工作示意图

(引自:孙成,鲜啟鸣.环境监测.2020)

2)仪器

微生物传感器 BOD 快速测定仪;微生物菌膜;微生物菌膜的活化(将微生物菌膜放入 0.005 mol/L 磷酸盐缓冲溶液中活化 48 h,然后将其安装在微生物传感器上);10 L 聚乙烯塑料桶。

3)试剂

(1)磷酸盐缓冲溶液($c=0.5$ mol/L) 将 68 g 磷酸二氢钾和 71 g 磷酸氢二钠溶于蒸馏水中,稀释至 1 000 mL,备用。此溶液 pH 约为 7。

(2)磷酸盐缓冲溶液使用液($c=0.005$ mol/L) 用 0.5 mol/L 磷酸盐缓冲溶液稀释制备。

(3)盐酸溶液($c=0.5$ mol/L)。

(4)氢氧化钠溶液($\rho=20$ g/L)。

(5)亚硫酸钠溶液($\rho=1.575$ g/L) 此溶液不稳定,需当天配制。

(6)葡萄糖-谷氨酸标准溶液 称取在 130℃ 干燥 1 h 并冷却到室温的无水葡萄糖($C_6H_{12}O_6$,优级纯)和谷氨酸(HOOC—CH_2—CH_2—CHNH₂—COOH,优级纯)各 1.705 g,溶于磷酸盐缓冲溶液使用液中,并用此溶液稀释至 1 000 mL,混合均匀,即得 2 500 mg/L 的 BOD 标准溶液。

4)测定步骤

(1)水样的预处理 水样的 pH 超出 5.5~9.0 范围时,可用盐酸或氢氧化钠溶液调节 pH 约为 7,但调节溶液的用量不要超过水样体积的 0.5%。若水样的酸度或碱度很高,可改用高浓度的碱或酸液进行中和。应注意操作中不要带入气泡;水样浑浊时,可将水样静置澄清 30 min,然后取上层非沉降部分进行测定;从水温较高的水域或废水排放口取得的水样,则应迅速使其冷却至 20℃ 左右,并充分振摇,使与空气中氧分压接近平衡;从水温较低的水域或富营养化的湖泊中采集的水样,可遇到含有过饱和溶解氧,此时应将水样迅速升温至20℃左右,在水样瓶未充满的情况下,充分振摇,并时时开塞放气,以赶出过饱和的溶解氧;测定样品中含游离氯或结合氯时,向被测样品中加入相当质量的亚硫酸钠溶液使样品中游离氯或结合氯除去,注意避免亚硫酸钠加过量。

(2)测定　每次测定前应将电极电位洗至相对稳定。用葡萄糖-谷氨酸标准溶液($\rho=2\ 500$ mg/L)配制成含 BOD 0 mg/L、5 mg/L、10 mg/L、25 mg/L、50 mg/L 的标准系列,按由低到高的顺序依次进行测量,制备工作曲线(贮存在仪器中)。然后进行被测水样的测定。微处理器根据内存曲线、样品信号,可直接计算出测量结果。

5)注意事项

(1)进样时应避免输液管路进入气泡。

(2)勿使其他溶液漏入电极内参比溶液中,以免造成污染。

(3)测量过程中的进样浓度应从低到高,以减少回复到空白电位所需的时间。

(4)关机后再开机至少间隔 15 s,否则仪器不能正常工作。

(5)含有对微生物膜内菌种有毒害作用的高浓度杀菌剂、农药类、游离氯的废水不适用本方法。

2.5.4　总有机碳

总有机碳(TOC),是以碳的含量表示水体中有机物质总量的综合指标。TOC 的测定采用燃烧法,能将有机物全部氧化,它比 BOD_5 或 COD 更能直接表示有机物的总量,因此常常被用来评价水体中有机物污染的程度。

近年来,国内外已研制出各种类型的 TOC 分析仪。按工作原理不同,可分为燃烧氧化-非分散红外吸收法、电导法、气相色谱法、湿法氧化-非分散红外吸收法等。其中燃烧氧化-非分散红外吸收法只需一次性转化,流程简单、重现性好、灵敏度高,因此这种 TOC 分析仪广为国内外所采用。2009 年颁布的《水质　总有机碳的测定　燃烧氧化-非分散红外吸收法》(HJ 501—2009)适用于地表水、地下水、生活污水和工业废水中总有机碳的测定,检出限为0.1 mg/L,测定下限为 0.5 mg/L。

燃烧氧化-非分散红外吸收法测定 TOC 又分为差减法和直接法两种。

2.5.4.1　差减法

1)原理

将试样连同净化空气(干燥并除去二氧化碳)分别导入高温燃烧管(900～950℃)和低温反应管(150℃)中,经过高温燃烧管的水样受高温催化氧化,使有机化合物和无机碳酸盐均转化成为二氧化碳;经过低温反应管的水样受酸化而使无机碳酸盐分解成二氧化碳;其所生成的二氧化碳依次引入非色散红外检测器。由于一定波长的红外线可被二氧化碳选择吸收,在一定浓度范围内,二氧化碳对红外线吸收的强度与二氧化碳的浓度成正比,故可对水样总碳(total carbon,TC)和无机碳(inorganic carbon,IC)进行定量测定。总碳与无机碳的差值,即为总有机碳。

2)测定要点

(1)邻苯二甲酸氢钾($KHC_8H_4O_4$)作为水中有机物的标准试剂,无水碳酸钠(Na_2CO_3)

和碳酸氢钠($NaHCO_3$)作为水中无机物的标准试剂。通常要求两类试剂均先配制成浓度为400 mg/L(以 C 计)的贮备液。临用前由标准贮备液稀释配制成浓度为 100 mg/L 的标准溶液。

(2)由标准溶液逐级稀释配制不同浓度的有机物、无机物标准系列溶液,用微量注射器分别准确吸取注入燃烧管和反应管,根据吸收峰峰高与对应浓度的关系,绘制标准工作曲线。

(3)经酸化的水样,在测定前应以氢氧化钠溶液中和至中性,用 50.00 μL 微量注射器准确吸取混匀的水样 20.0 μL,注入总碳燃烧管和无机碳反应管,测定记录仪上出现相应的吸收峰峰高或峰面积,根据 TC 和 IC 峰高可由标准工作曲线和计算公式得到水样的 TOC,或由仪器直接给出结果值。

2.5.4.2 直接法

1)原理

将水样酸化后曝气,将无机碳酸盐分解生成二氧化碳去除,再注入高温燃烧管中,可直接测定总有机碳。但由于在曝气过程中会造成水中挥发性有机物的损失而产生测定误差,因此其测定结果只是不可吹出的有机碳,而不是 TOC。本方法不适用于含挥发性有机物高的水样。

2)测定要点

(1)邻苯二甲酸氢钾($KHC_8H_4O_4$)作为水中有机物的标准试剂,通常要求先配制成浓度为 400 mg/L(以 C 计)的贮备液。临用前由标准贮备液稀释配制成浓度为 100 mg/L 的标准溶液。

(2)由标准溶液逐级稀释配制不同浓度的有机物标准系列溶液,用微量注射器分别准确吸取注入燃烧管,根据吸收峰峰高与对应浓度的关系,绘制标准工作曲线。

(3)将用硫酸酸化至 pH≤2 的约 25 mL 水样移入 50 mL 烧杯中{加酸量为每 100 mL 水样中加 0.04 mL 硫酸[1:1(V/V)],已酸化的水样可不再加},在磁力搅拌器上剧烈搅拌几分钟或向烧杯中通入无二氧化碳的氮气,以除去无机碳。吸取 20.0 μL 经除去无机碳的水样注入总碳燃烧管,测量记录仪上出现吸收峰峰高,所得 TC 峰高可由标准工作曲线或计算公式得到水样的 TOC。

2.5.4.3 注意事项

(1)当水中苯、甲苯、环己烷和三氯甲烷等挥发性有机物含量较高时,宜用差减法测定;当水中挥发性有机物含量较少而无机碳含量相对较高时,宜用直接法测定。

(2)当测定结果小于 100 mg/L 时,保留到小数点后 1 位;大于等于 100 mg/L 时,保留 3 位有效数字。

(3)空白试验检测的无二氧化碳水的 TOC 含量,测定值应不超过 0.5 mg/L。

(4)地表水中常见共存离子超过下列含量(mg/L)时,对测定有干扰,应做适当的前处理,以消除对测定的干扰影响:SO_4^{2-},400;Cl^-,400;NO_3^-,100;PO_4^{3-},100;S^{2-},100。水样含大颗粒悬浮物时,受水样注射器针孔的限制,测定结果往往不包括全部颗粒态有机碳。使用大进样孔的仪器时,水体颗粒物对测量精度和准确度有影响。

▶ 2.5.5 总需氧量

总需氧量（TOD）是指水中能被氧化的有机和无机物质，主要是有机物质在燃烧中变成稳定的氧化物时所需要的氧量，结果以 O_2 的 mg/L 表示。TOD 是采用燃烧法测定的，TOD 能反映几乎全部有机物质经燃烧后变成 CO_2、H_2O、NO、SO_2 等所需要的氧量，比 BOD、COD 和高锰酸盐指数更接近于理论需氧量值。

TOD 分析仪的测定原理是将一定量水样注入装有铂催化剂的石英燃烧管，通入含已知氧浓度的载气（氮气）作为原料气，水样中的还原性物质在 900℃ 下被瞬间燃烧氧化。测定燃烧前后原料气中氧浓度的减少量，可求得水样的总需氧量值。

TOD 仪与 TOC 仪相比，最大的不同在于 TOD 仪能精确控制载气的流量，进而可准确得到测定的实际消耗的氧量。

当水样中含有溶解氧或含有在高温催化条件下分解放出氧的物质时，均会干扰 TOD 的准确测定，使测定值偏低。

TOD 和 TOC 的比例关系可判断有机物的种类，从理论上说，TOD＝2.67TOC。若某水样的 TOD/TOC 为 2.67 左右，可认为主要是含碳有机物；若 TOD/TOC＞4.0，水中可能存在大量含 S、P 的有机物存在；若 TOD/TOC＜2.6，可能含有较高的硝酸盐和亚硝酸盐，在高温和催化条件下分解放出氧，从而使得 TOD 测定值偏低。

▶ 2.5.6 挥发酚类

酚类化合物主要来自炼油、煤气洗涤、炼焦、造纸、合成氨、木材防腐和化工等废水。酚类为原生质毒，属高毒物质。酚的取代程度越高，其毒性越大。酚会侵害人体的细胞原浆，使细胞失活，直至引起全身中毒。人体摄入一定量时，可出现急性中毒症状；长期饮用被酚污染的水，可引起头昏、出疹、瘙痒、贫血及各种神经系统症状。水中含低浓度（0.1～0.2 mg/L）酚类时，可使生长在污染区域的鱼类肉质有异味，高浓度（＞5 mg/L）时则造成中毒死亡。含酚浓度高的废水不宜用于农田灌溉，否则，会使农作物枯死或减产。水中含微量酚类，在加氯消毒时，可产生特异的氯酚臭。

水中酚类化合物包括一系列酚的衍生物，根据酚类能否与水蒸气一起蒸出，分为挥发酚和不挥发酚。挥发酚通常是指沸点在 230℃ 以下的酚类，通常属一元酚，如苯酚、甲酚等；而沸点在 230℃ 以上的为不挥发酚，如苯二酚、硝基苯酚等。我国规定的各种水质指标中，酚类指标指的是挥发酚。

测定水中酚的方法较多，主要有滴定法、分光光度法和色谱法等。目前各国普遍采用的为 4-氨基安替比林光度法（HJ 503—2009），国际标准化组织颁布的测酚方法亦为此。地表水、地下水和饮用水宜用萃取分光光度法测定，检出限为 0.000 3 mg/L，测定下限为 0.001 mg/L，测定上限为 0.04 mg/L。工业废水和生活污水宜用直接分光光度法测定，检出限为 0.01 mg/L，测定下限为 0.04 mg/L，测定上限为 2.50 mg/L。

高浓度含酚废水可采用溴化滴定法（HJ 502—2009），此法适用于车间排放口或未经处理的总排污口废水，检出限为 0.1 mg/L，测定下限为 0.1 mg/L，测定上限为 45.0 mg/L。

对于质量浓度高于标准测定上限的样品,可适当稀释后进行测定。溴化滴定法的测定原理是在含过量溴(由溴酸钾和溴化钾所产生)的溶液中,酚与溴反应生成三溴酚,并进一步生成溴代三溴酚。在剩余的溴与碘化钾作用、释放出游离碘的同时,溴代三溴酚与碘化钾反应生成三溴酚和游离碘,用硫代硫酸钠溶液滴定释放出的游离碘,根据其消耗量,计算挥发酚的含量。

2.5.6.1　4-氨基安替比林直接光度法原理

酚类化合物于 pH 10.0 ± 0.2 的介质中,在有氧化剂铁氰化钾存在下,与 4-氨基安替比林反应,生成橙红色的吲哚酚安替比林染料,其水溶液在 510 nm 波长处有最大吸收。用光程长为 20 mm 比色皿测量时,酚的测定下限为 0.04 mg/L。

2.5.6.2　仪器

500 mL 全玻璃蒸馏器;分光光度计。

2.5.6.3　试剂

(1)无酚水:于每升蒸馏水中加入 0.2 g 经 200℃ 活化 0.5 h 的活性炭粉末,充分振摇后,放置过夜,用双层中速滤纸过滤。或加氢氧化钠使水呈强碱性,并滴加高锰酸钾溶液至紫红色,移入蒸馏瓶中加热蒸馏,收集馏出液备用。无酚水应贮于玻璃瓶中,取用时应避免与橡胶制品(橡皮塞或乳胶管)接触。本实验用水均应为无酚水。

(2)硫酸铜($CuSO_4 \cdot 5H_2O$)。

(3)磷酸溶液:量取 50 mL 磷酸($\rho = 1.69$ g/mL),用水稀释至 500 mL。

(4)甲基橙指示液:称取 0.05 g 甲基橙溶于 100 mL 水中。

(5)溴酸钾-溴化钾标准参考溶液[$c(1/6KBrO_3) = 0.1$ mol/L]:称取 2.784 g 溴酸钾($KBrO_3$)溶于水,加入 10 g 溴化钾(KBr),使其溶解,移入 1 000 mL 容量瓶中,稀释至标线。

(6)碘酸钾标准参考溶液[$c(1/6KIO_3) = 0.025\ 0$ mol/L]:称取预先经 180℃ 烘干的碘酸钾 0.8917 g 溶于水,移入 1 000 mL 容量瓶中,稀释至标线。

(7)硫代硫酸钠标准溶液[$c(Na_2S_2O_3 \cdot 5H_2O) \approx 0.012\ 5$ mol/L]:称取 3.1 g 硫代硫酸钠溶于煮沸放冷的水中,加入 0.2 g 碳酸钠,稀释至 1 000 mL,临用前,用碘酸钾溶液标定。

标定方法:分取 20.00 mL 碘酸钾溶液置于 250 mL 碘量瓶中,加水稀释至 100 mL,加 1 g 碘化钾,再加 5 mL 硫酸[1:5(V/V)],加塞,轻轻摇匀。置暗处放置 5 min,用硫代硫酸钠溶液滴定至淡黄色,加 1 mL 淀粉溶液,继续滴定至蓝色刚退去为止,记录硫代硫酸钠溶液用量。

按下式计算硫代硫酸钠溶液浓度(mol/L):

$$c(Na_2S_2O_3 \cdot 5H_2O) = \frac{0.025\ 0 \times V_2}{V_1}$$

式中:V_1 为硫代硫酸钠标准滴定溶液滴定用量,mL;V_2 为移取碘酸钾标准溶液量,mL;0.025 0 为碘酸钾标准溶液浓度,mol/L。

(8)淀粉溶液:称取 1 g 可溶性淀粉,用少量水调成糊状,加沸水至 100 mL,冷却后,置冰箱内保存。

(9)苯酚标准贮备液:称取 1.00 g 无色苯酚(C_6H_5OH)溶于水,移入 1 000 mL 容量瓶中,稀释至标线。放入 4℃ 冰箱内保存,至少稳定 1 个月。

贮备液的标定:吸取 10.00 mL 苯酚贮备液于 250 mL 碘量瓶中,加水稀释至 100 mL,加 10.00 mL 0.1 mol/L 溴酸钾-溴化钾溶液,立即加入 5 mL 浓盐酸,盖好瓶塞,轻轻摇匀,于暗处放置 15 min。加入 1 g 碘化钾,密塞,再轻轻摇匀,放置暗处 5 min。用 0.0125 mol/L 硫代硫酸钠标准溶液滴定至淡黄色,加入 1 mL 淀粉溶液,继续滴定至蓝色刚好退去,记录用量。同时以水代替苯酚贮备液做空白试验,记录硫代硫酸钠标准溶液用量。

苯酚贮备液浓度由下式计算:

$$苯酚标准液浓度(mg/mL) = \frac{(V_3 - V_4) \times c \times 15.68}{V}$$

式中:V_3 为空白试验中消耗的硫代硫酸钠标准溶液体积,mL;V_4 为滴定苯酚贮备液时消耗的硫代硫酸钠标准溶液体积,mL;V 为苯酚贮备液体积,mL;c 为硫代硫酸钠标准溶液浓度,mol/L;15.68 为摩尔质量($1/6C_6H_5OH$),g/mol。

(10)苯酚标准中间液:取适量苯酚贮备液,用水稀释至每毫升含 0.010 mg 苯酚。使用时当天配制。

(11)缓冲溶液(pH 约为 10):称取 20 g 氯化铵(NH_4Cl)溶于 100 mL 氨水中,加塞,置冰箱中保存。应避免氨挥发所引起 pH 的改变,注意在低温下保存和取用后立即加塞盖严,并根据使用情况适量配制。

(12)2%(m/V)4-氨基安替比林溶液:称取 4-氨基安替比林($C_{11}H_{13}N_3O$)2.0 g 溶于水,稀释至 100 mL,必要时进行提纯,收集滤液后置于冰箱中保存,可使用 1 周。固体试剂易潮解、氧化,宜保存在干燥容器中。

(13)8%(m/V)铁氰化钾溶液:称取 8 g 铁氰化钾{$K_3[Fe(CN)_6]$}溶于水,稀释至 100 mL,置于冰箱内保存,可使用 1 周。

2.5.6.4 测定步骤

(1)水样保存 用玻璃仪器采集水样,水样采集后应用淀粉-碘化钾试纸现场检查有无游离氯等氧化剂存在,若试纸变蓝,应及时加入过量的硫酸亚铁去除。采集后的样品应及时加磷酸酸化至 pH=4.0,并加入适量硫酸铜(1 g/L)以抑制微生物对酚类的生物氧化作用,同时应冷藏(4℃以下),在采集后 24 h 内进行测定。

(2)水样预处理 量取 250 mL 水样于蒸馏瓶中,加 25 mL 水,加数粒小玻璃珠以防暴沸,再加 2 滴甲基橙指示液,用磷酸溶液调节至 pH=4(溶液呈橙红色),若试样未显橙红色,则需继续补加磷酸溶液。连接冷凝器,加热蒸馏,至馏出液为 250 mL 为止。蒸馏过程中,如发现甲基橙的红色退去,应在蒸馏结束后,再加 1 滴甲基橙指示液。如发现蒸馏后残液不呈酸性,则应重新取样,增加磷酸加入量,进行蒸馏。

(3)标准曲线的绘制 于一组 8 支 50 mL 比色管中,分别加入 0 mL、0.50 mL、1.00 mL、3.00 mL、5.00 mL、7.00 mL、10.00 mL、12.50 mL 酚标准中间液[$c(C_6H_5OH) = 10.0$ mg/L],加水至 50 mL 标线。加 0.5 mL 缓冲溶液,混匀,此时 pH 为 10.0±0.2,加 4-氨基安替比林溶液 1.0 mL,混匀。再加 1.0 mL 铁氰化钾溶液,充分混匀后,放置 10 min 后,立即于 510 nm 波长,用光程为 20 mm 比色皿,以水为参比,测量吸光度。经空白校正后,绘制吸光度对苯酚含量(mg)的标准曲线。

(4)水样的测定 分取适量的馏出液放入 50 mL 比色管中,稀释至 50 mL 标线。用与绘制标准曲线相同步骤测定吸光度,最后减去空白试验所得吸光度。

(5)空白试验　以水代替水样,经蒸馏后,按水样测定步骤进行测定,以其结果作为水样测定的空白校正值。

2.5.6.5　结果计算

水样中挥发酚(以苯酚计)的质量浓度按下式计算:

$$\rho(挥发酚,mg/L) = \frac{m}{V} \times 1\,000$$

式中:m 为由水样的校正吸光度,从标准曲线上查得的苯酚含量,mg;V 为移取馏出液体积,mL;1 000 为单位换算系数。当计算结果小于 1 mg/L 时,保留到小数点后 3 位;大于等于 1 mg/L 时,保留 3 位有效数字。

2.5.6.6　注意事项

(1)如水样含挥发酚较高,移取适量水样并加至 250 mL 进行蒸馏,则在计算时应乘以稀释倍数。由于酚类化合物的挥发速度是随馏出液体积而变化,因此,馏出液体积必须与试样体积相等。

(2)当水中酚的质量浓度高于 0.5 mg/L 时,可直接在波长 510 nm 处进行吸光度测定,用标准曲线法定量。当水中酚质量浓度低于 0.5 mg/L 时,可将生成的橙红色染料用三氯甲烷萃取,然后在波长 460 nm 处以三氯甲烷为参比,用光程长为 30 mm 比色皿进行吸光度测定,萃取法检测下限为 0.001 mg/L,测定上限为 0.04 mg/L。此外,在直接光度法中,有色络合物不够稳定,应在 30 min 内测定完毕。氯仿萃取法有色络合物可稳定 3 h。

(3)4-氨基安替比林的质量直接影响空白试验的吸光度值和测定结果的精密度。必要时,可按下述步骤进行提纯。将 100 mL 配制好的 4-氨基安替比林溶液置于干燥烧杯中,加入 10 g 硅镁型吸附剂(弗罗里硅土,60～100 目,600℃烘制 4 h),用玻璃棒充分搅拌,静置片刻,将溶液在中速定量滤纸上过滤,收集滤液,置于棕色试剂瓶内,于 4℃下保存。也可使用其他方法提纯 4-氨基安替比林溶液,采用上述方法或其他方法提纯,应对提纯效果进行验证,使方法的检出限、精密度和准确度符合要求。

(4)氧化剂、油类、硫化物、有机或无机还原性物质和苯胺类干扰酚的测定,应在预蒸馏前去除。

▶ 2.5.7　油类

油类物质是一种有黏性、可燃、密度比水小,不与水混溶但可溶于乙醇、正己烷、氯仿等有机溶剂的液态或半固态物质。因此,可借助合适的有机溶剂从水中将油类物质萃取出来。水中的油类物质主要有矿物油和动植物油两大类,前者来自天然石油及其炼制产品,主要成分为碳氢化合物;后者主要来自动物、植物和海洋生物及其加工产品,主要由各种三酰甘油等组成,并含有少量的低级脂肪酸酯、磷酸酯等。

水中的矿物油主要来自加工和运输及多种炼制油的使用行业;水中的动植物油主要来自肉类加工厂、生活污水等。漂浮于水体表面的油会在水面上形成油膜,影响空气与水体界面氧的交换,使水中浮游生物的生命活动受到抑制,甚至死亡;分散于水中的油则会被微生物氧化分解,消耗水中的溶解氧,使水质恶化。此外,矿物油中所含的芳烃类具有较大的毒性。

目前,水中油类物质的测定方法大致分为两类:一类是用重量法测定,另一类是根据油品对光的吸收特性,采用光度法进行测定,其中包括紫外分光光度法、红外分光光度法、非分散红外光度法、荧光法、比浊法、气相色谱法等。无论采用哪种测定方法,测试之前都需要进行水样中油类物质的萃取步骤,常用的萃取溶剂有石油醚、己烷、三氯三氟乙烷和四氯化碳等非极性或弱极性的溶剂。不同的测定方法对萃取溶剂有特殊的选择性,以避免溶剂对后续测试的干扰。

在各种测定方法中,重量法是常用的分析方法,它不受油品种限制。基本原理是以硫酸酸化水样,用石油醚萃取矿物油,蒸除石油醚后,称其重量。但操作繁杂,灵敏度低,只适于测定 10 mg/L 以上的含油水样,方法的精密度随操作条件和熟练程度的不同差别很大。

非分散红外法的基本原理是利用油类物质的甲基(—CH_3)、亚甲基(—CH_2—)对近红外波数为 2 930 cm^{-1}(或波长为 3.4 μm)的光有特征吸收,用非分散红外吸收测油仪测定。该法适用于测定 0.02 mg/L 以上的含油水样,当油品的比吸光系数较为接近时,测定结果的可比性好;但含甲基、亚甲基的有机物质都会产生干扰,尤其当水样中含有大量芳烃及其衍生物时,测定结果的误差较大。

紫外分光光度法(HJ 970—2018)基本原理是油在紫外光区有特征吸收,由峰高定量。带有苯环的芳香族化合物的主要吸收波长为 250～260 nm;带有共轭双键的化合物主要吸收波长为 215～230 nm。一般原油的两个吸收峰波长为 225 nm 和 254 nm。轻质油及炼油厂的油品可选 225 nm,方法检出限为 0.01 mg/L,测定下限为 0.04 mg/L。紫外分光光度法操作简单,灵敏度高,适于地表水、地下水和海水中石油类的测定,不同油类要选择不同波长且标准油品的取得较困难,数据可比性较差。

红外分光光度法适用于工业废水和生活污水中石油类和动植物油类的测定。样品体积为 500 mL,萃取液体积为 50 mL,使用光程为 4 cm 的比色皿时,方法检出限为 0.06 mg/L,测定下限为 0.24 mg/L。该方法不受油品种的影响,能比较准确地反映水中油类的污染程度,所得结果可靠性好,该方法已成为标准分析方法(HJ 637—2018)。

2.5.7.1 红外分光光度法原理

水样在 pH≤2 的条件下用四氯乙烯萃取后,测定油类;将萃取液用硅酸镁吸附去除动植物油类等极性物质后,测定石油类。油类和石油类的含量均由波数分别为 2 930 cm^{-1}(CH_2 基团中 C—H 键的伸缩振动)、2 960 cm^{-1}(CH_3 基团中 C—H 键的伸缩振动)和 3 030 cm^{-1}(芳香环中 C—H 键的伸缩振动)处的吸光度 $A_{2\,930}$、$A_{2\,960}$ 和 $A_{3\,030}$,根据校正系数进行计算。动、植物油类的含量为油类与石油类含量之差。

2.5.7.2 仪器

红外测油仪或红外分光光度计;1 000 mL 分液漏斗;水平振荡器;玻璃漏斗;采样瓶(500 mL 广口玻璃瓶);25 mL、50 mL 比色管;50 mL 锥形瓶。

2.5.7.3 试剂

(1)盐酸(HCl)(ρ=1.19 g/mL,优级纯):盐酸溶液[1:1(V/V)]。

(2)四氯乙烯(C_2Cl_4):以干燥 4 cm 空石英比色皿为参比,在 2 800～3 100 cm^{-1} 使用 4 cm 石英比色皿测定四氯乙烯,2 930 cm^{-1}、2 960 cm^{-1}、3 030 cm^{-1} 处吸光度应分别不超过 0.34、0.07、0。

（3）正十六烷（$C_{16}H_{34}$）：色谱纯。

（4）异辛烷（C_8H_{18}）：色谱纯。

（5）苯（C_6H_6）：色谱纯。

（6）无水硫酸钠（Na_2SO_4）：置于马弗炉内 550℃下加热 4 h，冷却后装入磨口玻璃瓶中，置于干燥器内贮存。

（7）硅酸镁（$MgSiO_3$）：60～100 目。取硅酸镁于瓷蒸发皿中，置高温炉内 550℃加热 4 h，稍冷后，移入干燥器中冷却至室温。称取适量的干燥硅酸镁于磨口玻璃瓶中，根据干燥硅酸镁的质量，按 6%(m/m)的比例加适量的蒸馏水，密塞并充分振荡，放置约 12 h 后使用，于磨口玻璃瓶内保存。

（8）玻璃棉：使用前，将玻璃棉用四氯乙烯浸泡洗涤，晾干备用。

（9）正十六烷标准贮备液（$\rho \approx 10\ 000$ mg/L）：称取 1.0 g(准确至 0.1 mg)正十六烷于 100 mL 容量瓶中，用四氯乙烯定容，摇匀。0～4℃冷藏、避光可保存 1 年。

（10）正十六烷标准使用液（$\rho = 1\ 000$ mg/L）：将正十六烷标准贮备液用四氯乙烯稀释定容于 100 mL 容量瓶中。

（11）异辛烷标准贮备液（$\rho \approx 10\ 000$ mg/L）：称取 1.0 g(准确至 0.1 mg)异辛烷于 100 mL 容量瓶中，用四氯乙烯定容，摇匀。0～4℃冷藏、避光可保存 1 年。

（12）异辛烷标准使用液（$\rho = 1\ 000$ mg/L）：将异辛烷标准贮备液用四氯乙烯稀释定容于 100 mL 容量瓶中。

（13）苯标准贮备液（$\rho \approx 10\ 000$ mg/L）：称取 1.0 g(准确至 0.1 mg)苯于 100 mL 容量瓶中，用四氯乙烯定容，摇匀。0～4℃冷藏、避光可保存 1 年。

（14）苯标准使用液（$\rho = 1\ 000$ mgL）：将苯标准贮备液用四氯乙烯稀释定容于 100 mL 容量瓶中。

（15）石油类标准贮备液（$\rho \approx 10\ 000$ mg/L）：按 65：25：10($V/V/V$)的比例，量取正十六烷、异辛烷和苯配制混合物。称取 1.0 g(准确至 0.1 mg)混合物于 100 mL 容量瓶中，用四氯乙烯定容，摇匀。0～4℃冷藏、避光可保存 1 年。

（16）石油类标准使用液（$\rho = 1\ 000$ mg/L）：将石油类标准贮备液用四氯乙烯稀释定容于 100 mL 容量瓶中。

（17）吸附柱：在内径 10 mm、长约 200 mm 的玻璃层析柱出口处填塞用四氯乙烯浸泡并晾干后的玻璃棉，将已处理好的硅酸镁缓缓倒入玻璃层析柱中，边倒边轻轻敲打，填充高度为 80 mm。

2.5.7.4 测定步骤

1）试样的制备

（1）油类试样的制备　将一定体积的水样全部倒入 1 000 mL 分液漏斗中，加盐酸酸化至 pH<2，用 50 mL 四氯乙烯洗涤样品瓶后移入分液漏斗中，充分振荡 2 min，并经常开启活塞排气，静置分层。用镊子取玻璃棉置于玻璃漏斗，取适量的无水硫酸钠铺在上面。打开分液漏斗旋塞，将下层有机相萃取液通过装有无水硫酸钠的玻璃砂芯漏斗放至 50 mL 比色管中。用适量四氯乙烯润洗玻璃漏斗，润洗液合并至萃取液中，用四氯乙烯定容至刻度。将上层水相全部转移至量筒，测量样品体积并记录。

（2）石油类试样的制备　有两种方法：①吸附柱法。取适量的萃取液通过硅酸镁吸附柱,弃去前约 5 mL 的滤出液,余下部分接入 25 mL 比色管中,用于测定石油类;②振荡吸附法。取 25 mL 萃取液,倒入装有 5 g 硅酸镁的 50 mL 磨口三角瓶。置于水平振荡器上,连续振荡 20 min,静置,将玻璃棉置于玻璃漏斗中,萃取液倒入玻璃漏斗过滤至 25 mL 比色管,用于测定石油类。

2)空白试样的制备

用实验用水加入盐酸溶液[1:1(V/V)]酸化至 pH≤2,按照试样的制备相同的步骤进行空白试样的制备。

3)测定

(1)样品测定 以四氯乙烯作参比溶液,将未经硅酸镁吸附的萃取液和硅酸镁吸附后滤出液转移至 4 cm 比色皿中,于 2 930 cm^{-1}、2 960 cm^{-1} 和 3 030 cm^{-1} 处分别测量其吸光度 $A_{2\,930}$、$A_{2\,960}$ 和 $A_{3\,030}$,计算油类和石油类的浓度,按油类与石油类含量之差计算动、植物油的含量。

(2)校正系数测定 分别量取 2.00 mL 正十六烷标准使用液、2.00 mL 异辛烷标准使用液和 10.00 mL 苯标准使用液于 3 个 100 mL 容量瓶中,用四氯乙烯定容至标线,摇匀。正十六烷、异辛烷和苯标准溶液的浓度分别为 20.0 mg/L、20.0 mg/L 和 100 mg/L。

分别测量正十六烷、异辛烷和苯标准溶液在 2 930 cm^{-1}、2 960 cm^{-1}、3 030 cm^{-1} 处的吸光度 $A_{2\,930}$、$A_{2\,960}$ 和 $A_{3\,030}$。将正十六烷、异辛烷和苯标准溶液在上述波数处的吸光度均服从于下式,由此得出的联立方程式经求解后,可分别得到相应的校正系数 X、Y、Z 和 F。

$$\rho = X \times A_{2\,930} + Y \times A_{2\,960} + Z(A_{3\,030} - A_{2\,930}/F)$$

式中:ρ 为四氯乙烯中油类的含量,mg/L;$A_{2\,930}$、$A_{2\,960}$ 和 $A_{3\,030}$ 为各对应波数下测得的吸光度;X、Y、Z 为与各种 C—H 键吸光度相对应的系数,mg/L/吸光度;F 为脂肪烃对芳香烃影响的校正因子,即正十六烷在 2 930 cm^{-1} 和 3 030 cm^{-1} 处的吸光度之比。

对于正十六烷和异辛烷,由于其芳香烃含量为零,即 $A_{3\,030} - A_{2\,930}/F = 0$,则有:

$$F = A_{2\,930}(H)/A_{3\,030}(H)$$
$$\rho(H) = X \times A_{2\,930}(H) + Y \times A_{2\,960}(H)$$
$$\rho(I) = X \times A_{2\,930}(I) + Y \times A_{2\,960}(I)$$

由上述公式可得 F、X 和 Y 值。

对于苯,则有:

$$\rho(B) = X \times A_{2\,930}(B) + Y \times A_{2\,960}(B) + Z(A_{3\,030}(B) - A_{2\,930}(B)/F)$$

由此可得 Z 值。式中代码 H 为正十六烷;I 为异辛烷;B 为苯。

4)空白试验

以空白试样代替试样,按照与测定相同步骤进行测定。

2.5.7.5 结果计算

(1)油类和石油类浓度的计算 样品中油类或石油类的质量浓度(mg/L)按下式计算:

$$\rho = [X \times A_{2\,930} + Y \times A_{2\,960} + Z(A_{3\,030} - A_{2\,930}/F)]$$
$$\times \frac{V_0 \times D}{V_w} - \rho_0$$

式中：X、Y、Z 为校正系数；$A_{2\,930}$、$A_{2\,960}$ 和 $A_{3\,030}$ 为各对应波数下测得萃取液的吸光度；V_0 为萃取溶剂体积，mL；V_w 为水样体积，mL；D 为萃取液稀释倍数；ρ_0 为空白样品中油类或石油类的浓度，mg/L。

（2）动植物油浓度的计算　水样中动植物油的质量浓度按下式计算：

$$\rho = \rho_{(油类)} - \rho_{(石油类)}$$

测定结果小数点后位数的保留与方法检出限一致，最多保留 3 位有效数字。

2.5.7.6　注意事项

（1）同一批样品测定所使用的四氯乙烯应来自同一瓶，如样品数量多，可将多瓶四氯乙烯混合均匀后使用。

（2）所有使用完的器皿均置于通风橱内挥发完后再清洗。

（3）对于动植物油类含量＞130 mg/L 的废水，萃取液需要稀释后再按照试样的制备步骤操作。

▶ 2.5.8　特定有机污染物

除了上面提到的有机污染物外，水体中还存在痕量的毒性大、蓄积性强、难降解、被列为优先污染物的有机化合物，种类繁多，包括苯系物、挥发性卤代烃、氯苯类化合物等。水中有机物的分析主要是采用气相色谱法(GC)或高效液相色谱法(HPLC)以及近些年逐渐普及的气相色谱-质谱法(GC-MS)和液相色谱-质谱法(LC-MS)。色谱法是一类重要的分离测定多组分混合物极其有效的分析方法。它基于不同物质在相对运动的两相中具有不同的分配系数，当这些物质随流动相移动时，就在两相之间进行反复多次分配，使原来分配系数只有微小差异的各组分得到很好的分离，依次送入检测器测定，达到分离、分析各组分的目的。对于不同的分析对象，只要选择合适的流动相和固定相，就可以达到分离的目的。色谱法的分类方法较多，常按两相所处的状态来分。用气体（如氮气、氢气或氦气）作为流动相时，称为气相色谱(gas chromatography，GC)，用液体（如甲醇、乙腈）作为流动相时，称为液相色谱(liquid chromatography，LC)。

2.5.8.1　色谱法基本原理

试样中各组分经色谱柱分离后，随流动相依次流出色谱柱，经过检测器转换为电信号，由记录器记录下来，得到一条各组分响应信号随时间变化曲线，如图 2-13 所示，称为色谱流出曲线，又称色谱图。

当色谱柱只有载气通过时，检测器响应信号的记录称为基线；不被固定相吸附或溶解的物质进入色谱柱时，从进样到出现峰极大值所需的时间，相当于纯载气通过色谱柱所需的时间称为死时间(t_0)。从进样开始到某组分从柱中流出呈现浓度极大值所经历的时间，称为该组分的保留时间(t_R)。保留时间扣除死时间，为该组分的调整保留时间(t_R')。保留时间与物质的性质有关，它是气相色谱定性分析的依据。在色谱中，由于压力和流速的微小波动，造成保留时间的波动，给色谱的定性带来一定困难和偏差。保留时间乘以流动相的流速可得到保留体积。不被固定相吸附或溶解的物质进入色谱柱时，从进样到出现峰极大值所通过的流动相体积为死体积(V_0)；样品从进样开始到柱后出现峰极大值所需的流动相的体积,相当于样品到达柱末端检测器所通过的流动相体积为保留体积(V_R)。保留体积扣除死体积,为该组分的调整保留体积(V_R')。为了更准确定性,引入相对保留值 r 的概念,即组分2的调整保留时间与组分1的调整保留时间的比值为相对保留值。

$$r_{21} = t_{R2}'/t_{R1}' = V_{R2}'/V_{R1}'$$

由于相对保留值只与柱温和固定相有关,与柱径、柱长、填充情况及流动相流速无关,只要固定相类型、载气类型和柱温相同,相对保留值就可以作为实验室间相比较的数据,因而它是气相色谱中广泛使用的定性数据之一。

每个色谱峰最高点与基线之间的距离称为峰高(h);色谱峰拐点处的两条切线与基线的两个交点之间的距离称为峰宽(W_h);峰高一半处对应的峰宽为半峰宽($W_{\frac{1}{2}h}$)。每个组分的流出曲线和基线间所包含的面积称为峰面积(A),对一个规则的对称峰,$A = 1.065 \times W_{\frac{1}{2}h} \times h$;峰高和峰面积的大小与每个组分的含量高低有关,它们是气相色谱定量分析的依据。

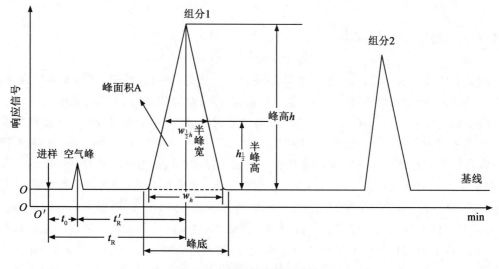

图 2-13　气相色谱流出曲线

（改绘自:许国旺.分析化学手册:气相色谱分析.2016）

2.5.8.2　气相色谱法

气相色谱法主要用于低分子质量、易挥发、热稳定有机化合物的分析。该方法选择性高,对性质极为相似的同分异构体等有很强的分离能力;分辨率高,可以分离沸点十分接近、且组成复杂的混合物;灵敏度高,高灵敏度的检测器可检测出 $10^{-14} \sim 10^{-11}$ g 的痕量物质;分析速度快,且样品用量少。

1）气相色谱流程

气相色谱仪包括 5 个基本部分:气路系统、进样系统、分离系统、检测系统和数据处理系统,基本构造见图 2-14。气相色谱仪的基本工作流程为:载气由高压钢瓶供给,经减压、干燥、净化和测量流量后进入汽化室,携带由汽化室进样口注入并迅速汽化为蒸汽的试样进入色谱柱,经分离后的各组分依次进入检测器,将浓度或质量信号转换成电信号,经阻抗转换和放大,送入记录仪记录色谱图。

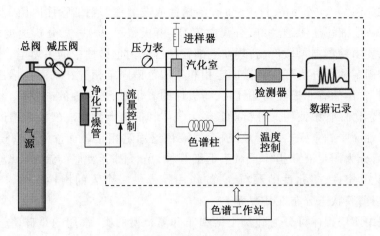

图 2-14　气相色谱仪流程示意图

(1)气路系统　气路系统包括气体、气体净化管、气体流量控制。常用的气体有氮气、氢气和空气等。载气由高压钢瓶或其他高压气源经减压阀进入净化及干燥管,再经稳压阀、稳流阀后以一定的流速通过汽化室、色谱柱、检测器,最后被放空。

(2)进样系统　将样品定量地引入色谱系统,使之瞬间汽化,并用载气将汽化样品快速带入色谱柱。填充柱系统进样系统包括进样器和汽化室。进样器可分为注射器进样和阀进样。为了提高进样的重复性,自动化进样技术(液体自动进样、顶空进样、吹扫-捕集、热脱附进样)被越来越多地采用。

毛细管柱气相色谱仪的进样系统和检测系统均与填充柱系统不同。常用的进样方式有:分流进样、分流/不分流进样、柱头进样、直接进样、程序升温汽化进样等。尽管每种进样系统设计原理不同,但均是为了有效地抑制进样峰展宽,避免进样歧视效应以及保持毛细管柱的高分离效能。典型配置氢火焰离子化检测器(FID,hydrogen flame ionization detector)的毛细管柱气相色谱仪气路系统和进样系统如图 2-15 所示。

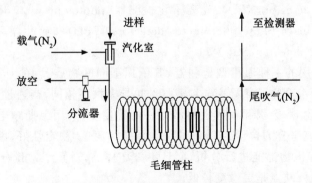

图 2-15　毛细管柱色谱的气路系统和进样系统

(引自:朱鹏飞,陈集.仪器分析教程.2016)

(3)分离系统　分离系统主要包括色谱柱和温控系统。色谱柱是色谱仪的核心部件,决定了色谱的分离性能。色谱柱可分为填充柱和毛细管柱两类,都是由固定相和柱管构成。

常用的填充柱为内径 2~4 mm、长 1~3 m 不锈钢或玻璃柱。毛细管柱内径 0.1~0.5 mm、柱长 15~60 m;毛细管柱渗透性好、分离效率高(塔板数可达 10^6)、分析速度快,但柱容量低、进样量小、要求检测器灵敏度高;现在毛细管柱已成为色谱柱中的主力军。

气相色谱固定相可分为气固色谱固定相和气液色谱固定相。在气固色谱法中作为固定相的是吸附剂,常用的有非极性的活性炭、弱极性的氧化铝、强极性的硅胶等,经活化处理后直接填充到空色谱柱管中使用。分析对象多为气体和低沸点物质。气液色谱固定相由于有较大的可选择性而受到重视。对于填充柱,气液色谱固定相是表面涂渍一薄层固定液的细颗粒固体,故可分为固定液和担体。对于毛细管柱,是将固定液直接涂在管壁上。担体(载体)应是一种化学惰性、多孔性的颗粒,它的作用是提供一个大的惰性表面,用以承担固定液,使固定液以薄膜状态分布在其表面上。

气液色谱中所用担体可分为硅藻土型和非硅藻土型两类,常用的是硅藻土型担体。固定液的分离特征是选择固定液的基础。固定液的选择,一般根据"相似相溶"原理进行,即固定液的性质和被测组分有某些相似性时,其溶解度就大。如果组分与固定液分子性质(极性)相似,固定液和被测组分两种分子间的作用力就强,被测组分在固定液中的溶解度就大,分配系数就大,也就是说,被测组分在固定液中溶解度或分配系数的大小与被测组分和固定液两种分子之间相互作用的大小有关。

温控系统主要用来控制柱温箱、汽化室和检测器的温度。升、降温的速度、温度控制精度对分析通量和重复性均有较大的影响。

(4)检测系统　检测系统是检测经色谱柱分离的组分。组分在检测器中被测量并转化成电信号,经微电流放大器放大后送到数据处理系统。气相色谱检测器可分为质量型检测器和浓度型检测器两类。质量型检测器的响应值仅与单位时间进入检测器的组分质量成正比,而与载气的量无关,氢火焰离子化检测器(flame ionization detector,FID)和火焰光度检测器(flame photometric detector,FPD)属于此类。浓度型检测器的响应值与组分在载气中的浓度成正比,热导检测器(thermal conductivity detector,TCD)和电子捕获检测器(electron capture detector,ECD)属于此类。此外,通常的气相色谱检测器还包括氮磷检测器(nitrogen phosphorus detector,NPD)、光离子化检测器(photoionization detector,PID)、脉冲火焰光度检测器(pulsed-flame photometer detector,PFPD)和硫化学发光检测器(sulfur chemilucminescence detector,SCD)等。

TCD 是广泛使用的一种通用型检测器,其依据不同的物质具有不同的热导率,当被测组分与载气混合后,混合物的热导率与纯载气的热导率大不相同,当通过热导池池体的气体组成及浓度发生变化时,会引起池体上热敏元件的温度变化,用惠斯顿电桥测量,就可由所得信号的大小求出该组分的含量。TCD 的特点是结构简单、稳定性好、灵敏度适宜、线性范围宽,对无机物和有机物都能进行分析,而且不破坏样品,适宜于常量分析及含量在 10^{-5} g 以上的组分分析,主要缺点是灵敏度较低。

FID 只对碳氢化合物产生信号,是应用最广泛的一种检测器。它的特点是灵敏度高、稳定性好、响应快、线性范围宽,对载气流及温度波动不敏感,适合于痕量有机物的分析。但样品被破坏,无法进行收集,不能检测惰性气体以及 H_2O、H_2S 和 NH_3 等。FID 检测原理是:在外加电场作用下,氢气在空气中燃烧,形成微弱的离子流。当载气带着有机物样品进入氢火焰中时,有机物与 O_2 进行化学电离反应,所产生的正离子被外加电场的负极收集,电子被正极捕获,形成微弱的电流信号,经放大器放大,由记录仪绘出色谱峰。

ECD是一种选择性检测器,它仅对有电负性的物质响应信号。灵敏度很高,特别适用于分析痕量卤代烃、硫化物、金属离子的有机螯合物、农药等。它的检测原理是:载气在β射线的照射下,电离出电子,其中一部分被样品中的电负性组分所捕获,使得由于载气电离而形成的基态电流减少。各组分的电负性及浓度不同,所捕获的电子量也有所差异,可以根据各组分所引起的电流减少量获得相应的检测信号。

FPD是一种高灵敏度,仅对含硫、磷的有机物产生响应的高选择性检测器,适用于分析含硫、磷的农药及环境样品中含硫、磷的有机污染物。它的检测原理是:在富氢火焰中,含硫、磷有机物燃烧后分别发出特征的蓝紫色光和绿色光,经滤光分光系统,再由光电倍增管测量特征光的强度变化,在394 nm可检测硫的含量,在526 nm可检测磷的含量。

(5)数据处理系统　数据处理系统是处理检测器输出的信号,给出分析结果。目前气相色谱仪主要采用色谱数据工作站。现代色谱工作站功能强大,可以控制多台仪器,具有编辑方法、采集数据、完成后续的积分、定量等功能。

2)气相色谱分析条件的选择

气相色谱分析条件的选择包括载气种类与流速、担体种类和粒度、固定液种类和用量、柱长、柱径和柱型、汽化室温度、柱温、进样量和进样时间等。

(1)载气选择　载气应根据所用检测器类型,对柱效能和分析时间的影响等因素选择。同时,还需考虑载气的安全性、经济性以及是否容易获得等因素。填充柱气相色谱仪多用氮气作载气,如:对热导检测器,应选热导率较大的氢气或氦气,有利于提高检测灵敏度;对氢火焰离子化检测器,须严格控制载气和检测器气体中碳氢化合物含量;电子捕获检测器须除去载气中电负性较强的杂质,一般选氮气;载气流速小,宜选用分子量较大和扩散系数小的载气,如氮气和氩气,反之,应选用分子质量小和扩散系数大的载气,如氢气,以提高柱效。当载气流速大时,各组分的保留时间差别小,可能会造成分离效果差;当载气流速小时,各组分的保留时间差别大,通常分离效果会好。选择合适的载气流速,可提高色谱柱的分离效能,缩短分析时间。

(2)担体和固定液选择　担体粒度细小均匀,比表面较大,可提高柱效,但如果担体粒度过于细小,柱内阻力将变得很大,必须大大提高柱压才能保证获得适当的载气流速。但其容易引起管线接头漏气,从而无法正常工作。对于填充柱,担体粒度一般取60～80目或80～100目为宜。对于固定液种类和用量选择一般要求固定液能使样品中各组分均有不同的较大的分配系数,对担体有良好的浸润性,同时还要求固定液沸点高、稳定性好等。

(3)固定相的选择　根据所分析组分性质的不同,选择不同种类的色谱柱固定相,现在已有上千种固定相,而且还在不断增加。固体固定相的保留和选择性取决于两个因素:材料的化学结构或极性(即表面官能团的类型和数目)和几何结构(孔结构和分布,也即比表面积)。如 Porapak S 和 Chromosorb 102 在气体分析中用得最多。液体固定相可考虑利用优选固定相,如填充柱中,常用的有:①甲基硅氧烷(OV-101、SE-30 等);②50%苯基甲基硅氧烷(OV-17);③Carbowax 20M;④中等氰基含量的氰基相(OV-275、SP-2300、Silar 5CP);⑤50%三氟丙基硅氧烷(如 OV-202、SP-2401)。对毛细管色谱,常用的有:①甲基硅氧烷;②Carbowax 20M;③氰丙基硅氧烷或三氟丙基硅氧烷。具体选择原则可参考相关色谱分析手册。柱长越长,越有利于分离。但增加柱长,会增加柱成本,延长分析时间,增大柱内阻力,因此应在保证分离良好前提下尽可能缩短柱长。柱内径太大,不易填充均匀,导致柱效下降;柱内径太小,固定相填充太少,分离效果差。

(4)温度选择　汽化温度应以能使待测样品中所有组分迅速汽化而又不产生分解为准,并不一定要高于被测组分的沸点,但通常要比柱温高 30～100℃。在保证样品不分解的前提下,汽化室温度略高一些更好。柱温是气相色谱分析中最重要的操作条件之一,对分离效果和分析速度有明显影响。在不超过固定相最高使用温度的前提下,一般而言,提高柱温可提高柱效,但柱温过高又会使组分间不易分离,而柱温过低会使分析时间增长。因此要在保证各待测组分良好分离的情况下选择合适的柱温。当待分析组分为沸点范围很宽的混合物时,可采用程序升温的方法,使低、高沸点的组分都能得到很好的分离。

(5)进样量选择　气相色谱分析的进样量应控制在峰高或峰面积与进样量呈线性关系的范围内。若进样量太大,会出现重叠峰、平顶峰,无法进行正常分析;若进样量太小,则有的组分不能出峰。进样量通常由实验效果来确定,液样一般取 0.1～5 μL,气样一般取 0.1～10 mL。进样时间必须很快,最好在 0.5 s 内完成。如果进样速度慢,试样的起始宽度增大,峰形会严重展宽,影响分离效果,甚至还会产生不出峰的现象。

3)气相色谱的定性和定量分析

(1)定性分析　色谱峰的保留时间是定性的依据,也就是说,色谱流出曲线中的一个峰代表一个物质。为了确定色谱图中某一未知色谱峰所代表的组分,可选择一系列与未知组分相接近的标准纯物质,依次进样,当某一纯物质的保留时间与未知色谱峰的保留时间相同时,可初步确定该未知峰所代表的组分。这种定性方法称为已知标准物与未知峰直接对照法,在气相色谱定性分析中是最简便、最可靠的定性手段。此外,还可以利用保留值的经验规律、利用化学方法或其他仪器分析手段(如气质联用仪)配合进行定性。

(2)定量分析　在对待测峰进行准确定性的前提下,可事先将标准物质配成一系列不同的浓度进样测定,以峰高或峰面积对浓度做标准曲线,根据标准工作曲线计算出待测组分的峰高或峰面积所对应的含量,这种方法称为标准曲线法或外标法。此外,还可以用内标法或归一化法进行定量分析。

2.5.8.3　液相色谱法

高效液相色谱法(high performance liquid chromatography, HPLC)是在气相色谱的基础上发展起来的,因此,气相色谱的基本概念和理论、定性定量方法等也基本上适用于高效液相色谱。但液相色谱法又有其独到之处。首先,气相色谱法要求被测样品能够汽化,否则需要采用裂解、硅烷化、酯化等方法前处理。而高效液相色谱法只要求试样能够配制成溶液,无须汽化。其次,气相色谱中,流动相不与样品分子发生作用,仅靠选择固定相。液相色谱中两相(固定相、流动相)都与样品分子发生相互作用,这就对分离的控制和改善又提供了一个可变因素。再次,液相色谱通常在室温下进行分离,较低的温度有利于色谱分离。另外,气相色谱的废气被排空放掉,而液相色谱的废液易于进行回收。

高效液相色谱法不受样品挥发性的限制,特别适用于分析挥发性低、热稳定性差、分子量大的有机化合物及离子型化合物。其方法特点是:①高压,为了使液体能迅速通过色谱柱,必须对流动相施加高压,进样压力可达 15～35 MPa;②高速,分析一个样品仅需几分钟至几十分钟;③高效,液相色谱柱的柱效比气相色谱柱还要高,有时一根柱子可以分离100 种以上的组分;④高灵敏度,如紫外检测器的最小检测量可达 10^{-9} g,荧光检测器的灵敏

度可达 10^{-11} g,且微升数量的样品即可满足分析要求。

高效液相色谱仪工作流程如图 2-16 所示。主要由流动相输送系统、进样系统、分离系统(色谱柱)、检测系统、数据处理和控制系统组成。样品由进样器注入系统,流动相由泵抽入流经色谱柱,使样品在色谱柱上被分离,依次进入检测器,由数据处理系统将检测器的信号记录下来。整个流程由色谱工作站控制,编辑方法、采集数据和完成后续的积分、定量等。

液相色谱分析条件的选择主要包括洗脱溶剂及洗脱梯度的选择、色谱柱的选择及检测器的选择等。

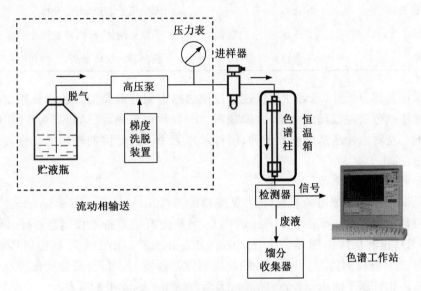

图 2-16 高效液相色谱仪流程示意图
(改绘自:朱鹏飞,陈集.仪器分析教程.2016)

1)流动相输送系统

流动相的选择要依据固定相的种类进行。乙腈和甲醇是最常用的液相色谱流动相。在液相色谱中,为了改善分离效率、缩短分析时间,经常需要连续改变流动相的离子强度、pH或极性。这种流动相配比连续变化的方式就是梯度洗脱,其作用与气相色谱中程序的升温相类似,分析复杂的混合物时有利于提高分离效率。梯度洗脱能够改变被测组分的保留值,改善峰形,提高分辨能力,使样品中各组分都能在最佳的分离条件下出峰,还可以降低检出限和提高定量分析的精度。

2)进样系统

高效液相色谱的进样系统多为 1 个四通阀或六通阀,阀上可安装不同容积的定量管。定量管进样体积固定、重现性好、不易受人为因素的影响。

3)分离系统

分离系统包括色谱柱、恒温器和连接管等部件。对色谱柱的要求是分离效率高、柱容量大、分析速度快。液相色谱柱有多种类型,常见的分析用色谱柱是内径 1～6 mm、长 5～40 cm 的不锈钢柱,发展趋势是减小填料粒度和柱径以提高柱效。根据样品中组分固定相与流动相中的作用方式的不同,按分类过程的物理化学原理可分为吸附色谱、分配色谱、离子交换色谱、凝胶色谱或排阻色谱、手性色谱、亲和色谱等（表2-11）。

表 2-11　液相色谱分离类型及机理

类　　型	主要分离机理	主要分析对象或应用领域
液固吸附色谱	吸附能、氢键	异构体分离、族分离、制备
液液分配色谱	疏水分配作用	各种有机化合物的分离、分析与制备
凝胶色谱	溶质分子大小	高分子分离，分子质量及其分布的测定
离子交换色谱	库仑力	无机离子、有机离子分析
手性色谱	立体效应	手性异构体分离，药物纯化
亲和色谱	生化特异亲和力	蛋白、酶、抗体分离，生物和医药分析

需根据样品的分子量、溶解性和极性等性质选择不同分离类型的色谱柱固定相。水环境领域中常用的色谱柱是反向色谱柱，即柱内为非极性固定相，流动相则为水、甲醇或乙腈等极性溶剂。这对水样品来说十分便利，使得水样无须再进行溶剂萃取便可直接进行分离和定量测定。

4）液相色谱常用检测器

液相色谱检测器最常用的有紫外-可见光检测器（ultraviolet visible detector，UV-VIS）和荧光检测器（fluorophotomeric detector，FD），另外还有示差折光检测器（refractive index detector，RID）和电化学检测器（electrochemical detector，L-ECD）等，其中，UV-VIS、FD、L-ECD属于选择性检测器，对不同组分的物质响应差别极大，因此，只能选择性地检测某些类型的物质。RID属于通用型检测器，它对大多数物质的响应相差不大。

（1）紫外-可见光检测器（UV-VIS）　紫外-可见光检测器的工作原理是以朗伯-比尔定律为基础，利用测定流动池内被测物质的吸光度进行定量。属于浓度型检测器，只能用于检测能吸收紫外-可见光的物质。既可测190～350 nm范围（紫外光区）的光吸收变化，也可向可见光范围350～700 nm延伸。这种检测器灵敏度高、线性范围宽、对流速和温度变化不敏感，可用于梯度洗脱分离。

（2）荧光检测器（FD）　荧光检测器是一种高灵敏度的选择性检测器，可检测具有荧光特性的物质。它利用被测物质在受紫外光激发后发生电子跃迁并返回基态发出荧光的性质进行检测，荧光强度与待测物的浓度成正比。波长较短的紫外光称为激发光；辐射出的荧光波长较长，在可见光范围，常称为发射光。荧光检测器具有非常高的灵敏度和良好的选择性，灵敏度要比紫外检测法高2～3个数量级。而且所需样品量少，特别适合于药物和生物化学样品的分析，如：多环芳烃、维生素B、黄曲霉素、卟啉类化合物、农药、药物、氨基酸、甾类化合物等。一些有机物本身不能发射荧光，但可通过化学衍生技术生成荧光衍生物后（专用的衍生试剂）进行荧光法的测定。

（3）电化学检测器（L-ECD）　电化学检测器是基于电化学分析法而设计的。该类检测器一般有两种类型：一种是根据溶液的导电性质，通过测定离子溶液电导率的大小测定离子浓度，另一种是根据待测物质在电解池中工作电极上所发生的氧化-还原反应，通过电位、电流和电量的测量，确定待测物质的浓度。电化学检测器对无紫外吸收或不能发生荧光，但具有电活性的物质都可以检测，目前电化学检测器主要有电导、安培、极谱和库仑4种，其中电导检测器是离子交换色谱中使用最广泛的检测器。

(4)示差折光检测器(RID)　示差折光检测器是除紫外检测器之外应用最多的检测器，可连续检测参比池和样品池中流动相之间的折光指数差值，差值与浓度成正比，属于浓度型检测器。该检测器的灵敏度与溶剂和溶质的性质都有关系，每一种物质都有一定的折光指数，只要其折光指数与溶剂的折光指数有足够的差别，就可以用该检测器进行测定，因此，其又属于准通用型检测器。折光指数检测器对温度敏感，不能用梯度洗脱操作。由于检测器灵敏度较低，仅适用于例行分析，不能用于痕量分析。折光指数检测器的最大优点是其通用性，它对没有紫外吸收的物质，如高分子化合物、糖类、脂肪烷烃等都能够检测。常用来进行高分子量物质及其分子量分布的测定。

5)液相色谱的定性和定量分析

液相色谱的定性和定量分析基本同气相色谱的定性和定量方法，但采用光谱类检测器时，还可以借助目标物的光谱信息进行定性分析。

2.5.8.4　色谱-质谱联用技术

将分离能力很强的色谱仪与定性、结构分析能力很强的质谱仪通过适当的接口结合成完整的分析仪器，借助计算机技术进行物质分析的方法，称为色谱-质谱联用技术。

质谱仪(mass spectrum,MS)是利用电磁学原理，使带电的样品离子通过适当的电场、磁场将它们按空间位置、时间先后或者轨道稳定与否实现质荷比分离，并检测其强度后进行物质分析的仪器。离子电离后经加速进入磁场中，其动能与加速电压及电荷z有关，即：

$$zeU = 1/2mv^2$$

式中：z为电荷数；e为元电荷$[e=1.60\times10^{-19}$ C(库仑)$]$；U为加速电压；m为离子的质量；v为离子被加速后的运动速率。

具有速率v的带电粒子进入质谱分析器的电磁场中，根据所选择的分离方式，最终实现各种离子按m/z进行分离。根据质量分析器的工作原理，可以将质谱仪分为动态仪器和静态仪器两大类。在静态仪器中用稳定的电磁场，按空间位置将m/z不同的离子分开，如单聚焦和双聚焦质谱仪。在动态仪器中采用变化的电磁场，按时间不同来区分m/z不同的离子，如飞行时间和四极杆质谱仪。

1)质谱仪的组成和工作过程

质谱仪通常由6部分组成：真空系统、进样系统、离子源、质量分析器、离子检测器和计算机控制及数据处理系统。

(1)真空系统　质谱仪的离子产生及经过系统必须处于高真空状态，离子源真空度应达$1.0\times(10^{-5}\sim10^{-4})$Pa，质量分析器中应保持$1.0\times10^{-6}$ Pa。若真空度过低，则会造成离子源灯丝损坏，产生不必要的离子碰撞、散射效应、复合反应和离子分子反应，副反应过多造成本底增高，从而使图谱复杂化。

(2)进样系统　进样系统的作用是高效重复地将样品引入离子源，并且不能造成真空度的降低。目前常用的进样系统有3种：间歇式进样系统、直接探针进样系统及色谱进样系统。色谱-质谱联用仪器中，经色谱分离后的流出组分，通过接口元件直接导入离子源。

(3)离子源　离子源的作用是使被分析的物质电离成带电的正离子或负离子，它是质谱仪的核心,其结构和性能与质谱仪的灵敏度和分辨率等有很大关系。目前,质谱仪中有多种电离源可供选择,如:电子电离源(electron ionization,EI)、化学电离源(chemical ionization,CI)、场电离源(field ionization,FI)、快速原子轰击源(fast atomic bombardment,FAB)、电喷雾电离源(electron spray ionization,ESI)等。

(4)质量分析器　作为质谱仪的核心,质量分析器的作用是将离子源产生的离子按 m/z 顺序分开并排列成谱。各类质谱仪的主要差别在于质量分析器的不同。质量分析器的种类很多,常见的有单聚焦分析器、双聚焦分析器、四极杆分析器、离子阱分析器、飞行时间分析器、回旋共振分析器等。

(5)离子检测器　质谱仪的检测主要使用电子倍增器,其原理类似于光电倍增管。电子倍增器一般由 1 个转换极、10～20 个倍增极和 1 个收集极组成。一定能量的离子轰击阴极导致电子发射,电子在电场的作用下,依次轰击下一级电极而被放大,电子倍增器的放大倍数一般为 10^5～10^8。电子倍增器中电子通过的时间很短,利用电子倍增器可以实现高灵敏、快速测定。但电子倍增器存在"质量歧视效应",且随使用时间增加,增益会逐步减小。近代质谱仪中常采用隧道电子倍增器,其工作原理与电子倍增器相似,因为体积小,多个隧道电子倍增器可以串列起来,用于同时检测多个 m/z 不同的离子,从而大大提高分析效率。

(6)计算机控制及数据处理系统　现代质谱仪一般都采用较高性能的计算机对产生的信号进行快速接收与处理,同时通过计算机可以对仪器条件等进行严格的监控,从而使精密度和灵敏度都有一定程度的提高,还可以对化合物进行自动的定性、定量分析。

质谱仪的一般工作过程为:质谱仪离子源中的样品,在极高的真空状态下,采用高能电子束轰击分子(M),使之成为分子离子(M^+),分子离子进一步发生键的断裂而产生许多碎片。碎片可以是失去游离基后的正离子,也可以是失去中性分子后的游离基型正离子。将解离的阳离子加速导入质量分析器中,利用离子在电场或磁场中运动的性质,将离子按质荷比的大小顺序进行收集和记录,得到质谱图。由于在相同实验条件下,每种化合物都有其确定的质谱图,因此将所得谱图与已知谱图对照,就可确定待测化合物。

2)气相色谱-质谱联用

GC-MS 联用仪主要由色谱单元、接口、质谱单元和计算机系统 4 大部分组成。其中接口是实现联用的关键,接口的作用是使气相色谱分离出的各组分依次进入质谱仪的离子源。接口一般应满足以下要求:①不破坏离子源的高真空,也不影响色谱分离的柱效;②使色谱分离后的组分尽可能多地进入离子源,流动相尽可能少地进入离子源;③不改变色谱分离后各组分的组成和结构。

GC-MS 的质谱仪部分可以是磁式质谱仪、四极杆质谱仪,也可以是飞行时间质谱仪和离子阱质谱仪。目前,使用最多的是四极杆质谱仪,离子源主要是 EI 源和 CI 源。色谱部分和一般的色谱仪基本相同,包括:柱箱,汽化室,载气系统,进样系统,程序升温系统和压力、流量自动控制系统等,但应该符合质谱仪的一些特殊要求,主要是:①固定相应选择耐高温、不易流失的固定液,最好用键合相;②载气应不干扰质谱检测,一般常用氦气。

GC-MS 的另外一个组成部分是计算机系统。由于计算机技术的提高,GC-MS 的主要操作都由计算机控制进行,这些操作包括利用标准样品校准质谱仪,设置气相色谱、接口和质谱仪的工作条件,数据的收集和处理以及库检索等,根据获得色谱和质谱数据,对复杂试样中的组分进行定性和定量分析。GC-MS联用仪的灵敏度高,适合于低分子化合物(相对分子质量<1 000)的分析,尤其适合于挥发性成分的分析。GC-MS技术已得到了极为广泛的应用,如环境污染物的分析、药物分析、食品添加剂的分析等。GC-MS还是兴奋剂鉴定及毒品鉴定的有力工具。

3)液相色谱-质谱联用

LC-MS联用仪结合了液相色谱仪有效分离热不稳性及高沸点化合物的分离能力与质谱仪很强的组分鉴定能力,是一种分离分析复杂有机混合物的有效手段。LC-MS联用仪主要由高效液相色谱、接口装置(同时也是电离源)、质谱仪和计算机系统四大部分组成。高效液相色谱与一般的液相色谱相同,其作用是将混合物样品分离后引入质谱仪。LC-MS联用的关键是LC和MS之间的接口装置。接口技术首先解决高压液相和低压气相间的矛盾。质谱离子源的真空度常为$1.33 \times 10^{-5} \sim 1.33 \times 10^{-2}$ Pa,真空泵抽去液体的速度一般为$10 \sim 20 \mu L/min$,这与通常使用的高效液相色谱$0.5 \sim 1 mL/min$的流速相差甚远。因此,去掉LC的流动相是LC-MS的主要问题之一。另一个重要的问题是分析物的电离。用LC分离的化合物大多是极性高、挥发度低、易热分解或大分子量的化合物。经典的电子轰击电离(EI)并不适用于这些化合物。目前,几乎所有的LC-MS联用仪都使用大气压电离源作为接口装置和离子源。大气压电离源(atmosphere pressure ionization,API)包括电喷雾电离源(ESI)和大气压化学电离源(atmospheric pressure chemical ionization,APCI)2种,二者之中电喷雾源应用更为广泛。

作为LC-MS联用仪的质量分析器种类很多,最常用的是四极杆分析器(简写为Q),其次是离子阱分析器和飞行时间分析器(TOF)。因为LC-MS主要提供分子量信息,为了增加结构信息,LC-MS大多采用具有串联质谱功能的质量分析器。串联质谱是用质谱作为质量分离的方法,通过诱导第一级质谱产生的分子离子裂解,研究子离子和母离子的关系,从而得出该分子离子的结构信息。串联方式很多,如:三重四级杆质谱(Q-Q-Q)、三重四级杆飞行时间质谱(Q-TOF)等。随着联用技术的日趋完善,LC-MS逐渐成为最热门的分析手段之一,目前已在生化分析、天然产物分析、药物和保健食品分析以及环境污染物分析等许多领域得到了广泛的应用。

2.6 非金属无机污染物测定

环境水体中除了有机污染物外,还有大量的无机物,例如:含氮化合物、含磷化合物、氟化物、氯化物、氰化物、硫酸盐等。这些化合物一般以阴离子形态存在于水体中,容易被生物吸收或不稳定。对于这些化合物的测定,最普遍应用的方法是化学法和光度法,应用离子选择电极法的也较多,近年来离子色谱法在测定阴离子方面取得了较大进展。

水中的含氮化合物是一项重要的卫生指标。环境水体中存在着各种形态的含氮化合物,由于化学和生物化学的作用,它们处在不断的变化和循环之中。水中氮的存在形式有氨氮(NH_3、NH_4^+)、亚硝酸盐(NO_2^-)、硝酸盐(NO_3^-)、有机氮(蛋白质、尿素、氨基酸、硝基化合物等)。最初进入水中的有机氮和氨氮,其中有机氮首先被分解转化为氨氮,而后在有氧条件下,氨氮在亚硝酸菌和硝酸菌的作用下逐步氧化为亚硝酸盐和硝酸盐。若水中富含大量有机氮和氨氮,说明水体新近受到污染。

磷为常见元素,在天然水和废水中磷主要以正磷酸盐(PO_4^{3-}、HPO_4^{2-}、$H_2PO_4^-$)、缩合磷酸盐[$P_2O_7^{4-}$、$P_3O_{10}^{5-}$、$(PO_3)_6^{3-}$]和有机磷(如磷脂等)形式存在,也存在于腐殖质粒子和水生生物中。化肥、冶炼、合成洗涤剂等行业的工业废水及生活污水中常含有大量的磷。由于化肥和有机磷农药的大量使用,农田排水中也会含有比较高的磷。

当水体中含氮、磷和其他营养物质过多时,会促使藻类等浮游生物大量繁殖,形成水华或赤潮,造成水体富营养化。

▶ 2.6.1 亚硝酸盐

亚硝酸盐(NO_2^--N)是含氮化合物分解过程中的中间产物,它是有机污染的标志之一。亚硝酸盐极不稳定,可被氧化为硝酸盐,也可被还原为氨氮。由于在硝化过程中,由NH_3转化为NO_2^-过程比较缓慢,而由NO_2^-转化成NO_3^-比较快速,因而亚硝酸盐在天然水体中含量并不高,通常不超过0.1 mg/L。亚硝酸盐进入人体后,可使血液中正常携氧的铁血红蛋白氧化成高铁血红蛋白,使之失去输送氧的能力,还可与仲胺类反应生成具致癌性的亚硝胺类物质。

水中亚硝酸盐常用的测定方法有离子色谱法(HJ 84—2016)、气相分子吸收光谱法(HJ/T 197—2005)和N-(1-萘基)-乙二胺光度法(GB 7493—87或GB/T 5750.5—2006)。离子色谱法是测定水中多种阴离子(F^-、Cl^-、NO_2^-、Br^-、NO_3^-、PO_4^{3-}、SO_3^{2-}、SO_4^{2-})共存下的首选方法。气相分子吸收光谱法的原理是在0.15~0.3 mol/L柠檬酸介质中,加入乙醇作催化剂,将亚硝酸盐瞬间转化成的NO_2,用空气载入气相分子吸收光谱仪的吸光管中,在213.9 nm等波长处测得的吸光度与亚硝酸盐氮浓度遵循朗伯-比尔定律。离子色谱法和气相分子吸收光谱法简便、快速、干扰较少;光度法灵敏度较高,选择性较好。

2.6.1.1 N-(1-萘基)-乙二胺光度法原理

在磷酸介质中,pH为1.8时,水中的亚硝酸根离子与4-氨基苯磺酰胺反应生成重氮盐,它再与N-(1-萘基)-乙二胺二盐酸盐偶联生成红色染料,在540 nm波长处测定吸光度。如果使用光程长为10 mm的比色皿,亚硝酸盐氮的浓度在0.2 mg/L以内其呈色符合朗伯-比尔定律。

2.6.1.2 仪器

分光光度计;玻璃器皿。

2.6.1.3 试剂

(1)实验用水(无亚硝酸盐的二次蒸馏水)采用下列方法之一制备:①加入高锰酸钾结晶少许于1 L蒸馏水中,使呈红色,加氢氧化钡(或氢氧化钙)结晶至溶液呈碱性,使用硬质玻璃蒸馏器进行蒸馏,弃去最初的50 mL馏出液,收集约700 mL不含锰盐的馏出液,待用;②于1 L蒸馏水中加入浓硫酸1 mL、硫酸锰溶液[每100 mL水中含有36.4 g硫酸锰($MnSO_4 \cdot H_2O$)]0.2 mL,滴加0.04%(m/V)高锰酸钾溶液至呈红色(1~3 mL),使用硬质玻璃蒸馏器进行蒸馏,弃去最初的50 mL馏出液,收集约700 mL不含锰盐的馏出液,待用。

(2)磷酸($\rho = 1.70$ g/mL)。

(3)浓硫酸($\rho = 1.84$ g/mL)。

(4)磷酸溶液[1∶9(V/V)]。溶液至少可稳定 6 个月。

(5)显色剂:于 500 mL 烧杯内加入 250 mL 水和 50 mL 磷酸($\rho=1.70$ g/mL),加入 20.0 g 4-氨基苯磺酰胺($NH_2C_6H_4SO_2NH_2$)。再将 1.00 g N-(1-萘基)-乙二胺二盐酸盐($C_{10}H_7NHC_2H_4NH_2 \cdot 2HCl$)溶于上述溶液中,转移至 500 mL 容量瓶,用水稀释至标线,摇匀。此溶液贮存于棕色试剂瓶中,2～5℃保存,至少可稳定 1 个月。

(6)高锰酸钾标准溶液[$c(1/5KMnO_4)=0.050$ mol/L]:溶解 1.6 g 高锰酸钾($KMnO_4$)于 1.2 L 水中(一次蒸馏水),煮沸 0.5～1 h,使体积减少到 1 L 左右,放置过夜,用 G-3 号玻璃砂芯滤器过滤后,滤液贮存于棕色试剂瓶中避光保存。高锰酸钾标准溶液要进行标定和计算。

(7)草酸钠标准溶液[$c(1/2Na_2C_2O_4)=0.0500$ mol/L]:溶解 105℃烘干 2 h 的优级纯无水草酸钠(3.3500 ± 0.0004)g 于 750 mL 水中,定量转至 1000 mL 容量瓶中,用水稀释至标线,摇匀。

(8)亚硝酸盐氮标准贮备液[$\rho(N)=250$ mg/L]:称取 1.232 g 亚硝酸钠($NaNO_2$),溶于 150 mL 水中,定量转移至 1000 mL 容量瓶中,用水稀释至标线,摇匀。本溶液贮存在棕色试剂瓶中,加入 1 mL 氯仿,2～5℃保存,至少稳定 1 个月。

贮备液的标定:在 300 mL 具塞锥形瓶中,移入高锰酸钾标准溶液 50.00 mL、浓硫酸 5 mL,用 50 mL 无分度吸管,使下端插入高锰酸钾溶液液面下,加入亚硝酸盐氮标准贮备液 50.00 mL,轻轻摇匀,置于水浴上加热至 70～80℃,按每次 10.00 mL 的量加入足够的草酸钠标准溶液,使高锰酸钾标准溶液退色并使过量,记录草酸钠标准溶液用量 V_2,然后用高锰酸钾标准溶液滴定过量草酸钠至溶液呈微红色,记录高锰酸钾标准溶液总用量 V_1。

再以 50 mL 实验用水代替亚硝酸盐氮标准贮备液,同上操作,用草酸钠标准溶液标定高锰酸钾溶液的浓度 c_1。

按下式计算高锰酸钾标准溶液浓度:

$$c_1(1/5KMnO_4,mol/L)=\frac{0.0500\times V_4}{V_3}$$

式中:V_3 为滴定实验用水时加入高锰酸钾标准溶液总量,mL;V_4 为滴定实验用水时加入草酸钠标准溶液总量,mL;0.0500 为草酸钠标准溶液浓度 $c(1/2Na_2C_2O_4)$,mol/L。

按下式计算亚硝酸盐氮标准贮备液的质量浓度:

$$\rho(N,mg/L)=\frac{(c_1V_1-0.0500V_2)\times7.00\times1000}{50.00}=140V_1c_1-7.00V_2$$

式中:V_1 为滴定亚硝酸盐氮标准贮备液时加入高锰酸钾标准溶液总量,mL;V_2 为滴定亚硝酸盐氮标准贮备液时加入草酸钠标准溶液总量,mL;c_1 为经标定的高锰酸钾标准溶液的浓度,mol/L;7.00 为亚硝酸盐氮(1/2N)的摩尔质量;50.00 为亚硝酸盐氮标准贮备液取样量,mL;0.0500 为草酸钠标准溶液浓度 $c(1/2Na_2C_2O_4)$,mol/L。

(9)亚硝酸盐氮中间标准液[$\rho(N)=50.0$ mg/L]:取亚硝酸盐氮标准贮备液 50.00 mL 于 250 mL 容量瓶中,用水稀释至标线,摇匀。此溶液贮于棕色瓶内,2～5℃保存,可稳定 1 周。

(10)亚硝酸盐氮标准工作液[$\rho(N)=1.00$ mg/L]:取亚硝酸盐氮中间标准液 10.00 mL

于 500 mL 容量瓶内,水稀释至标线,摇匀。此溶液使用当天配制。

亚硝酸盐氮中间标准液和标准工作液的浓度值,应采用贮备液标定后的准确浓度的计算值。

(11)氢氧化铝悬浮液:溶解 125 g 硫酸铝钾[$KAl(SO_4)_2 \cdot 12H_2O$]或硫酸铝铵[$NH_4Al(SO_4)_2 \cdot 12H_2O$]于 1 L 一次蒸馏水中,加热至 60℃,在不断搅拌下,徐徐加入 55 mL 浓氢氧化铵,放置约 1 h 后,移入 1 L 量筒内,用一次蒸馏水反复洗涤沉淀,最后用实验用水洗涤沉淀,直至洗涤液中不含亚硝酸盐为止。澄清后,把上清液尽量全部倾出,只留稠的悬浮物,最后加入 100 mL 水。使用前应振荡均匀。

(12)酚酞指示剂($\rho=10$ g/L):0.5 g 酚酞溶于 95%(体积分数)乙醇 50 mL 中。

2.6.1.4 测定步骤

(1)试样的制备 样品含有悬浮物或带有颜色时,需去除干扰。水样最大体积为 50.0 mL,可测定亚硝酸盐氮浓度高至 0.20 mg/L。浓度更高时,可相应地用较少量的样品或将样品进行稀释后,再取样。

(2)测定 用无分度吸管将选定体积的水样移至 50 mL 比色管(或容量瓶)中,用水稀释至标线,加入显色剂 1.0 mL,密塞,摇匀,静置,此时 pH 应为 1.8±0.3。加入显色剂 20 min 后、2 h 以内,在 540 nm 的最大吸光度波长处,用光程长 10 mm 的比色皿,以实验用水做参比,测量溶液吸光度。

(3)空白试验 用 50 mL 水代替水样,按上述(2)所述步骤进行空白试验。

(4)色度校正 如果样品经处理后还具有颜色时,按(2)所述方法,从水样中取相同体积的第二份水样,进行测定吸光度,只是不加显色剂,改加磷酸[1:9(V/V)]1.0 mL。

(5)标准曲线校准 在一组 6 个 50 mL 比色管(或容量瓶)内,分别加入 1.00 mg/L 亚硝酸盐氮标准工作液 0 mL、1.00 mL、3.00 mL、5.00 mL、7.00 mL 和 10.00 mL,用水稀释至标线,然后加入显色剂 20 min 后、2 h 以内,在 540 nm 的最大吸光度波长处,用光程长 10 mm 的比色皿,以实验用水做参比,测量溶液吸光度。

从测得的各溶液吸光度,减去空白试验吸光度,得校正吸光度 A,绘制以氮含量(μg)对校正吸光度的校准曲线,亦可按线性回归方程的方法,计算校准曲线方程。

2.6.1.5 结果计算

水样溶液吸光度的校正值 A_r,按下式计算:

$$A_r = A_s - A_b - A_c$$

式中:A_s 为水样溶液测得吸光度;A_b 为空白试验测得吸光度;A_c 为色度校正测得吸光度。

由校正吸光度 A_r,从校准曲线上查得(或由校准曲线方程计算)相应的亚硝酸盐氮的含量 m_N(μg)。

水样中亚硝酸盐氮的质量浓度按下式计算:

$$\rho(N, mg/L) = \frac{m_N}{V}$$

式中:m_N 为相应于校正吸光度 A 的亚硝酸盐氮含量,μg;V 为取水样体积,mL。试样体积为 50 mL 时,结果以 3 位小数表示。

2.6.1.6　注意事项

（1）采样和样品保存：实验室样品应用玻璃瓶或聚乙烯瓶采集，并在采集后尽快分析，不要超过 24 h。若需短期保存（1～2 d），可以在每升实验室样品中加入 40 mg 氯化汞，2～5℃保存。

（2）当试样 pH≥11 时，可能遇到某些干扰，遇此情况，可向水样中加入酚酞溶液 1 滴，边搅拌边逐滴加入磷酸溶液，至红色刚消失。经此处理，在加入显色剂后，体系 pH 为 1.8±0.3，而不影响测定。

（3）水样若有颜色和悬浮物，可于每 100 mL 水中加入 2 mL 氢氧化铝悬浮液。搅拌、静置、过滤再取水样测定。

（4）水样中若含氯胺、氯、硫代硫酸盐、聚磷酸钠和三价铁离子，对测定有明显干扰。

（5）显色试剂有毒性，避免与皮肤接触或吸入体内。

▶ 2.6.2　硝酸盐

硝酸盐（NO_3^-）是在有氧环境中最稳定的含氮化合物，也是含氮有机化合物经无机化作用最终阶段的分解产物。由于大量施用化肥和酸雨等因素的影响，水体中硝酸盐含量呈升高趋势。清洁的地面水硝酸盐含量很低，受污染的水体和一些深层地下水含量较高。过多的硝酸盐对环境和人体不利。饮用水中的硝酸盐是有害物质，进入人体后可以被还原为亚硝酸盐进而生成其他危害更严重的物质。饮用水中，硝酸盐的浓度限值为 10 mg/L（以氮计）以下。

硝酸盐测定方法有光度法、离子色谱法（HJ 84—2016）、离子选择电极法和气相分子吸收光谱法（HJ/T 198—2005）等。光度法包括酚二磺酸分光光度法（GB 7480—87）、戴氏合金还原-纳氏试剂光度法、镉柱还原-偶氮光度法、紫外分光光度法（HJ/T 346—2007）等。

镉柱还原-偶氮光度法利用硝酸盐通过镉柱后被还原成亚硝酸盐，亚硝酸盐与芳香胺生成重氮化合物，测定亚硝酸盐。此法可分别测定样品中硝酸盐与亚硝酸盐，但操作比较烦琐。戴氏合金还原法是水样在碱性介质中，硝酸盐可被还原剂戴氏合金在加热情况下定量还原为氨，经蒸馏出后被吸收于硼酸溶液中，用纳氏试剂光度法或酸滴定法测定。气相分子吸收光谱法是指在 2.5 mol/L 盐酸介质中，于（70±2）℃温度下，三氯化钛可将硝酸盐迅速还原分解，生成的 NO 用空气载入气相分子吸收光谱仪的吸光管中，在 214.4 nm 波长处测得的吸光度与硝酸盐氮浓度遵守朗伯-比尔定律。离子色谱法详见 2.6.8。酚二磺酸分光光度法显色稳定，测定范围较宽，紫外分光光度法快速、简便，因此作为重点方法介绍。

2.6.2.1　酚二磺酸光度法

1）原理

利用硝酸盐在无水情况下与酚二磺酸反应生成邻硝基酚二磺酸，在碱性（氨性）溶液中生成黄色化合物，于 410 nm 波长处进行分光光度测定。

2）仪器

分光光度计；75～100 mL 容量瓷蒸发皿；50 mL 具塞比色管；恒温水浴。

3）试剂

（1）浓硫酸（$\rho=1.84$ g/mL）。

（2）发烟硫酸（$H_2SO_4 \cdot SO_3$）：含 13% 三氧化硫（SO_3）。

注：①发烟硫酸在室温较低时凝固，取用时，可先在 40～50℃ 隔水浴中加温使熔化，不能将盛装发烟硫酸的玻璃瓶直接置入水浴中，以免瓶裂发生危险。②发烟硫酸中含三氧化硫（SO_3）浓度超过 13% 时，可用浓硫酸按计算量进行稀释。

（3）酚二磺酸[$C_6H_3(OH)(SO_3H)_2$]：称取 25 g 苯酚置于 500 mL 锥形瓶中，加 150 mL 浓硫酸使之溶解，再加 75 mL 发烟硫酸充分混合。瓶口插一小漏斗，置瓶于沸水浴中加热 2 h，得淡棕色稠液，贮于棕色瓶中，密塞保存。当苯酚色泽变深时，应进行蒸馏精制。若无发烟硫酸时，亦可用浓硫酸代替，但应增加在沸水浴中加热时间至 6 h，制得的试剂尤应注意防止吸收空气中的水分，以免因硫酸浓度的降低，影响硝化反应的进行，使测定结果偏低。

（4）氨水（$NH_3 \cdot H_2O$）（$\rho = 0.90$ g/mL）。

（5）氢氧化钠溶液（$c = 0.1$ mol/L）。

（6）硝酸盐氮标准贮备液[$\rho(N) = 100$ mg/L]：将 0.721 8 g 经 105～110℃ 干燥 2 h 的硝酸钾（KNO_3）溶于水中，移入 1 000 mL 容量瓶，用水稀释至标线，混匀。加 2 mL 氯仿作保存剂，至少可稳定 6 个月。每毫升本标准溶液含 0.10 mg 硝酸盐氮。

（7）硝酸盐氮标准溶液[$\rho(N) = 10.0$ mg/L]：吸取 50.0 mL 100 mg/L 硝酸盐氮标准贮备液，置蒸发皿内，加 0.1 mol/L 氢氧化钠溶液使 pH 至 8，在水浴上蒸发至干。加 2 mL 酚二磺酸试剂，用玻璃棒研磨蒸发皿内壁，使残渣与试剂充分接触，放置片刻，重复研磨一次，放置 10 min，加入少量水，定量移入 500 mL 容量瓶中，加水至标线，混匀。每毫升本标准溶液含 0.010 mg 硝酸盐氮。贮于棕色瓶中，此溶液至少稳定 6 个月。

（8）硫酸银溶液：称取 4.397 g 硫酸银（Ag_2SO_4）溶于水，稀释至 1 000 mL。1.00 mL 此溶液可去除 1.00 mg 氯离子（Cl^-）。

（9）硫酸溶液（$c = 0.5$ mol/L）。

（10）EDTA-Na$_2$ 溶液：称取 50 g EDTA-Na$_2$ 盐的二水合物（$C_{10}H_{14}N_2O_3Na_2 \cdot 2H_2O$），溶于 20 mL 水中，使调成糊状，加入 60 mL 氨水充分混合，使之溶解。

（11）氢氧化铝悬浮液：称取 125 g 硫酸铝钾[$KAl(SO_4)_2 \cdot 12H_2O$]或硫酸铝铵[$NH_4Al(SO_4)_2 \cdot 12H_2O$]溶于 1 L 水中，加热到 60℃，在不断搅拌下徐徐加入 55 mL 氨水，使生成氢氧化铝沉淀，充分搅拌后静置，弃去上清液。反复用水洗涤沉淀，至倾出液无氯离子和铵盐。最后加入 300 mL 水使成悬浮液。使用前振摇均匀。

（12）高锰酸钾溶液：3.16 g/L。

4）测定步骤

（1）标准曲线的绘制　用分度吸管向一组 10 支 50 mL 比色管中分别加入 10.0 mg/L 硝酸盐氮标准溶液 0 mL、0.10 mL、0.30 mL、0.50 mL、0.70 mL、1.00 mL、3.00 mL、5.00 mL、7.00 mL、10.0 mL，加水至约 40 mL，加 3 mL 氨水使成碱性，再加水至标线，混匀。硝酸盐氮含量分别为 0 mg、0.001 mg、0.003 mg、0.005 mg、0.007 mg、0.010 mg、0.030 mg、0.050 mg、0.070 mg、0.10 mg。于 410 nm 波长处进行分光光度测定。所用比色皿的光程长 10 mm。由除零管外的其他校准系列测得的吸光度值减去零管的吸光度值，绘制吸光度对硝酸盐氮含量（mg）的校准曲线。

（2）样品的测定　包括以下几个步骤：①蒸发。取 50.0 mL 水样（如果硝酸盐含量较高可酌量减少）置于蒸发皿中，用 pH 试纸检查，必要时用硫酸溶液或氢氧化钠溶液，调至微碱性 pH≈8，置水浴上蒸发至干。同时取 50 mL 蒸馏水，以与水样测定完全相同的步骤、试剂和用量，进行平行空白试验。②硝化反应。加 1.0 mL 酚二磺酸试剂，用玻璃棒研磨，使试剂与蒸发皿内残渣充分接触，放置片刻，再研磨一次，放置 10 min，加入约 10 mL 水。③显色。在搅拌下加入 3~4 mL 氨水，使溶液呈现最深的颜色。如有沉淀产生，过滤，或滴加 EDTA-Na$_2$溶液，并搅拌至沉淀溶解。将溶液移入比色管中，用水稀释至标线，混匀。④分光光度测定。于 410 nm 波长，选用合适光程长的比色皿，以水为参比，测量溶液的吸光度。

5）结果计算

水样中硝酸盐的质量浓度按下式计算：

$$\rho(N, mg/L) = \frac{m}{V} \times 1\,000$$

式中：m 为从标准曲线上查得的硝酸盐氮量，mg；V 为水样体积，mL；1 000 为单位换算系数。

6）注意事项

(1) 带色物质干扰排除　取 100 mL 水样移入 100 mL 具塞量筒中，加 2 mL 氢氧化铝悬浮液，密塞充分振摇，静置数分钟澄清后，过滤，弃去最初的滤液 20 mL。

(2) 氯离子干扰排除　取 100 mL 水样移入 100 mL 具塞量筒中，根据已测定的氯离子含量，加入相当量的硫酸银溶液充分混合，在暗处放置 30 min，使氯化银沉淀凝聚，然后用慢速滤纸过滤，弃去最初滤液 20 mL。

注：如不能获得澄清滤液，可将已加过硫酸银溶液后的水样在近 80℃ 的水浴中加热，并用力振摇，使沉淀充分凝聚，冷却后再进行过滤；如同时需去除带色物质，则可在加入硫酸银溶液并混匀后，再加入 2 mL 氢氧化铝悬浮液，充分振摇，放置片刻待沉淀后，过滤。

(3) 亚硝酸盐干扰排除　当亚硝酸盐氮含量超过 0.2 mg/L 时，可取 100 mL 试样，加 1 mL 硫酸溶液，混匀后，滴加高锰酸钾溶液，至淡红色保持 15 min 不退为止，使亚硝酸盐氧化为硝酸盐，最后从硝酸盐氮测定结果中减去亚硝酸盐氮量。

2.6.2.2　紫外分光光度法

1）原理

利用硝酸根离子在 220 nm 波长处的吸收而定量测定硝酸盐氮。溶解的有机物在 220 nm 处也会有吸收，而硝酸根离子在 275 nm 处没有吸收。因此，在 275 nm 处作另一次测量，以校正硝酸盐氮值。本方法适用于地表水、地下水中硝酸盐氮的测定。方法最低检出质量浓度为 0.08 mg/L，测定下限为 0.32 mg/L，测定上限为 4 mg/L。

2）仪器

紫外分光光度计；离子交换柱（ϕ1.4 cm，装树脂高 5~8 cm）。

3）试剂

(1) 氢氧化铝悬浮液：溶解 125 g 硫酸铝钾［KAl(SO$_4$)$_2$·12H$_2$O］或硫酸铝铵［NH$_4$Al(SO$_4$)$_2$·12H$_2$O］于 1 000 mL 水中，加热至 60℃，在不断搅拌中，徐徐加入 55 mL 浓氨水，放置约 1 h 后，移入 1 000 mL 量筒内，用水反复洗涤沉淀，最后至洗涤液中不含硝酸盐氮为止。澄清后，把上清液尽量全部倾出，只留稠的悬浮液，最后加入 100 mL 水，使用前应振荡均匀。

（2）硫酸锌溶液：10％（m/V）硫酸锌水溶液。

（3）氢氧化钠溶液：$c(NaOH)=5\ mol/L$。

（4）大孔径中性树脂：CAD-40 或 XAD-2 型及类似性能的树脂。

（5）甲醇：分析纯。

（6）盐酸：$c(HCl)=1\ mol/L$。

（7）硝酸盐氮标准贮备液：称取 0.721 8 g 经 105～110℃ 干燥 2 h 的优级纯硝酸钾（KNO_3）溶于水，移入 1 000 mL 容量瓶中，稀释至标线，加 2 mL 三氯甲烷作保存剂，混匀，至少可稳定 6 个月。该标准贮备液每毫升含 0.100 mg 硝酸盐氮。

（8）0.8％氨基磺酸溶液：避光保存于冰箱中。

4）测定步骤

（1）吸附柱的制备　新的大孔径中性树脂先用 200 mL 水分两次洗涤，用甲醇浸泡过夜，弃去甲醇，再用 40 mL 甲醇分两次洗涤，然后用新鲜去离子水洗到柱中流出液滴落于烧杯中无乳白色为止。树脂装入柱中时，树脂间绝不允许存在气泡。

（2）水样预处理　量取 200 mL 水样置于锥形瓶或烧杯中，加入 2 mL 硫酸锌溶液，在搅拌下滴加氢氧化钠溶液，调至 pH 为 7。或将 200 mL 水样调至 pH 为 7 后，加 4 mL 氢氧化铝悬浮液。待絮凝胶团下沉后，或经离心分离，吸取 100 mL 上清液分两次洗涤吸附树脂柱，以每秒 1～2 滴的流速流出，各个样品间流速保持一致，弃去。再继续使水样上清液通过柱子，收集 50 mL 于比色管中，备测定用。树脂用 150 mL 水分三次洗涤，备用。

（3）树脂洗涤　树脂吸附容量较大，可以反复使用，可处理 50～100 个地表水水样，应视有机物含量而异。使用多次后，可用未接触过橡胶制品的新鲜去离子水作参比，在 220 nm 和 275 nm 波长处检验，测得吸光度应接近零。超过仪器允许误差时，需以甲醇再生。

（4）样品测定　于收集 50 mL 处理水样的比色管中加 1.0 mL 盐酸溶液，0.1 mL 氨基磺酸溶液。当亚硝酸盐氮低于 0.1 mg/L 时，可不加氨基磺酸溶液。用光程长 10 mm 石英比色皿，在 220 nm 和 275 nm 波长处，以经过树脂吸附的新鲜去离子水 50 mL 加 1 mL 盐酸溶液为参比，测量吸光度。

（5）校准曲线的绘制　于 5 个 200 mL 容量瓶中分别加入 0.50 mL、1.00 mL、2.00 mL、3.00 mL、4.00 mL 硝酸盐氮标准贮备液，用新鲜去离子水稀释至标线，其质量浓度分别为 0.25 mg/L、0.50 mg/L、1.00 mg/L、1.50 mg/L、2.00 mg/L。按水样测定相同操作步骤测量吸光度。

5）结果计算

硝酸盐氮的含量按下式计算

$$A_{校}=A_{220}-2A_{275}$$

式中：A_{220} 和 A_{275} 分别指 220 和 275 nm 波长测得的吸光度。

求得吸光度的校正值（$A_{校}$）以后，从校准曲线中查得相应的硝酸盐氮量，即为水样测定结果（mg/L）。水样若经稀释后测定，则结果应乘以稀释倍数。

6）注意事项

（1）溶解的有机物、表面活性剂、亚硝酸盐氮、六价铬、溴化物、碳酸氢盐和碳酸盐等干扰测定，需进行适当的预处理。采用絮凝共沉淀和大孔中性吸附树脂进行处理，可排除水样中大部分常见有机物、浊度和 Fe^{3+}、Cr^{6+} 对测定的干扰。

（2）四个实验室分析含 1.80 mg/L 硝酸盐氮的统一标准样品，实验室内相对标准偏差为 2.6%；实验室间总相对标准偏差为 5.1%；相对误差为 1.1%。

▶ 2.6.3 氨氮

氨氮以游离氨（又称非离子氨，NH_3）和铵盐（NH_4^+）形式存在于水中，二者的组成比取决于水的 pH。水中氨氮的来源主要有生活污水、合成氨工业废水以及农田排水。氨氮较高时对鱼类有毒害作用，高含量时会导致鱼类死亡。

氨氮的测定方法有纳氏试剂分光光度法（HJ 535—2009）、水杨酸分光光度法（HJ 536—2009）、蒸馏-中和滴定法（HJ 537—2009）、连续流动-水杨酸分光光度法（HJ 665—2013）、流动注射-水杨酸分光光度法（HJ 666—2013）、电极法、气相分子吸收光谱法（HJ/T 195—2005）等。

纳氏试剂分光光度法和水杨酸分光光度法，操作简便、灵敏，但钙、镁、铁等金属离子、硫化物、醛、酮类以及水中色度和浑浊等会干扰测定。因此对污染严重的工业废水，应进行水样预处理，如：将水样蒸馏，以消除干扰，蒸馏时调节水样 pH 为 6～7.4，加入氢氧化镁使呈微碱性；采用纳氏试剂比色法或酸滴定法时以硼酸为吸收液；用水杨酸-次氯酸盐分光光度法时采用硫酸吸收。

连续流动-水杨酸分光光度法或流动注射-水杨酸分光光度法、灵敏度高、分析速度快、试剂消耗量少，适用于批量分析，但需要连续流动或流动注射分析仪，此类仪器价格较高。电极法是指用氨气敏电极为传感器的电位分析法，该复合电极由聚四氟乙烯薄膜、pH 玻璃电极（指示电极）、银-氯化银电极（参比电极）和内充液（0.1 mol/L 氯化铵）组成。当水样中加入强碱溶液将 pH 提高到 11 及以上时，铵盐转化为氨，生成的氨由于扩散作用而通过半透膜（水和其他离子则不能通过），使氯化铵电解质液膜层内 $NH_4^+ \rightleftharpoons NH_3 + H^+$ 的反应向左移动，引起氢离子浓度改变，由 pH 玻璃电极测得其变化。在恒定的离子强度下，测得的电动势与水样中氨氮浓度的对数呈线性关系。测得水样电位值便可求出水样中氨氮的含量。该法不受水样颜色和浊度的干扰，水样不必进行预处理，线性范围宽（0.03～1 400 mg/L），特别适合于水中氨氮的实时在线监测，但存在再现性不太好、电极寿命过短等问题。气相分子吸收光谱法比较简单，使用专用仪器或原子吸收光谱仪测定均可。氨氮含量较高时，可采用蒸馏中和滴定法。

2.6.3.1 纳氏试剂法

1）原理

碘化汞和碘化钾的碱性溶液与氨反应生成淡黄棕色胶态化合物，其色度与氨氮含量成正比，在波长 420 nm 测其吸光度，反应式如下：

$$2K_2[HgI_4] + NH_3 + 3KOH \longrightarrow NH_2Hg_2IO(黄棕色) + 7KI + 2H_2O$$

当使用 20 mm 比色皿时，本法检出限为 0.025 mg/L，测定范围 0.10～2.0 mg/L。水样做适当的预处理后，本法可适用于地面水、地下水、工业废水和生活污水。

2)仪器

带氮球的定氮蒸馏装置(500 mL凯氏烧瓶、氮球、直形冷凝管);分光光度计;pH计。

3)试剂

(1)配制试剂用水均应为无氨水。无氨水可选用下列方法之一进行制备:①蒸馏法。每升蒸馏水中加0.1 mL浓硫酸,在全玻璃蒸馏器中重蒸馏,弃去50 mL初馏液,接取其余馏出液于具塞磨口的玻璃瓶中,密塞保存。②离子交换法。使蒸馏水通过强酸性阳离子交换树脂柱。

(2)盐酸溶液($c=1$ mol/L):取8.5 mL盐酸于100 mL容量瓶中,用水稀释至标线。

(3)氢氧化钠溶液($c=1$ mol/L):称取4 g氢氧化钠溶于水中,稀释至100 mL。

(4)轻质氧化镁(MgO):将氧化镁在500℃下加热,以除去碳酸盐。

(5)硫酸锌溶液($\rho=100$ g/L):称取10.0 g硫酸锌($ZnSO_4 \cdot 7H_2O$)溶于水中,稀释至100 mL。

(6)氢氧化钠溶液($\rho=250$ g/L):称取25 g氢氧化钠溶于水,稀释至100 mL。

(7)0.05%溴百里酚蓝指示液(pH 6.0～7.6):称取0.05 g溴百里酚蓝指示液溶于50 mL水中,加10 mL无水乙醇,用水稀释至100 mL。

(8)硼酸吸收液:称取20 g硼酸溶于水,稀释至1 L。

(9)纳氏试剂,可选择下列方法之一制备:①称取20 g碘化钾溶于约25 mL水中,边搅拌边分次少量加入二氯化汞($HgCl_2$)结晶粉末(约10 g),至出现朱红色沉淀不易溶解时,改为滴加饱和二氯化汞溶液,并充分搅拌,当出现微量朱红色沉淀不再溶解时,停止滴加氯化汞溶液。另称取60 g氢氧化钾溶于水,并稀释至250 mL,冷却至室温后,将上述溶液徐徐注入氢氧化钾溶液中,用水稀释至400 mL,混匀。静置过夜,将上清液移入聚乙烯瓶中,密塞保存。②称取16g氢氧化钠,溶于50 mL水中,充分冷却至室温。另称取7 g碘化钾和10 g碘化汞(HgI_2)溶于水,然后将此溶液在搅拌下徐徐注入氢氧化钠溶液中。用水稀释至100 mL,贮于聚乙烯瓶中,密塞保存。

(10)酒石酸钾钠溶液($\rho=500$ g/L):称取50 g酒石酸钾钠($KNaC_4H_4O_6 \cdot 4H_2O$)溶于100 mL水中,加热煮沸以除去氨,放冷,定容至100 mL。

(11)铵标准贮备液:称取3.819 0 g经100℃干燥过的氯化铵(NH_4Cl)溶于水中,移入1 000 mL容量瓶中,稀释至标线。此溶液每毫升含1.00 mg氨氮。

(12)铵标准使用液:移取5.00 mL铵标准贮备液于500 mL容量瓶中,用水稀释至标线。此溶液每毫升含0.010 mg氨氮。

4)测定步骤

(1)水样预处理 包括2种方法:①絮凝沉淀。100 mL样品中加1 mL硫酸锌溶液和0.1～0.2 mL浓度为250 g/L氢氧化钠溶液,调节pH约为10.5,混匀,放置使之沉淀,倾取上清液分析。必要时,用经水冲洗过的中速滤纸过滤,弃去初滤液20 mL。也可对絮凝后样品离心处理。②预蒸馏。将50 mL硼酸溶液移入接收瓶内,确保冷凝管出口在硼酸溶液液面之下。取250 mL水样,移入凯氏烧瓶中,加数滴溴百里酚蓝指示剂,用1 mol/L氢氧化钠溶液或盐酸溶液调节pH至6.0(指示剂呈黄色)～7.4(指示剂呈蓝色)。加入0.25 g轻质氧化镁和数粒玻璃珠,立即连接氮球和冷凝管,加热蒸馏,至馏出液达200 mL时,停止蒸馏。

定容至 250 mL。

(2)标准曲线的绘制　吸取 0 mL、0.50 mL、1.00 mL、3.00 mL、5.00 mL、7.00 mL 和 10.0 mL 铵标准使用液于 50 mL 比色管中,加水至标线,加 1.0 mL 酒石酸钾钠溶液,混匀。加 1.5 mL 纳氏试剂,混匀。放置 10 min 后,在波长 420 nm 处,用光程 20 mm 比色皿,以水为参比,测定吸光度。由测得的吸光度,减去零浓度空白管的吸光度后,得到校正吸光度,绘制以氨氮含量(mg)对校正吸光度的标准曲线。

(3)水样的测定　对于清洁水样,直接取 50 mL,按与标准曲线相同的步骤测量吸光度。对于有悬浮物或色度干扰的水样,取经预处理的水样 50 mL(若水样中氨氮质量浓度超过 2 mg/L,可适当少取水样体积),按与标准曲线相同的步骤测量吸光度。以无氨水代替水样,作全程空白测定。

5)结果计算

由水样测得的吸光度减去空白试验的吸光度后,从标准曲线上查得氨氮含量(mg)。

$$氨氮(N,mg/L) = \frac{m}{V} \times 1\,000$$

式中:m 为由校准曲线查得的氨氮量,mg;V 为水样体积,mL;1 000 为换算系数。

6)注意事项

(1)纳氏试剂中碘化汞与碘化钾的比例,对显色反应的灵敏度有较大影响。为了保证纳氏试剂有良好的显色能力,配制时务必控制 $HgCl_2$ 的加入量,至微量 HgI_2 红色沉淀不再溶解时为止。配制 100 mL 纳氏试剂所需 $HgCl_2$ 与 KI 的用量之比约为 2.3:5。在配制时为了加快反应速度、节省配制时间,可低温加热进行,防止 HgI_2 红色沉淀的提前出现。静置后生成的沉淀应除去。

(2)酒石酸钾钠试剂中铵盐含量较高时,仅加热煮沸或加纳氏试剂沉淀不能完全除去氨。此时采用加入少量氢氧化钠溶液,煮沸蒸发掉溶液体积的 20%~30%,冷却后用无氨水稀释至原体积。

(3)滤纸中常含痕量铵盐,定量滤纸中含量高于定性滤纸,建议采用定性滤纸过滤,过滤前用无氨水少量多次淋洗(一般为 100 mL)。这样可减少或避免滤纸引入的测量误差。所用玻璃器皿应避免实验室空气中氨的沾污。

(4)蒸馏过程中,某些有机物很可能与氨同时馏出,对测定有干扰,其中有些物质(如甲醛)可以在酸性条件(pH<1)下煮沸除去。在蒸馏刚开始时,氨气蒸出速度较快,加热不能过快,否则造成水样暴沸,馏出液温度升高,氨吸收不完全。馏出液速率应保持在 10 mL/min 左右。

2.6.3.2　水杨酸分光光度法

水杨酸-次氯酸盐分光光度法、流动注射-水杨酸分光光度法和连续流动-水杨酸分光光度法 3 种方法化学反应原理是相同的,后两者仅仅是改变了进样模式,可进行氨氮自动在线检测。此 3 种方法皆适用于各种水样中氨氮的测定。

1)水杨酸-次氯酸盐分光光度法

在碱性介质(pH=11.7)和亚硝基铁氰化钠存在下,氨与次氯酸反应生成氯胺,氯胺与水杨酸反应生成氨基水杨酸,氨基水杨酸进一步氧化,与水杨酸缩合为靛酚蓝,可于波长697 nm 处比色测定,以水为参比,用标准曲线法定量。当使用 10 mm 比色皿时,该法检出限为 0.01 mg/L,测定范围为 0.04～1.0 mg/L;当使用 30 mm 比色皿时,检出限为 0.004 mg/L,测定范围 0.016～0.25 mg/L。

2)流动注射-水杨酸分光光度法

在封闭的管路中,将一定体积的试样(S)通过蠕动泵注入连续流动的载液(无氨水,C)中,相继与通过蠕动泵加入管路中的缓冲溶液 R1(氢氧化钠＋EDTA＋磷酸氢二钠的混合溶液),显色剂 R2(水杨酸钠和亚硝基铁氰化钾的混合溶液)和次氯酸钠溶液(R3)按比例混合反应,在碱性介质和亚硝基铁氰化钾存在及加热 60℃条件下,试样中的氨、铵与次氯酸根反应生成氯氨,氯氨与水杨酸盐反应生成蓝绿色化合物,在非完全反应的条件下进入流动检测池,于 660 nm 波长处测定吸光度(图 2-17)。以测定信号值(峰面积)为纵坐标,以对应的氨氮浓度为横坐标,绘制标准曲线,根据样品测定的信号值计算氨氮的浓度。本方法的检出限为 0.01 mg/L(以 N 计),测定范围为 0.04～5.00 mg/L。

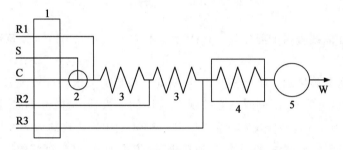

1.蠕动泵 2.注入阀 3.反应(混合)圈 4.加热池(60℃) 5.检测池(光程 10 mm,波长 660 nm)
R1.缓冲溶液 R2.显色剂 R3.次氯酸钠溶液 S.试样 C.载液 W.废液

图 2-17 流动注射-水杨酸分光光度法测定氨氮参考工作流程图

3)连续流动-水杨酸分光光度法

在密闭的管路中,一定体积的试样(S)和缓冲溶液 R1[Brij35(聚氧乙烯十二烷基醚)＋酒石酸钾钠＋柠檬酸三钠＋盐酸,pH＝5.2]通过蠕动泵注入管路中混合,依次与随后进入管路的显色剂 R2(氢氧化钠＋水杨酸钠溶液)、催化剂 R3(亚硝基铁氰化钠溶液)和 R4(二氯异氰尿酸钠溶液)按比例混合反应,在碱性介质中,试料中的氨、铵离子与二氯异氰尿酸钠溶液释放出来的次氯酸根反应生成氯胺。在 40℃和亚硝基铁氰化钾存在条件下,氯胺与水杨酸盐反应形成蓝绿色化合物。由气泡将样品与样品之间隔开,显色完全后进入检测池,于660 nm 波长处测定吸光度(图 2-18)。以测定信号值(峰高)为纵坐标,以对应的氨氮浓度为横坐标,绘制标准曲线,根据样品测定的信号值计算氨氮的浓度。

当样品不存在色度、浊度、有机物等干扰时,可直接取样分析比色,检测池光程为 30 mm时,本方法的检出限为 0.01 mg/L(以 N 计),测定范围为 0.04～1.00 mg/L;当样品含有高浓度的金属离子、带有颜色或浊度,或含有一些难以消除的有机物(高分子量的化合物)时,采用具有在线蒸馏的方法模块进行分析,检测池光程为 10 mm 时,本方法的检出限为 0.04 mg/L(以 N 计),测定范围为 0.16～10.0 mg/L。

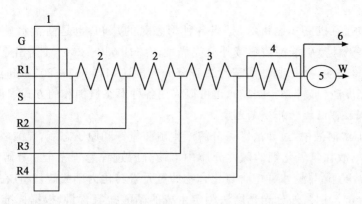

1.蠕动泵　2.混合圈　3.混合反应圈　4.加热池(40℃)　5.流动检测池(光程 30 mm,波长 660 nm)
6.除气泡装置　S.试样(0.60 mL/min)　G.空气　W.废液　R1.缓冲溶液　R2.水杨酸钠溶液
R3.亚硝基铁氰化钠溶液　R4.二氯异氰尿酸钠溶液

图 2-18　连续流动-水杨酸分光光度法(直接比色)测定氨氮参考工作流程图

2.6.4　凯氏氮和总氮

2.6.4.1　凯氏氮

凯氏氮是指以基耶达(Kjeldahl)法测得的含氮量,它包括氨氮以及在浓硫酸和催化剂 (K_2SO_4) 条件下能转化为铵盐而被测定的有机氮化合物。此类有机氮化合物主要有蛋白质、氨基酸、肽、胨、核酸、尿素以及合成的氮为负三价形态的有机氮化合物,但不包括叠氮化合物、联氮、偶氮、硝酸盐、亚硝酸盐、硝基化合物等。在评价湖泊、水库等水体富营养化时,凯氏氮是一个十分有意义的指标。

1)凯氏法(GB 11891—89)

凯氏法的测定包括水样消解和蒸馏滴定。水样中加入硫酸,以硫酸钾和硫酸铜为催化剂,加热消解,使水样中的有机氮、氨氮都转变为硫酸氢铵。消解时可加入适量的硫酸钾以提高消解速度,并可加入硫酸铜以缩短消解时间。若以 NH_2CH_2COOH 为代表,反应式如下:

$$NH_2CH_2COOH + 4H_2SO_4 \longrightarrow NH_4HSO_4 + 2CO_2 + 3SO_2 + 4H_2O$$

蒸馏测定:消解液在碱性条件下可蒸馏出氨,用硼酸溶液吸收。反应式为:

$$NH_4HSO_4 + 2NaOH \longrightarrow Na_2SO_4 + NH_3 \uparrow + 2H_2O$$

可根据水样的具体情况,选用纳氏试剂光度法或滴定法测定其含量。若将水样先行蒸馏除去氨氮,再按凯氏法进行测定,可直接测得有机氮化合物。

2)气相分子吸收光谱法(HJ/T 196—2005)

将水样中游离氨、铵盐和有机物中的胺转变成铵盐,用次溴酸盐氧化剂,将铵盐氧化成亚硝酸盐后,以亚硝酸盐氮的形式采用气相分子吸收光谱法测定水样中凯氏氮。本方法适用于地表水、水库、湖泊、江河水中凯氏氮的测定,检出限 0.020 mg/L,测定下限 0.100 mg/L,测定上限 200 mg/L。

2.6.4.2　总氮

水中总氮包括有机氮和无机氮,是指各种形态氮的总和,也是衡量水质的重要指标之一。测定方法有碱性过硫酸钾消解紫外分光光度法(HJ 636—2012)、气相分子吸收光谱法(HJ/T 199—2005)、连续流动-盐酸萘乙二胺分光光度法(HJ 667—2013)和流动注射-盐酸萘乙二胺分光光度法(HJ 668—2013),也可以采用各种形态氮加和的方式求得。

1)碱性过硫酸钾消解紫外分光光度法

在60℃以上水溶液中,过硫酸钾可分解产生硫酸氢钾和原子态氧,硫酸氢钾在溶液中离解而产生氢离子,故在氢氧化钠的碱性介质中可使分解过程趋于完全。分解出的原子态氧在120~124℃温度下,可使水样中含氮化合物的氮元素转化为硝酸盐,并且在此过程中有机物同时被氧化分解。用紫外分光光度法测定生成的硝酸盐氮含量,根据标准曲线计算出总氮(以 NO_3^--N 计)含量。本方法的检出限为 0.05 mg/L,测定范围为 0.20~7.00 mg/L,适用于地表水、地下水、工业废水和生活污水中总氮的测定。

2)气相分子吸收光谱法

在120~124℃的碱性介质中,加入过硫酸钾氧化剂,将水样中氨、铵盐、亚硝酸盐以及大部分有机氮化合物氧化成硝酸盐后,以硝酸盐氮的形式采用气相分子吸收光谱法进行总氮的测定。本方法检出限 0.05 mg/L,测定下限 0.20 mg/L,测定上限 100 mg/L,适用于地表水、水库、湖泊、江河水中总氮的测定。

3)流动注射-盐酸萘乙二胺分光光度法

流动注射分析仪工作原理:在封闭的管路中,将一定体积的试料注入连续流动的载液中,试料和试剂在化学反应模块中按规定的顺序和比例混合、反应,在非完全反应的条件下,进入流动检测池进行光度检测。工作流程与流动注射-水杨酸分光光度法类似。

化学反应原理:在碱性介质中,试料中的含氮化合物在(95±2)℃、紫外线照射下,被过硫酸盐氧化为硝酸盐后,经镉柱还原为亚硝酸盐;在酸性介质中,亚硝酸盐与磺胺进行重氮化反应,然后与盐酸萘乙二胺偶联生成紫红色化合物,于 540 nm 处测量吸光度。以测定信号值(峰面积)为纵坐标,以对应的氮浓度为横坐标,绘制标准曲线,根据样品测定的信号值计算总氮的浓度。本方法的检出限为 0.03 mg/L(以 N 计),测定范围为 0.12~10 mg/L。

4)连续流动-盐酸萘乙二胺分光光度法

连续流动分析仪工作原理:试样与试剂在蠕动泵的推动下进入化学反应模块,在密闭的管路中连续流动,被气泡按一定间隔规律地隔开,并按特定的顺序和比例混合、反应,显色完全后进入流动检测池进行光度检测。工作流程与连续流动-水杨酸分光光度法类似。

化学反应原理:在碱性介质中,试料中的含氮化合物在 107~110℃、紫外线照射下,被过硫酸盐氧化为硝酸盐后,经镉柱还原为亚硝酸盐;在酸性介质中,亚硝酸盐与磺胺进行重氮化反应,然后与盐酸萘乙二胺偶联生成紫红色化合物,于波长 540 nm 处测量吸光度。本方法的检出限为 0.04 mg/L(以 N 计),测定范围为 0.16~10 mg/L。

▶ 2.6.5　氟化物

氟广泛存在于天然水体中,以地下水中含氟量最高,一般为 1~3 mg/L,高的每升可达数十毫克。炼铝、磷肥、钢铁等工业排放的三废,含氟较高。氟是人体必需的微量元素,推荐饮水标准中的氟以 0.5～1.5 mg/L 为宜。氟的缺乏和过量都会对人的牙齿和骨骼产生不良影响。

测定水中氟化物的方法有离子色谱法(HJ 84—2016)、氟离子选择电极法(GB 7484—87)、氟试剂分光光度法(HJ 488—2009)、茜素磺酸锆目视比色法(HJ 487—2009)和硝酸钍滴定法。离子色谱法已被国内外普遍使用,方法简便、测定快速、干扰较小,但设备比较昂贵。分光光度法适用于含氟较低的样品,氟试剂法检出限为 0.02 mg/L,测定下限为 0.08 mg/L F^-;茜素黄酸锆目视比色法可以测定 0.4～1.5 mg/L F^-,但是误差比较大。氟化物含量大于 5 mg/L 时可采用硝酸钍滴定法。氟电极是目前众多电极中性能最好的一种,本方法的最低检测限为含氟化物(以 F 计)0.05 mg/L,测定上限可达 1 900 mg/L。用它测定氟离子的方法被列为测定氟的标准方法,已成功地应用于测定天然水、海水、饮料、尿、血清、大气、植物和土壤(HJ 873—2017)等各种试样中的 F^-。

2.6.5.1 离子选择电极测定原理

以氟化镧电极为指示电极,饱和甘汞电极或氯化银电极为参比电极,当水中存在氟离子时,就会在氟电极上产生电位响应。工作电池表示如下:

$$Ag \mid AgCl, Cl^-(0.3 mol/L), F^-(0.001\ mol/L) \mid LaF_3 \parallel 试液 \parallel 外参比电极$$

当控制水中总离子强度足够量且为定值时,电池的电动势 E 随待测溶液中氟离子浓度而变化,且遵守能斯特方程,并服从下式:

$$E = E^0 - \frac{2.303RT}{F} \lg c_{F^-}$$

E 与 $\lg c_{F^-}$ 呈直线关系,$\dfrac{2.303RT}{F}$ 为该直线的斜率,亦为电极的斜率。

与氟离子形成络合物的多价阳离子(如三价铝、三价铁和四价硅)及氢离子干扰测定,其他常见离子无影响。通常加入总离子强度调节剂以保持溶液的总离子强度,并络合干扰离子,保持溶液适当的 pH,就可以直接测定了。

2.6.5.2 仪器

离子计或精密酸度计;氟离子选择电极;磁力加热搅拌器;饱和甘汞电极或氯化银电极。

2.6.5.3 试剂

(1)氟标准贮备液:称取 0.221 0 g 氟化钠(NaF),预先在 105～110℃烘干 2 h,溶于去离子水中,移至 1 000 mL 容量瓶中,用水稀释至标线,摇匀。贮于聚乙烯瓶中,此溶液含氟 100 μg/mL。

(2)氟标准溶液:用氟标准贮备液,制备成每毫升含 10 μg 氟的标准溶液。

(3)总离子强度调节缓冲溶液(TISAB,0.2 mol/L 柠檬酸钠-1 mol/L 硝酸钠):称取 58.8 g 二水合柠檬酸钠和 85 g 硝酸钠,加水溶解,用稀盐酸调节 pH 至 5～6,转入 1 000 mL 容量瓶中,稀释至标线,摇匀。

2.6.5.4 测定步骤

(1)样品预处理　清洁水样无须预处理即可用氟离子选择电极测定,严重污染的水样或其他复杂样品须经消解或预蒸馏将氟分离后再行测定。氟的分离利用氢氟酸具有挥发性质,可以在高沸点强酸性介质中将其蒸出,使用的酸通常是硫酸或高氯酸。

取 400 mL 蒸馏水置于 1 L 蒸馏瓶中,在不断搅拌下缓慢加入 200 mL 浓硫酸,混匀。加入 5～10 粒玻璃珠。连接好蒸馏装置,开始小火加热。然后加大火提高蒸馏速度至温度刚刚升到 180℃时为止,弃去馏出液。本操作目的是除去氟化物污染。此时蒸馏瓶中酸与水的比例约为 2:1。

将上述蒸馏瓶内的溶液放冷到 120℃以下,加入 250 mL 水样,混匀。按步骤(1)蒸馏至温度达 180℃时止。温度不能超过 180℃,以防止带出硫酸盐,收集馏出液于接收瓶中,待测定。

蒸馏瓶内的硫酸溶液可反复使用到对馏出液产生污染,以致影响回收率和馏出液中发现干扰物时为止。要定期地蒸馏标准氟化物试样,用来检验酸的适用性。在蒸馏含氟量高的水样时,蒸馏水样后要加 300 mL 水再蒸馏,把两次氟化物馏出液合并,必要时反复加水蒸馏,到蒸馏瓶中氟含量降低到最低值为止。把后回收的氟化物馏出液与第一次馏出液合并。如果蒸馏装置长时间没有使用,也要重复操作加水蒸馏,弃去馏出液。

在蒸馏含有大量氯化物水样时,可把固体硫酸银加到蒸馏瓶内,每毫克氯化物要加 5 mg 硫酸银。

(2)标准曲线的绘制　于一系列 50 mL 容量瓶中分别加入 1.00 mL、3.00 mL、5.00 mL、10.00 mL、20.00 mL 氟化物标准溶液,10 mL 总离子强度调节缓冲溶液(TISAB),用水稀释至标线,摇匀。转入 100 mL 烧杯中。

将电极插入溶液中,开动电磁搅拌器,维持 25℃,搅拌 1～3 min,电位稳定后,在继续搅拌下读数。在放电极前,不要搅拌,以免晶体周围进入空气而引起错误的读数或指针晃动。在每次测量之前,都要用水冲洗电极,并用滤纸吸干。测定顺序应从低浓度到高浓度。在半对数坐标纸上或计算机上,绘制 $E-\lg c_{F^-}$ 曲线(对数轴上取氟离子标准溶液的浓度,在均等轴上取电位)。

(3)样品测定　在 50 mL 容量瓶中,加入 10 mL 总离子强度缓冲液,加适量预处理好的水样。稀释至标线,混合均匀,然后转入 100 mL 烧杯中,按绘制标准曲线的步骤(2)程序操作,读取毫伏数值。

2.6.5.5　结果计算

水中氟化物的质量浓度按下式计算:

$$\rho(F^-, mg/L) = \frac{测得氟量(\mu g)}{水样体积(mL)}$$

2.6.5.6　注意事项

(1)标准曲线应当与样品在同样温度下测定。

(2)测定用聚乙烯烧杯为宜。

(3)要注意消除电极表面的气泡。

(4)本方法测定的是游离的氟离子浓度,某些高价阳离子(例如三价铁、铝和四价硅)及氢离子能与氟离子络合而有干扰,所产生的干扰程度取决于络合离子的种类和浓度、氟化物的浓度及溶液的 pH 等。在碱性溶液中氢氧根离子的浓度大于氟离子浓度的 1/10 时影响测定。其他一般常见的阴、阳离子均不干扰测定。测定氟离子溶液的 pH 应为 5～8。

2.6.6 氰化物

工业废水中含有的氰化物可分为简单氰化物和络合氰化物2类。简单氰化物多为碱金属的盐类,如 KCN、NaCN 等,有剧毒,在酸性介质中,易形成挥发性的氰化氢。络合氰化物中的氰与金属离子配位结合,较为稳定,但加酸蒸馏时也会变成氰化氢而被蒸出。

氰化物中除少数稳定的络盐(如铁氰化钾等)外,都有剧毒,氰化物进入人体内,与高铁细胞色素氧化酶结合,生成氰化高铁细胞色素氧化酶,失去传递氧的作用,引起组织缺氧窒息。

对于高浓度的污水(>1 mg/L),可用硝酸银滴定法测定氰化物(HJ 484—2009);对于低浓度样品的测定,可采用离子选择电极法,目前最常用的方法是光度法。标准采用的氰化物光度测定法有异烟酸-吡唑啉酮分光光度法、异烟酸-巴比妥酸分光光度法、吡啶-巴比妥酸分光光度法(HJ 484—2009)。3 种方法都具有很好的灵敏度,显色反应机理也相似。此外,还有用于污染事故现场快速应急监测的真空检测管-电子比色法(HJ 659—2013)和适用于水样自动监测的流动注射-分光光度法(HJ 823—2017)。

1)水样的蒸馏

在氰化物的测定中干扰物质较多,通常采用蒸馏预处理方法除去干扰物质,以氰化氢形式将其分离后进行测定。氰氢酸是一种很弱的酸($K_a=4.03\times10^{-10}$),因此在酸性介质中离解度很小,可以 HCN 形式蒸馏分离。目前标准方法中采用以下 2 种蒸馏分离方法。

(1)酒石酸-硝酸锌蒸馏。在水样中加入酒石酸和硝酸锌,溶液 pH 为 4,此条件下,简单氰化物及部分络合氰(如锌氰络合物)可被蒸馏分离。

(2)在水样中加入磷酸和 EDTA 溶液,在 pH<2 条件下蒸馏。利用 EDTA 络合能力,分解金属氰化物将氰蒸馏分离。此法能将简单氰化物和绝大部分络合氰蒸出,但钴氰络合物一类中的氰仍不能分离。

蒸馏操作如下:在蒸馏瓶(500 mL)中加入水样 200 mL 和玻璃珠数粒,接收馏出液的量筒中加 10 mL 1%氢氧化钠溶液,在装置准备好后,加入 7~8 滴甲基橙溶液、10 mL 10%硝酸锌溶液,再迅速加入 5 mL 15%酒石酸溶液,立即盖好瓶塞,加热蒸馏,馏出速度以 2~4 mL/min 为宜,蒸出馏出液近 100 mL 为止。

2)硝酸银滴定法

经蒸馏得到的碱性馏出液用硝酸银标准溶液滴定,氰离子与硝酸银作用生成可溶性的银氰络合离子$[Ag(CN)_2]^-$,过量的银离子与试银灵指示剂反应,溶液由黄色变为橙红色,即为终点。硝酸银滴定法检出限为 0.25 mg/L,测定下限为 1.00 mg/L,测定上限为 100 mg/L。

3)异烟酸-吡唑啉酮分光光度法

取预蒸馏馏出液,在调节 pH 至中性条件下,样品中的氰化物与氯胺 T 反应生成氯化氰(CNCl),再与异烟酸作用,经水解后生成戊烯二醛,最后与吡唑啉酮缩合生成蓝色染料,其颜色与氰化物的含量成正比,在波长 638 nm 处比色测定。本法最低检出浓度为 0.004 mg/L 氰(CN^-),测定下限为 0.016 mg/L,测定上限为 0.25 mg/L。

4)异烟酸-巴比妥酸分光光度法

在弱酸性条件下,水样中氰化物与氯胺T作用生成氯化氰,然后与异烟酸反应,经水解而成戊烯二醛,最后再与巴比妥酸作用生成一紫蓝色化合物,在波长600 nm处测定吸光度。异烟酸-巴比妥酸分光光度法检出限为0.001 mg/L,测定下限为0.004 mg/L,测定上限为0.45 mg/L。

5)吡啶-巴比妥酸分光光度法

取预蒸馏馏出液,调节pH成中性介质条件下,氰离子和氯胺T的活性氯反应生成氯化氰,氯化氰与吡啶反应生成戊烯二醛,戊烯二醛与两个巴比妥酸分子缩合生成红紫色染料,在580 nm处进行比色测定。吡啶-巴比妥酸分光光度法检出限为0.002 mg/L,测定下限为0.008 mg/L,测定上限为0.45 mg/L。

6)流动注射-分光光度法

流动注射仪工作原理:在封闭的管路中,将一定体积的试样注入连续流动的载液中,试样与试剂在化学反应模块中按特定的顺序和比例混合、反应,在非完全反应的条件下,进入流动检测池进行光度检测。

化学反应原理:在酸性条件下,样品经140℃高温高压水解及紫外消解,释放出的氰化氢气体被氢氧化钠溶液吸收。异烟酸-巴比妥酸法是吸收液中的氰化物与氯胺T直接反应生成氯化氰(若是吡啶-巴比妥酸法则是在中性条件下反应生成氯化氰),然后与异烟酸(若是吡啶-巴比妥酸法则是吡啶)反应生成戊烯二醛,再与巴比妥酸作用生成蓝紫色化合物(若是吡啶-巴比妥酸法则是红紫色化合物),异烟酸-巴比妥酸法是于600 nm(若是吡啶-巴比妥酸法则是580 nm)波长处测量吸光度。

本方法适用于地表水、地下水、生活污水和工业废水中氰化物的测定。当检测光程为10 mm时,异烟酸-巴比妥酸法测定水中氰化物检出限为0.001 mg/L,测定范围为0.004~0.10 mg/L;吡啶-巴比妥酸法测定水中氰化物的检出限为0.002 mg/L,测定范围为0.008~0.50 mg/L。

7)真空检测管-电子比色法

真空检测管-电子比色法仪器包括真空检测管、电子比色计和加热装置。真空检测管是以硼硅玻璃或石英玻璃为材质制成的试管,具有一定真空度(−100~−80 kPa),内置可与特定待测物发生化学显色反应的试剂。电子比色计由光源(LED或氙灯)、色度传感器(传感器三基色波长范围:红580~750 nm;绿500~600 nm;蓝410~510 nm)、比色池、信号模拟系统和显示等部分组成,内置工作曲线,是一种以色度传感器为信号接收器,对特定化学显色反应生成的有色化合物的颜色的色度信号进行定量解析的电子仪器。加热装置:使用12 v直流或220 v交流电源,温度设置为50~150℃连续可调,温度精度±0.5℃,适合检测管加热设计。

方法原理:将封存有反应试剂的真空玻璃检测管在水样中折断,样品自动定量吸入管中,样品中的待测物与反应试剂快速定量反应生成有色化合物,其色度值与待测物含量成正比。将化学显色反应的色度信号与待测物浓度间对应的函数关系存储于电子比色计中,测定后直接读出水样中待测物的含量。检测不同待测物,所用检测管中封存的试剂不同。如氰化物检测管中的试剂为有机酮类和碳酸钠,氰化物(CN⁻)与有机酮类测试液在碳酸钠存在下加热,经离子缔合反应生成黄至深红色有色络合物,有色络合物的色度值与氰化物的浓度呈一定的线性关系,检出限为 0.009 mg/L。

本方法适用于地下水、地表水、生活污水和工业废水中氰化物、氟化物、硫化物、二价锰、六价铬、镍、氨氮、苯胺、硝酸盐氮、亚硝酸盐氮、磷酸盐以及化学需氧量等污染物的快速分析和应急监测。直接显色测定方法的项目有六价铬、二价锰、氨氮、亚硝酸盐氮和硝酸盐氮等;需要加热后显色测定的项目有化学需氧量、硫化物和氰化物;加助剂反应测定方法的项目有磷酸盐、镍、氟化物和苯胺等。

▶ 2.6.7 磷

在天然水和废水中,磷几乎都以各种磷酸盐的形式存在,它们分为正磷酸盐(包括 PO_4^{3-}、HPO_4^{2-} 和 $H_2PO_4^-$)、缩合磷酸盐{焦磷酸盐($P_2O_7^{4-}$)、偏磷酸盐[$(PO_3)_6^{3-}$]和三聚磷酸盐($P_3O_{10}^{5-}$)}和有机磷(农药、酯类、磷脂质等),它们存在于溶液中,腐殖质粒子中或水生生物中。磷是生物生长的必需元素之一,但水体中磷含量过高(如超过 0.2 mg/L),会导致富营养化,可造成藻类的过度繁殖,使水质恶化。天然水中磷酸盐含量较少,环境中的磷主要来源于化肥、冶炼、合成洗涤剂等行业的工业废水及生活污水。

水中磷的测定,通常按其存在形式分别测定总磷、可溶性正磷酸盐和可溶性总磷,可经过不同预处理方法转变成正磷酸盐分别测定。水中磷的消解方法通常有:过硫酸钾消解法、硝酸-硫酸消解法和硝酸-高氯酸消解法。有机磷多采用气相或液相色谱法测定。

水中总磷测定有从最初的分光光度法、离子色谱法(HJ 669—2013)到现在的连续流动(HJ 670—2013)或流动注射(HJ 671—2013)分光光度法、等离子发射光谱法(ICP-AES)等多种方法。分光光度法有钼酸铵(钼锑抗)分光光度法(GB 11893—89)、氯化亚锡还原钼蓝法、孔雀绿-磷钼杂多酸法、罗丹明荧光分光光度法。

传统的分光光度法是利用磷酸盐与钼酸铵在酸性介质中反应生成淡黄色磷钼杂多酸:

$$PO_4^{3-} + 12(NH_4)_2MoO_4 + 24H^+ \longrightarrow (NH_4)_3PO_4 \cdot 12MoO_3 + 21NH_4^+ + 12H_2O$$

如果加入钒,使淡黄色磷钼酸铵转化为黄色的钒磷钼酸,在 400~496 nm 波长下测定,该方法称为钼黄比色法,检测范围为 0.01~0.6 mg/L;若加入抗坏血酸,磷钼杂多酸被还原生成蓝色络合物(磷钼蓝),在 700 nm 波长下测定,该方法称为钼酸铵或钼锑抗光度法,检测范围为 0.01~0.6 mg/L;若加入氯化亚锡,磷钼杂多酸被还原生成蓝色络合物(磷钼蓝),在 700 nm 波长下测定,该方法称为氯化亚锡还原光度法,检测范围为 0.025~0.6 mg/L;若加入碱性染料孔雀绿,与磷钼杂多酸生成绿色离子缔合物,在 620 nm 波长下测定,该方法称为孔雀绿-磷钼杂多酸光度法,检测范围为 0.001~0.3 mg/L。若加入罗丹明 6G,与磷钼杂多酸形成离子缔合物,使罗丹明 6G 的荧光猝灭,磷含量为 0.05~0.70 μg/L 范围内与罗丹明 6G 的荧光猝灭程度呈良好的线性关系,该方法称为罗丹明 6G 能量转移荧光法。

相比较钼酸铵分光光度法,孔雀绿-磷钼杂多酸法灵敏度较高、应用范围较广。氯化亚锡还原钼蓝法灵敏度较低、干扰也较多。罗丹明荧光光度法灵敏度最高,选择性好。连续流动或流动注射光度法以钼酸铵分光光度法为基础测定总磷,采用在线过硫酸盐/紫外消解方法,生成的络合物于 880 nm 比色定量,适合批量自动分析。

2.6.7.1 钼酸铵分光光度法原理

在中性条件下用过硫酸钾(或硝酸-高氯酸)使试样消解,将所含磷全部氧化为正磷酸盐。在酸性介质中,正磷酸盐与钼酸铵反应,在锑盐存在下生成磷钼杂多酸后,立即被抗坏血酸还原,生成蓝色的络合物。

2.6.7.2 仪器

医用手提式蒸汽消毒器或一般压力锅($1.1 \sim 1.4 \ kg/cm^2$)或可调温度电炉或电热板;分光光度计。

2.6.7.3 试剂

(1)硫酸$[1:1(V/V)]$:硫酸与水等体积混合。

(2)硫酸$[约 c(1/2H_2SO_4)=1 \ mol/L]$:将 27 mL 硫酸加入 973 mL 水中。

(3)氢氧化钠溶液($c=1 \ mol/L$):将 40 g 氢氧化钠溶于水并稀释至 1 000 mL。

(4)氢氧化钠溶液($c=6 \ mol/L$):将 240 g 氢氧化钠溶于水并稀释至 1 000 mL。

(5)过硫酸钾溶液($\rho=50 \ g/L$):将 5 g 过硫酸钾($K_2S_2O_8$)溶解于水,并稀释至 100 mL。

(6)抗坏血酸溶液($\rho=100 \ g/L$):溶解 10 g 抗坏血酸($C_6H_8O_6$)于水中,并稀释至 100 mL。此溶液贮于棕色的试剂瓶中,在冷处可稳定几周。如不变色可长时间使用。

(7)钼酸盐溶液:溶解 13 g 钼酸铵$[(NH_4)_6Mo_7O_{24} \cdot 4H_2O]$于 100 mL 水中。溶解 0.35 g 酒石酸锑钾($KSbC_4H_4O_7 \cdot 1/2H_2O$)于 100 mL 水中。在不断搅拌下把钼酸铵溶液徐徐加到 300 mL 硫酸$[1:1(V/V)]$中,加酒石酸锑钾溶液并且混合均匀。此溶液贮存于棕色试剂瓶中,放在约 4℃处可保存 2 个月。

(8)浊度-色度补偿液:混合 2 个体积硫酸$[1:1(V/V)]$和 1 个体积抗坏血酸溶液。使用当天配制。

(9)磷标准贮备液:称取($0.219 \ 7 \pm 0.000 \ 1$)g 于 110℃干燥 2 h 在干燥器中放冷的磷酸二氢钾(KH_2PO_4),用水溶解后转移至 1 000 mL 容量瓶中,加入大约 800 mL 水、加硫酸$[1:1(V/V)]$ 5 mL,用水稀释至标线并混匀。1.00 mL 此标准溶液含 50.0 μg 磷。本溶液在玻璃瓶中可贮存至少 6 个月。

(10)磷标准使用溶液:将 10.0 mL 的磷标准贮备液转移至 250 mL 容量瓶中,用水稀释至标线并混匀。1.00 mL 此标准溶液含 2.0 μg 磷。使用当天配制。

(11)酚酞溶液($\rho=10 \ g/L$):0.5 g 酚酞溶于 50 mL 95%乙醇中。

2.6.7.4 测定步骤

采取 500 mL 水样后,加入 1 mL 硫酸调节样品的 pH,使之低于或等于 1,或不加任何试剂于冷处保存。

(1)消解　当用过硫酸钾消解时,如用硫酸保存水样,需先将试样调至中性。取 25.0 mL 样品于 50 mL 具塞刻度管中(取时应仔细摇匀,以得到溶解部分和悬浮部分均具有代表性的试样。如样品中含磷浓度较高,试样体积可以减少),加 4.0 mL 过硫酸钾溶液,将具塞刻度管的盖塞紧后,用一小块纱布和线将玻璃塞扎紧(或用其他方法固定),放在大烧杯中置于高压蒸汽消毒器中加热,待压力达 1.1 kg/cm^2、相应温度为 120℃时,保持 30 min 后停止加热,待压力表读数降至零后,取出放冷。

当用硝酸-高氯酸消解时,吸取 25.0 mL 水样置于锥形瓶中,加数粒玻璃珠,加 2 mL 硝酸,在电热板上加热浓缩至约 10 mL,冷后加 5 mL 硝酸,再加热浓缩至约 10 mL,放冷。加 3 mL 高氯酸,加热至冒白烟时,可在锥形瓶上加小漏斗或调节电热板温度,使消解液在锥形瓶内壁保持回流状态,直至剩下 3~4 mL,放冷。加水 10 mL,加 1 滴酚酞指示剂,滴加氢氧化钠溶液至刚呈微红色,再滴加 1 mol/L 硫酸溶液使微红正好退去,充分混匀,移至 50 mL 比色管中。如溶液浑浊,可用滤纸过滤,并用水充分洗锥形瓶及滤纸,移入比色管中,稀释至标线,供分析用。

(2)测定　分别向各份消解液中加入 1.00 mL10％抗坏血酸溶液混匀,30 s 后加 2.00 mL 钼酸盐溶液充分混匀,用水稀释至标线,室温下放置 15 min 后,在 700 nm 波长下,以纯水做参比,测定吸光度。同时做空白试验。扣除空白试验的吸光度后,从工作曲线上查得磷的含量。

(3)工作曲线的绘制　取 7 支 50 mL 具塞刻度管分别加入 0.00 mL、0.50 mL、1.00 mL、3.00 mL、5.00 mL、10.00 mL、15.00 mL 2.0 mg/L 的磷酸盐标准使用溶液,加水至 25 mL,然后按样品消解、测定步骤进行处理。以纯水做参比,测定吸光度。扣除空白试验的吸光度后,和对应的磷的含量绘制工作曲线。

2.6.7.5　结果计算

水样中总磷的质量浓度按下式计算:

$$\rho(P, mg/L) = m/V$$

式中:m 为试样测得含磷量,μg;V 为测定用试样体积,mL。

2.6.7.6　注意事项

(1)显色温度(最佳 20~25℃):室温低于 13℃,可在 20~30℃水浴中显色 15 min。

(2)显色酸度:0.35~0.55 mol/L(最佳 0.4 mol/L)。

(3)若试样中含有浊度或色度时,需配制一个空白试样(消解后用水稀释至标线)然后向试样中加入 3 mL 浊度-色度补偿液,但不加抗坏血酸溶液和钼酸盐溶液。然后从试样的吸光度中扣除空白试样的吸光度。

(4)水样消解的注意事项:①消解时需在通风橱中进行。②视水样中有机物含量及干扰情况,硝酸和高氯酸用量可适当增减。③高氯酸与有机物的混合物,经加热可能发生爆炸,应注意防止这种危险的产生。首先,不要向可能含有有机物的热溶液中加入高氯酸;其次,对于含有机物的水样消解,要先用硝酸处理,后用高氯酸完成消解过程;最后,要注意绝对不可将消解液蒸干。

▶ 2.6.8　离子色谱法测定水中无机阴离子

离子色谱法(ion chromatography,IC)是用于分离、分析离子的高效液相色谱法。它的基本原理、仪器结构与高效液相色谱法基本相同,所不同的是 IC 的固定相为离子交换树脂,流动相为酸或碱液,对系统的耐酸碱腐蚀性要求很高。IC 法既可以分析无机阴离子和无机阳离子,也可以分析有机酸等有机化合物,方法的灵敏度和选择性较好,可测定含量少至×10^{-9}、高至×10^{-4} 数量级的多种阴、阳离子,已广泛应用于环境和其他领域中数百种离子的分析。HJ 84—2016 规定了离子色谱法测定水中的 8 种阴离子(F^-、Cl^-、NO_2^-、Br^-、NO_3^-、PO_4^{3-}、SO_3^{2-}、SO_4^{2-})。

2.6.8.1　离子色谱法原理

(1)离子色谱原理　水质样品中的阴离子或阳离子,经离子色谱柱交换分离、检测器检测,根据保留时间定性,峰高或峰面积定量。

以分析阴离子(如 Br⁻)为例,分离柱选用 R—OH 阴离子交换树脂(R 代表离子交换树脂),抑制柱选用高容量 H⁺ 型阳离子交换树脂,以 NaOH 为淋洗液。在分离柱和抑制柱上发生的反应如下:

分离柱 $R—OH^- + Na^+Br^- \rightleftharpoons R—Br^- + Na^+OH^-$

抑制柱 $R—H^+ + Na^+OH^- \longrightarrow R—Na^+ + H_2O$

               $R—H^+ + Na^+Br^- \longrightarrow R—Na^+ + H^+Br^-$

洗脱过程中,OH⁻ 从分离柱的阴离子位置置换待测阴离子 Br⁻。从抑制柱流出的洗脱液中,洗脱液(NaOH)已被转变成电导值很小的水溶液,消除了本底电导的影响。试样阴离子则被转变成其相应的酸,又因为 H⁺ 的离子淌度是 Na 的 7 倍,这就大大提高了所测阴离子的检测灵敏度。

同理在阳离子分析中,也有相似的反应。以阳离子交换树脂作分离柱,一般用无机酸为洗脱液,洗脱液进入阳离子交换柱洗脱分离阳离子后,进入填充有 OH⁻ 型高容量阴离子交换树脂的抑制柱,将酸(洗脱液)转变为水,同时将试样阳离子 M⁺ 转变成其相应的碱,从而提高所测阳离子的检测灵敏度。

离子交换树脂中含有离子交换功能基和保持树脂为电中性的平衡离子。典型的阴离子交换功能基是季铵基($—NR_3^+$),相应的平衡离子为 Cl⁻;阳离子交换功能基是磺酸基($—SO_3^-$),相应的平衡离子为 H⁺。在色谱分离过程中,样品离子与树脂交换功能基的平衡离子争夺树脂的离子交换位置。由于不同样品离子对固定相的亲和力不同,经过多次交换可达分离。

(2)离子色谱仪构造   离子色谱仪主要由淋洗液贮备装置、高压输液泵、进样器、色谱柱、检测器和数据处理系统构成。此外,可根据需要配备流动相在线脱气装置、自动进样系统、流动相抑制系统、柱后反应系统和全自动控制系统等(图 2-19)。

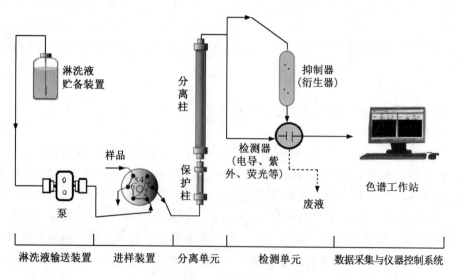

图 2-19   离子色谱仪构成示意图

(改绘自:李广超. 环境监测. 2017)

采用电导检测器的离子色谱分析的基本流程为:样品同强电解质的流动相一起流经装有离子交换树脂的色谱分析柱,将待测离子依次分离,然后再流经抑制柱,使充当流动相的强电解质溶液变为低电导的溶液,而后流经电导检测器进行测定。根据色谱峰的保留时间定性,根据峰高或峰面积定量。分离柱内填充低容量离子交换树脂,由于液体流过时阻力大,故需使用高压输液泵,抑制柱内填充另一类型高容量离子交换树脂,其作用是削减洗提液造成的本底电导和提高被测组分的电导。除电导型检测器外,还有紫外可见光度型、荧光型和安培型等检测器。用非电导型检测器一般不需使用抑制柱。较新的发展是联用技术,如以原子吸收或质谱作为离子色谱的检测器,以提高方法的灵敏度并扩大其应用范围。

(3)影响离子洗脱顺序的因素　通常样品离子的价数越高,对离子交换树脂的亲和力越大,保留时间越长。常见阴离子的保留时间的顺序是:$F^- \rightarrow Cl^- \rightarrow NO_3^- \rightarrow HPO_4^{2-} \rightarrow SO_4^{2-}$。但影响离子对树脂亲和力的还有许多其他因素,因此也有例外。对于价数相同的离子,离子半径越大,对离子交换树脂的亲和力也越大,保留时间越长。因此,卤素离子的洗脱顺序是:$F^- \rightarrow Cl^- \rightarrow Br^- \rightarrow I^-$。碱金属离子的洗脱顺序是:$Li^+ \rightarrow Na^+ \rightarrow K^+ \rightarrow Rb^+ \rightarrow Cs^+$。

此外,淋洗液的 pH、树脂的种类等都会影响离子的洗脱顺序。在阴离子淋洗液中,HCO_3^-、CO_3^{2-} 是最通用的,它们可用于同时淋洗一价和多价阴离子。通过改变 HCO_3^- 和 CO_3^{2-} 之间的比例,来改变淋洗液的 pH 和选择性;改变淋洗液的浓度,可改变待测离子的保留时间而不改变待测离子的洗脱顺序。一般用稀盐酸或稀硝酸作为一价阳离子的淋洗液;用氨基酸与稀盐酸的混合液作为二价阳离子的淋洗液。

2.6.8.2　仪器

离子色谱仪;抽气过滤装置(配有孔径$\leqslant 0.45\ \mu m$醋酸纤维或聚乙烯滤膜);孔径$0.45\ \mu m$水系微孔滤膜针筒过滤器;一次性注射器;预处理柱。

2.6.8.3　试剂

实验用水为电阻率$\geqslant 18\ M\Omega \cdot cm(25℃)$,并经过$0.45\ \mu m$微孔滤膜过滤的去离子水。

(1)氟化钠(NaF)、氯化钠($NaCl$)、溴化钾(KBr)、硝酸钾(KNO_3)、磷酸二氢钾(KH_2PO_4)和无水硫酸钠(Na_2SO_4):优级纯,使用前应于$(105\pm5)℃$干燥恒重后,置于干燥器中保存。

(2)亚硝酸钠($NaNO_2$)和亚硫酸钠(Na_2SO_3):优级纯,使用前应置于干燥器中平衡 24 h。

(3)甲醛(CH_2O):纯度 40%。

(4)碳酸钠(Na_2CO_3):使用前应于$(105\pm5)℃$干燥恒重后,置于干燥器中保存。

(5)碳酸氢钠($NaHCO_3$):使用前应置于干燥器中平衡 24 h。

(6)氢氧化钠($NaOH$):优级纯。

(7)氟离子标准贮备液$[\rho(F^-)=1\ 000\ mg/L]$:准确称取 2.210 0 g 氟化钠溶于适量水中,全量移入 1 000 mL 容量瓶,用水稀释定容至标线,混匀。转移至聚乙烯瓶中,于 4℃以下冷藏、避光和密封可保存 6 个月。

(8)氯离子标准贮备液$[\rho(Cl^-)=1\ 000\ mg/L]$:准确称取 1.648 5 g 氯化钠溶于适量水中,全量转入 1 000 mL 容量瓶,用水稀释定容至标线,混匀。转移至聚乙烯瓶中,于 4℃以下冷藏、避光和密封可保存 6 个月。

(9)溴离子标准贮备液$[\rho(Br^-)=1\ 000\ mg/L]$:准确称取 1.487 5 g 溴化钾溶于适量水中,全量转入 1 000 mL 容量瓶,用水稀释定容至标线,混匀。转移至聚乙烯瓶中,于 4℃以下冷藏、避光和密封可保存 6 个月。

(10)亚硝酸根标准贮备液[$\rho(NO_2^-)=1\,000$ mg/L]：准确称取 1.499 7 g 亚硝酸钠，溶于适量水中，全量转入 1 000 mL 容量瓶，用水稀释定容至标线，混匀。转移至聚乙烯瓶中，于 4℃以下冷藏、避光和密封可保存 1 个月。

(11)硝酸根标准贮备液[$\rho(NO_3^-)=1\,000$ mg/L]：准确称取 1.630 4 g 硝酸钾，溶于适量水中，全量转入 1 000 mL 容量瓶，用水稀释定容至标线，混匀。转移至聚乙烯瓶中，于 4℃以下冷藏、避光和密封可保存 6 个月。

(12)磷酸根标准贮备液[$\rho(PO_4^{3-})=1\,000$ mg/L]：准确称取 1.431 6 g 磷酸二氢钾溶于适量水中，全量转入 1 000 mL 容量瓶，用水稀释定容至标线，混匀。转移至聚乙烯瓶中，于 4℃以下冷藏、避光和密封可保存 1 个月。

(13)亚硫酸根标准贮备液[$\rho(SO_3^{2-})=1\,000$ mg/L]：准确称取 1.575 0 g 亚硫酸钠溶于适量水中，全量转入 1 000 mL 容量瓶，加入 1 mL 甲醛进行固定(为防止 SO_3^{2-} 氧化)，用水稀释定容至标线，混匀。转移至聚乙烯瓶中，于 4℃以下冷藏、避光和密封可保存 1 个月。

(14)硫酸根标准贮备液[$\rho(SO_4^{2-})=1\,000$ mg/L]：准确称取 1.479 2 g 无水硫酸钠溶于适量水中，全量转入 1 000 mL 容量瓶，用水稀释定容至标线，混匀。转移至聚乙烯瓶中，于 4℃以下冷藏、避光和密封可保存 6 个月。

注：除亚硫酸根标准贮备液外，其他离子标准贮备液亦可购买市售有证标准物质。

(15)混合标准使用液：分别移取 10.0 mL 氟离子、溴离子、亚硝酸根标准贮备液；50.0 mL 磷酸根、亚硫酸根标准贮备液；100.0 mL 硝酸根标准贮备液；200.0 mL 氯离子、硫酸根标准贮备液于 1 000 mL 容量瓶中，用水稀释定容至标线，混匀。配制成含有 10 mg/L 的 F^-、10 mg/L 的 Br^-、10 mg/L 的 NO_2^-、50 mg/L 的 PO_4^{3-}、50 mg/L 的 SO_3^{2-}、100 mg/L 的 NO_3^-、200 mg/L 的 Cl^- 和 200 mg/L 的 SO_4^{2-} 的混合标准使用液。

(16)淋洗液：根据仪器型号及色谱柱说明书使用条件进行配制。以下给出的淋洗液条件供参考：①碳酸盐淋洗液 I[$c(Na_2CO_3)=6.0$ mmol/L，$c(NaHCO_3)=5.0$ mmol/L]，准确称取 1.272 0 g 碳酸钠和 0.840 0 g 碳酸氢钠，分别溶于适量水中，全量转入 2 000 mL 容量瓶，用水稀释定容至标线，混匀；②碳酸盐淋洗液 II[$c(Na_2CO_3)=3.2$ mmol/L，$c(NaHCO_3)=1.0$ mmol/L]，准确称取 0.678 4 g 碳酸钠和 0.168 0 g 碳酸氢钠，分别溶于适量水中，全量转入 2 000 mL 容量瓶，用水稀释定容至标线，混匀；③氢氧根淋洗液，由仪器自动在线生成或手工配制；④氢氧化钾淋洗液，由淋洗液自动电解发生器在线生成；⑤氢氧化钠淋洗液[$c(NaOH)=100$ mmol/L]，称取 100.0 g 氢氧化钠，加入 100 mL 水，搅拌至完全溶解，于聚乙烯瓶中静置 24 h，制得氢氧化钠贮备液，于 4℃以下冷藏、避光和密封可保存 3 个月。移取 4.00 mL 氢氧化钠贮备液于 1 000 mL 容量瓶中，用水稀释定容至标线，混匀后立即转移至淋洗液瓶中。可加氮气保护，以减缓碱性淋洗液吸收空气中的 CO_2 而失效。

2.6.8.4　测定步骤

(1)离子色谱分析参考条件　根据仪器使用说明书优化测量条件或参数，可按照实际样品的基体及组成优化淋洗液浓度。以下给出的离子色谱分析条件供参考：①阴离子分离柱，碳酸盐淋洗液 I(流速 1.0 mL/min)，抑制型电导检测器，连续自循环再生抑制器，进样量 25 μL，此参考条件下的阴离子标准溶液色谱图见图 2-20(a)；②阴离子分离柱，氢氧根淋洗液(流速 1.2 mL/min，梯度淋洗条件见表 2-12)，抑制型电导检测器，连续自循环再生抑制器,进样量 25 μL,此参考条件下的阴离子标准溶液色谱图见图 2-20(b)。

表 2-12　氢氧根淋洗液梯度程序分析条件

时间/min	A/(H₂O)	B/(100 mmol/L NaOH)
0	90%	10%
25	40%	60%
25.1	90%	10%
30	90%	10%

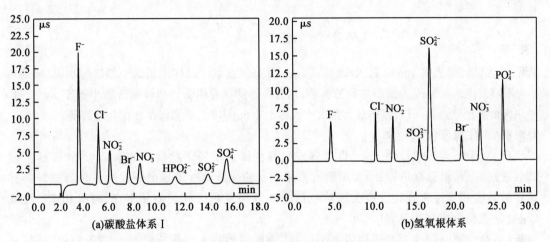

图 2-20　8 种阴离子标准溶液色谱图

(2)标准曲线的绘制　分别准确移取 0.00 mL、1.00 mL、2.00 mL、5.00 mL、10.0 mL、20.0 mL 混合标准使用液置于一组 100 mL 容量瓶中,用水稀释定容至标线,混匀。配制成 6 个不同浓度的混合标准系列,标准系列质量浓度见表 2-13。可根据被测样品的浓度确定合适的标准系列浓度范围。按其浓度由低到高的顺序依次注入离子色谱仪,记录峰面积(或峰高)。以各离子的质量浓度为横坐标,峰面积(或峰高)为纵坐标,绘制标准曲线。

表 2-13　阴离子标准系列质量浓度

离子名称	标准系列质量浓度/(mg/L)					
F^-	0.00	0.10	0.20	0.50	1.00	2.00
Cl^-	0.00	2.00	4.00	10.0	20.0	40.0
NO_2^-	0.00	0.10	0.20	0.50	1.00	2.00
Br^-	0.00	0.10	0.20	0.50	1.00	2.00
NO_3^-	0.00	1.00	2.00	5.00	10.0	20.0
PO_4^{3-}	0.00	0.50	1.00	2.50	5.00	10.0
SO_3^{2-}	0.00	0.50	1.00	2.50	5.00	10.0
SO_4^{2-}	0.00	2.00	4.00	10.0	20.0	40.0

(3)试样的测定　按照与绘制标准曲线相同的色谱条件和步骤,将试样注入离子色谱仪

测定阴离子浓度,以保留时间定性,仪器响应值定量。

若测定结果超出标准曲线范围,应将样品用实验用水稀释处理后重新测定;可预先稀释 $50 \sim 100$ 倍后试进样,再根据所得结果选择适当的稀释倍数重新进样分析,同时记录样品稀释倍数(f)。

(4)空白试验　按照与试样的测定相同的色谱条件和步骤,将空白试样注入离子色谱仪测定阴离子浓度,以保留时间定性,仪器响应值定量。

2.6.8.5　结果计算

水样中无机阴离子(F^-、Cl^-、NO_2^-、Br^-、NO_3^-、PO_4^{3-}、SO_3^{2-}、SO_4^{2-})的质量浓度按下式计算:

$$\rho(无机阴离子,mg/L) = \frac{h - h_0 - a}{b} \times f$$

式中:h 为试样中阴离子的峰面积(或峰高);h_0 为实验室空白试样中阴离子的峰面积(或峰高);a 为回归方程的截距;b 为回归方程的斜率;f 为样品的稀释倍数。当样品含量小于 1 mg/L 时,结果保留至小数点后 3 位;当样品含量大于或等于 1 mg/L 时,结果保留 3 位有效数字。

2.6.8.6　注意事项

(1)对于不含疏水性化合物、重金属或过渡金属离子等干扰物质的清洁水样,经抽气过滤装置过滤后,可直接进样;也可用带有水系微孔滤膜针筒过滤器的一次性注射器进样。样品中的某些疏水性化合物可能会影响色谱分离效果及色谱柱的使用寿命,可采用 RP 柱或 C_{18} 柱处理消除或减少其影响。

(2)对保留时间相近的两种阴离子,当其浓度相差较大而影响低浓度离子的测定时,可通过稀释、调节流速、改变碳酸钠和碳酸氢钠浓度比例,或选用氢氧根淋洗等方式消除和减少干扰。

(3)当选用碳酸钠和碳酸氢钠淋洗液,水负峰干扰 F^- 的测定时,可在样品与标准溶液中分别加入适量相同浓度和等体积的淋洗液,以减小水负峰对 F^- 的干扰。

(4)由于 SO_3^{2-} 在环境中极易氧化成 SO_4^{2-},为防止其氧化,可在配制 SO_3^{2-} 贮备液时,加入 0.1% 甲醛进行固定。校准系列可采用 7+1 方式制备,即配置成 7 种阴离子混合标准系列和 SO_3^{2-} 单独标准系列。

2.7　金属及类金属污染物测定

环境水体中存在着各种微量的金属化合物和类金属化合物,其中有些是人体健康和生物必需的常量元素和微量元素,但有些是对人体健康有害的,例如汞、镉、铬、铅、砷、镍、钡、钒等。受"三废"污染的地面水和工业废水中有害金属化合物的含量往往明显增加。我国重金属污染防治规划规定的总量控制指标有铅、汞、镉、铬和类金属砷五种元素,是重点防控的重金属污染物,兼顾铊、锑、镍、铜、锌、银、钒、锰、钴等其他重金属污染物防控。

根据金属在水中存在的状态,可分别测定溶解的、悬浮的、总金属以及酸可提取的金属成分等。溶解的金属是指能通过 0.45 μm 滤膜的金属;悬浮的金属指被 0.45 μm 滤膜阻留的金属;总金属指未过滤水样,经消解处理后所测得的金属含量。

▶ 2.7.1 金属及类金属测定方法概述

水体中金属及类金属化合物的含量一般较低,对其进行测定需采用高灵敏度的方法。目前标准中主要采用原子吸收光度法、电感耦合等离子体原子发射光谱法、电感耦合等离子体质谱法、阳极溶出法和分光光度法。原子吸收光度法是测定金属化合物较适宜的方法,灵敏度和选择性都较好,操作也方便。阳极溶出法属于电化学分析法。分光光度法与适当的预处理方法配合,也能满足常规监测分析的要求。

2.7.1.1 阳极溶出法

阳极溶出伏安法也称反向极谱法,是一种灵敏度高(最低检出浓度可为 $10^{-7} \sim 10^{-10}$ mol/L)的电化学分析方法。在一定的电压条件下,电解一定时间,使被测金属离子还原,在汞膜电极上以金属析出形成汞齐。此时将电压从负向正的方向扫描,还原成汞齐的金属从阳极氧化溶出,以离子形式返回溶液,同时记录其氧化波。根据溶出峰点位确定被测成分,根据氧化波的高度确定被测物质的含量,用快速扫描极谱仪测定。此方法可以测定铜、锌、铅、镉、铟、铊、铋、砷、硒、锡等金属元素。阳极溶出伏安法的"电析和溶出"过程可表示为:

$$M^{n+} + ne^- (+Hg) \xrightleftharpoons[\text{溶出}]{\text{电析}} M(Hg)$$

2.7.1.2 分光光度法

分光光度法在环境污染分析中已被普遍采用,金属元素与显色试剂作用转化成有色化合物后,用分光光度计进行测定。目前已研制出各种效果良好和非常灵敏的显色剂,金属离子、非金属离子均可用这种方法测定。例如,双硫腙(打萨宗、二苯基硫代卡巴腙)和金属元素螯合,金属螯合物的颜色呈红色,利用金属螯合物酸稳定性的差异,通过控制酸度就能直接测定汞、锌、铅、镉等元素。铜离子在氨性溶液中与铜试剂(二乙基二硫代氨基甲酸钠)反应生成黄棕色络合物,用四氯化碳萃取光度法测定(HJ 485—2009)。二苯碳酰二肼(二苯氨基脲、二苯卡巴肼)与铬(Ⅵ)反应生成红紫色的络合物,具有较高的灵敏度。

分光光度法的主要优点是准确、灵敏、快速、简便而费用低。能检测 mg/L 浓度的物质,如经化学法富集,灵敏度还可提高 $2 \sim 3$ 个数量级。测定的相对误差通常为 $1\% \sim 5\%$。

2.7.1.3 原子吸收光度法

1)方法原理

当光源辐射通过原子蒸气,且辐射频率与原子中的电子由基态跃迁到第一激发态所需要的能量相匹配时,原子选择性地从辐射中吸收能量,即产生原子吸收光谱。原子吸收光谱法是基于被测元素的自由基态原子对特征辐射的吸收程度进行定量分析的方法。被测元素的化合物在火焰或石墨炉中离解形成原子蒸汽,由锐线光源(空心阴极灯)发射的某元素的特征谱线光辐射通过原子蒸汽层时,该元素的基态原子对特征谱线产生选择性吸收。每种元素都有自己为数不多的特征吸收谱线,不同元素的测定采用相应的元素灯,因此,谱线干扰在原子吸收光度法中是少见的。除了电离电位很低的若干元素外,一般电离干扰可以忽略。在一定条件下,特征谱线光强的变化与试样中被测元素的浓度成比例。此方法可以测定镉、铅、铬、铁、锰、铜、锌、镍等多种金属元素。

2)原子吸收分光光度计

用作原子吸收分析的仪器称为原子吸收分光光度计或原子吸收光谱仪(atomic absorption spectrophotometry,AAS)。它主要由光源、原子化系统、分光系统、检测系统及数据处理系统 5 个主要部分组成(图 2-21)。

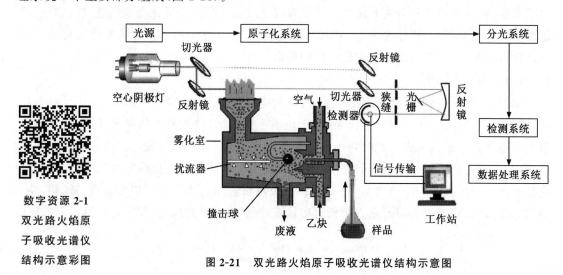

图 2-21　双光路火焰原子吸收光谱仪结构示意图

（1）光源　空心阴极灯是原子吸收分光光度计最常用的光源,由一个空心圆筒形阴极和一个阳极组成,阴极由被测元素纯金属或其合金制成。当两极间加上一定电压时,则因阴极表面溅射出来的待测金属原子被激发,便发射出特征光。这种特征光谱线宽度窄、干扰少,故称空心阴极灯为锐线光源。

（2）原子化系统　原子化系统是将被测元素转变成原子蒸汽的装置,可分为火焰原子化系统和无火焰原子化系统:①火焰原子化系统包括喷雾器、雾化室、燃烧器和火焰及气体供给部分。火焰是将试样雾滴蒸发、干燥并经过热解离或还原作用产生大量基态原子的能源,常用的火焰是空气-乙炔火焰。对用空气-乙炔火焰难以解离的元素,如:铝、铍、钒、铊等,可用氧化亚氮-乙炔火焰(最高温度可达 3 300 K)。②常用的无火焰原子化系统是电热高温石墨管原子化器(图 2-22),其原子化效率比火焰原子化器高得多,可大大提高测定灵敏度。测定时,石墨炉分三个阶段加热升温。首先以低温(小电流)干燥试样,使溶剂完全挥发,但以不发生剧烈沸腾为宜,称为干燥阶段;然后用中等电流加热,使试样灰化或碳化(灰化阶段),在此阶段应有足够长的灰化时间和足够高的灰化温度,使试样基体完全蒸发,但又不使被测元素损失;最后用大电流加热,使待测元素迅速原子化(原子化阶段),通常选择最低原子化温度。测定结束后,将温度升至最大允许值并维持一定时间,以除去残留物,消除记忆效应,做好下一次进样的准备。

原子吸收光度法加测汞和氢化物发生器等附件,测定灵敏度可比石墨炉更高,汞、砷、硒、碲、铋、锑、锗、锡、铅的测定范围可提高 1～2 个数量级。火焰原子化法比较成熟,使用最多,但对于环境样品,分析灵敏度还不够高;石墨炉法,是一种灵敏度较高的分析手段,但基体干扰较火焰原子化法严重。

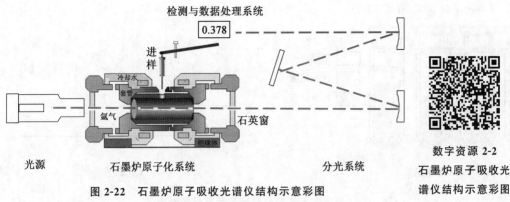

图 2-22　石墨炉原子吸收光谱仪结构示意彩图

数字资源 2-2
石墨炉原子吸收光
谱仪结构示意彩图

（3）分光系统　分光系统又称单色器，主要由色散元件、凹面镜、狭缝等组成。在原子吸收分光光度计中，单色器放在原子化系统之后，将被测元素的特征谱线与邻近谱线分开。

（4）检测及数据处理系统　检测系统由光电倍增管、放大器、对数转换器和自动调节、自动校准等部分组成，是将光信号转变成电信号并进行测量的装置。数据处理系统是用计算机软件，控制仪器操作和进行数据处理，如光强度与吸光度之间的转换等。

3）定量分析方法

常用的方法主要有标准曲线法和标准加入法。

（1）标准曲线法　同分光光度法一样，先配制相同基体的含有不同浓度待测元素的系列标准溶液，分别测其吸光度，以扣除空白值之后的吸光度为纵坐标，对应的标准溶液浓度为横坐标绘制标准曲线。在同样操作条件下测定试样溶液的吸光度，从标准曲线查得试样溶液的浓度。使用该方法时应注意：配制的标准溶液浓度应在吸光度与浓度成线性的范围内；整个分析过程中操作条件应保持不变。

（2）标准加入法　当试样组成复杂无法配制与之匹配的标准样品或待测元素含量很低时，采用标准加入法是合适的，它能消除基体或干扰元素的影响。其操作方法是：取 4 份相同体积的样品溶液，从第 2 份起按比例加入不同量的待测元素的标准溶液，并稀释至相同体积[图 2-23（a）]。设待测元素的质量浓度为 ρ_x，加入标准溶液后的质量浓度分别为 $\rho_x+\rho_0$、$\rho_x+2\rho_0$、$\rho_x+4\rho_0$，分别测定它们的吸光度为 A_x、A_1、A_2、A_3。以吸光度 A 对加标浓度作图，得到一条不通过原点的直线，见图 2-23（b），外延此直线与横坐标交于 ρ_x，即为试样溶液中待测元素的质量浓度。为得到较为准确的外推结果，应最少用 4 个点来做外推曲线；在使用标准加入法时，应粗略知道样品的浓度，加入标准液的浓度与样品浓度接近时才能得到较好的结果。标准加入法可消除基体效应带来的干扰，但不能消除背景吸收的干扰，只有在扣除背景吸收后方可使用。

原子吸收光度法主要优点：①选择性好、干扰少，在分析复杂环境样品时容易得到可靠的分析数据；②灵敏度高，可用于微量样品分析。用火焰原子吸收法可测定样品含量至 mg/L，用石墨炉法可测至 $\mu g/L$，灵敏度高于高频电感耦合等离子体法；③测定含量范围广，既能进行痕量元素分析，又能测定基体元素的含量。稳定的原子吸收分光光度计，其准确度能达到 0.1%～0.3%，可与经典滴定法相比拟。

原子吸收光度法的缺点：①测定每种元素都要更换专用的灯，不能同时做多元素分析；

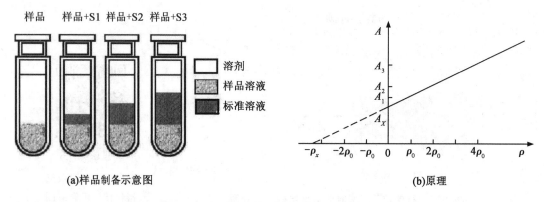

图 2-23　标准加入法的样品制备示意图和原理

②各种干扰作用比高频电感耦合等离子体法更大；③对共振线位于真空紫外区的元素测定有困难；④对某些高温元素如铀、钍、锆、铪、铌、钽、钨、铍、硼等的测定，灵敏度太低。

2.7.1.4　原子荧光光度法

原子荧光光谱(atomic fluorescence spectrometry, AFS)技术是 20 世纪 90 年代发展起来的新技术，以其操作简便、灵敏度高、价格低廉，广泛地应用于环境、食品等检测部门。

在酸性介质中，水样中的待测元素(硒、砷、汞、锑、锡、铅、镉等)与还原剂(硼氢化钾或硼氢化钠)反应生成待测元素的挥发性氢化物或气态组分，由载气(氩气)带入石英原子化器中原子化，在特制空心阴极灯照射下，基态原子被激发至高能态，在去活化回到基态时，发射出特征波长的荧光，在一定浓度范围内，其荧光强度与待测元素含量成正比，与标准系列比较定量。

数字资源 2-3
原子荧光光谱
仪示意彩图

原子荧光光谱仪组成与原子吸收分光光度计相似，由激发光源、原子化器、分光系统、检测系统及数据处理系统 5 部分组成。激发光源常采用高强度空心阴极灯和无极放电灯，激光和等离子体；原子化器与原子吸收仪基本相同，分为火焰原子化或电热原子化；分光系统为光栅或棱镜；检测器以光电倍增管为主。为了避免光源对原子荧光测定的影响，光源与检测器的位置一般成 90°。原子荧光光谱简单，谱线干扰小，对单色器的分辨率要求不高，可分为非色散型和色散型，这两种型号除单色器不同外，色散元件前者为滤光片，后者为光栅，其他结构相似，如图 2-24 所示。

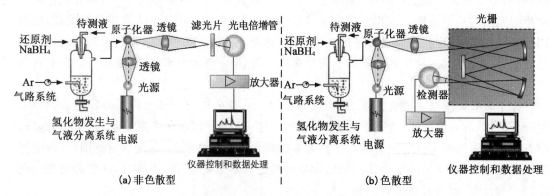

图 2-24　原子荧光光谱仪示意图

原子荧光光度法的灵敏度很高,比一般的分光光度法高2～3个数量级,能检测 μg/L 的痕量物质。已有标准见《水质　汞、砷、硒、铋和锑的测定　原子荧光法》(HJ 694—2014)。

2.7.1.5　电感耦合等离子体-原子发射光谱法

电感耦合等离子体-原子发射光谱法(inductively coupled plasma-atomic emission spectrometry, ICP-AES)基于样品溶液由载气带入雾化系统进行雾化,以气溶胶形式进入轴向通道,在高温和惰性氩气气泵中,气溶胶微粒被充分蒸发、原子化、激发和电离。被激发的原子再回到基态时发射出很强的原子谱线和离子谱线。分光检测系统和数据处理系统将各元素发射的特征谱线及其强度经过分光、光电转换、检测和数据处理,最后输出各元素的含量。元素的特征谱线强度与元素浓度含量的关系是光谱定量分析的依据。

该方法的主要特点是能一次同时测定多种金属元素,选择性好、干扰少,适合于定性和多种元素定量分析,已有标准如水质32种元素(银、铝、砷、硼、镉、铬、铜、铁、钾、锰、钼、镍、磷、铅、硫、硒、硅等)的测定采用电感耦合等离子体发射光谱法(HJ 776—2015)等。分析范围 mg/L 到 μg/L,采用化学分离富集后再行测定,可提高灵敏度1～2个数量级。在环境保护中可用于分析水、飘尘、土壤、粮食以及各种生物样品等。ICP-AES 的局限性是用于非金属元素分析灵敏度低、仪器价格较贵。

等离子体是一种由自由电子、离子、中性原子与分子组成的气体。它具有相当电离程度(电离度＞1%),能够导电。它的正负电荷密度几乎相等,从整体来看是呈电中性的。

ICP-AES 仪器由等离子体焰矩、进样系统、分光系统、检测系统和计算机系统 5 个部分组成:①等离子体焰矩由高频电(RF)发生器和感应圈、矩管、供气系统等组成(图 2-25)。高频电发生器和感应圈提供电磁能量。矩管由 3 个同心石英管组成,分别通入载气、冷却气、辅助气(均为氩气);当用高频点火装置发生火花后,形成等离子体焰矩,接受由载气带来的气溶胶试样进行原子化、电离、激发。②进样系统是将溶液样品转换为气溶胶,主要是利用气流提升和分散试样的雾化器,雾化后的试样由载气送入等离子矩的载气流。③分光系统是将复合光转化为单色光装置。由透镜、光栅等组成,用于将各元素发射的特征光按波长依次分开。④检测系统是由光电转换装置将分光后的单色光转换为电流,在积分放大后,然后交计算机处理。⑤计算机系统是完成程序控制、实时控制、数据处理 3 部分工作,还包括操作系统、谱线图形制作、工作曲线制作、背景定位与扣除、光谱干扰校正系数制作与储存、基体干扰校正系数制作与储存等各种软件,以及内标法、标准加入法、管理样或标准样的插入法和称样校正、金属氧化物的计算等各种类型数据处理。整机组成见图 2-26。

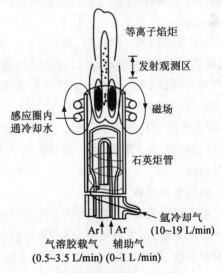

图 2-25　电感耦合等离子体焰矩

(引自:朱鹏飞,陈集.仪器分析教程.2016)

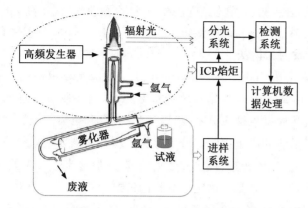

图 2-26　电感耦合等离子体发射光谱仪组成示意图

2.7.1.6　电感耦合等离子体-质谱

电感耦合等离子体-质谱（inductively coupled plasma-mass spectrophotometry, ICP-MS）技术是 20 世纪 80 年代发展起来的新的分析测试技术。样品溶液经过雾化由载气送入 ICP 炬焰中，经过蒸发、解离、原子化、电离等过程，大部分转化为带正电荷的正离子，经离子采集系统进入质谱仪，质谱仪根据质荷比进行分离。对于一定的质荷比，质谱积分面积与进入质谱仪中的离子数成正比。即样品的浓度与质谱的积分面积成正比。因此，可在其他条件不变的情况下，通过测量质谱的峰面积来测定样品中元素的浓度，分析范围从 μg/L 到 ng/L。

ICP-MS 以其灵敏度高、快速、多元素同时测定等优点广泛应用于环境、生物、医学、农业、食品、半导体等领域，是目前公认的最强有力的元素分析技术。ICP-MS 一方面对以往不能检测的项目如铍、铊、钍、铀等元素提供了检测方法，另一方面对以往需使用多台仪器、多人测定的项目如钙、镁、铁、锌、硒、铅、砷、镉等元素，提供了快速、简便、同时测定的检测方法，可大大降低检测成本，提高工作效率，且方法的灵敏度、准确度均有很大提高，如 65 种元素（银、铝、砷、金、硼、钡、钴、锂、磷、铅等）采用电感耦合等离子体质谱法（HJ 700—2014）可同时检测。

1）仪器的组成

电感耦合等离子体质谱仪由样品引入系统、电感耦合等离子体（ICP）离子源、接口系统、离子透镜系统、四极杆质量分析器、检测器等构成，其他支持系统有真空系统、冷却系统、气体控制系统、计算机控制及数据处理系统等（图 2-27）。

（1）样品引入系统　按样品的状态不同可以分为以液体、气体或固体进样，通常采用液体进样方式。样品引入系统主要由样品提升和雾化 2 个部分组成。样品提升部分一般为蠕动泵，也可使用自提升雾化器。雾化部分包括雾化器和雾化室。样品以泵入方式或自提升方式进入雾化器后，在载气作用下形成小雾滴并进入雾化室，大雾滴碰到雾化室壁后被排除，只有小雾滴可进入等离子体离子源。

（2）电感耦合等离子体离子源　电感耦合等离子体的"点燃"，需具备持续稳定的高纯氩气流、炬管、感应圈、高频发生器、冷却系统等条件。样品气溶胶被引入等离子体离子源，在 6 000～10 000 K 的高温下，发生去溶剂、蒸发、解离、原子化、电离等过程，转化成带正电荷

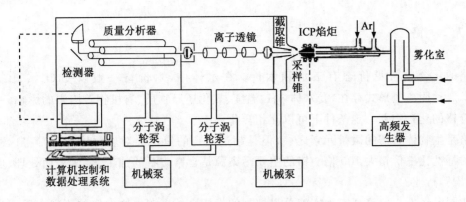

图 2-27　ICP-MS 仪器基本组成

的正离子。

（3）接口系统　接口系统的功能是将等离子体中的样品离子有效地传输到质谱仪。其关键部件是采样锥和截取锥。

（4）离子透镜系统　位于截取锥后面高真空区里的离子透镜系统的作用是将来自截取锥的离子聚焦到质量过滤器，并阻止中性原子进入和减少来自 ICP 的光子通过量。

（5）四极杆质量分析器　质量分析器通常为四极杆分析器，可以实现质谱扫描功能。四极杆的作用是基于在四根电极之间的空间产生一随时间变化的特殊电场，只有给定 m/z 的离子才能获得稳定的路径而通过极棒，从另一端射出。其他离子则将被过分偏转，与极棒碰撞，并在极棒上被中和而丢失，从而实现质量选择。

（6）检测器　通常使用的检测器是双通道模式的电子倍增器，四极杆系统将离子按质荷比分离后引入检测器，检测器将离子转换成电子脉冲，由积分线路计数。双模式检测器采用脉冲计数和模拟两种模式，可同时测定同一样品中的低浓度和高浓度元素。检测低含量信号时，检测器使用脉冲模式，直接记录撞击到检测器的总离子数量；当离子浓度较大时，检测器则自动切换到模拟模式进行检测，以保护检测器，延长使用寿命。

（7）其他支持系统　真空系统由机械泵和分子涡轮泵组成，用于维持质谱分析器工作所需的真空度，真空度应达到仪器使用要求值。冷却系统的功能为有效地排出仪器内部的热量，包括排风系统和循环水系统。

2）干扰和校正

电感耦合等离子体质谱法测定中的干扰大致可分为 2 类：一类是质谱型干扰，主要包括同质异位素、多原子离子、双电荷离子；另一类是非质谱型干扰，主要包括物理干扰、基体效应、记忆效应等。干扰的消除和校正方法有优化仪器参数、内标法校正、干扰方程校正、采用碰撞反应池技术、稀释校正、采用标准加入法等。

3）测定方法

对待测元素，目标同位素的选择一般需根据待测样品基体中可能出现的干扰情况，选取干扰少、丰度较高的同位素进行测定；有些同位素需采用干扰方程校正；对于干扰不确定的情况亦可选择多个同位素测定，以便比较。

▶ 2.7.2 铬

铬的化合物常见价态有三价和六价。在水体中,六价铬一般以 CrO_4^{2-}、$HCr_2O_7^-$、$Cr_2O_7^{2-}$ 3 种阴离子形式存在,受水体 pH、温度、氧化还原物质、有机物等因素的影响,三价铬和六价铬的化合物在一定条件下可以互相转化。

铬是生物体必需的微量元素之一,但是超过一定的量也会对生物体产生毒害。通常六价铬的毒性比三价铬大 100 倍。铬的主要污染源是含铬矿石的加工、金属表面处理、皮革鞣制、印染等行业。

我国已经把六价铬规定为实施总量控制的指标之一。在水体中铬的测定有原子吸收分光光度法、ICP-MS 法、硫酸亚铁铵滴定法,但是这些方法只可以测定水中的总铬,不能测定水中各种价态的铬。而二苯碳酰二肼分光光度法(GB 7467—87)适用于地面水和工业废水中六价铬的测定,也是国内外的标准方法。在此基础上发展的流动注射-二苯碳酰二肼光度法(HJ 908—2017)也已成为标准方法。

2.7.2.1 二苯碳酰二肼分光光度法原理

在酸性溶液中,六价铬与二苯碳酰二肼反应生成紫红色化合物,于波长 540 nm 处进行分光光度测定。试样体积为 50 mL,使用光程长为 30 mm 的比色皿,本方法的最小检出量为 0.2 μg 六价铬,最低检出浓度为 0.004 mg/L;使用光程为 10 mm 的比色皿,测定上限浓度为 1.0 mg/L。

含铁量大于 1 mg/L 显色后呈黄色。六价钼和汞也和显色剂反应,生成有色化合物,但在本方法的显色酸度下,反应不灵敏,钼和汞的浓度达 200 mg/L 不干扰测定。钒有干扰,其含量高于 4 mg/L 即干扰显色。但钒与显色剂反应后 10 min,可自行退色。

2.7.2.2 仪器

分光光度计。

2.7.2.3 试剂

(1)丙酮。

(2)硫酸溶液[1∶1(V/V)] 将浓硫酸(ρ＝1.84 g/mL,优级纯)缓缓加入同体积的水中,混匀。

(3)磷酸溶液[1∶1(V/V)] 将磷酸(ρ＝1.69 g/mL,优级纯)与水等体积混合。

(4)氢氧化钠溶液(ρ＝4 g/L) 将氢氧化钠 1 g 溶于水并稀释至 250 mL。

(5)氢氧化锌共沉淀剂 8%(m/V)硫酸锌溶液[称取硫酸锌($ZnSO_4 \cdot 7H_2O$)8 g,溶于 100 mL 水中],2%(m/V)氢氧化钠溶液(称取 2.4 g 氢氧化钠,溶于 120 mL 水中),用时将两溶液混合。

(6)高锰酸钾溶液(ρ＝40 g/L) 称取高锰酸钾($KMnO_4$)4 g,在加热和搅拌下溶于水,最后稀释至 100 mL。

(7)铬标准贮备液 称取于 110℃ 干燥 2 h 的重铬酸钾($K_2Cr_2O_7$,优级纯)(0.282 9±0.000 1)g,用水溶解后,移入 1 000 mL 容量瓶中,用水稀释至标线,摇匀。此溶液 1 mL 含 0.10 mg 六价铬。

(8)铬标准溶液 吸取 5.00 mL 铬标准贮备液置于 500 mL 容量瓶中,用水稀释至标线,摇匀。此溶液 1 mL 含 1.00 μg 六价铬。使用当天配制。

(9)铬标准溶液　吸取 25.00 mL 铬标准贮备液置于 500 mL 容量瓶中,用水稀释至标线,摇匀。此溶液 1 mL 含 5.00 μg 六价铬。使用当天配制。

(10)尿素溶液(ρ＝200 g/L)　将尿素[$(NH_2)_2CO$]20 g 溶于水并稀释至 100 mL。

(11)亚硝酸钠溶液(ρ＝20 g/L)　将亚硝酸钠($NaNO_2$)2 g 溶于水并稀释至 100 mL。

(12)显色剂(Ⅰ)　称取二苯碳酰二肼($C_{13}H_{14}N_4O$)0.2 g,溶于 50 mL 丙酮中,加水稀释至 100 mL,摇匀,贮于棕色瓶,置冰箱中。色变深后,不能使用。

(13)显色剂(Ⅱ)　称取二苯碳酰二肼 2 g,溶于 50 mL 丙酮中,加水稀释至 100 mL,摇匀。贮于棕色瓶,置冰箱中。色变深后,不能使用。

2.7.2.4　操作步骤

(1)样品的预处理　样品中不含悬浮物,低色度的清洁地面水可直接测定;如样品有色但不太深时,按测定步骤另取一份试样,以 2 mL 丙酮代替显色剂,试样测得的吸光度扣除此色度校正吸光度后,再行计算;对混浊、色度较深的样品,可用锌盐沉淀分离法进行前处理:取适量样品(含六价铬少于 100 μg)于 150 mL 烧杯中,加水至 50 mL。滴加 4 g/L 氢氧化钠溶液,调节溶液 pH 为 7～8。在不断搅拌下,滴加氢氧化锌共沉淀剂至溶液 pH 为 8～9。将此溶液转移至 100 mL 容量瓶中,用水稀释至标线。用慢速滤纸干过滤,弃去 10～20 mL 初滤液,取其中 50.0 mL 滤液供测定。

当样品经锌盐沉淀分离法前处理后仍含有机物干扰测定时,可用酸性高锰酸钾氧化法破坏有机物后再测定。即取 50.0 mL 滤液于 150 mL 锥形瓶中,加入几粒玻璃珠,加入 0.5 mL 硫酸溶液[1∶1(V/V)]、0.5 mL 磷酸溶液[1∶1(V/V)],摇匀。加入 2 滴高锰酸钾溶液,如紫红色消退,则应添加高锰酸钾溶液保持紫红色。加热煮沸至溶液体积约剩 20 mL。取下稍冷,用定量中速滤纸过滤,用水洗涤数次,合并滤液和洗液至 50 mL 比色管中。加入 1 mL 尿素溶液。摇匀,用滴管滴加亚硝酸钠溶液,每加一滴充分摇匀,至高锰酸钾的紫红色刚好退去。稍停片刻,待溶液内气泡逸尽,用水稀释至标线,供测定用。

二价铁、亚硫酸盐、硫代硫酸盐等还原性物质的消除:取适量样品(含六价铬少于 50 μg)于 50 mL 比色管中,用水稀释至标线,加入 4 mL 显色剂(Ⅱ),混匀,放置 5 min 后,加入 1 mL 硫酸溶液[1∶1(V/V)]摇匀。5～10 min 后,在 540 nm 波长处,用 10 mm 或 30 mm 光程的比色皿,以水做参比,测定吸光度。扣除空白试验测得的吸光度后,从校准曲线查得六价铬含量。用同法做校准曲线。

次氯酸盐等氧化性物质的消除:取适量样品(含六价铬少于 50 μg)于 50 mL 比色管中,用水稀释至标线,加入 0.5 mL 硫酸溶液[1∶1(V/V)]、0.5 mL 磷酸溶液[1∶1(V/V)]、1.0 mL 尿素溶液,摇匀,逐滴加入 1 mL 亚硝酸钠溶液,边加边摇,以除去由过量的亚硝酸钠与尿素反应生成的气泡,待气泡除尽后,再用锌盐沉淀分离法进行前处理(免去加硫酸溶液和磷酸溶液)。

(2)空白试验　按与试样完全相同的处理步骤进行空白试验,仅用 50 mL 水代替试样。

(3)样品测定　取适量(含六价铬少于 50 μg)无色透明试样,置于 50 mL 比色管中,用水稀释至标线。加入 0.5 mL 硫酸溶液和 0.5 mL 磷酸溶液,摇匀。加入 2 mL 显色剂(Ⅰ),摇匀,5～10 min 后,在 540 nm 波长处,以水做参比,测定吸光度,扣除空白试验测得的吸光度后,从校准曲线上查得六价铬含量。

注:如经锌盐沉淀分离、高锰酸钾氧化法处理的样品,可直接加入显色剂测定。

(4)校准曲线　向一系列 50 mL 比色管中分别加入 0 mL、0.20 mL、0.50 mL、1.00 mL、2.00 mL、4.00 mL、6.00 mL、8.00 mL 和 10.0 mL 铬标准溶液(如经锌盐沉淀分离法前处理,则应加倍吸取),用水稀释至标线。然后按照测定试样的步骤(1)和(3)进行处理。测得的吸光度减去空白试验的吸光度后,绘制以六价铬的量对吸光度的曲线。

2.7.2.5　结果计算

水样中六价铬的质量浓度按下式计算:

$$\rho(\mathrm{Cr}^{6+}, \mathrm{mg/L}) = \frac{m}{V}$$

式中:m 为由校准曲线查得的试样含六价铬量,μg;V 为试样的体积,mL。六价铬含量低于 0.1 mg/L,结果以 3 位小数表示;六价铬含量高于 0.1 mg/L,结果以 3 位有效数字表示。

2.7.2.6　注意事项

实验室样品应该用玻璃瓶采集。采集时,加入氢氧化钠,调节样品 pH 约为 8。并在采集后尽快测定,如放置,不要超过 24 h。

▶ 2.7.3　砷

砷(As)是人体非必需的元素。元素砷毒性较低,而砷的化合物均有剧毒,三价砷化合物比五价砷化合物毒性更强,如 $\mathrm{As_2O_3}$(砒霜)有强烈毒性,而有机化合态的砷毒性相对较低。砷的污染主要来自含砷农药、冶炼、制革、玻璃、染料化工等工业废水。环境中的砷以三价砷($\mathrm{AsO_3^{3-}}$)和五价砷($\mathrm{AsO_4^{3-}}$)两种价态化合物存在。

水中砷的测定方法有二乙氨基二硫代氨基甲酸银分光光度法(GB 7485—87)、硼氢化钾-硝酸银分光光度法(GB 11900—89)、原子吸收分光光度法、原子荧光法(HJ 694—2014)、ICP-AES 法(HJ 776—2015)、ICP-MS 法(HJ 700—2014)。原子吸收分光光度法和原子荧光法主要是利用水样中的砷在酸性条件下与还原剂(硼氢化钾或硼氢化钠)反应生成砷化氢气体,导入仪器设备进行分析测定。而 ICP-MS 法可以直接用仪器进行分析测定水样中的砷,无须生成砷化氢。在分光光度法原理基础上,现已研发出计算机程序式砷水质自动在线监测仪(HJ 764—2015),用于水质自动在线监测。

2.7.3.1　二乙氨基二硫代氨基甲酸银光度法

试样中的砷经强酸消解后,变成可溶态砷,在碘化钾(KI)和氯化亚锡($\mathrm{SnCl_2}$)的存在下,使五价砷还原成三价砷,锌粒与酸作用产生的新生态氢将 $\mathrm{As^{3+}}$ 还原成 $\mathrm{AsH_3}$(胂)。$\mathrm{AsH_3}$ 与吸收液[二乙基二硫代氨基甲酸银(AgDDC)-三乙醇胺-三氯甲烷]中的 AgDDC 作用,生成红色的胶体银,在 500 nm 波长处,以三氯甲烷为参比测其经空白校正后的吸光度。反应如下:

$$\mathrm{H_3AsO_4 + 2KI + 2HCl \rightarrow H_3AsO_3 + 2KCl + I_2 + H_2O}$$
$$\mathrm{I_2 + SnCl_2 + 2HCl \rightarrow 2HI + SnCl_4}$$
$$\mathrm{H_3AsO_4 + SnCl_2 + 2HCl \rightarrow H_3AsO_3 + SnCl_4 + H_2O}$$
$$\mathrm{H_3AsO_3 + 6HCl + 3Zn \rightarrow AsH_3 \uparrow + 3ZnCl_2 + 3H_2O}$$

$$AsH_3 + 6 \begin{matrix} H_5C_2 \\ \\ H_5C_2 \end{matrix} N-\underset{\underset{S}{\|}}{C}-SAg \longrightarrow 6Ag + 3 \begin{matrix} H_5C_2 \\ \\ H_5C_2 \end{matrix} N-\underset{\underset{S}{\|}}{C}-SH + \left[\begin{matrix} H_5C_2 \\ \\ H_5C_2 \end{matrix} N-\underset{\underset{S}{\|}}{C}-S \right]_3 As$$

$$\text{(AgDDC)}$$

清洁水样可直接取样加硫酸后测定;含有机物的水样应用硝酸-硫酸消解。水样中共存的锑、铋和硫化物干扰测定。氯化亚锡和碘化钾的存在可抑制锑、铋的干扰;硫化物可通过醋酸铅棉花去除。砷化氢发生的速度受锌粒大小、表面状态、反应酸度和温度的影响较大。锌粒以 10～20 目、表面粗糙状为好。砷化氢为剧毒物质,整个反应应在通风橱内进行。

本方法的最低检测浓度为 $7\ \mu g/L$,测定上限为 $500\ \mu g/L$,适用于地表水和废(污)水。

2.7.3.2　硼氢化钾-硝酸银(新银盐)分光光度法

新银盐分光光度法基于用硼氢化钾在酸性溶液中产生新生态氢,将水样中无机砷还原成砷化氢(AsH_3,即胂)气体,用硝酸-硝酸银-聚乙烯醇-乙醇溶液吸收,砷化氢将吸收液中的银离子还原成单质胶态银,使溶液呈黄色,其颜色强度与生成的氢化物的量成正比。该黄色溶液在 400 nm 有最大吸收,显色反应式如下:

$$KBH_4 + H^+ + 3H_2O \longrightarrow 8[H] + K^+ + H_3BO_3$$
$$As^{3+}(As^{5+}) + 3[H] \longrightarrow AsH_3\uparrow$$
$$6AgNO_3 + AsH_3 + 2H_2O \longrightarrow 6Ag^0 + HAsO_2 + 6HNO_3$$

图 2-28 为砷化氢发生及吸收装置示意图。

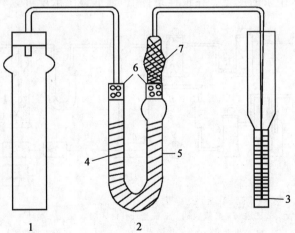

1.250 mL 反应管($\phi30$ mm,液面高度约为管高的 2/3,或 100 mL、50 mL 反应管)
2.U 形管　3.吸收管　4.0.3 g 醋酸铅棉　5.0.3 g 吸有 1.5 mL DMF 混合液的脱脂棉
6.脱脂棉　7.脱胺管

图 2-28　砷化氢发生及吸收装置

(引自:曲东.环境监测.2007)

二甲基甲酰胺(DMF)、乙醇胺、三乙醇胺混合溶剂浸渍的脱脂棉可以消除锑、铋、锡等元素的干扰。吸收液中的聚乙烯醇是胶态银良好的分散剂,乙醇作为消泡剂,硝酸有利于胶态银的稳定。新银盐分光光度法对砷的测定具有较好的选择性,最低检出浓度 $0.4\ \mu g/L$,测定上限 12 µg/L。但是 KBH₄ 或 NaBH₄ 与酸反应太快,吸收效果难以掌握好。

▶ 2.7.4 汞

汞及其化合物属于剧毒物质,特别是有机汞化合物。无机汞有一价和二价两种形态;有机汞有烷基汞、芳基汞、烷氧基汞等,以烷基汞的毒性最强;单质汞不稳定,容易转化成无机和有机的汞化合物。进入水体的无机汞离子可转化为毒性更大的有机汞。汞主要来源于金属冶炼、仪器仪表制造、颜料、塑料、食盐电解、油漆、医药等工业废水。天然水中汞含量一般不超过 0.1 µg/L,我国饮用水标准限值为 0.001 mg/L。

水样中微量、痕量汞的测定方法主要采用冷原子吸收法(HJ 597—2011)、冷原子荧光法(HJ/T 341—2007)、原子荧光法(HJ 694—2014)和 ICP-MS 法,这些方法具有干扰因素少、灵敏度较高的特点。双硫腙分光光度法(GB 7469—87)是测定多种金属离子通用的方法,但操作繁杂。

2.7.4.1 冷原子吸收法

采用高锰酸钾-过硫酸钾法或溴酸钾-溴化钾法消解水样,过剩的氧化剂在临测定前用盐酸羟胺还原,再用氯化亚锡将二价汞还原成金属汞。汞原子蒸汽对波长 253.7 nm 的紫外光具有强烈的吸收作用,汞蒸气浓度与吸收值成正比。在室温下通入空气或氮气,将金属汞汽化,载入冷原子吸收测汞仪,测量吸收值,可求得试样中汞的含量。

图 2-29 为一种冷原子吸收测汞仪的工作流程。该方法适用于地面水、地下水、饮用水、生活污水及工业废水中汞的测定。在最佳条件下,最低检出浓度可达 0.05 µg/L。

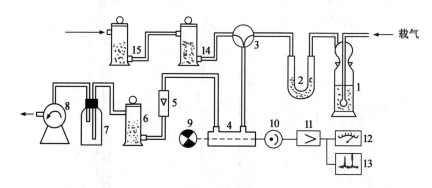

1.汞还原瓶 2.U 形管 3.三通阀 4.吸收池 5.流量计 6.汞吸收瓶 7.缓冲瓶 8.抽气泵 9.低压汞灯 10.光电倍增管 11.电子放大系统 12.指示表 13.记录仪 14.汞吸收瓶 15.水蒸气吸收瓶

图 2-29 冷原子吸收测汞仪工作原理
(引自:奚旦立.环境监测,2019)

高锰酸钾-过硫酸钾消化法,既适用于一般废水、地表水、地下水,又适用于含有机物、悬浮物较多及组分复杂的水样;溴酸钾-溴化钾消化法,适用于清洁地表水、地下水、饮用水、含有机物特别是洗涤剂较少的生活污水或工业废水。

2.7.4.2 冷原子荧光法

冷原子荧光法是一种发射光谱法。水样中的汞离子被还原剂(氯化亚锡)还原为单质汞,再汽化成汞蒸气。其基态汞原子受到波长 253.7 nm 的紫外光激发,汞原子吸收特定共振波的能量,使其由基态激发到高能态,当激发态汞原子去激发时便辐射出相同波长的荧光。在给定的条件下和较低浓度范围内,汞的浓度与荧光强度成正比。该方法的最低检出浓度可达 0.001 5 $\mu g/L$,测定下限为 0.006 0 $\mu g/L$,测定上限可达 1.0 $\mu g/L$,且干扰因素少,适用于地面水、生活污水和工业废水。

▶ 2.7.5　铜、锌、铅和镉

测定废水和受污染的水中(金属含量较高)铜、锌、铅、镉等元素时,可采用直接吸入火焰原子吸收法(GB 7475—87);对于含量较低的清洁地面水或地下水,用萃取或离子交换法富集后再用火焰原子吸收法测定,也可以用灵敏度较高的石墨炉原子吸收法测定,但是石墨炉原子吸收法基体干扰比较严重。有条件的实验室可用灵敏度更高的 ICP—MS 法测定。

2.7.5.1　原子吸收法测定原理

水样通过酸化,使测定元素从样品中溶解下来,制备成可供直接吸入火焰或石墨炉原子吸收法测定的样品溶液。在火焰或石墨炉管中形成的原子对特征辐射产生吸收,将测得的样品吸光度和标准溶液的吸光度进行比较,确定样品中被测元素的浓度。

2.7.5.2　仪器

原子吸收分光光度计;消解设备。

2.7.5.3　试剂

(1)硝酸:优级纯

(2)高氯酸:优级纯

(3)金属元素的标准贮备液及标准溶液:标准贮备液可以购买,也可以用光谱纯金属用硝酸溶解进行制备。购买的标准贮备液用 5%硝酸稀释成一定的浓度系列。

2.7.5.4　测定步骤

(1)水质样品　取 100.0 mL 水样放入 200 mL 烧杯中,加入浓硝酸 5 mL,在电热板上加热(不要沸腾),蒸发至 10 mL 左右,加入 5 mL 硝酸和 2 mL 高氯酸,继续消解,直至 1 mL 左右。如果消解不完全,再加入 5 mL 硝酸和 2 mL 高氯酸,再次蒸至 1 mL 左右。取下冷却,加水溶解残渣,用酸洗过的中速滤纸滤入 100.0 mL 容量瓶中,用水定容。

取 0.2%硝酸 100 mL,按上述操作程序,制备空白样。

(2)标准曲线的绘制　工作标准曲线各元素的浓度见表 2-14,其浓度范围应包括样品中被测元素的浓度,同时应该在线性工作范围内。各元素的标准曲线可单独配置,也可混合。

表 2-14　标准曲线各元素浓度

元素	工作标准溶液浓度/(mg/L)					
Cu	0.00	0.25	0.50	1.50	2.50	5.00
Zn	0.00	0.05	0.10	0.30	0.50	1.00
Pb	0.00	0.50	1.00	3.00	5.00	10.0
Cd	0.00	0.05	0.10	0.30	0.50	1.00

（3）测定程序　　不同型号的仪器操作方法有所不同,仪器操作要遵循制造厂家的操作指南。主要操作包括:①按规定把空心阴极灯装在灯架上,选择需要的波长;②接通仪器电源,按照规定值设定灯电流;③预热仪器,直到空心阴极灯发射稳定,这个时间一般需要10～30 min;④调节灯的位置,使光强指示偏转最大;⑤启动空气气源,调节压力和流量到规定值;⑥打开乙炔气源,调节压力和流量到规定值,点燃火焰并立即用去离子水喷雾;⑦用0.2%硝酸溶液调节试样提升量,提升量一般为3～7 mL/min 范围,然后将仪器调零;⑧用一定浓度的标准溶液标定仪器(如铜 2.5 mg/L),使仪器处于所需要的工作状态;⑨进行测量,测量完毕后,依次用1%硝酸和去离子水喷雾 5 min 以清洗燃烧器,清洗完毕后,熄灭火焰;⑩燃烧器经长时间使用或试样含盐量很高时,会出现狭缝堵塞现象,火焰接近狭缝口的燃烧层出现局部锯齿状,因此要经常用棉花蘸酒精擦洗狭缝,必要时,用单面刀片在通入空气的情况下清除缝口两侧的沉积物,保证火焰正常。

（4）样品测定　　用0.2%硝酸将仪器调零。测定标准系列的吸光度。标准系列的浓度点必须在 5 个点以上(不包括空白),其浓度范围应包括全部未知样的浓度值。每个点进行3 次读数,3 次读数的平均值作为该点的吸光度。用试剂空白调零,测定试样的吸光度。

2.7.5.5　结果计算

（1）从原子吸收仪上直读测试液的信号值(浓度或质量),或用标准曲线计算。标准曲线用标准浓度 x(或质量)对相应信号 y(吸收值)的回归直线 $y=a+bx$ 表示。

（2）水样中被测元素的质量浓度按下式计算:

$$\rho（被测元素,mg/L）=\frac{测定浓度值（mg/L）\times 定容体积（mL）}{取样体积（mL）}$$

2.7.5.6　注意事项

注意高氯酸的使用安全。高氯酸遇有机物或在温度高、浓度大于78%时,都容易爆炸。故应注意加酸顺序和在通风橱中进行。

▶▶▶ 习题与思考题 ◀◀◀

（1）简要说明监测各类水体水质的主要目的和确定监测项目的原则。

（2）怎样制订地面水体水质的监测方案? 以河流为例,说明如何设置监测断面和采样点?

（3）对于工业废水排放源,怎样布设采样点和采集代表性的水样?

（4）湖泊、水库监测垂线如何布设?

（5）解释下列术语,说明各适用于什么情况? 瞬时水样、混合水样、综合水样、平均混合水样、平均比例混合水样。

（6）水样有哪些保存方法? 试举几个实例说明怎样根据被测物质的性质选用不同的保存方法?

（7）稀释浓硫酸溶液时应注意些什么?

(8)水样在分析测定之前,为什么要进行预处理?预处理包括哪些内容?

(9)现有一废水样品,经初步分析,含有微量汞、铜、铅和痕量酚,欲测定这些组分的含量,试设计一个预处理方案。

(10)怎样采集测定溶解氧的水样?说明电极法和碘量法测定溶解氧的原理。怎样消除干扰?

(11)怎样用萃取法从水样中分离富集欲测有机污染物和无机污染物?各举一个实例。

(12)何谓真色和表色?怎样根据水质污染情况选择适宜的测定颜色方法?为什么?

(13)测定底质有何意义?采样后怎样进行制备?常用哪些分解样品的方法?各适用于什么情况?

(14)说明测定水体下列指标的意义,怎样测定?臭、浊度、氧化还原电位。

(15)高锰酸盐指数和化学需氧量在应用上有何区别?二者在数量上有何关系?为什么?

(16)简述 COD、BOD、TOD、TOC 的含义,对一种水来说,它们之间在数量上是否有一定的关系?为什么?

(17)简述微生物电极法测定 BOD 的原理,评述其优缺点。

(18)下表所列数据为某水样 BOD_5 测定结果,试计算每种稀释倍数水样的耗氧率和 BOD_5。

编号	稀释倍数	取水样体积/mL	$Na_2S_2O_3$ 标准溶液浓度/(mol/L)	$Na_2S_2O_3$ 标准溶液用量/mL	
				当天	5 d
A	50	100	0.012 5	9.16	4.33
B	40	100	0.012 5	9.12	3.10
空白	0	100	0.012 5	9.25	8.76

(19)重量法、红外分光光度法和非分散红外吸收法 3 种测定水中石油类物质的原理和优缺点各是什么?

(20)简述气相色谱分析水样中含多组分有机化合物的原理。欲获得良好的分析结果,应选择和控制哪些因素或条件?

(21)从分离原理、仪器构造及应用范围上简单比较气相色谱和液相色谱的异同点。

(22)在测定水样中氟离子时,为何在测定溶液中加入总离子强度调节剂(TISAB)?用何种方法测定可以不加 TISAB?为什么?

(23)水体中各种含氮化合物是怎样相互转化的?测定各种形态的含氮化合物对评价水体污染和自净状况有何意义?

(24)简要列出用纳氏试剂分光光度法测定污染较重的废水中氨氮的要点。

(25)欲测定某水样中的亚硝酸盐氮和硝酸盐氮,试选择适宜的测定方法,列出测定原理和要点。

(26)下表列出二级污水处理厂含氮化合物废水处理过程中各种形态氮化合物的分析数据,试计算总氮和有机氮的去除百分率。

mg/L

形态	进水浓度	出水浓度	形态	进水浓度	出水浓度
凯氏氮	40	9	NO_2^--N	0	4
NH_4^+-N	30	8.2	NO_3^--N	0	20

(27)用离子色谱仪分析水样中的阴离子时,宜选用何种检测器、分离柱、抑制柱和洗提液?为什么?

(28)简述水体中总氮和总磷的测定意义和方法。

(29)冷原子吸收法和冷原子荧光法测定水样中汞,在原理、测定流程和仪器方面有何主要相同和不同之处?

(30)石墨炉原子吸收分光光度法与火焰原子吸收分光光度法有何不同之处?两种方法各有何优点?

(31)列出用火焰原子吸收法测定水样中镉、铜、铅、锌的要点,它们之间是否会相互干扰?为什么?

(32)试比较分子吸收光谱法、原子吸收光谱法和原子发射光谱法的原理、仪器主要组成部分及测定对象的主要不同之处。

(33)怎样用分光光度法测定水样中的六价铬和总铬?

(34)简要说明用异烟酸-吡唑啉酮分光光度法测定水样中氰化物的原理和测定要点。

(35)简述用氢化物发生-原子吸收分光光度法测定砷的原理,与火焰原子吸收光谱法有何不同?

(36)金属元素测定的方法有哪些?各自的优缺点是什么?

(37)电感耦合等离子体发射光谱法(ICP-AES)的基本原理是什么?与 ICP-AES 相比,等离子发射光谱-质谱法(ICP-MS)有哪些优点?

(38)阳极溶出伏安法测定水样中超痕量金属离子为何不需要浓缩这一步骤?

(39)用标准加入法测定某水样中的镉,取 4 份等量的水样,分别加入不同量镉标准溶液(加入量见下表),稀释至 50 mL,依次用火焰原子吸收法测定吸光度列于下表,求该水样中镉的含量。

编号	水样体积/mL	加入镉标准溶液(10 μg/mL)的体积/mL	吸光度
1	20	0	0.042
2	20	1	0.080
3	20	2	0.116
4	20	4	0.190

第3章

空气和废气监测

➤ **本章提要：**

　　本章主要介绍空气污染物质形态和性质、空气和废气的采样方法、颗粒物及气态污染物的监测分析。通过本章学习了解空气主要污染物种类、形态及污染特性；掌握空气和废气监测样品的采样方法；掌握空气中颗粒污染物质（总悬浮颗粒物、PM_{10}、$PM_{2.5}$、降尘）的监测分析；掌握空气中气态污染物（二氧化硫、氮氧化物、一氧化碳、臭氧、甲醛、光化学氧化剂等）的监测分析；了解大气降水采样方法、样品的预处理和保存。

大气是指包围在地球周围的气体,它维护着人类及其他生物的生存。事实上,对人类及其他生物生存起着重要作用的是占空气总量95%左右的地面以上12 km的空气层,即对流层。地球表面上空2 km的大气层受人类活动及地形影响很大。环境空气中污染物种类多、成分复杂、影响范围广。空气监测是保障蓝天白云、空气常新,切实推进生态文明建设的重要举措。

3.1 空气污染及其特性

清洁的空气是人类和其他生物赖以生存的环境要素之一。空气的正常组分按体积分数计算是氮78.06%、氧20.95%、氩0.93%,这3种气体的总和约占99.94%。而其他微量气体总和仅占空气的0.06%。但是,在人类的生活和生产过程中,不断产生大量的有害物质,逸散到空气中,使空气增加了多种新的成分。由于人类活动或自然过程,使得排放到大气中的物质的浓度及持续时间足以对人的舒适感、健康以及对设施或环境产生不利影响,称为空气污染。空气污染改变了空气的正常组成,破坏了空气的物理、化学和生态平衡体系,影响工农业生产,对人体、动植物以及物品、材料等产生不利影响和危害。

▶ 3.1.1 空气污染源及污染物

空气污染源通常是指向空气中排放出足以对环境产生有害影响的有毒或有害物质的生产过程、设备或场所等。空气污染源可分为自然源和人为源2类,自然源是指自然原因向环境释放污染物的地点或地区,如火山爆发、森林火灾、飓风、海啸、土壤和岩石的风化及生物腐烂等自然现象。人为源是指人类活动形成的污染源,表3-1列出了不同类型的污染源及其排放的主要污染物。

对人为污染源的分类方法有多种,通常有以下2种分类方式。

按人们的社会活动功能分类,这种方法是按人们的社会活动功能的不同而划分的,具体有以下4种。

(1)生活污染源 生活污染源是指人们由于烧饭、取暖、沐浴等生活上的需要,燃烧化石燃料向空气排放煤烟等所造成的空气污染。

(2)工业污染源 工业污染源是指工业生产过程中向空气中所排放的煤烟、粉尘及无机或有机化合物等造成的空气污染。如火力发电厂、钢铁厂、化工厂、电池工业及水泥厂等工矿企业,在生产和燃料燃烧过程中排放的废气。

(3)交通污染源 交通污染源是指交通运输工具在运行过程中的尾气排放所造成的空气污染,如公共汽车、火车、船舶、飞机等交通工具。

(4)农业污染源 农业污染源是指农业生产过程中的有害气体排放所造成的空气污染。

按污染物排放和散发的空间形态分类,这种分类方法将人为污染源分为点源、线源和面源3种。

(1)点源 点源是指污染物集中于一点或相对较小的范围向外排放的地方。

（2）线源　线源是指形态在空间上呈连续线状分布的污染源。汽车、火车、轮船等交通运输工具所排出的废气对大气的污染属于线源污染。

（3）面源　面源是指相当大的面积范围内有许多污染物排放源。

表 3-1　污染源的类型及其排放的主要污染物

类型	污染源	主要污染物
人为源	生活排放	SO_2、粉尘等
	工业排放	粉尘、NO_x、CO、SO_2、挥发性有机污染物等
	交通排放	烃类、NO_x、CO、黑烟等
	农业排放	NH_3、CH_4、N_2O 等
自然源	火山爆发	H_2S、CO_2、CO、HF、SO_2 及火山灰等颗粒物等
	森林、草原、火灾	CO、CO_2、SO_2、NO_2、烃类等
	动植物残体分解	H_2S、NH_3 等

3.1.2　空气污染物的存在状态

空气中污染物的存在状态是由其自身的理化性质及形成过程决定的,根据其存在状态,可将其概括为 2 大类:颗粒污染物(气溶胶状态污染物)和分子状态污染物。

1）颗粒污染物

以颗粒状存在的空气污染物,一般是指粒径为 $0.01\sim100\ \mu m$ 的液体和固体微粒,是一个复杂的非均相体系。颗粒物的化学性质受颗粒的化学组成和表面可能吸附的气体所影响。在某些情况下,颗粒和被吸附的气体结合,会产生比各个组分更强的毒性。颗粒污染物按粒径大小具体划分见表 3-2。

表 3-2　颗粒污染物划分及其特性

名　称	直径/μm	特　性
降尘	＞10	靠自身的重力作用自然降落于地面的空气颗粒物,单位面积的降尘量可作为评价空气污染程度的指标之一
总悬浮颗粒物(total suspended particulate,TSP)	≤100	悬浮在空气中的固体、液体颗粒状物质(或称气溶胶)的总称
可吸入颗粒物(particulate matter,PM_{10})	≤10	长期飘浮在空气中,易通过呼吸过程而进入呼吸道的粒子,对人体健康危害极大
细颗粒物(particulate matter,$PM_{2.5}$)	≤2.5	能较长时间悬浮于空气中,可深入到细支气管和肺泡,直接影响肺的通气功能,使机体容易处于缺氧状态,对人体健康的危害更大

根据颗粒物的物理状态不同,可将颗粒污染物分为以下 3 类。

（1）固态颗粒物——烟和粉尘　烟是一种固体颗粒物气溶胶,一般是在冶炼过程中由熔化的物质蒸发后凝聚而产生,并且经常伴随氧化反应。其粒径范围为 $0.01\sim1.0\ \mu m$。粉尘指悬浮于气体介质中的细小固体粒子。通常是由于固体物质的破碎、分级、研磨等机械过程或土壤、岩石风化等自然过程形成的。粉尘的粒径一般小于 $75\ \mu m$。

（2）液态颗粒物——雾　雾通常指液滴在气体中的悬浮体系，是由液体蒸汽的凝结、液体的雾化以及化学反应等过程形成的。如水雾、酸雾、碱雾、油雾等。其粒径范围在 $10\ \mu m$ 以下。

（3）固液混合态气溶胶——烟雾　烟雾是由烟和雾结合而成的固液混合态气溶胶。原意是空气中的烟煤与自然雾相结合的混合体，现在用来泛指由工业排放的固体粉尘为凝结核所生成的雾状物（如伦敦烟雾），或由碳氢化合物和氮氧化物经光化学反应生成的二次污染物（如洛杉矶光化学烟雾）混合形成的烟雾。

2）气体状态污染物

气体状态污染物质种类极多，主要有 5 大类：以二氧化硫为主的含硫化合物、以一氧化氮和二氧化氮为主的含氮化合物、碳氢化合物、碳的氧化物及卤素化合物等（表3-3）。

表 3-3　空气中气体污染物的分类

污染物	一次污染物	二次污染物
含硫化合物	SO_2、H_2S	SO_3、H_2SO_4、硫酸盐
含氮化合物	NO、NH_3	NO_2、HNO_3、硝酸盐
碳氢化合物	$C_1 \sim C_5$ 化合物	醛、酮、过氧乙酰硝酸酯
碳的氧化物	CO、CO_2	无
卤素化合物	HF、HCl	无

若空气污染物是从污染源直接排出的原始物质，则称为一次污染物；若是由一次污染物与空气中原有成分之间、或几种一次污染物之间，经过一系列化学或光化学反应而生成的与一次污染物性质不同的新污染物质，则称为二次污染物。

▶ 3.1.3　空气中污染物的时空分布

与其他环境要素中的污染物相比较，空气中的污染物具有随时间、空间变化大的特点。了解该特点，对于获得能正确反映空气污染实际状况的监测结果有重要意义。

空气污染物的时空分布及其浓度与污染源的分布、排放量及地形、地貌、气象等条件有关。气象条件如风向、风速、大气湍流、大气稳定度总在不停地改变，因此污染物的稀释与扩散情况也在不断地变化。同一污染源对同一地点在不同时间所造成的污染物浓度相差较大；同一时间不同地点浓度差别也较大。一次污染物和二次污染物在环境空气中的浓度由于受气象条件的影响，一天内的变化也较大。一次污染物因受逆温层、气温、气压等的影响，早上和傍晚时浓度较高，中午较低；二次污染物如光化学烟雾，因在阳光照射下才能形成，故中午浓度较高，早晨和傍晚时浓度较低。风速大，大气不稳定，则污染物稀释扩散速度快，浓度变化也快；反之，稀释扩散慢，浓度变化也慢。

污染源的类型、排放规律及污染物的性质不同，其时空分布特点也不同。点污染源或线污染源排放的污染物浓度变化较快,涉及范围小;大量地面小污染源(如工业区炉窑、分散供热锅炉等)构成的面污染源排放的污染物分布比较均匀,并随气象条件变化而变化。

由于空气污染物在时间和空间上的分布不均匀,空气监测中要十分注意采样时间和地点的选择。

▶ 3.1.4 空气质量标准

为贯彻《中华人民共和国环境保护法》和《中华人民共和国大气污染防治法》,保护和改善生活环境、生态环境,保障人体健康,我国于 1982 年首次发布了《环境空气质量标准》。1996 年第一次修订,2000 年第二次修订,2012 年第三次修订。《环境空气质量标准》(GB 3095—2012)污染物基本项目浓度限值见表 3-4,其他项目浓度限值见表 3-5。

环境空气功能区分为 2 类:一类区为自然保护区、风景名胜区和其他需要特殊保护的区域;二类区为居住区、商业交通居民混合区、文化区、工业区和农村地区。标准的浓度限值分为 2 级:一类区适用于一级浓度限值,二类区适用于二级浓度限值。

GB 3095—2012 增设了颗粒物(粒径小于等于 2.5 μm)浓度限值和臭氧 8 h 平均浓度限值;调整了颗粒物(粒径小于等于 10 μm)、二氧化氮、铅和苯并[a]芘的浓度限值。基本项目(表 3-4)在全国范围内实施,其他项目(表 3-5)由国务院生态环境行政主管部门或者省级人民政府根据实际情况,确定具体实施方式。

表 3-4 环境空气污染物基本项目浓度限值(GB 3095—2012)

序号	污染物项目	平均时间	浓度限值		单位
			一级标准	二级标准	
1	二氧化硫(SO_2)	年平均	20	60	$\mu g/m^3$
		24 h 平均	50	150	
		1 h 平均	150	500	
2	二氧化氮(NO_2)	年平均	40	40	
		24 h 平均	80	80	
		1 h 平均	200	200	
3	一氧化碳(CO)	24 h 平均	4	4	mg/m^3
		1 h 平均	10	10	
4	臭氧(O_3)	日最大 8 h 平均	100	160	
		1 h 平均	160	200	
5	颗粒物(粒径小于等于 10 μm)	年平均	40	70	$\mu g/m^3$
		24 h 平均	50	150	
6	颗粒物(粒径小于等于 2.5 μm)	年平均	15	35	
		24 h 平均	35	75	

表 3-5　环境空气污染物其他项目浓度限值（GB 3095—2012）

序号	污染物项目	平均时间	浓度限值/(μg/m³)	
			一级标准	二级标准
1	总悬浮颗粒物（TSP）	年平均	80	200
		24 h 平均	120	300
2	氮氧化物（NO_x）	年平均	50	50
		24 h 平均	100	100
		1 h 平均	250	250
3	铅（Pb）	年平均	0.5	0.5
		季平均	1	1
4	苯并[a]芘（BaP）	年平均	0.001	0.001
		24 h 平均	0.002 5	0.002 5

3.1.5　空气质量指数

空气质量指数（air quality index，AQI）是定量描述空气质量状况的无量纲指数。其数值越大、级别和类别越高、表征颜色越深，说明空气污染状况越严重，对人体的健康危害也就越大。依据《环境空气质量标准》（GB 3095—2012）的相关内容，对单项污染物还规定了空气质量分指数（individual air quality index，IAQI）。参与空气质量评价的主要污染物为细颗粒物（$PM_{2.5}$）、可吸入颗粒物（PM_{10}）、二氧化硫、二氧化氮、臭氧、一氧化碳 6 项。详见《环境空气质量指数（AQI）技术规定（试行）》（HJ 633—2012）。

1）空气质量分指数分级方案

空气质量分指数及对应的污染物项目浓度限值见表 3-6。

表 3-6　空气质量分指数及对应的污染物项目浓度限值

项目	空气质量分指数（IAQI）							
	0	50	100	150	200	300	400	500
二氧化硫 24 h 平均/(μg/m³)	0	50	150	475	800	1 600	2 100	2 620
二氧化硫 1 h 平均/(μg/m³)①	0	150	500	650	800	②	②	②
二氧化氮 24 h 平均/(μg/m³)	0	40	80	180	280	565	750	940
二氧化氮 1 h 平均/(μg/m³)①	0	100	200	700	1 200	2 340	3 090	3 840
一氧化碳 24 h 平均/(mg/m³)	0	2	4	14	24	36	48	60
一氧化碳 1 h 平均/(mg/m³)①	0	5	10	35	60	90	120	150
臭氧 1 h 平均/(μg/m³)	0	160	200	300	400	800	1 000	1 200
臭氧 8 h 滑动平均/(μg/m³)	0	100	160	215	265	800	③	③
PM_{10} 24 h 平均/(μg/m³)	0	50	150	250	350	420	500	600
$PM_{2.5}$ 24 h 平均/(μg/m³)	0	35	75	115	150	250	350	500

注：① 二氧化硫、二氧化氮和一氧化碳的 1 h 平均浓度限值仅用于实时报，在日报中需使用相应污染物的 24 h 平均浓度限值；② 二氧化硫 1 h 平均浓度值高于 800 $\mu g/m^3$ 的，不再进行其空气质量分指数计算，二氧化硫空气质量分指数按 24 h 平均浓度计算的分指数报告；③ 臭氧 8 h 平均浓度值高于 800 $\mu g/m^3$ 的，不再进行其空气质量分指数计算，臭氧空气质量分指数按 1 h 平均浓度计算的分指数报告。

2）空气质量指数计算方法

污染物项目 P 的空气质量分指数按下式计算：

$$IAQI_P = \frac{IAQI_{Hi} - IAQI_{Lo}}{BP_{Hi} - BP_{Lo}}(C_P - BP_{Lo}) + IAQI_{Lo}$$

式中：$IAQI_P$ 为污染物项目 P 的空气质量分指数；C_P 为污染物项目 P 的质量浓度值；BP_{Hi} 为表 3-6 中与 C_P 相近的污染物浓度限值的高位值；BP_{Lo} 为表 3-6 中与 C_P 相近的污染物浓度限值的低位值；$IAQI_{Hi}$ 为表 3-6 中与 BP_{Hi} 对应的空气质量分指数；$IAQI_{Lo}$ 为表 3-6 中与 BP_{Lo} 对应的空气质量分指数。

空气质量指数按下式计算：

$$AQI = max\{IAQI_1, IAQI_2, IAQI_3, \cdots, IAQI_n\}$$

式中：IAQI 为空气质量分指数；n 为污染物项目；AQI 就是在各 IAQI 中取最大值。

AQI 大于 50 时，IAQI 最大的污染物为首要污染物。若 IAQI 最大的污染物为 2 项或 2 项以上时，并列为首要污染物。IAQI 大于 100，即超过了空气质量标准的二级标准，属于超标污染物。

3）空气质量指数级别

空气质量指数级别根据表 3-7 规定进行划分，共分 6 级：从一级优、二级良、三级轻度污染、四级中度污染、五级重度污染、六级严重污染。空气污染指数划分 6 档，分别为 0～50、51～100、101～150、151～200、201～300 和大于 300。

空气质量指数也只表征污染程度，并非具体污染物的浓度值。由于 AQI 评价的 6 项污染物浓度限值各有不同，在评价时各污染物都会根据不同的目标浓度限值折算成空气质量分指数 IAQI。由于颗粒物没有小时浓度标准，基于 24 h 平均浓度计算的 AQI 相对于空气质量的小时变化会存在一定的滞后性。

表 3-7 空气质量指数级别划分及相关信息

空气质量指数	空气质量指数级别	空气质量指数类别及表示颜色		对健康影响情况	建议采取的措施
0～50	一级	优	绿色	空气质量令人满意，基本无空气污染	各类人群可正常活动
51～100	二级	良	黄色	空气质量可接受，但某些污染物可能对极少数异常敏感人群健康有较弱影响	极少数异常敏感人群应减少户外活动
101～150	三级	轻度污染	橙色	易感人群症状有轻度加剧，健康人群出现刺激症状	儿童、老年人及心脏病、呼吸系统疾病患者应减少长时间、高强度的户外锻炼
151～200	四级	中度污染	红色	进一步加剧易感人群症状，可能对健康人群心脏、呼吸系统有影响	儿童、老年人及心脏病、呼吸系统疾病患者避免长时间、高强度的户外锻炼，一般人群适量减少户外运动

空气质量指数	空气质量指数级别	空气质量指数类别及表示颜色		对健康影响情况	建议采取的措施
201～300	五级	重度污染	紫色	心脏病和肺病患者症状显著加剧，运动耐受力降低，健康人群普遍出现症状	儿童、老年人和心脏病、肺病患者应停留在室内，停止户外运动，一般人群减少户外运动
>300	六级	严重污染	褐红色	健康人群运动耐受力降低，有明显强烈症状，提前出现某些疾病	儿童、老年人和病人应当留在室内，避免体力消耗，一般人群避免户外活动

3.2 空气质量监测方案的制订

空气质量监测的目的是通过对空气环境中主要污染物质进行定期或连续的监测，判断空气质量是否符合国家制定的空气质量标准，为编写空气环境质量状况评价报告提供数据；为研究空气质量变化规律和发展趋势，开展空气污染的预测预报工作提供依据；为空气质量标准修订提供基础资料和依据。

空气监测试样的代表性是决定空气监测质量的重要因素。试样的代表性又取决于采样的布点、时间、频率、方法及效率等。《环境空气质量监测点位布设技术规范》(HJ 664—2013)和《环境空气质量手工监测技术规范》(HJ 194—2017)中规定了环境空气质量手工监测的点位布设、采样时间和频率、样品采集、运输和保存、数据处理、质量保证和质量控制等技术要求。

▶ 3.2.1 布点前的准备

为保证布点质量，布点前应做好布点计划、资料收集及调研等工作。

1) 布点计划

计划内容应包括：明确监测任务、目的、范围、技术规范及预计完成时间；确定工作方法和进行步骤；拟定布点技术要点；提出所需人力、设备及经费预算等。

2) 资料收集及调研

收集监测区的自然资料、社会资料和污染资料。

(1) 自然资料 自然资料包括气象资料和地形资料。污染物在空气中的扩散、运输和发生物理、化学变化与气象条件关系密切。因此，要收集监测区域的风向、风速、气温、气压、降水量、日照时间、相对湿度、温度的垂直梯度和逆温层变化规律。地形对当地的风向、风速和大气稳定度等有影响，地形因素是设置监测网点应该考虑的重要因素。工业区在山谷、河谷、盆地等地区时，出现逆温层的可能性大；丘陵地区的城市内，环境空气污染物的浓度梯度会相当大；沿海地区受海风和陆风的影响；山区会受山谷风的影响等。监测区域的地形越复杂，监测点布设密度越大。

(2) 社会资料 监测区域土地利用情况及功能区划分也是设置监测网点应考虑的重要

因素之一。不同功能区的污染情况是不同的,如工业区、商业区、混合区、居民区、文教区等。还可以按照建筑物的密度、有无绿化带等做进一步分类。掌握监测区域的人口分布、居民和动植物受环境空气污染危害情况及流行性疾病等资料,对制定监测方案、分析判断监测结果非常重要。

(3)污染资料　调查监测区域内的污染源类型、数量、位置、排放的主要污染物种类和排放量;调查污染源采用的原料、燃料种类及消耗量;调查污染源的排放高度和排放强度。交通运输污染较重和石油化工企业比较集中的区域,同时考虑二次污染物。

3)建立监测区空气污染物时空分布概念

在调查分析基础上,以间断性监测实验方法,粗测污染物的时空分布;也可根据大气扩散理论,估算污染物的时空分布。然后根据粗测或估算结果与监测区气象要素、地形及污染源特点进行相关分析,做出监测区空气污染物时空分布概略图。

3.2.2　监测项目

环境空气质量评价监测点根据监测目的的不同,可分为城市点、区域点、背景点、污染监控点和路边交通点。不同的监测点根据国家环境管理需求不同,监测项目也不同。环境空气质量评价城市点的监测项目依据国家《环境空气质量标准》(GB 3095—2012)确定,分为基本项目和其他项目。基本项目在全国范围内实施,其他项目由国务院生态环境行政主管部门或者省级人民政府根据实际情况,确定具体实施方式。

环境空气质量评价区域点、背景点的监测项目除 GB 3095—2012 中规定的基本项目外,由国务院生态环境行政主管部门根据国家环境管理需求和点位实际情况增加其他特征监测项目,包括:湿沉降、有机物、温室气体、颗粒物组分和特殊组分,具体监测项目见表 3-8。

表 3-8　环境空气污染监测项目

监测类型	监测项目
基本项目	二氧化硫、二氧化氮、一氧化碳、臭氧、PM$_{10}$、PM$_{2.5}$
其他项目	总悬浮颗粒物、铅、氮氧化物、苯并[a]芘
湿沉降	降雨量、pH、电导率、氯离子、硝酸根离子、硫酸根离子、钙离子、镁离子、钾离子、钠离子、铵离子等
有机物	挥发性有机物(VOCs)、持久性有机物(POPs)等
温室气体	二氧化碳、甲烷、氧化亚氮(N$_2$O)、六氟化硫(SF$_6$)、氢氟碳化物(HFCs)、全氟化碳(PFCs)
颗粒物主要物理化学特性	颗粒物数浓度谱分布、PM$_{2.5}$ 或 PM$_{10}$ 中的有机碳、元素碳、硫酸盐、硝酸盐、氯盐、钾盐、钙盐、钠盐、镁盐、铵盐等

3.2.3　监测点的布设

环境空气监测点的布设是否合理,影响到数据的代表性和科学性,环境监测布点方法有经验法、统计法和模式法。采样点位应根据监测任务的目的和要求布设,所选点位应具有较好的代表性,监测数据能客观反映一定空间范围内空气质量水平或空气中所测污染物浓度水平。监测点位的布设和数量应满足监测目的及任务要求。

3.2.3.1 监测点的布设原则

(1)代表性 点位应能客观反映一定空间范围内的环境空气质量水平和变化规律,客观评价城市、区域环境空气状况,污染源对环境空气质量的影响,满足为公众提供环境空气健康指引的需求。

(2)可比性 同类型监测点设置条件尽可能一致,使各个监测点获取的数据具有可比性。

(3)整体性 城市设点应考虑城市自然地理、气象等综合环境因素,以及工业布局、人口分布等社会经济特点,在布局上应反映城市主要功能区和主要大气污染源的空气质量现状及变化趋势,从整体出发合理布局,监测点之间相互协调。

(4)前瞻性 应结合城乡建设规划考虑监测点的布设,使确定的监测点能兼顾未来城乡空间格局变化趋势。

(5)稳定性 监测点位置一经确定,原则上不应变更,以保证监测资料的连续性和可比性。

3.2.3.2 监测点的布设要求和数量

(1)城市点 环境空气质量评价城市点是以监测城市建成区的空气质量整体状况和变化趋势为目的而设置的监测点,参与城市环境空气质量评价。每个环境空气质量评价城市点代表范围一般为半径500~4 000 m,有时也可扩大到半径4 000 m至几十千米的范围。

监测点应覆盖城市的全部建成区,均匀分布。采用城市加密网格点实测或模式模拟计算的方法。城市加密网格点实测是指将城市建成区均匀划分为若干加密网格点,单个网格不大于2 km×2 km,在每个网格中心或网格线的交点上设置监测点。模式模拟计算是通过污染物扩散、迁移及转化规律,预测污染分布状况进而寻找合理的监测点位的方法。

各城市环境空气质量评价城市点的最少监测点数量根据建成区城市人口和面积确定,具体见表3-9。按建成区城市人口和建成区面积确定的最少监测点数不同时,取两者的较大值。

表3-9 环境空气质量评价城市点设置数量要求

建成区城市人口/万人	建成区面积/km²	最少监测点数/个
<25	<20	1
25~50	20~50	2
50~100	50~100	4
100~200	100~200	6
200~300	200~400	8
>300	>400	按每50~60 km²建成区面积设1个监测点,并且不少于10个点

(2)区域点 环境空气质量评价区域点是以监测区域范围空气质量状况和污染物区域传输及影响范围为目的而设置的监测点,参与区域环境空气质量评价。其代表范围一般为半径几十千米。

区域点原则上应离开城市建成区和主要污染源20 km以上，根据我国的大气环流特征设置在区域大气环流路径上，反映区域大气本底状况，并反映区域间和区域内污染物输送的相互影响。区域点海拔高度应合适。在山区应位于局部高点，避免受到局地空气污染物的干扰和近地面逆温层等局地气象条件的影响；在平缓地区应保持在开阔地点的相对高地，避免空气沉积的凹地。

区域点的数量由国家生态环境行政主管部门根据国家规划，兼顾区域面积和人口因素设置。各地方可根据环境管理的需要，申请增加区域点数量。

(3)背景点　环境空气质量背景点是以监测国家或大区域范围的环境空气质量本底水平为目的而设置的监测点。其代表性范围一般为半径100 km以上。

背景点原则上应离开城市建成区和主要污染源50 km以上，应设置在不受人为活动影响的清洁地区，反映国家尺度空气质量本底水平。应考虑海拔高度，在山区应位于局部高点；在平缓地区应保持在开阔地点的相对高地。

背景点的数量由国家生态环境行政主管部门根据国家规划设置。

(4)污染监控点　污染监控点是为监测本地区主要固定污染源及工业园区等污染源聚集区对当地环境空气质量的影响而设置的监测点，代表范围一般为半径100～500 m，也可扩大到半径500～4 000 m。

污染监控点原则上应设在可能对人体健康造成影响的污染物高浓度区以及主要固定污染源对环境空气质量产生明显影响的地区。应设置在源的主导风向和第二主导风向的下风向的最大落地浓度区内，以捕捉到最大污染特征为原则进行布设。对于固定污染源较多且比较集中的工业园区等，应设置在主导风向和第二主导风向的下风向的工业园区边界，兼顾排放强度最大的污染源及污染项目的最大落地浓度。

污染监控点的数量由地方生态环境行政主管部门组织各地环境监测机构根据本地区环境管理的需要设置。

(5)路边交通点　路边交通点是为监测道路交通污染源对环境空气质量的影响而设置的监测点，代表范围为人们日常生活和活动场所中受道路交通污染源排放影响的道路两旁及其附近区域。

路边交通点一般应在行车道的下风侧，根据车流量的大小、车道两侧的地形、建筑物的分布情况等确定路边交通点的位置，采样口距道路边缘距离不得超过20 m。

路边交通点的数量由地方生态环境行政主管部门组织各地环境监测机构根据本地区环境管理的需要设置。

3.2.3.3　采样点布设方法

(1)功能区布点方法　按功能区划分布设采样点多用于区域性常规监测。将监测区域划分为工业区、商业区、居住区、工业和居住混合区、文化区、交通稠密区、清洁区等，再根据具体污染情况和人力、物力条件，在各功能区设置一定数量的监测点，各功能区的采样点数不要求平均，一般在污染较集中的工业区和人口密集的居住区多设监测点。同时应在对照区或清洁区设置1～2个对照点。

(2)网格布点法　网格法多用于受各种污染源综合污染的平原地区布设采样点。这种方法是将所要监测的区域划分成许多等距离的方格，每个方格中间或两条直线交点处设一采样点[图3-1(a)]。方格的大小视污染程度、人口密度以及人力、物力、财力条件而定。一般间距为1～2 km。若人力、物力不足，不能以方格均匀布点时，至少要在污染严重的工业区、交通枢纽区、商业区、有少数工业企业的居民区、没有工业企业的居民区、不受污染的清洁区等地方设采样点。若主导风向明确，下风向设点应多一些，一般约占采样点总数的60%。

（3）同心圆布点法　同心圆布点法适用于受单一污染源或多个污染源构成一个污染中心所影响的地区布设采样点。此法是以污染源为中心，作同心圆，再从圆心分八个方位作射线，射线与圆的交点处可布设采样点[图3-1(b)]。但是，不同圆周上的采样点布设不一定相同或均匀分布，可依据气象条件对不同方位的影响布设，一般在常年主导风向下方多设采样点。同心圆半径分别可以取4 km、10 km、20 km、40 km，从里向外各圆周上分别设4个、8个、8个、4个采样点。

（4）扇形布点法　扇形布点法适用于高架污染源或主导风向明显的地区。采样点是以扇形布设在污染源的某一方向。以点源为顶点，主导风向为轴线，在下风向地面上划出一个扇形区域作为布点范围[图3-1(c)]。扇形角度一般为45°～90°。采样点设在距点源不同距离的若干弧线上，相邻两点与顶点连线的夹角一般取10°～20°。各线上的采样点数和间距可根据居民的反映和预测结果、工厂的规模、污染物排放方式和高度等具体情况布设，一般为3～4个采样点，在上风向设一对照点。

(a) 网格布点法　　　　(b) 同心圆布点法　　　　(c) 扇形布点法

图3-1　环境空气质量监测采样点的布设方法
(引自：奚旦立.环境监测.2004)

采用同心圆和扇形布点时，应考虑高架点源排放污染物的扩散特点。一般点源脚下污染物浓度接近本底值，随着距离增大，浓度随之增加，并逐渐出现最大值，然后按指数规律下降。因此，以同心圆或射线法布点时，其圆和弧线半径不宜等倍增加，而是靠近最大污染物浓度区段密一些。污染物最大浓度出现的位置与源高、气象条件和地面状况有关。一般认为普通高度的点源，烟云落地为15倍源高。但是，随着源高和大气稳定度的增加，污染物在地面最大浓度位置则成倍向外延伸，例如，50 m高的烟囱污染物最大地面浓度位置为源高的40倍以上，100 m高的烟囱则为100倍处。

以上几种采样布点方法，可以单独使用，也可以综合使用，目的就是要求有代表性地反映污染物浓度，为空气监测提供可靠的样品。

3.2.3.4　现场设点要求

根据《环境空气质量监测点位布设技术规范》的要求，监测点周围环境和采样口位置应符合下列要求。

（1）监测点附近1 000 m内的土地使用状况相对稳定。

（2）点式监测仪器采样口周围，监测光束附近或开放光程监测仪器发射光源到监测光束接收端之间不能有阻碍环境空气流通的高大建筑物、树木或其他障碍物。从采样口或监测光束到附近最高障碍物之间的水平距离，应为该障碍物与采样口或监测光束高度差的2倍以上,或从采样口至障碍物顶部与地平线的夹角应小于30°。

(3)采样口周围水平面应保证270°以上的捕集空间,如果采样口一边靠近建筑物,采样口周围水平面应有180°以上的自由空间。

(4)采样高度根据监测目的而定。对于手工采样,其采样口离地面的高度应为1.5～15 m范围内;对于自动监测,其采样口或监测光束离地面的高度应为3～20 m范围内;对于路边交通点,其采样口离地面的高度应为2～5 m范围内。有特殊监测要求时,应根据监测目的进行调整。

(5)在建筑物上安装监测仪器时,监测仪器的采样口离建筑物墙壁、屋顶等支撑物表面的距离应大于1 m。

(6)当某监测点需设置多个采样口时,为防止其他采样口干扰颗粒物样品的采集,颗粒物采样口与其他采样口之间的直线距离应大于1 m。若使用大流量总悬浮颗粒物(TSP)采样装置进行并行监测,其他采样口与颗粒物采样口的直线距离应大于2 m。

(7)对于环境空气质量评价城市点,采样口周围至少50 m范围内无明显固定污染源。

▶ 3.2.4 采样时间和采样频率

采样时间指每次采样从开始到结束所持续的时间,也称采样时段。采样频率指在一定时间范围内的采样次数。这两个参数要根据监测目的、污染物分布特征、分析方法灵敏度及人力物力等因素决定。

对某些污染物采样时段短,很难取得代表性样品,而对间歇式监测采样时段过长又很难反映出污染物随时间的变化。因此,常增加采样频率,以多个试样测定结果的平均值代表采样点空气污染物浓度。要真正反映出某一地点污染物浓度的变化,必须每年12个月,每月30 d,每天24 h采样监测,即进行常年的连续自动监测。《环境空气质量标准》(GB 3095—2012)中规定了污染物监测数据的有效性(表3-10)。

表3-10 污染物浓度数据有效性的最低要求

污染物项目	平均时间	数据有效性规定
二氧化硫、二氧化氮、PM_{10}、$PM_{2.5}$、氮氧化物	年平均	每年至少有324个日平均浓度值 每月至少有27个日平均浓度值(二月至少有25个日平均浓度值)
二氧化硫、二氧化氮、一氧化碳、PM_{10}、$PM_{2.5}$、氮氧化物	24 h平均	每日至少有20个小时平均浓度值或采样时间
臭氧	8 h平均	每8 h至少有6 h平均浓度值
二氧化硫、二氧化氮、一氧化碳、臭氧、氮氧化物	1 h平均	每小时至少有45 min的采样时间
总悬浮颗粒物、苯并[a]芘、铅	年平均	每年至少有平均分布的60个日平均浓度值 每月至少有平均分布的5个日平均浓度值
铅	季平均	每季至少有平均分布的15个日平均浓度值 每月至少有平均分布的5个日平均浓度值
总悬浮颗粒物、苯并[a]芘、铅	24 h平均	每日应有24 h的采样时间

▶ 3.3.1 采集方法

根据被测物质在空气中存在的状态和浓度,以及所用分析方法的灵敏度,可选择不同的采样方法。采集空气样品的方法一般分为直接采样法和富集采样法2大类。

3.3.1.1 直接采样法

直接采样法是指将空气样品直接采集在合适的气体收集器内的采样方法。一般用于空气中被测污染物浓度较高,或者所用的分析方法灵敏度高的情况,直接进样就能满足环境监测的要求。一般适用于一氧化碳、挥发性有机物、总烃等污染物的样品采集。用这类方法测得的结果是瞬时或者短时间内的平均浓度,它可以比较快地得到分析结果。直接采样法常用的采样容器有注射器、气袋、真空罐(瓶)和一些固定容器等。这种方法具有经济和轻便的特点。

(1)注射器采样法　即将空气中被测物采集在50 mL或100 mL注射器中的方法。采样时,移去注射器的密封头,先用现场空气抽洗3~5次,然后抽取一定体积的空气样品,密封进样口后将注射器进口朝下,垂直放置。采样后注射器迅速放入运输箱内,保温并避光保存,采样后尽快分析。

(2)气袋采样法　即将空气中被测物质直接采集在气袋中的方法。适用于采集化学性质稳定、不与气袋起化学反应的低沸点气态污染物。气袋常用的材质有聚四氟乙烯、聚乙烯、聚氯乙烯和金属衬里(铝箔)等。采样方式分为真空负压法和正压注入法。真空负压法采样系统由进气管、气袋、真空箱、阀门和抽气泵等部分组成;正压注入法用双联球、注射器、正压泵等器具通过连接管将样品气体直接注入气袋中。采样时用现场空气冲洗3~5次后再正式采样。采样气袋应迅速放入运输箱内,防止阳光直射,应在最短的时间内送至实验室分析。

(3)真空罐(瓶)采样法　即将空气中被测物质采集到预先抽成真空的玻璃罐(瓶)中的方法。真空罐一般由内表面经过惰性处理的金属材料制作,真空瓶一般由硬质玻璃制作,通常配有进气阀门和真空压力表。如图3-2所示。采样前,真空罐(瓶)应先清洗或加热清洗3~5次,再抽真空。采集空气样品分为瞬时采样和恒流采样2种方式。

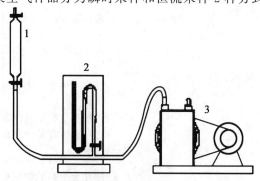

1.真空采气管　2.闭管压力计　3.真空泵

图3-2　抽真空装置

3.3.1.2 富集(浓缩)采样法

当空气中被测物质浓度很低,而所用分析方法又不能直接测出其含量时,需用富集采样法进行空气样品的采集。富集采样的时间一般都比较长,所得的分析结果是在富集采样时间内的平均浓度,这更能反映环境污染的真实情况。

富集采样的方法有溶液吸收法、吸附管采样法、滤膜采样法、滤膜-吸附剂联用采样法及被动采样法等。在实际应用时,可根据监测目的和要求、污染物的理化性质、在空气中的存在状态,以及所用的分析方法来选择。

1)溶液吸收采样法

溶液吸收采样法指利用空气中被测组分能迅速溶解于吸收液或能与吸收液迅速发生化学反应的原理,采集环境空气中气态、蒸气态物质以及某些气溶胶的采样方法。当空气样品进入吸收液时,气泡与吸收液界面上的待测物质的分子发生溶解作用或化学反应,很快地进入吸收液中。同时气泡中间的气体分子因存在浓度梯度和运动速度极快,能迅速地扩散到气-液界面上。因此,整个气泡中被测物质分子很快地被溶液吸收。各种气体吸收管就是利用这个原理而设计的。

理想的吸收液应理化性质稳定,在空气中和在采样过程中自身不会发生变化,挥发性小,并能够在较高温度下经受较长时间采样而无明显的挥发损失,有选择性地吸收,吸收效率高,能迅速地溶解被测物质或与被测物质起化学反应。最理想的吸收液中就含有显色剂,边采样边显色,不仅采样后即可比色定量,而且可以控制采样的时间,使显色强度恰好在测定范围内。常用的吸收液有水溶液和有机溶剂等。吸收液的选择是根据被测物质的理化性质及所用的分析方法而定。

吸收液的选择原则是:①与被采集的物质发生化学反应快或对其溶解度大;②污染物质被吸收液吸收后,要有足够的稳定时间,以满足分析测定所需时间的要求;③污染物质被吸收后,应有利于下一步分析测定,最好能直接用于测定;④吸收液毒性小、价格低、易于购买,且尽可能回收利用。

溶液吸收法采集污染物时,通常使用如图 3-3 所示的几种吸收管(瓶)。

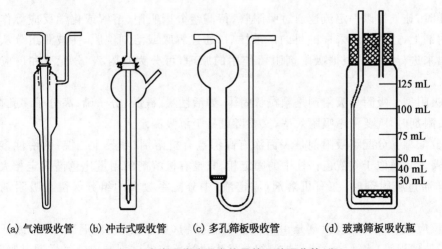

(a) 气泡吸收管   (b) 冲击式吸收管   (c) 多孔筛板吸收管   (d) 玻璃筛板吸收瓶

图 3-3 溶液吸收法通常使用的几种吸收管(瓶)

（1）气泡吸收管　气泡吸收管适用于采集气态和蒸气态物质,对于气溶胶态物质,因不能像气态分子那样快速扩散到气液界面上,故吸收效率低。

（2）冲击式吸收管　冲击式吸收管适宜于采集气溶胶态物质。因为该吸收管的进气管喷嘴孔径小,距离瓶底又很近,当被采气样快速从喷嘴喷出冲向管底时,气溶胶颗粒因惯性作用冲击到管底被分散,从而易被吸收液吸收。

（3）多孔玻板吸收管(瓶)　多孔玻板吸收管(瓶)适合采集气态、蒸气态和气溶胶态物质。气样通过吸收管(瓶)的筛板后,被分散成很小的气泡,且阻留时间长,大大增加了气液接触面积,从而提高了吸收效果。

2）吸附管采样法

吸附管采样法指利用空气中被测组分通过吸附、溶解或化学反应等作用被阻留在固体吸附剂上的原理,采集环境空气中气态污染物的采样方法。适用于汞、挥发性有机物等气态污染物的样品采集。吸附管为装有各类吸附剂的普通玻璃管、石英管或不锈钢管等,常见的固体吸附剂有活性炭、硅胶和有机高分子材料等吸附材料。常见吸附管结构见图 3-4 和图 3-5。

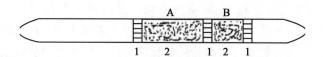

1.玻璃棉　2.活性炭　A.100 mg 活性炭　B.50 mg 活性炭

图 3-4　活性炭吸附管

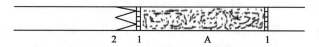

1.不锈钢网/滤膜　2.弹簧片　A.固体吸附剂

图 3-5　高分子材料吸附管

采样时,让气样以一定流速通过吸附管,待测组分因吸附、溶解或化学反应等作用被阻留在吸附剂上,达到浓缩采样的目的。采样后,通过解吸或溶剂洗脱,使被测组分从吸附剂上释放出来进行测定。根据吸附剂阻留作用的原理,可分为吸附型、分配型和反应型 3 种类型。

（1）吸附型　吸附型吸附剂是颗粒状固体,如活性炭、硅胶、分子筛、高分子多孔微球等。在选择吸附剂时,既要考虑吸附效率,又要考虑易于解吸测定。

（2）分配型　分配型吸附剂是表面涂有高沸点有机溶剂(如异十三烷)的惰性多孔颗粒物(如硅藻土),类似于气液色谱柱中的固定相,只是有机溶剂的用量比色谱固定相大。当被采集气样通过吸附剂时,在有机溶剂(固定液)中分配系数大的组分保留在吸附剂上而被富集。

（3）反应型　反应型吸附剂是由惰性多孔颗粒物(如石英砂、玻璃微球等)或纤维状物(如滤纸、玻璃棉等)表面涂渍能与被测组分发生化学反应的试剂制成。气样通过吸附剂时,被测组分在吸附剂表面因发生化学反应而被阻留。

3）滤膜采样法

滤膜采样法,指采用不同材质滤膜采集空气中目标污染物的采样方法。适用于总悬浮颗粒物、可吸入颗粒物、细颗粒物等大气颗粒物的质量浓度监测及成分分析,以及颗粒物中重金属、苯并[a]芘、氟化物等污染物的样品采集。该方法是将过滤材料(滤纸、滤膜等)放在采样夹上(图3-6),用抽气装置抽气,则空气中的颗粒物被阻留在过滤材料上,称量过滤材料上富集的颗粒物质量,根据采样体积,即可计算出空气中颗粒物的浓度。

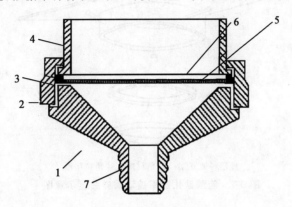

1.底座　2.紧锢圈　3.密封圈　4.接座圈　5.支撑网　6.滤膜　7.抽气接口

图3-6　颗粒物采样夹

4）滤膜-吸附剂联用采样法

滤膜-吸附剂联用采样法,指将滤膜和吸附剂联合使用,同时采集环境空气中以气态和颗粒物并存的污染物的采样方法。该方法适用于多环芳烃类等半挥发性有机物的样品采集,将滤膜采样夹与装填吸附剂的采样管串联进行采样。

5）被动采样法

被动采样法,指将采样装置或气样捕集介质暴露于环境空气中,不需要抽气动力,依靠环境空气中待测污染物分子的自然扩散、迁移、沉降等作用而直接采集污染物的采样方法。适用于硫酸盐化速率、氟化物、降尘等污染物的样品采集。采样不需要动力设备,简单易行,且采样时间长,测定结果能较好地反映空气污染状况。

(1)硫酸盐化速率　硫酸盐化速率常用的采样方法为碱片法。将用碳酸钾溶液浸渍过的玻璃纤维滤膜(碱片)暴露于环境空气中,环境空气中的二氧化硫、硫化氢、硫酸雾等与浸渍在滤膜上的碳酸钾发生反应,生成硫酸盐而被固定。

采样装置由采样滤膜和采样架组成,采样架由塑料皿、塑料垫圈及塑料皿支架构成,如图3-7所示。

(2)氟化物　氟化物常用的采样方法是利用浸渍在滤纸上的氢氧化钙与空气中的氟化物(氟化氢、四氟化硅等)反应而被固定。用总离子强度调节缓冲液浸提后,以氟离子选择电极法测定,获得石灰滤纸上氟化物的含量。测定结果反映的是放置期间空气中氟化物的平均污染水平。

(3)降尘　采集空气中降尘的方法分湿法和干法两种,其中,湿法应用更为普遍。湿法采样是在一定大小的圆筒形玻璃缸中加入一定量的水,为防止冰冻和抑制微生物及藻类的

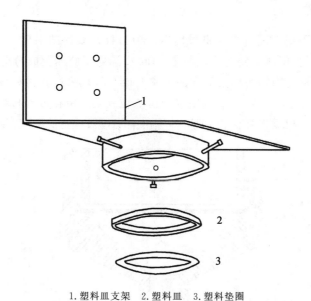

1.塑料皿支架　2.塑料皿　3.塑料垫圈

图 3-7　硫酸盐化速率被动采样装置示意图

生长,需加入适量乙二醇,保持缸底湿润。干法采样是在缸底放入塑料圆环,圆环上再放置塑料筛板。集尘缸放置在距地面 5~12 m 高、附近无高大建筑物及局部污染源的地方,如放置屋顶平台上,采样口距基础面 1~1.5 m,以避免基础面受扬尘的影响。湿法采样和干法采样集尘缸见图 3-8。

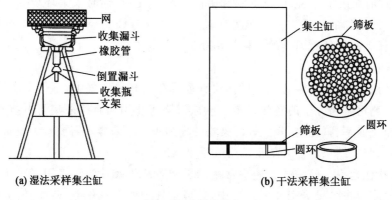

(a) 湿法采样集尘缸　　　　**(b) 干法采样集尘缸**

图 3-8　采样集尘缸

(引自:奚旦立.环境监测.2019)

▶ 3.3.2　采样仪器

用于空气采样的仪器种类和型号较多,但它们的基本构造相似,一般由收集器、流量计和采样动力 3 部分组成,并按照图 3-9 所示装置成各种采样仪器。

(1)收集器　收集器是阻留捕集空气中欲测污染物的装置。包括前面介绍的气体吸收管(瓶)、吸附管、滤膜等。

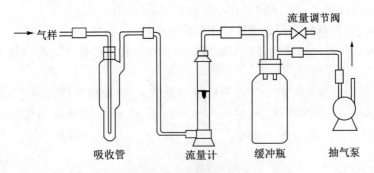

图 3-9　气体采样系统

（2）流量计　流量计是采样时测定气体流量的装置。常用的流量计有皂膜流量计、孔口流量计、转子流量计、湿式流量计、临界孔稳流器等。转子流量计具有简单、轻便、较准确等特点，常为各种空气采样仪器所采用。皂膜流量计是一根标有体积刻度的玻璃管，管的下端有一支管和装满肥皂水的橡皮球，当挤压橡皮球时，肥皂水液面上升，由支管进来的气体便吹起皂膜，并在玻璃管内缓慢上升，准确记录通过一定体积气体所需时间，即可得知流量。皂膜流量计常用于校正其他流量计，图 3-10 是用皂膜流量计校准采样系统中的转子流量计示意图。

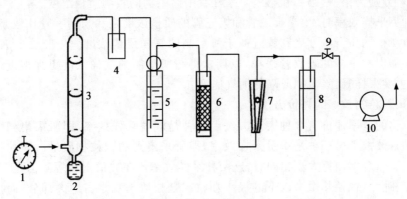

1.秒表　2.皂液　3.皂膜流量计　4.皂液捕集器　5.吸收管（瓶）　6.干燥器

7.转子流量器　8.缓冲瓶　9.针阀　10.抽气泵

图 3-10　皂膜流量计校准转子流量计示意图

（3）采样动力　空气监测中除少数项目（如降尘等）不需动力采样外，绝大部分项目的监测采样都需采样动力。采样动力为抽气装置，最简易的采样动力是人工操作的抽气筒、注射器、双联球等。而通常所说的采样动力是指采样仪器中的抽气泵部分。抽气泵有真空泵、刮板泵、薄膜泵和电磁泵等。

▶ 3.3.3　采样效率及评价

采样方法或采样器的采样效率是指在规定的采样条件（如采样流量、污染物浓度范围、采样时间等）下所采集到的污染物量占总量的百分数。采样效率评价方法通常与污染物在空气中存在状态有很大关系。不同的存在状态有不同的评价方法。

3.3.3.1 采集气态和蒸气态污染物质效率的评价方法

采集气态和蒸气态的污染物常用溶液吸收法和吸附管采样法。效率评价有绝对比较法和相对比较法 2 种。

(1)绝对比较法 精确配制一个已知质量浓度为 ρ_0 的标准气体,然后用所选用的采样方法采集标准气体,测定其浓度,比较实测质量浓度 ρ_1 和配气质量浓度 ρ_0,其采样效率 K 为:

$$K = \frac{\rho_1}{\rho_0} \times 100\%$$

用这种方法评价采样效率虽然比较理想,但是配制已知浓度的标准气体有一定困难,实际应用时受到限制。

(2)相对比较法 配制一个恒定浓度的气体,而其浓度不一定要求准确已知。然后用 2～3 个采样管串联起来采集所配制的样品。采样结束后,分别测定各采样管中污染物的浓度,计算第一个采样管含量占各管总量的百分数,其采样效率 K 为:

$$K = \frac{\rho_1}{\rho_1 + \rho_2 + \rho_3} \times 100\%$$

式中:ρ_1、ρ_2、ρ_3 分别为第一、第二和第三个采样管中污染物的实测质量浓度。

用此法计算采样效率时,要求第二管和第三管的质量浓度之和与第一管比较是极小的,这样 3 个管所测得的质量浓度之和就近似于所配制的气样质量浓度。一般要求 K 在 90% 以上。有时还需串联更多的吸收管采样,以期求得与所配制的气样浓度更加接近。采样效率过低时,应更换采样管、吸收剂或降低抽气速度。

3.3.3.2 采集颗粒物效率的评价方法

采集颗粒物的效率评价有 2 种表示方法。一种是颗粒采样效率,即所采集到的颗粒数占总颗粒数的百分数。另一种是质量采样效率,即所采集到的颗粒物质量占颗粒物总质量的百分数。只有当全部颗粒大小相同时,这两种采样效率才在数值上相等。但是,实际上这种情况是不存在的。粒径几微米以下的极小颗粒在颗粒数上总是占绝大部分,而按质量计算却只占很小部分。所以质量采样效率总是大于颗粒采样效率。在空气监测中,评价采集颗粒物方法的采样效率多用质量采样效率表示。

评价采集颗粒物方法的效率与评价气态和蒸气态采样方法的效率有很大的不同。一是由于配制已知浓度标准颗粒物在技术上比配制标准气体要复杂得多,而且颗粒物粒度范围也很大,所以很难在实验室模拟现场存在的气溶胶各种状态。二是用滤膜采样就像一个滤筛一样,能漏过第一张滤膜的细小颗粒物,也有可能会漏过第二张或第三张滤膜,所以用相对比较法评价颗粒物的采样效率就有困难。鉴于以上情况,评价滤膜的采样效率一般用另一个已知采样效率高的方法同时采样,或串联在其后面进行比较得出。颗粒采样效率常用一个灵敏度很高的颗粒计数器测量进入滤膜前后的空气中的颗粒数来计算。

▶ 3.3.4 采气量、采样记录和采样体积计算

(1)采气量的确定 每一个采样方法都规定了一定的采气量。采气量过大或过小都会

影响监测结果。一般来讲,分析方法灵敏度较高时,采气量可小些,反之则需加大采气量。如果现场污染物浓度不清楚时,采气量和采样时间应根据被测物质在空气中的最高允许浓度和分析方法的检出限来确定。最小采气量是保证能够测出最高允许浓度范围所需的采样体积,最小采气量可用下式进行估算:

$$V = \frac{V_t \times D_L}{\rho}$$

式中:V 为最小采气体积,L;V_t 为样品溶液的总体积,mL;D_L 为分析方法的检出限,$\mu g/mL$;ρ 为最高允许质量浓度,mg/m^3。

(2)采样记录 采样记录与实验室分析测定记录同等重要。在实际工作中,不重视采样记录,往往会导致由于采样记录不完整而使一大批监测数据无法统计而报废。因此,必须给予高度重视。采样记录的内容有:采样日期、采样地点、经度、纬度、天气状况;监测项目、仪器型号及编号、样品编号;采样开始时间、结束时间、累积时间;采样前和采样后流量、平均流量;气象五参数(气温、气压、相对湿度、风速、主导风向);累积实况体积、累积参比状态体积;采样者、校对者、审核者姓名等。

(3)采样体积计算 根据气体状态方程式,气体体积受温度和空气压力影响,气体状态有标准状态和参比状态:标准状态指温度为 273.15 K、压力为 1 013.25 hPa 时的状态;参比状态指大气温度为 298.15 K,大气压力为 1 013.25 hPa 时的状态。为了使计算出的浓度具有可比性,要将采样体积进行换算。参比状态下的采样体积计算方法如下:

$$V_r = Q_r \times t = Q \times t \times \frac{P \times 298.15}{1\ 013.25 \times T}$$

式中:V_r 为参比状态下的采样体积,L;Q_r 为参比状态下的采样流量,L/min;t 为采样时间,min;Q 为实际采样流量,L/min;P 为采样时的环境大气压,hPa;T 为采样时的环境温度,K。

二氧化硫、二氧化氮、一氧化碳、臭氧、氮氧化物等气态污染物浓度为参比状态下的浓度;PM_{10}、$PM_{2.5}$、总悬浮颗粒物及其组分铅、苯并[a]芘等浓度为监测时大气温度和压力下的浓度。

▶ 3.3.5 标准气的配置

在空气和废气监测中,标准气如同标准溶液、标准物质那样重要,是检验监测方法、评价采样效率、绘制标准曲线、校准分析仪器及进行监测质量控制的依据。配制低浓度标准气的方法,通常分为静态配气法和动态配气法。

3.3.5.1 静态配气法

静态配气法是把一定量的气态或蒸气态的原料气,加到已知体积的容器中,然后再加入稀释气体,混合均匀制得。静态配气法最大的优点是所用设备简单,操作容易。一般对于某些活泼性较差的气体,在用气量不多时,为操作简便,经常使用此方法。常用的方法有注射器配气法、塑料袋配气法、配气瓶配气法和高压钢瓶配气法等。

(1)注射器配气法 对于配置少量的混合气,可用 100 mL 注射器多次稀释制得。气体浓度根据原料气的浓度和稀释倍数来计算。用注射器取原料气如图 3-11 所示,用稀释气体进行稀释。用注射器配气,也可以用两个注射器相互连通,来回推动,使原料气和稀释气体混合均匀(图 3-12)。

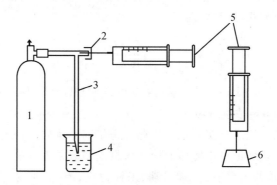

1.钢瓶(原料气)　2.硅橡胶垫片　3.三通管　4.烧杯(内装液体,如水等)　5.注射器　6.硅橡胶块(封针头用)

图 3-11　用注射器从钢瓶中取气

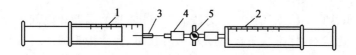

1,2.注射器　3.小橡胶帽　4.注射针头　5.金属小三通

图 3-12　注射器中气体的混合

(2)塑料袋配气法　向塑料袋内注入一定量的原料气,并充进一定体积的干净空气(图 3-13)。挤压塑料袋,使其混合均匀,根据加入的原料气的量和塑料袋充气的体积,计算袋内气体的浓度。

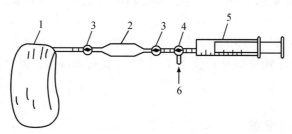

1.塑料袋　2.气体定量管　3.二通活塞　4.三通活塞　5.注射器　6.净化空气入口

图 3-13　塑料袋配气

(3)配气瓶配气法　取 20 L 玻璃瓶或聚乙烯塑料瓶,洗净烘干,精确标定体积。然后将瓶内抽成负压,用净化的空气冲洗几次,排除瓶中原有的全部空气。再抽成负压,加入一定量的原料气,并充进净化空气至大气压力。摇动瓶中翼形搅拌片,使瓶中气体混合均匀,即可使用。

图 3-14(a)是从钢瓶中取气的方法。将气体定量管与钢瓶喷嘴相连,打开钢瓶气门,先让钢瓶气通过气体定量管放空一部分,冲洗定量管,再关闭钢瓶气门和气体定量管的两端活塞。然后按图 3-14(b)将气体定量管接到已抽成负压的瓶的长管端,另一端与净化空气相连

通,打开活塞,净化空气将定量管中气体全部冲入大瓶中,待瓶内压力与大气压力相等时,配气结束。

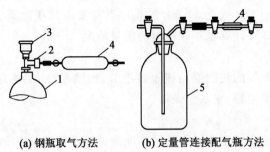

(a) 钢瓶取气方法　　**(b) 定量管连接配气瓶方法**

1.钢瓶　2.钢瓶气嘴　3.阀门　4.定量管　5.配气瓶

图 3-14　配气瓶配气装置

3.3.5.2　动态配气法

动态配气法是将已知浓度的原料气与稀释气按恒定比例连续不断地进入混合器混合,从而可以连续不断地配制并供给一定浓度的标准气,根据两股气流的流量比可计算出稀释倍数,根据稀释倍数可计算出标准气的浓度。

动态配气法不但能提供大量标准气,而且可以获得所需浓度的标准气,尤其适用于配制低浓度的标准气。但是这种方法所用仪器设备较静态配气法复杂,不适合配制高浓度的标准气。常用的动态配气方法有负压喷射法、渗透管法、气体扩散法等。

3.4　颗粒物污染物质测定

空气中颗粒物的测定项目有:总悬浮颗粒物(TSP)、可吸入颗粒物(PM_{10})、细颗粒物($PM_{2.5}$)、降尘量及其组分、颗粒物中化学组分含量等。

▶ 3.4.1　悬浮颗粒物

测定空气中总悬浮颗粒物的方法是基于重力原理制定的,国内外广泛采用重量法。我国《环境空气　总悬浮颗粒物的测定　重量法》(GB/T 15432—1995)中详细规定了总悬浮颗粒物的测定方法。

测定 PM_{10} 和 $PM_{2.5}$ 的方法有重量法、β 射线吸收法、微量振荡天平法。重量法适用于手工监测,其余方法用于自动监测。本节主要介绍用于手工监测的重量法。我国《环境空气颗粒物(PM_{10} 和 $PM_{2.5}$)采样器技术要求及检测方法》(HJ 93—2013)和《环境空气 PM_{10} 和 $PM_{2.5}$ 的测定　重量法》(HJ 618—2011)详细介绍了 PM_{10} 和 $PM_{2.5}$ 的采样技术要求和测定方法。

测定总悬浮颗粒物、PM_{10} 和 $PM_{2.5}$ 的滤膜可用于测定金属元素(如铅、铬、锰、铍、铁、镍、锌、铜、镉、锑等)、无机盐(如硫酸盐、硝酸盐、氮化物等)和有机化合物(苯并[a]芘等)。

3.4.1.1 原理

通过具有一定切割特性的采样器,以恒速抽取一定体积的空气,使之通过已恒重的滤膜,空气中粒径小于 100(10 或 2.5)μm 的悬浮微粒被阻留在滤膜上。根据采样前后滤膜重量之差及采气体积,即可计算悬浮颗粒物的质量浓度。

3.4.1.2 仪器

采样器(具备不同粒径的切割器);流量校准装置;滤膜(超细玻璃纤维滤膜或聚氯乙烯滤膜);分析天平;恒温恒湿箱(室);干燥器。

3.4.1.3 测定步骤

(1)采样器的流量校准 采样器每月用标准流量计进行流量校准。

(2)采样 每张滤膜使用前均需用光照检查,不得使用有针孔或有任何缺陷的滤膜采样。迅速称重在平衡室内已平衡 24 h 的滤膜,读数准确至 0.1 mg,记下滤膜的编号和重量,将其平展地放在光滑洁净的纸袋内,然后贮存于盒内备用。天平放置在平衡室内,平衡室温度为 20～25℃,温度变化小于 ±3℃,相对湿度小于 50％,湿度变化小于 5%。

将已恒重的滤膜用小镊子取出,毛面向上,平放在采样夹的网托上,根据采集颗粒物的粒径选择切割器,拧紧采样夹,安装好采样头顶盖,按照采样器使用说明设置采样时间,启动采样。

采样后,打开采样头,用镊子小心取下滤膜,使采样毛面朝内,将滤膜对折,放回表面光滑的纸袋并贮于盒内。记录采样点、采样时间、现场温度、大气压力、采样器编号、滤膜编号、流量等。

(3)样品测定 将采样后的滤膜在平衡室内平衡 24 h,迅速称重,记录结果及有关参数。

3.4.1.4 结果计算

空气中总悬浮颗粒物/PM_{10}/$PM_{2.5}$ 的质量浓度按下式计算:

$$\rho\,(TSP/PM_{10}/PM_{2.5},\mu g/m^3) = \frac{(m_1 - m_0) \times 1\,000 \times 1\,000}{Q_a \times t}$$

式中:m_0 为采样前滤膜的质量,g;m_1 为采样后滤膜的质量,g;Q_a 为采样器平均抽气流量,m^3/min;t 为采样时间,min;1 000 为单位换算系数。

3.4.1.5 注意事项

(1)滤膜称重时的质量控制。取清洁滤膜若干张,在平衡室内平衡 24 h,称重。每张滤膜称 10 次以上,则每张滤膜的平均值为该张滤膜的原始质量,此为"标准滤膜"。每次称清洁或样品滤膜的同时,称量两张"标准滤膜",若称出的重量在原始重量 ±5 mg 范围内,则认为该批样品滤膜称量合格,否则应检查称量环境是否符合要求,并重新称量该批样品滤膜。采样前后,滤膜称量应使用同一台分析天平。

(2)要经常检查采样头是否漏气。当滤膜上颗粒物与四周白边之间的界线逐渐模糊,则表明应更换面板密封垫。

(3)称量不带衬纸的聚氯乙烯滤膜时,在取放滤膜时,用金属镊子轻轻接触一下天平盘,以消除静电的影响。

3.4.2 降尘量

大气降尘是指空气环境条件下,靠重力自然沉降在集尘缸中的颗粒物。自然沉降量主要取决于自身质量和粒度大小,但风力、降水、地形等自然因素也起着一定的作用。因此,把自然降尘和非自然降尘区分开是很困难的。重量法(GB/T 15265—94)是测定降尘量的常用方法,简单易行,便于推广。

3.4.2.1 原理

空气中可沉降的颗粒物,沉降在装有乙二醇水溶液作收集液的集尘缸内,经收集、蒸发、干燥、称重后,计算降尘量。结果以每月每平方千米面积上沉降的吨数[即 $t/(km^2 \cdot 30\ d)$]表示。

3.4.2.2 仪器

集尘缸[内径 15 cm、高 30 cm 的圆筒形玻璃缸(或塑料缸、瓷缸)];100 mL 瓷坩埚;分析天平(感量 0.1 mg);电热板(2 000 W)。

3.4.2.3 试剂

乙二醇($C_2H_6O_2$)。

3.4.2.4 采样

(1)设点要求 采样地点附近不应有高大的建筑物,也不应受局部污染源的影响。集尘缸放置高度应距离地面 5~12 m。如放在屋顶,应距屋顶 1~1.5 m,以避免屋面扬尘的影响。

(2)设缸前的准备 在集尘缸中,加入乙二醇 60~80 mL,加入适量水,缸口加盖,携至采样地点后取下盖。缸内加水量,视当地历年月降雨量和月蒸发量而定,一般可加 50~200 mL,使缸内经常保持湿润。在此条件下采集,可防止落入集尘缸中的灰尘被风吹走。记录放缸的地点、缸号、时间(年、月、日、时)。

按月定期取换集尘缸一次(30±2)d,取缸时应核对地点、缸号,记录取缸时间(月、日、时),缸口加盖,带回实验室。

在夏季多雨季节,应注意缸内积水情况。必要时应更换干净的集尘缸,继续收集,待采样完毕,合并后测定。

在采样同时,选绿化清洁区做对照点,放置集尘缸,以作对比。

3.4.2.5 测定步骤

(1)瓷坩埚的准备 将 100 mL 的瓷坩埚洗净,编号,在(105±5)℃下,干燥箱中烘 3 h,取出放在干燥器内,冷却 50 min,在分析天平上称量,再烘干 50 min,冷却 50 min,再称量,直至恒重(m_0)。

(2)降尘量的测定 用光洁的镊子将落入缸内的树叶、小虫等异物取出,并用水将附着的细小尘粒冲洗下。将缸内溶液和尘粒全部转入 500 mL 烧杯中,在电热板上小心蒸发,使体积缩小至 10~20 mL。将杯中溶液和尘粒分数次转移到已恒重的瓷坩埚中,用水冲洗黏附在杯壁上的尘粒,并入 100 mL 瓷坩埚中。在电热板上小心蒸发至干后,放入干燥箱于(105±5)℃烘干,按上述方法称量至恒重(m_1)。

(3)空白样的测定 将与采样操作等量的乙二醇水溶液,放入 500 mL 的烧杯中,在电热

板上蒸发浓缩至 $10\sim20$ mL,然后将其转移至已恒重的瓷坩埚内,将瓷坩埚放在搪瓷盘中,再放在电热板上蒸发至干,于 (105 ± 5) ℃烘干,称量至恒重,减去瓷坩埚的质量 (m_0),即为 m_c。

3.4.2.6 结果计算

降尘量按下式计算:

$$M = \frac{m_1 - m_0 - m_c}{A \times t} \times 30 \times 10^4$$

式中:M 为降尘总量,t/(km² · 30 d);m_1 为降尘、瓷坩埚和乙二醇水溶液蒸发至干并在 (105 ± 5) ℃恒重后的质量,g;m_0 为在 (105 ± 5) ℃烘干的瓷坩埚质量,g;m_c 为与采样操作等量的乙二醇水溶液蒸发至干并在 (105 ± 5) ℃恒重后的质量,g;A 为集尘缸缸口面积,cm²;t 为采样时间,精确到 0.1 d;10^4 为单位换算系数。结果保留 1 位小数。

3.4.2.7 注意事项

(1)大气降尘指可沉降的颗粒物,故应除去树叶、枯枝、鸟粪、昆虫、花絮等干扰物。

(2)每一个样品所使用的烧杯、瓷坩埚等的编号必须一致,并与其相对应的集尘缸的编号一并及时填入记录表中。

(3)瓷坩埚在烘箱及干燥器中,应分散放置,不可重叠。

(4)乙二醇水溶液既可以防止冰冻,又可以保持缸底湿润,还能抑制微生物及藻类的生长。应尽量选择缸底比较平的集尘缸,可以减少乙二醇的用量。

3.5 气态污染物测定

我国《环境空气质量监测规范》规定连续采样必须测定的污染物为二氧化硫、二氧化氮、一氧化碳、臭氧。选测项目为氟化物、铅、苯并[a]芘、有毒有害有机物等。

▶ 3.5.1 二氧化硫

空气中的二氧化硫主要源于含硫燃料的燃烧、含硫矿石的冶炼、化工工业的硫酸厂、炼油厂等生产过程中的产物。二氧化硫是一种无色、有刺激性、能溶于水的气体。它不仅对人体和动植物产生直接危害,而且在空气中还可形成硫酸雾和酸雨,对人类环境产生更为严重的二次污染。

测定二氧化硫的方法很多,如分光光度法、紫外荧光法、电导法、恒电流滴定法、气相色谱以及简易快速测定法等。其中紫外荧光法和电导法主要用于自动监测。副玫瑰苯胺分光光度法灵敏度高、选择性好,最低检出限为 0.02 μg/10 mL。该法在国内外广泛用于空气环境中 SO_2 含量的测定。我国测定空气中 SO_2 含量的标准方法为《环境空气 二氧化硫的测定 四氯汞盐吸收-副玫瑰苯胺分光光度法》(HJ 483—2009)和《环境空气 二氧化硫的测定 甲醛吸收-副玫瑰苯胺分光光度法》(HJ 482—2009)。不同的是前者 SO_2 的吸收剂是四氯汞盐吸收液,而后者是甲醛缓冲液作 SO_2 的吸收液。由于四氯汞盐吸收液毒性极大,环境工作者大力推荐甲醛缓冲液作 SO_2 的吸收液。本节主要介绍甲醛缓冲液吸收-副玫瑰苯胺分光光度法测定二氧化硫。

3.5.1.1 甲醛吸收-副玫瑰苯胺分光光度法原理

二氧化硫被甲醛缓冲溶液吸收后,生成稳定的羟甲基磺酸加成化合物。在样品溶液中加氢氧化钠使加成化合物分解,释放出的二氧化硫与副玫瑰苯胺、甲醛作用,生成紫红色化合物。根据颜色深浅,在 577 nm 波长处进行分光光度测定。

主要干扰物为氮氧化物、臭氧及某些重金属元素。加入氨磺酸钠溶液可消除氮氧化物的干扰;采样后放置一段时间可使臭氧自行分解;加入磷酸及环己二胺四乙酸二钠盐可以消除或减少某些金属离子的干扰。10 mL 样品溶液含 50 μg 钙、镁、铁、镍、镉、铜等金属离子及 5 μg 二价锰离子时,不干扰测定。当 10 mL 样品溶液中含 10 μg 二价锰离子时,可使样品的吸光度降低 27%。

用 10 mL 吸收液采样 30 L 时,测定空气中二氧化硫的检出限为 0.007 mg/m³,测定下限为 0.028 mg/m³,测定上限为 0.667 mg/m³;用 50 mL 吸收液,采样体积 288 L,取出 10 mL 样品测定时,测定空气中二氧化硫的检出限为 0.004 mg/m³,测定下限为 0.014 mg/m³,测定上限为 0.347 mg/m³。

3.5.1.2 仪器

多孔玻板吸收管;10 mL 具塞比色管;恒温水浴;空气采样器(流量范围为 0.1~1 L/min);分光光度计。

3.5.1.3 试剂

(1)氢氧化钠溶液[$c(NaOH)$＝1.5 mol/L]:称取 6.0 g 氢氧化钠溶于 100 mL 水中。

(2)环己二胺四乙酸二钠溶液[$c(CDTA-Na_2)$＝0.05 mol/L]:称取 1.82 g 反式 1,2-环己二胺四乙酸,溶解于 1.5 mol/L 氢氧化钠溶液 6.5 mL,用水稀释至 100 mL。

(3)甲醛缓冲吸收贮备液:吸取 36%~38% 甲醛 5.5 mL、0.05 mol/L CDTA-Na₂ 溶液 20.0 mL,称取 2.04 g 邻苯二甲酸氢钾,溶解于少量水,将 3 种溶液合并,用水稀释至 100 mL,贮存于冰箱,可保存 1 年。

(4)甲醛缓冲吸收液:使用时,用水将吸收贮备液稀释 100 倍。临用现配。此溶液每毫升含 0.2 mg 甲醛。

(5)0.60%(m/V)氨磺酸钠溶液:称取 0.60 g 氨磺酸(H_2NSO_3H),加入 1.5 mol/L 氢氧化钠溶液 4.0 mL,用水稀释至 100 mL,密封保存,可使用 10 d。

(6)碘贮备液[$c(1/2I_2)$＝0.10 mol/L]:称取 12.7 g 碘(I_2)于烧杯中,加入 40 g 碘化钾和 25 mL 水,搅拌至完全溶解后,用水稀释至 1 000 mL,贮于棕色细口瓶中。

(7)碘溶液[$c(1/2I_2)$＝0.010 mol/L]:量取碘贮备液 50 mL,用水稀释至 500 mL,贮于棕色细口瓶中。

(8)0.5%(m/V)淀粉指示剂:称取 0.5 g 可溶性淀粉,用少量水调成糊状,慢慢倒入 100 mL 沸水中,继续煮沸至溶液澄清,冷却后贮于细口瓶中。

(9)碘酸钾标准溶液[$c(1/6KIO_3)$＝0.100 0 mol/L]:称取 3.566 7 g 碘酸钾(优级纯,180℃ 干燥 2 h),溶解于水,移入 1 000 mL 容量瓶中,用水稀释至标线,摇匀。

(10)盐酸溶液[$c(HCl)$＝1.2 mol/L]:量取 100 mL 浓盐酸,用水稀释 1 000 mL。

(11)硫代硫酸钠贮备液[$c(Na_2S_2O_3 \cdot 5H_2O)$＝0.10 mol/L]:称取 25.0 g 硫代硫酸钠,溶解于 1 000 mL 新煮沸并已冷却的水中,加 0.20 g 无水碳酸钠,贮于棕色细口瓶中,放置 1 周后标定其浓度。若溶液呈现浑浊时,应该过滤。

标定方法:吸取 0.100 0 mol/L 碘酸钾标准溶液 20.00 mL,置于 250 mL 碘量瓶中,加 70 mL 新煮沸并已冷却的水和 1 g 碘化钾,振摇至完全溶解后,加 10 mL 1.2 mol/L 盐酸,立即盖好瓶塞,摇匀。于暗处放置 5 min 后,用 0.10 mol/L 硫代硫酸钠贮备溶液滴定至淡黄色,加淀粉溶液 2 mL,继续滴定至蓝色刚好退去。记录消耗体积(V),按下式计算硫代硫酸钠溶液的浓度:

$$c = \frac{0.100\,0 \times 20.00}{V}$$

式中:c 为硫代硫酸钠溶液浓度,mol/L;V 为滴定消耗硫代硫酸钠溶液的体积,mL。

平行滴定所用硫代硫酸钠溶液体积之差不超过 0.05 mL。

(12)硫代硫酸钠标准溶液[$c(Na_2S_2O_3) = 0.01$ mol/L]:取标定后的 0.10 mol/L 硫代硫酸钠贮备溶液 50.0 mL,置于 500 mL 容量瓶中,用新煮沸并已冷却水稀释至标线摇匀,贮于棕色细口瓶中。临用现配。

(13)亚硫酸钠标准溶液:称取 0.200 g 亚硫酸钠(Na_2SO_3),溶解于 0.05% EDTA-Na_2 溶液 200 mL(用新煮沸并已冷却的水配制),缓慢摇匀使其溶解。放置 2~3 h 后标定浓度。此溶液相当于每毫升含 320~400 μg 二氧化硫。

标定方法:吸取上述亚硫酸钠溶液 25.00 mL,置于 250 mL 碘量瓶中,加入 0.01 mol/L 碘溶液 50.00 mL,盖塞,摇匀。于暗处放置 5 min,用上述标定的 0.01 mol/L 硫代硫酸钠标准溶液滴定至淡黄色,加入 0.5% 淀粉溶液 2 mL,继续滴定至此色刚好退去,记录消耗体积(V)。

另取配制亚硫酸钠溶液所用的 0.05% EDTA-Na_2 溶液 25 mL,加入 0.01 mol/L 碘溶液 50.00 mL,盖塞,摇匀。同样进行空白滴定,记录消耗量(V_0)。

$$\rho(SO_2,\ \mu g/mL) = \frac{(V_0 - V) \times c \times 32.02}{25.00} \times 1\,000$$

式中:V_0 为滴定空白溶液所消耗的硫代硫酸钠标准溶液体积,mL;V 为滴定亚硫酸钠溶液所消耗的硫代硫酸钠标准溶液体积,mL;c 为硫代硫酸钠($Na_2S_2O_3$)标准溶液浓度,mol/L;32.02 为二氧化硫($1/2SO_2$)的摩尔质量,g/mol;1 000 为单位换算系数。

标定出准确浓度后,立即用甲醛吸收液稀释成每毫升含 10.00 μg 二氧化硫的标准贮备液(贮于冰箱,可保存 3 个月)。使用前,再用甲醛吸收液稀释为每毫升含 1.00 μg 二氧化硫的标准使用溶液。贮于冰箱,可保存 1 个月。此溶液供绘制标准曲线及进行分析质量控制时使用。

(14)0.2%(m/V)盐酸副玫瑰苯胺($C_{19}H_{17}N_3 \cdot HCl$)贮备液:称取 0.20 g 经提纯的盐酸副玫瑰苯胺(又名对品红、副品红,简称 PRA),溶解于 100 mL 1.0 mol/L 的盐酸溶液中。

(15)0.05%(m/V)盐酸副玫瑰苯胺使用液:吸取经提纯的 0.2% PRA 贮备溶液 25.00 mL 于 100 mL 容量瓶中,加 85%(m/V)浓磷酸 30 mL,浓盐酸 12.0 mL,用水稀释至标线,摇匀。放置过夜后使用。此溶液避光密封保存,可使用 9 个月。

3.5.1.4 测定步骤

(1)标准曲线的绘制 取 14 支 10 mL 具塞比色管,分 A、B 两组,每组各 7 支分别对应编号。A 组按表 3-11 配制标准色列。

表 3-11　标准色列的配制

项　目	管　号						
	0	1	2	3	4	5	6
1.0 μg/mL 亚硫酸钠标准溶液/mL	0	0.50	1.00	2.00	5.00	8.00	10.00
甲醛缓冲吸收液/mL	10.00	9.50	9.00	8.00	5.00	2.00	0.00
二氧化硫质量浓度/(μg/10 mL)	0	0.50	1.00	2.00	5.00	8.00	10.00

A 组各管再分别加入 0.60% 氨磺酸钠溶液 0.50 mL 和 1.50 mol/L 氢氧化钠溶液 0.50 mL 混匀。B 组各管加入 0.05% 盐酸副玫瑰苯胺使用溶液 1.00 mL。

将 A 组各管逐个迅速倒入对应的 B 管中,立即混匀放入恒温水浴中显色。在 (20±2)℃ 显色 20 min。于波长 577 nm 处,用 1 cm 比色皿,以水为参比,测定吸光度。以空白校正后各管的吸光度为纵坐标,以二氧化硫的质量浓度(μg/10 mL)为横坐标,用最小二乘法建立校准曲线的回归方程式。

(2)采样　用多孔玻板吸收管,内装 10 mL 甲醛缓冲吸收液,以 0.5 L/min 流量采样 1 h。采样时吸收液温度应保持在 23～29℃,并应避免阳光直接照射样品溶液。

(3)样品测定　样品溶液中若有浑浊物,应离心分离除去。放置 20 min 使臭氧分解。将样品溶液移入 10 mL 比色管中,用甲醛吸收液稀释至 10 mL 标线,摇匀。加入 0.60% 氨磺酸钠溶液 0.50 mL 和 1.50 mol/L 氢氧化钠溶液 0.50 mL,混匀,放置 10 min 以除去氮氧化合物的干扰。再加入 0.05% 盐酸副玫瑰苯胺使用溶液 1.00 mL,立即混匀放入恒温水浴中显色。以下步骤同标准曲线的绘制。

样品测定时与绘制标准曲线时温度之差应不超过 2℃。

与样品溶液测定同时,进行试剂空白测定,标准控制样品或加标回收样品备 1 或 2 个以检查试剂空白值和校正因子,检查试剂的可靠性和操作的准确性,进行分析质量控制。

3.5.1.5　结果计算

空气中 SO_2 的质量浓度按下式计算:

$$\rho(SO_2, mg/m^3) = \frac{(A - A_0 - a)}{b \times V_r}$$

式中:A 为样品溶液的吸光度;A_0 为试剂空白溶液的吸光度;b 为回归方程式的斜率,吸光度·10 mL/μg SO_2;a 为回归方程式的截距;V_r 为换算成参比状态下(298.15 K,1 013.25 hPa)的采样体积,L。计算结果准确到小数点后 3 位。

3.5.1.6　注意事项

(1)温度对显色影响较大,温度越高,空白值越大,温度高时显色快,退色也快。因此在实验中要注意观察和控制温度,一般需用恒温水浴法进行控制,并注意使水浴水面高度超过比色管中溶液的液面高度,否则会影响测定准确度。显色温度与时间的关系见表 3-12。

表 3-12　显色温度与时间的关系

显色温度/℃	10	15	20	25	30
显色时间/min	40	25	20	15	5
稳定时间/min	35	25	20	15	10

(2)对品红的提纯很重要,因提纯后可降低试剂空白值和提高方法的灵敏度。提高酸度虽可降低空白值,但灵敏度也有下降。

(3)六价铬能使紫红色络合物退色,产生负干扰,所以应尽量避免用硫酸铬酸洗液洗涤玻璃器皿,若已洗,则要用盐酸[1:1(V/V)]浸泡 1 h,用水充分洗涤,除去六价铬。

(4)用过的比色管及比色皿应及时用酸洗涤,否则红色难以洗净。比色管用盐酸溶液[1:1(V/V)]洗涤,比色皿用盐酸[1:4(V/V)]加 1/3 体积乙醇的混合液洗涤。

(5)加对品红使用液时,每加 3 份溶液,需间歇 3 min,依次进行,以使每个比色管中溶液显色时间尽量接近。

(6)采样时吸收液应保持在 23~29℃。用二氧化硫标准气进行吸收试验,23~29℃时,吸收效率为 100%。

(7)二氧化硫气体易溶于水,空气中水蒸气冷凝在进气导管管壁上,会吸附、溶解二氧化硫,使测定结果偏低。进气导管应内壁光滑,吸附性小,宜采用聚四氟乙烯管,并且导管应尽量要短。

▶ 3.5.2　氮氧化物

空气中的氮氧化物,主要源于硝酸、氮肥厂、硝化工艺等生产过程以及日益增加的汽车和各种内燃机的废气排放。氮氧化物以一氧化氮(NO)、二氧化氮(NO_2)、三氧化二氮(N_2O_3)、四氧化二氮(N_2O_4)、五氧化二氮(N_2O_5)等多种形态存在,其中一氧化氮和二氧化氮是主要存在形态,为通常所指的氮氧化物(NO_x)。NO 为无色、无臭、微溶于水的气体,在空气中易被氧化成 NO_2。NO_2 为棕红色具有强刺激性臭味的气体,毒性比 NO 高 4 倍,是引起支气管炎、肺损害等疾病的有害物质。NO_2 为我国环境空气质量标准中的基本监测项目之一,NO_x 为其他监测项目之一。

空气中 NO 和 NO_2 常用盐酸萘乙二胺分光光度法、化学发光法和恒电流滴定法进行分别测定和总量测定。化学发光法测定氮氧化物的优点是灵敏度高、选择性好、响应快,能连续自动监测;盐酸萘乙二胺分光光度法(HJ 479—2009)采样与显色同时进行,操作简便、方法灵敏,目前为国内外普遍采用。

盐酸萘乙二胺分光光度法有 2 种采样方法:方法一吸收液用量少,适用于短时间采样,测定空气中氮氧化物的短时间浓度;方法二吸收液用量大,适用于 24 h 连续采样,测定空气中氮氧化物的日平均浓度。

3.5.2.1　盐酸萘乙二胺分光光度法原理

空气中的氮氧化物主要是一氧化氮和二氧化氮。空气中的二氧化氮被串联的第一支吸收瓶中的吸收液吸收后,生成亚硝酸,其中亚硝酸与对氨基苯磺酸发生重氮化反应,再与盐酸萘乙二胺偶合,生成粉红色偶氮染料。空气的一氧化氮不与吸收液反应,通过氧化管时被酸性高锰酸钾溶液氧化为二氧化氮,被串联的第二支吸收瓶中的吸收液吸收并反应生成粉红色偶氮染料。生成的偶氮染料在波长 540 nm 处的吸光度与二氧化氮的含量成正比。分别测定第一支和第二支吸收瓶中样品的吸光度,计算 2 支吸收瓶内二氧化氮和一氧化氮的质量浓度,二者之和即为氮氧化物的质量浓度(以 NO_2 计)。

NO_2 吸收及显色反应如下:

$$2NO_2 + H_2O \longrightarrow HNO_2 + HNO_3$$

$$HO_3S\!-\!\!\left\langle\bigcirc\right\rangle\!\!-\!NH_2 + HNO_2 + CH_3COOH \longrightarrow$$

$$[HO_3S\!-\!\!\left\langle\bigcirc\right\rangle\!\!-\!N^+\!\!\equiv\!N]CH_3COO^- + 2H_2O$$

$$[HO_3S\!-\!\!\left\langle\bigcirc\right\rangle\!\!-\!N^+\!\!\equiv\!N]CH_3COO^- + \underset{\text{H}}{N}\!-\!CH_2\!-\!CH_2\!-\!NH_2 \cdot 2HCl \longrightarrow$$

$$HO_3S\!-\!\!\left\langle\bigcirc\right\rangle\!\!-\!N\!=\!N\!-\!\underset{\text{H}}{N}\!-\!CH_2\!-\!CH_2\!-\!NH_3 \cdot 2HCl$$

(玫瑰红色)

由反应式可见,吸收液吸收空气中的 NO_2 后,并不是 100% 的生成亚硝酸,还有一部分生成硝酸,计算结果时需要用 Saltzman 实验系数 f 进行换算。该系数是用 NO_2 标准混合气体进行多次吸收实验测定的平均值,表征在采气过程中被吸收液吸收生成偶氮染料的亚硝酸盐量与通过采样系统的 NO_2 总量的比值。f 值受空气中 NO_2 的浓度、采样流量、吸收瓶类型、采样效率等因素影响,因此测定条件应与实际样品保持一致。

同样,空气中的一氧化氮通过酸性高锰酸钾溶液氧化管后,也并不是 100% 的被氧化,计算结果时也需要用氧化系数进行换算。氧化系数是指一氧化氮被氧化为二氧化氮且被吸收液吸收生成偶氮染料的量与通过采样系统的一氧化氮的总量之比。

本方法的检出限为 0.36 $\mu g/10$ mL 吸收液。当吸收液总体积为 10 mL,采样体积为 24 L 时,空气中氮氧化物的检出限为 0.015 mg/m^3。当吸收液总体积为 50 mL,采样体积 288 L,空气中氮氧化物的检出限为 0.006 mg/m^3。测定环境空气中氮氧化物的测定范围为 0.024~2.0 mg/m^3。

3.5.2.2 仪器

多孔玻板吸收瓶;氧化瓶;空气采样器(流量范围 0.1~1.0 L/min);分光光度计;10 mL 比色管。

3.5.2.3 试剂

(1)冰乙酸。

(2)盐酸羟胺溶液($\rho = 0.2 \sim 0.5$ g/L)。

(3)硫酸溶液$[c(1/2H_2SO_4) = 1$ mol/L]:取 15 mL 浓硫酸($\rho = 1.84$ g/mL),徐徐加入 500 mL 水中,搅拌均匀,冷却备用。

（4）酸性高锰酸钾溶液[$\rho(KMnO_4)=25\ g/L$]：称取 25 g 高锰酸钾于 1 000 mL 烧杯中，加入 500 mL 水，稍微加热使其全部溶解，然后加入 1 mol/L 硫酸溶液 500 mL，搅拌均匀，贮于棕色试剂瓶中。

（5）N-(1-萘基)乙二胺盐酸盐贮备液{$\rho[C_{10}H_7NH(CH_2)_2NH_2\cdot 2HCl]=1.00\ g/L$}：称取 0.50 g N-(1-萘基)乙二胺盐酸盐于 500 mL 容量瓶中，用水溶解稀释至刻度。此溶液贮于密闭的棕色瓶中，在冰箱中冷藏可稳定保存 3 个月。

（6）显色液：称取 5.0 g 对氨基苯磺酸($NH_2C_6H_4SO_3H$)溶解于 200 mL 40～50℃ 热水中，将溶液冷却至室温，全部转入 1 000 mL 容量瓶中，加入 50 mL 冰乙酸和 50 mL N-(1-萘基)乙二胺盐酸盐贮备液，用水稀释至刻度。此溶液贮于密闭的棕色瓶中，在 25℃ 以下暗处存放可稳定 3 个月。若溶液呈现淡红色，应弃之重配。

（7）吸收液：采样时，将显色液和水按 4:1(V/V) 比例混合，配成采样用吸收液。吸收液的吸光度应小于等于 0.005。

（8）亚硝酸钠标准贮备液[$\rho(NO_2^-)=250\ \mu g/mL$]：准确称取 0.375 0 g 亚硝酸钠[$NaNO_2$，优级纯，使用前在(105±5)℃ 干燥恒重]，溶解于水，移入 1 000 mL 容量瓶中，用水稀释至标线。此溶液贮于密闭棕色瓶内，于暗处存放，可稳定保存 3 个月。

（9）亚硝酸钠标准溶液[$\rho(NO_2^-)=2.5\ \mu g/mL$]：准确吸取亚硝酸钠贮备液 1.00 mL 于 100 mL 容量瓶中，用水稀释至标线。临用现配。

3.5.2.4 测定步骤

（1）标准曲线的绘制　取 6 支 10 mL 具塞比色管，根据表 3-13 分别移取相应体积的亚硝酸钠标准溶液，加水至 2.00 mL，加入显色液 8.00 mL。

表 3-13　NO_2^- 标准溶液系列

项　目	管　号					
	0	1	2	3	4	5
亚硝酸钠标准溶液/mL	0	0.40	0.80	1.20	1.60	2.00
水的体积/mL	2.00	1.60	1.20	0.80	0.40	0.00
显色液的体积/mL	8.00	8.00	8.00	8.00	8.00	8.00
NO_2^- 质量浓度/($\mu g/mL$)	0	0.10	0.20	0.30	0.40	0.50

以上溶液摇匀，避开阳光直射放置 20 min(室温低于 20℃时放置 40 min)，在 540 nm 波长处，用 1 cm 比色皿，以水为参比，测定吸光度。以空白矫正后各管的吸光度为纵坐标，相应的标准溶液中 NO_2^- 含量(μg)为横坐标，绘制标准曲线。

（2）采样　将 2 个内装 10.0 mL 吸收液的多孔玻板吸收瓶和 1 个内装 5～10 mL 酸性高锰酸钾溶液的氧化瓶，用尽量短的硅橡胶管将氧化瓶串联在 2 个吸收瓶之间(图 3-15)，将吸收瓶的出气口与空气采样器相连接。以 0.4 L/min 的流量避光采样至吸收液呈微红色为止(40～80 min)。记录采样时间，密封好采样瓶，带回实验室，当日测定。若吸收液不变色，应延长采样时间，采样量应不少于 6 L。在采样的同时，应测定采样现场的温度和大气压力，并做好记录。

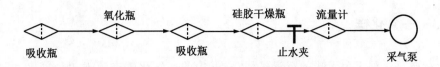

图 3-15　采样示意图

（3）样品的测定　采样后放置 20 min，室温低于 20℃时放置 40 min 以上，用水将采样瓶中吸收液的体积补充至标线，混匀。用 1 cm 比色皿，在波长 540 nm 处，以水为参比测量吸光度。若样品溶液的吸光度超过标准曲线的测定上限，可将吸收液稀释后再测定吸光度，但稀释倍数不得大于 6。同时，取实验室内未经采样的空白吸收液，以水为参比测定空白试剂的吸光度。

3.5.2.5　结果计算

（1）空气中 NO_2 的质量浓度按下式计算：

$$\rho(NO_2,mg/m^3)=\frac{(A_1-A_0-a)\times V\times D}{b\times f\times V_r}$$

（2）空气中 NO 的质量浓度（以 NO_2 计）按下式计算：

$$\rho(NO,mg/m^3)=\frac{(A_2-A_0-a)\times V\times D}{b\times f\times V_r\times K}$$

（3）空气中 NO_x 的质量浓度（以 NO_2 计）按下式计算：

$$\rho(NO_x,mg/m^3)=\rho(NO_2)+\rho(NO)$$

式中：A_1、A_2 分别为串联的第一支和第二支吸收瓶中样品溶液的吸光度；A_0 为试剂空白溶液的吸光度；a 为标准曲线的截距；b 为标准曲线的斜率，吸光度·mL/μg；V 为采样用吸收液体积，mL；V_r 为换算成参比状态（298.15 K，1 013.25 hPa）的采样体积，L；D 为样品的稀释倍数；K 为 NO→NO_2 氧化系数，0.68；f 为 Saltzman 实验系数，0.88（当空气中二氧化氮浓度高于 0.72 mg/m³ 时，f 取值 0.77）。

3.5.2.6　注意事项

（1）吸收液应避光，且不能长时间暴露在空气中，以防止光照使吸收液显色或吸收空气中的氮氧化物而使试剂空白值增高。

（2）亚硝酸钠（固体）应密封保存，防止空气及湿气侵入。部分氧化成硝酸钠或呈粉末状的试剂都不能直接用于配制标准溶液。若无颗粒状亚硝酸钠试剂，可用高锰酸钾滴定法标定出亚硝酸钠贮备溶液的准确浓度后，再稀释为含 5.0 μg/mL 亚硝酸根的标准溶液。

（3）空气中二氧化硫浓度为氮氧化物浓度的 30 倍时，会对二氧化氮的测定产生负干扰。但在城市环境空气中，较少遇到这种情况。

（4）空气中过氧乙酰硝酸酯（PAN）对二氧化氮的测定产生正干扰。一般环境空气中 PAN 浓度较低，不会导致显著的误差。

（5）空气中臭氧浓度超过 0.25 mg/m³ 时，对二氧化氮的测定产生负干扰。采样时在采样瓶入口端串接一段 15～20 cm 长的硅橡胶管，可排除干扰。

3.5.3 一氧化碳

一氧化碳是一种无色无味的有毒气体,空气中的一氧化碳来源于一些自然过程和人为过程。近代由于交通车辆的增多,燃油排气,使城市局地空气中一氧化碳含量增加,成了低层空气的重要污染物之一。

测定空气中一氧化碳的方法有非分散红外吸收法、汞置换法、气相色谱法、定电位电解法等。非分散红外吸收法和定电位电解法,方法简便,能连续自动监测。汞置换法也称间接冷原子吸收法,其原理是气样中的一氧化碳与活性氧化汞在 180～200℃ 发生反应,置换出汞蒸气,带入冷原子吸收测汞仪测定汞的含量,再换算成一氧化碳的浓度,该方法灵敏度高、响应时间快、操作简单,常用于低浓度一氧化碳的测定。非分散红外吸收法(GB 9801—88)除了可以测定空气中一氧化碳外,也可用于 CO_2、CH_4、SO_2、NH_3 等气态污染物质的监测,该方法简单快速,是目前国际上应用较多的一种方法。

3.5.3.1 非分散红外吸收法原理

一氧化碳对 $4.67~\mu m$ 波段附近的红外辐射具有选择吸收,在一定的浓度范围内吸光度与一氧化碳浓度呈线性关系,根据气样的吸光度可确定一氧化碳的浓度。

二氧化碳在 $4.3~\mu m$ 附近、水蒸气在 $3~\mu m$ 和 $6~\mu m$ 附近有吸收峰,因此水蒸气、二氧化碳、悬浮颗粒物干扰一氧化碳的测定。测定时,气样需经硅胶、无水氯化钙过滤管除去水蒸气和二氧化碳,经玻璃纤维滤膜除去颗粒物。

3.5.3.2 仪器

非分散一氧化碳红外分析仪;记录仪(0～10 mV);聚乙烯塑料采气袋或铝箔采气袋。

3.5.3.3 试剂

(1)高纯氮气:99.99%。

(2)变色硅胶。

(3)无水氯化钙。

(4)一氧化碳标准气。

3.5.3.4 测定步骤

(1)采样 用双联球将现场空气抽入采气袋内,洗 3～4 次,采气 500 mL,夹紧进气口。

(2)仪器启动和调零 开启电源开关,稳定 1～2 h,将高纯氮气连接在仪器进气口,通入氮气校准仪器零点。

(3)校准仪器 将一氧化碳标准气连接在仪器进气口,使仪表指针指示满刻度的 95%。重复 2～3 次。

(4)样品测定 将采气袋连接在仪器进气口,样品气体被抽入仪器中,由指示表直接指示出一氧化碳的体积分数(cm^3/m^3)。

3.5.3.5 结果计算

空气中 CO 的质量浓度按下式计算:

$$\rho(CO, mg/m^3) = \frac{28}{24.5} \times \varphi$$

式中:φ 为实测空气中一氧化碳体积分数,cm^3/m^3;28 为一氧化碳的摩尔质量,g/mol;

24.5 为参比状态下一氧化碳的摩尔体积，L/mol。

3.5.3.6 注意事项

(1)仪器启动后，必须预热，稳定一定时间后再进行测定。仪器具体操作按仪器说明书规定进行。

(2)空气样品应经硅胶干燥、玻璃纤维滤膜过滤后再进入仪器，以消除水蒸气和颗粒物的干扰。

(3)仪器接上记录仪，将空气连续抽入仪器，可连续监测空气中一氧化碳浓度变化。

▶ 3.5.4 臭氧

臭氧是空气中的氧在太阳紫外线的照射下或受雷击形成的，是氧化性最强的氧化剂之一。臭氧具有强烈的刺激性，在紫外线的作用下，参与烃类和氮氧化物的光化学反应。同时，臭氧又是高空大气的正常组分，能强烈吸收紫外线，保护人和生物免受太阳紫外线的辐射。但是，臭氧超过一定浓度，对人体和某些植物生长会产生一定危害。

目前，测定空气中臭氧广泛采用的方法有靛蓝二磺酸钠分光光度法（HJ 504—2009）、硼酸碘化钾分光光度法、化学发光分析法和紫外光度法（HJ 590—2010）。其中，化学发光分析法和紫外吸收法多用于自动监测。

3.5.4.1 靛蓝二磺酸钠分光光度法原理

空气中的臭氧在磷酸盐缓冲溶液存在下，与吸收液中蓝色的靛蓝二磺酸钠等摩尔反应，退色生成靛红二磺酸钠，在 610 nm 处测量吸光度，根据蓝色减退的程度定量空气中臭氧的浓度。

当采样体积为 30 L 时，空气中臭氧的检出限为 0.010 mg/m^3，测定下限为 0.040 mg/m^3。吸收液质量浓度为 2.5 $\mu g/mL$ 或 5.0 $\mu g/mL$ 时，测定上限分别为 0.50 mg/m^3 或 1.00 mg/m^3。

3.5.4.2 仪器

空气采样器（流量范围 0.0～1.0 L/min。使用时，用皂膜流量计校准采样系统在采样前和采样后的流量，相对误差应小于±5%）；多孔玻板吸收管（内装 10 mL 吸收液，以 0.50 L/min 流量采气）；具塞比色管（10 mL）；生化培养箱或恒温水浴；水银温度计；分光光度计。

3.5.4.3 试剂

(1)溴酸钾标准贮备溶液[$c(1/6KBrO_3)=0.100\ 0$ mol/L]：准确称取 1.391 8 g 溴酸钾（优级纯，180℃烘 2 h，置烧杯中，加入少量水溶解，移入 500 mL 容量瓶中，用水稀释至标线。

(2)溴酸钾-溴化钾标准溶液[$c(1/6KBrO_3)=0.010\ 0$ mol/L]：吸取 10.00 mL 溴酸钾标准贮备溶液于 100 mL 容量瓶中，加入 1.0 g 溴化钾（KBr），用水稀释至标线。

(3)硫代硫酸钠标准贮备溶液[$c(Na_2S_2O_3)=0.100\ 0$ mol/L]。

(4)硫代硫酸钠标准工作溶液[$c(Na_2S_2O_3)=0.005\ 0$ mol/L]：临用前，取硫代硫酸钠标准贮备溶液，用新煮沸并冷却到室温的水准确稀释20倍。

(5)硫酸溶液[1∶6(V/V)]。

(6)淀粉指示剂溶液（$\rho=2.0$ g/L）：称取 0.20 g 可溶性淀粉，用少量水调成糊状，慢慢倒入 100 mL 沸水，煮沸至溶液澄清。

(7)磷酸盐缓冲溶液[$c(KH_2PO_4-Na_2HPO_4)=0.050$ mol/L]：称取 6.8 g 磷酸二氢钾（KH_2PO_4）、7.1 g 无水磷酸氢二钠（Na_2HPO_4），溶于水,稀释至 1 000 mL。

(8)靛蓝二磺酸钠（$C_{16}H_8O_8Na_2S_2$）(简称 IDS)标准贮备溶液:称取 0.25 g 靛蓝二磺酸钠溶于水,移入 500 mL 棕色容量瓶内,用水稀释至标线,摇匀,在室温暗处存放 24 h 后标定。此溶液在 20℃以下暗处存放可稳定 2 周。

标定方法:准确吸取 20.00 mL IDS 标准贮备溶液于 250 mL 碘量瓶中,加入 20.00 mL 溴酸钾-溴化钾溶液,再加入 50 mL 水,盖好瓶塞,在(16±1)℃生化培养箱(或水浴)中放置至溶液温度与水浴温度平衡时,加入 5.0 mL 硫酸溶液,立即盖塞、混匀并开始计时,于(16±1)℃暗处放置(35±1.0) min 后,加入 1.0 g 碘化钾,立即盖塞,轻轻摇匀至溶解,暗处放置 5 min,用硫代硫酸钠标准工作溶液滴定至棕色刚好退去呈淡黄色,加入 5 mL 淀粉指示剂溶液,继续滴定至蓝色消退,终点为亮黄色。记录所消耗的硫代硫酸钠标准工作溶液的体积。

每毫升靛蓝二磺酸钠溶液相当于臭氧的质量浓度 ρ（μg/mL）由下式计算：

$$\rho = \frac{c_1 V_1 - c_2 V_2}{V} \times 12.00 \times 1\,000$$

式中:ρ 为每毫升靛蓝二磺酸钠溶液相当于臭氧的质量浓度,μg/mL;c_1 为溴酸钾-溴化钾标准溶液的浓度,mol/L;V_1 为加入溴酸钾-溴化钾标准溶液的体积,mL;c_2 为滴定时所用硫代硫酸钠标准溶液的浓度,mol/L;V_2 为滴定时所用硫代硫酸钠标准溶液的体积,mL;V 为 IDS 标准贮备溶液的体积,mL;12.00 为臭氧的摩尔质量($1/4O_3$),g/mol;1 000 为单位换算系数。

(9)IDS 标准工作溶液:将标定后的 IDS 标准贮备液用磷酸盐缓冲溶液逐级稀释成每毫升相当于 1.00 μg 臭氧的 IDS 标准工作溶液,此溶液于 20℃以下暗处存放可稳定 1 周。

(10)IDS 吸收液:取适量 IDS 标准贮备液,根据空气中臭氧质量浓度的高低,用磷酸盐缓冲溶液稀释成每毫升相当于 2.5 μg(或 5.0 μg)臭氧的 IDS 吸收液,此溶液于 20℃以下暗处可保存 1 个月。

3.5.4.4 测定步骤

(1)校准曲线的绘制 取 6 支 10 mL 具塞比色管,按表 3-14 所列数据配制标准系列。

表 3-14 臭氧标准系列

项 目	管 号				
	1	2	3	4	5
IDS 标准溶液/mL	10.00	8.00	6.00	4.00	2.00
磷酸盐缓冲溶液/mL	0.00	2.00	4.00	6.00	8.00
臭氧质量浓度/(μg/mL)	0.00	0.20	0.40	0.60	0.80

各管摇匀,用 20 mm 比色皿,以水作参比,在波长 610 nm 下测量吸光度。以校准系列中零浓度管的吸光度与各标准系列管的吸光度之差为纵坐标,臭氧质量浓度为横坐标,用最小二乘法计算校准曲线的回归方程。

（2）采样　用内装（10.00±0.02）mL IDS 吸收液的多孔玻板吸收管,罩上黑色避光套,以 0.5 L/min 流量采气 5～30 L。当吸收液退色约 60% 时,应立即停止采样。样品在运输及存放过程中应严格避光。当确信空气中臭氧的质量浓度较低,可以用棕色玻板吸收管采样。样品于室温暗处存放至少可稳定 3 d。

用同一批配制的 IDS 吸收液,装入多孔玻板吸收管中,带到采样现场。除了不采集空气样品外,其他环境条件保持与采集空气的采样管相同,采集现场空白样。

（3）样品的测定　采样后,在吸收管的入气口端串接一个玻璃尖嘴,在吸收管的出气口端用吸耳球加压将吸收管中的样品溶液移入 25 mL(或 50 mL)容量瓶中,用水多次洗涤吸收管,使总体积为 25.0 mL(或 50.0 mL)。用 20 mm 比色皿,以水作参比,在波长 610 nm 下测量吸光度。

3.5.4.5　结果计算

空气中臭氧的质量浓度按下式计算:

$$\rho(O_3, mg/m^3) = \frac{(A_0 - A - a) \times V}{b \times V_r}$$

式中:A_0 为现场空白样品的吸光度;A 为样品的吸光度;b 为标准曲线的斜率;a 为标准曲线的截距;V 为样品溶液的总体积,mL;V_r 为换算成参比状态下(298.15 K,1 013.25 hPa)的采样体积,L。所得结果精确至小数点后 3 位。

3.5.4.6　注意事项

（1）空气中的二氧化氮、氯气、二氧化氯可使臭氧的测定结果偏高,二氧化硫、硫化氢、过氧乙酰硝酸酯(PAN)和氟化氢也会干扰臭氧的测定。但在一般情况下,这些气体的浓度很低,不会造成显著误差。

（2）本方法为退色反应,吸收液的体积直接影响测量的准确度,所以装入采样管中吸收液的体积必须准确,最好用移液管加入。采样后向容量瓶中转移吸收液应尽量完全(少量多次冲洗)。装有吸收液的采样管,在运输、保存和取放过程中应防止倾斜或倒置,避免吸收液损失。

▶ 3.5.5　光化学氧化剂

由于城市空气受氧化剂的污染,形成有强烈刺激作用的光化学烟雾,因此对总氧化剂、臭氧和过氧乙酰硝酸酯(PAN)等的监测应特别引起重视。总氧化剂是空气中除氧以外的那些显示有氧化性质的物质,一般指能将碘化钾氧化析出碘的物质。主要有臭氧、过氧乙酰硝酸酯和氮氧化物等。而光化学氧化剂则是除去氮氧化物后,能氧化碘化钾的物质,二者的关系为:

光化学氧化剂＝总氧化剂－0.269×氮氧化物

式中:0.269 为氮氧化物的校正系数,即在采样 4～6 h 后,有 26.9% 的 NO_2 与碘化钾反应。因为采样时在吸收管前安装了三氧化铬-石英砂氧化管,能将一氧化氮等低价氮氧化物氧化为二氧化氮,所以式中是空气中氮氧化物总浓度。

测定空气中光化学氧化剂常用硼酸-碘化钾分光光度法,该方法灵敏,简易可行。用硼酸-碘化钾分光光度法测定的总氧化剂浓度中,扣除氮氧化物参加反应的部分,得到光化学氧化剂浓度;在测定的总氧化剂浓度中,减去零空气样品浓度(零空气样品为采集通过二氧化锰过滤管后除去臭氧的气样),得到臭氧浓度。

(1)原理 臭氧及其他氧化剂将硼酸-碘化钾吸收液中的碘离子氧化后析出碘分子,反应如下:

$$O_3 + 2I^- + 2H^+ \longrightarrow I_2 + O_2 + H_2O$$

碘离子被氧化析出碘分子的量与臭氧等氧化剂有定量关系,于 352 nm 处测定游离碘的吸光度。本法检出限为 $0.19\ \mu g\ O_3/10\ mL$(按与吸光度 0.01 相对应的臭氧浓度计),当采样体积为 30 L 时,最低检出浓度为 $0.006\ mg/m^3$。

二氧化硫使测定结果偏低,在吸收管前加一个三氧化铬-石英砂氧化管,可以除去相当于 100 倍氧化剂的二氧化硫,而不会引起氧化剂的损失。同时,硫化氢亦被氧化剂除去。

其他氧化剂如过氧乙酰硝酸酯(PAN)、卤素、过氧化氢、有机亚硝酸酯等,都能氧化碘离子为碘(I_2)。

(2)测定要点 以硫酸酸化的碘酸钾-碘化钾溶液做臭氧标准溶液,配制标准系列。用 1 cm 比色皿在波长 352 nm 处,以水为参比,测定吸光度。以吸光度对臭氧含量(μg),绘制标准曲线。同样条件下,测定气样吸收液的吸光度。计算光化学氧化剂的质量浓度。

三氧化铬-石英砂氧化管在使用前,必须通入高浓度臭氧(例如 $1\ g/m^3$,可抽入紫外灯下的空气)老化。未经老化的氧化管,在采样时臭氧损失可达 $50\% \sim 90\%$。

▶ 3.5.6 苯并[a]芘

苯并[a]芘是一种五环多环芳香烃类物质,化学式为 $C_{20}H_{12}$。这种物质在 $300 \sim 600\,^\circ\!C$ 的不完全燃烧状态下产生,存在于煤焦油中,而煤焦油可见于汽车废气、烟草与木材燃烧产生的烟,以及炭烤食物中。苯并[a]芘对眼睛、皮肤有刺激作用,是一种致癌物质。

苯并[a]芘的测定方法有乙酰化滤纸层析-荧光分光光度法(GB 8971—88)、高效液相色谱法(HJ 956—2018)等。乙酰化滤纸层析-荧光分光光度法是将采集在玻璃纤维滤膜上的颗粒物中苯并[a]芘及有机溶剂可溶物质在索氏提取器中用环己烷提取,再经浓缩,点于乙酰化滤纸上进行层析分离,所得苯并[a]芘斑点用丙酮洗脱,以荧光分光光度法测定。本节主要介绍苯并[a]芘的高效液相色谱法。

(1)高效液相色谱法原理 用超细玻璃(或石英)纤维滤膜采集环境空气中的苯并[a]芘,用二氯甲烷或乙腈提取,提取液浓缩、净化后,采用高效液相色谱分离,荧光检测器检测,根据保留时间定性,外标法定量。

该方法适用于空气颗粒物($PM_{2.5}$、PM_{10} 或 TSP 等)中苯并[a]芘的测定。用二氯甲烷提取,定容体积为 1.0 mL 时,方法检出量为 $0.008\ \mu g$,测定量下限为 $0.032\ \mu g$;用 5.0 mL 乙腈提取时,方法检出量为 $0.040\ \mu g$,测定量下限为 $0.160\ \mu g$。

(2)测定要点 采集在玻璃纤维滤膜上的颗粒物中的苯并[a]芘通过二氯甲烷或乙腈提取,提取液在浓缩设备中于 45 ℃ 以下浓缩,用硅胶固相萃取柱净化装置进行净化后转移至样品瓶中待测。分别移取适量苯并[a]芘标准使用液,用乙腈稀释,制备标准系列。将标准系列溶液依次注入高效液相色谱仪,按照仪器参考条件分离检测,得到不同浓度的苯并[a]芘的色谱图。以浓度为横坐标,以其对应的峰高(或峰面积)为纵坐标,绘制标准曲线。按照与标准曲线绘制相同的仪器条件进行试样的测定,记录色谱峰的保留时间和峰高(或峰面积)。根据标准曲线进行定量。

实验中所用的溶剂和试剂均具有一定毒性,苯并[a]芘属于强致癌物,样品前处理过程应在通风橱中进行,并按规定要求佩戴防护用具,避免接触皮肤和衣物。

3.6　降水监测

当降雨的pH小于5.6时,称为酸雨。我国一些地区已出现酸雨,酸雨已成为世界普遍关注的危害。雨水(雪)在形成及降落过程中,会吸收空气中的各种成分,包括空气污染物。降水监测的目的是了解降雨(雪)过程中从空气降落地球表面的沉降物的主要组成、性质及有关组分的含量,为分析空气污染状况和提出控制污染途径及方法提供基础资料和依据。我国环境监测技术规范中对大气降水例行监测要求测定 pH、电导率、K^+、Na^+、Ca^{2+}、Mg^{2+}、NH_4^+、SO_4^{2-}、NO_3^-、Cl^- 等。雨水中各项指标的测定可以参见水体中相应的分析方法。本节主要介绍大气降水的采样方法及样品保存。

3.6.1　降水采样方法

(1)采样点的设置　根据功能分区情况,按空气污染程度分别在各地区设点采样:污染严重的工业区;没有工业污染的住宅区;清洁对照区(郊区、农村等处)。

(2)采样设点数与位置　大城市人口在50万人以上布设3个点,人口在50万人以下的城市可布设2个点。一些研究性监测,要根据实际情况确定样点数。采样点的位置应根据城市区域环境特点选择,应尽可能避开排放酸、碱物质和厂矿工业烟尘的局部污染源以及主要街道交通污染源的影响。采样点的四周应为无遮挡雨、雪的高大树木或建筑物的空旷地点。

(3)样品采集　雨水收集用聚乙烯塑料小桶,小桶上口直径40 cm,高20 cm。雪水用聚乙烯塑料容器,其上口直径在60 cm以上。降水(雨、雪)收集容器放置高度应高于基础面1.2 m以上。每次降雨(雪)开始,立即将备用的收集容器放置在预定的采样点的支架上。从降雨(雪)开始到结束,收集全过程雨(雪)样。若一天中有几次降雨(雪)过程,则需测几次pH。如连续几天降雨(雪),每天上午8:00时收集1次,即24 h算1次降雨(雪)样品。样品采集后,收集雨、雪的小桶或容器上,应贴上标签,编上号码,记录采样地点、日期、起止时间、雨量等内容。

3.6.2　样品的预处理和保存

(1)样品保存容器　存放降水的容器用白色的聚乙烯塑料瓶,不能用带颜色的塑料瓶。由于玻璃瓶含有较多的钾、钠、钙、镁等杂质,在降水样品存放过程中易溶解而污染样品,故不使用。新购回第一次使用的塑料容器瓶,要用洗涤剂将瓶内、外洗刷干净,并用自来水彻底冲洗。然后用硝酸[1∶1(V/V)]或盐酸溶液浸泡一昼夜,再用去离子水反复冲洗多次,至洗涤水呈中性为止(即与去离子水的 pH 相同)。将瓶倒置于干燥架上,使瓶自然晾干备用。

(2)降水样品预处理　测定电导率和 pH 的降水样品装入干燥清洁的聚乙烯塑料瓶中,不得过滤。测定时,要先测定电导率,再测定 pH。不能先测 pH,因为甘汞电极插入水样后,饱和氯化钾溶液扩散到样品中,会改变降水样品的电导率。

(3)滤膜与过滤处理　由于降水样品中常含有尘埃颗粒物、微生物、酵母等微粒,所以除测定 pH 和电导率的大气降水不过滤外,分析 K^+、Na^+、Ca^{2+}、Mg^{2+}、SO_4^{2-}、F^-、Cl^-、NO_2^-、NO_3^-、NH_4^+ 等项目的水样均需用 $0.45\ \mu m$ 孔径的乙酸和硝酸混合纤维素滤膜过滤。这种滤膜的孔径均匀、孔隙率高、过滤速度快,它是一种惰性材料,很少有吸附现象发生。使用前,滤膜要用去离子水浸泡一昼夜,并用去离子水洗涤数次后,再用于过滤操作以便除去滤膜在加工制作过程中沾污的杂质。

(4)样品保存　降水水样从采集到分析这段时间里,由于物理(温度、光照、静置或振动、敞露或密封等)、化学(pH、氧化还原电位、沉淀-溶解平衡等)及生物作用(微生物代谢等)会发生不同程度的变化,原则上应尽快测定。

水样保存措施:①密封。将采集的水样充满容器并密封,不仅可减少样品运输途中的振荡,也避免了空气中的 O_2、CO_2 对容器内样品的影响,还可减少挥发、减慢生物或微生物的作用;②冷藏。降水样品采集后放入冰箱内 4℃保存,可抑制微生物的活动、减慢物理和化学作用的速率。

采集的水样在即时过滤、密封、冷藏的条件下,样品中 F^-、Cl^-、SO_4^{2-}、K^+、Na^+、Ca^{2+}、Mg^{2+} 等离子至少可保存 1 个月。但 NO_2^-、NO_3^-、NH_4^+ 均不稳定,应尽快分析。大气降水(雨、雪)样品不能敞开放置,因空气中微生物、二氧化碳、实验室的酸碱性气体等对 pH 的测定有影响,样品采集后在不过滤时应尽快测定。

3.7　室内环境空气质量监测

室内环境是指工作、生活及其他活动所处的相对封闭的空间,包括住宅、办公室、学校教室、医院、娱乐等室内活动场所,室内环境空气质量与人体健康密切相关。室内环境是人们接触最频繁、最密切的环境之一,20 世纪中期,人们逐渐认识到室内空气污染比室外更严重。同时,随着人们生活水平的提高,能够挥发有害物质的各种建筑材料、装饰材料、人造板家具进入室内,室内空气污染物的种类日趋增多。

室内空气污染已经成为普通人群以及有关政府部门和组织极为关注的环境问题之一。通过监测工作,了解室内污染物来源、种类以及污染水平和浓度变化规律,为评价、管理和改善室内空气质量,保护人体健康提供科学依据。

3.7.1 室内空气质量标准

为了保护人体健康,预防和控制室内空气污染,我国制定了《室内空气质量标准》(GB/T-18883—2002)。室内空气质量主要关注有毒有害污染因子指标和舒适性指标两大类,目前我国规定并有参考值的室内空气质量监测项目分为物理、化学、生物和放射性参数(表3-15)。

表3-15 室内空气质量标准(GB/T 18883—2002)

序号	参数类别	参数	单位	标准值	备注
1	物理性	温度	℃	22～28	夏季空调
				16～24	冬季采暖
2		相对湿度	%	40～80	夏季空调
				30～60	冬季采暖
3		空气流速	m/s	0.3	夏季空调
				0.2	冬季采暖
4		新风量	$m^3/(h \cdot 人)$	30[a]	
5	化学性	二氧化硫	mg/m^3	0.50	1 h均值
6		二氧化氮	mg/m^3	0.24	1 h均值
7		一氧化碳	mg/m^3	10	1 h均值
8		二氧化碳	%	0.10	日平均值
9		氨	mg/m^3	0.20	1 h均值
10		臭氧	mg/m^3	0.16	1 h均值
11		甲醛(HCHO)	mg/m^3	0.10	1 h均值
12		苯(C_6H_6)	mg/m^3	0.11	1 h均值
13		甲苯(C_7H_8)	mg/m^3	0.20	1 h均值
14		二甲苯(C_8H_{10})	mg/m^3	0.20	1 h均值
15		苯并[a]芘	ng/m^3	1.0	日平均值
16		PM_{10}	mg/m^3	0.15	日平均值
17		总挥发性有机物(TVOC)	mg/m^3	0.60	8 h均值
18	生物性	菌落总数	CFU/m^3	2 500	依据仪器定
19	放射性	氡(^{222}Rn)	Bq/m^3	400	年平均值

注:a 新风量要求≥标准值,除温度、相对湿度外的其他参数要求≤标准值。

标准中各项指标的测定可以参见空气质量中相关测定方法及技术规范中列出的测定方法。本节主要介绍室内空气质量监测的布点方法及甲醛的测定方法。

(1)采样点布设 采样点的位置与数量根据室内面积大小与现场情况确定,要能正确反映室内污染物的污染程度。原则上小于 50 m² 的房间应设 1～3 个点;50～100 m² 的房间应设 3～5 个点;100 m² 以上至少设 5 个点。

具体布点时应按对角线或者梅花式均匀布点,避开通风口,距墙壁大于 0.5 m,距门窗大于 1 m。采样点的高度原则上与人的呼吸带高度一致,一般为 0.5～1.5 m,也可根据房间的使用功能,人群的高低(如幼儿园)以及在室内立、坐或卧时间的长短,确定采样高度。

(2)采样方法 采样方法主要有筛选法和累积法,具体采样方法按各污染物检验方法中规定的方法和操作步骤进行。要求年平均、日平均、8 h 平均值的参数,可以先做筛选采样检验。若检验结果符合标准值要求,为达标;若筛选采样检验结果不符合标准值要求,必须按年平均、日平均、8 h 平均值的要求,用累积采样检验结果评价。

筛选法采样时关闭门窗,一般至少采样 45 min;采用瞬时采样法时,一般采样间隔时间为 10～15 min,每个点位至少采集 3 次样品,每次的采样量大致相同,其监测结果的平均值作为该点位的小时均值。

(3)采样时间和频次 经装修的室内环境,采样应在装修完成 7 d 以后进行。一般建议在使用前采样监测年平均浓度至少连续或间隔采样 3 个月;日平均浓度至少连续或间隔采样 18 h;8 h 平均浓度至少连续或间隔采样 6 h;1 h 平均浓度至少连续或间隔采样 45 min。

检测应在对外门窗关闭 12 h 后进行。对于采用集中空调的室内环境,空调应正常运转。有特殊要求的可根据现场情况及要求而定。

► **3.7.3 甲醛的测定**

甲醛在水溶液中极易挥发,空气中含量可为 20～70 mg/m³,就会引起中毒症状。空气中的甲醛污染主要来源于树脂、塑料、制革、造纸、染料、油漆等的生产过程及消毒防腐剂的使用。

空气中甲醛的测定方法有酚试剂分光光度法、乙酰丙酮分光光度法、气相色谱法、离子色谱法、电化学传感法等。酚试剂分光光度法灵敏度高,但选择性较差;乙酰丙酮分光光度法灵敏度略低,但选择性较好。酚试剂光度法(GB/T 18204.2－2014)由于重现性好、操作简单,是目前测定甲醛较好的方法之一。

3.7.3.1 酚试剂分光光度法原理

空气中甲醛被酚试剂溶液吸收,反应生成嗪,嗪在酸性溶液中被高铁离子氧化形成蓝绿色化合物,在波长 630 nm 处比色定量。该方法检出下限为 0.056 μg,当采样体积为 10 L 时,测定浓度范围为 0.01～0.15 mg/m³。

3.7.3.2 仪器

气泡吸收管;空气采样器;10 mL 具塞比色管;分光光度计。

3.7.3.3 试剂

(1)吸收原液[$\rho = 1.0$ g/L]:称量 0.1 g 酚试剂[盐酸-3-甲基-2-苯并噻唑啉酮腙,

$C_6H_4SN(CH_3)C=NNH_2 \cdot HCl$,简称 MBTH],加水溶解,移入 100 mL 具塞量筒中,加水至刻度。放冰箱保存,可稳定 3 d。

(2)吸收液:吸取 5 mL 吸收原液,加 95 mL 水,混匀,即为吸收液。采样时,临用现配。

(3)盐酸溶液($c=0.1$ mol/L):量取 8.2 mL 浓盐酸加水稀释至 1 L。

(4)1%硫酸铁铵溶液:称量 1.0 g 硫酸铁铵($NH_4Fe(SO_4)_2 \cdot 12H_2O$),用 0.1 mol/L 盐酸溶液溶解,并稀释至 100 mL。

(5)碘溶液[$c(1/2I_2)=0.1$ mol/L]:称量 40 g 碘化钾,溶于 25 mL 水中,加入 12.7 g 碘。待碘完全溶解后,用水定容至 1 000 mL。移入棕色瓶中,暗处贮存。

(6)氢氧化钠溶液($c=1$ mol/L):称量 40 g 氢氧化钠,溶于水中,并稀释至 1 000 mL。

(7)硫酸溶液($c=0.5$ mol/L):量取 28 mL 浓硫酸缓慢加入水中,冷却后,稀释至 1 000 mL。

(8)碘酸钾标准溶液[$c(1/6KIO_3)=0.100\ 0$ mol/L]:准确称量 3.566 7 g,经 180℃烘干 2 h 的碘酸钾(优级纯),溶解于水,移入 1 L 容量瓶中,再用水稀释至刻度。

(9)淀粉溶液($\rho=5$ g/L):称量 0.5 g 可溶性淀粉,用少量水调成糊状后,再加刚煮沸的水至 100 mL,冷却后,加入 0.1 g 水杨酸保存。

(10)硫代硫酸钠标准溶液($c=0.100\ 0$ mol/L):称量 26 g 硫代硫酸钠($Na_2S_2O_3 \cdot 5H_2O$),溶于新煮沸冷却的水中,加入 0.2 g 无水碳酸钠,再用水稀释至 1 L。贮于棕色瓶中,如混浊应过滤。放置 1 周后,标定其准确浓度。

标定方法:准确量取 25.00 mL 0.100 0 mol/L 碘酸钾标准溶液,于 250 mL 碘量瓶中,加入 75 mL 新煮沸冷却的水,加 3 g 碘化钾,摇匀后,暗处放置 3 min,用待标定的 0.1 mol/L 硫代硫酸钠标准溶液滴定析出的碘,至淡黄色。加入 1 mL 0.5%淀粉溶液,呈蓝色。再继续滴定至蓝色刚刚退去,即为终点。记录所用硫代硫酸钠溶液体积(V,mL)。重复滴定 2 次,2 次所用硫代硫酸钠溶液体积误差不超过 0.05 mL。其准确浓度用下式计算:

$$硫代硫酸钠标准溶液浓度(mol/L)=\frac{0.100\ 0 \times 25.00}{V}$$

(11)甲醛标准贮备溶液:量取 2.8 mL 含量为 36%～38%(V/V)甲醛溶液,用水稀释至 1 000 mL,用碘量法标定甲醛溶液浓度,此溶液可稳定 3 个月。

标定方法:准确吸取 20.00 mL 待标定的甲醛贮备溶液,于 250 mL 碘量瓶中,加入 20.00 mL 碘溶液、1 mol/L 氢氧化钠溶液 15 mL,放置 15 min。加入 0.5 mol/L 硫酸溶液 20 mL,再放置 15 min,用 0.100 0 mol/L 硫代硫酸钠标准溶液滴定,直至溶液呈现淡黄色时,加入 5%淀粉溶液 1 mL,继续滴定至恰使蓝色退尽为止。记录所用硫代硫酸钠标准溶液体积(V_2,mL)。同时,用水做试剂空白滴定,记录空白滴定所用硫代硫酸钠溶液的体积(V_1,mL)。样品滴定和空白滴定各重复 2 次,2 次滴定所用硫代硫酸钠的体积误差不超过 0.05 mL。甲醛溶液的质量浓度用下式计算:

$$甲醛溶液的质量浓度(mg/mL)=\frac{(V_1-V_2) \times c \times 15}{20.00}$$

式中:c 为硫代硫酸钠溶液的浓度,mol/L;15 为甲醛摩尔质量的 1/2;20.00 为标定时所取甲醛标准贮备溶液体积的毫升数。

(12)甲醛标准工作溶液:临用时,将甲醛标准贮备溶液用水稀释成 1.00 mL 含 10 μg 甲醛的溶液,立即再取此溶液 10.00 mL,加入 100 mL 容量瓶中,加入 5 mL 吸收原液,用水稀释至刻度。此溶液 1.0 mL 含 1 μg 甲醛,放置 30 min 后,用于配置标准色列。此标准溶液可稳定 24 h。

3.7.3.4 测定步骤

(1)标准曲线的绘制 按表 3-16 配制标准系列。

表 3-16 甲醛标准系列的配制

项 目	管 号					
	0	1	2	3	4	5
甲醛标准溶液体积/mL	0	0.10	0.50	1.00	1.50	2.00
吸收液体积/mL	5.00	4.90	4.50	4.00	3.50	3.00
甲醛质量浓度/(μg/5 mL)	0	0.10	0.50	1.00	1.50	2.00

各管中,加入 1‰硫酸铁铵溶液 0.4 mL,混匀,在室温(8～35℃)放置 20 min,用 1 cm 比色皿,以水作参比,在波长 630 nm 下,测定各管溶液的吸光度,以甲醛含量(μg)为横坐标,吸光度为纵坐标,绘制标准曲线。

(2)采样 用一个内装 5 mL 吸收液的气泡吸收管,以 0.5 L/min 流量,采气 10 L。记录采样时的温度和大气压力。采样后应在 24 h 内分析。

(3)样品测定 采样后,将样品溶液全部转入比色管中,用少量吸收液洗吸收管,合并使总体积为 5 mL。然后,按绘制标准曲线的操作步骤,测定吸光度 A。用 5 mL 未采样吸收液,按相同操作步骤测定试剂空白的吸光度 A_0。

3.7.3.5 结果计算

空气中甲醛的质量浓度按下式计算:

$$\rho(\text{HCHO, mg/m}^3) = \frac{(A - A_0) \times B_s}{V_r}$$

式中:A 为样品溶液的吸光度;A_0 为空白溶液的吸光度;B_s 为计算因子,μg/吸光度;V_r 为换算成参比状况下的采样体积,L。

3.7.3.6 注意事项

(1)绘制标准曲线与样品测定时温差不应超过 2℃。

(2)二氧化硫共存时,会使结果偏低,二氧化硫产生的干扰,可以在采样时,使气体先通过装有硫酸锰滤纸的过滤器,即可排除干扰。

3.8 污染源监测

空气污染源包括固定污染源和流动污染源。固定污染源又分为有组织排放源和无组织排放源。有组织排放源指烟道、烟囱及排气筒等。无组织排放源指设在露天环境中的无组织排放设施或无组织排放的车间、工棚等。它们排放的废气中既含有固态的烟尘和粉尘,也含有气态和气溶胶态的多种有害物质。流动污染源指汽车、火车、飞机、轮船等交通运输工具排放的废气,含有一氧化碳、氮氧化物、烃类、烟尘等。

对污染源进行监测的目的是检查污染源排放废气中的有害物质是否符合排放标准的要求,评价净化装置的性能和运行情况及污染防治设施的效果,为空气质量管理和评价提供依据。污染源中各项指标的测定可以参见空气质量中相关测定方法及技术规范中列出的测定方法。本节主要介绍污染源监测的采样和布点方法。

3.8.1 固定污染源监测

对固定污染源进行监测时,要求生产设备处于正常运转状态下,对因生产过程而引起排放情况变化的污染源,应根据其变化的特点和周期进行系统监测;当测定工业锅炉烟尘浓度时,锅炉应在稳定的负荷下运转。

污染源监测的内容包括:排放废气中有害物质的浓度、有害物质的排放量和废气排放量。

有组织排放源有害物质的测定,通常是用采样管从烟道中抽取一定体积的烟气,通过捕集装置将有害物质捕集下来,然后根据捕集的有害物质量和抽取的烟气量,求出烟气中有害物质的浓度。这种测试方法的准确性很大程度上取决于抽取烟气样品的代表性,这就要求选择正确的采样位置和采样点。

无组织排放源有害物质的测定,通常是采集大气中的污染物,在监控点捕捉污染物的最高浓度。监控点的设置,要通过考虑排放源和建筑物的位置、单位边界围墙的高度和性质、单位区域内的主要地形的变化和气象条件,从而选择具有代表性的监测点。

正确地选择采样位置,确定适当的采样点数目,是决定能否获得代表性的废气样品和尽可能地节约人力、物力的一项很重要的工作,应在调查研究的基础上,综合分析后确定。我国《固定污染源排气中颗粒物测定与气态污染物采样方法》(GB/T 16157—1996)中规定了固定污染源污染物的采样方法和技术规范。

1)采样位置

采样位置应选在气流分布均匀稳定的平直管段上,避开弯头、变径管、三通管及阀门等易产生涡流的阻力构件。一般原则是按照废气流向,将采样断面设在阻力构件下游方向不小于 6 倍管道直径处或上游方向不小于 3 倍管道直径处。即使客观条件难以满足要求,采样断面与阻力构件的距离也不应小于管道直径的 1.5 倍,并适当增加测点数目和采样频率。采样断面气流流速最好在 5 m/s 以上。此外,由于水平管道中的气流流速与污染物的浓度分布不如垂直管道中均匀,所以应优先考虑垂直管道。还要考虑方便、安全等因素。

2)采样点和采样孔

因烟道内同一断面上各点的气流流速和烟尘浓度分布通常是不均匀的,因此,必须按照一定原则进行多点采样。采样孔的位置、采样点的位置和数目主要根据烟道断面的形状、尺寸大小和流速分布情况确定。

(1)圆形烟道 在选定的采样断面上设两个相互垂直的采样孔。按照图 3-16 所示的方法将烟道断面分成一定数量的同心等面积圆环,采样点设置在各环等面积中心线与呈垂直相交的两条直径线的交点上。若采样断面上气流流速较均匀,可设一个采样孔,采样点数减半。当烟道直径小于 0.3 m,且气流流速均匀时,可在烟道中心设一个采样点。不同直径圆形烟道的等面积圆环数、测量直径数及采样点数见表 3-17,原则上测点不超过 20 个。

表 3-17　圆形烟道分环及测点数的确定

烟道直径/m	等面积圆环数/个	测量直径数/个	采样点数/个
<0.3			1
0.3~0.6	1~2	1~2	2~8
0.6~1.0	2~3	1~2	4~12
1.0~2.0	3~4	1~2	6~16
2.0~4.0	4~5	1~2	8~20
>4.0	5	1~2	10~20

(2)矩形烟道　将烟道断面分成一定数目的等面积矩形小块,各小块中心即为采样点位置,采样孔设置在成一条直线的几个测点的延长线上,见图 3-17。矩形小块的数目可根据烟道断面面积,按照表 3-18 所列数据确定。

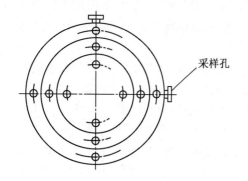

图 3-16　圆形烟道的采样孔和采样点布设

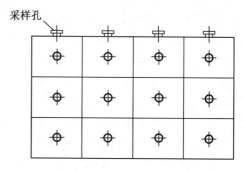

图 3-17　矩形烟道的采样点布设

表 3-18　圆形烟道的分块和采样点数

烟道断面面积/m²	等面积矩形小块长边长/m	采样点数/个
<0.1	<0.32	1
0.1~0.5	<0.35	1~4
0.5~1.0	<0.50	4~6
1.0~4.0	<0.67	6~9
4.0~9.0	<0.75	9~16
>9.0	≤1.0	≤20

当水平烟道内积灰时,应将积灰部分的面积从断面内扣除,按有效面积设置采样点。在能满足测压管和采样管达到各采样点位置的情况下,要尽可能地少开采样孔。一般开 2 个互相垂直的孔,最多开 4 个。采样孔的直径应不小于 75 mm。当采集有毒或高温烟气,且采

样点处烟气呈正压时,采样孔应设置防喷装置。

（3）无组织排放源的采样原则 采样时要在排放源上、下风向分别设置参照点和监控点。二氧化硫、氟化物、氮氧化物和颗粒物的监控点应设在无组织排放源下风向 2～50 m 范围内的浓度最高点,相对应的参照点设在排放源上风向 2～50 m 范围内;其余物质的监控点设在单位周界 10 m 范围的浓度最高点。监控点最多可设 4 个,参照点只设 1 个。进行无组织排放监测时,实行连续 1 h 的采样,或者实行在 1 h 内以等时间间距采集 4 个样品计算平均值,为捕捉到监控点最高浓度的时段,采样时间可超过 1 h。

◆ 3.8.2 流动污染源监测

汽车、火车、飞机、轮船等排放的废气主要是化石燃料燃烧释放的尾气,特别是汽车,数量大,排放的有害气体是造成空气污染的主要原因之一。废气中主要含有一氧化碳、氮氧化物、烃类、烟尘和少许二氧化硫、醛类、苯并[a]芘等有害物质。测定方法分别为滤纸烟度法（烟度）、重量法（颗粒物）、不分光红外线吸收法（一氧化碳、碳氢化合物）、氢火焰离子化法（碳氢化合物）、化学发光法和非扩散紫外线谐振吸收法（氮氧化物）。监测机动车排放尾气中污染物应根据需要和条件而定。

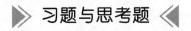

习题与思考题

（1）何谓空气污染?

（2）空气中主要的污染源和污染物有哪些?

（3）空气中的污染物以哪几种形态存在? 了解它们的存在形态对监测工作有何意义?

（4）如何正确采集空气污染物样品?

（5）简要说明制订空气污染监测方案的程序和主要内容。

（6）进行空气质量常规监测时,怎样结合监测区域实际情况,选择和优化布点方法?

（7）直接采样法和富集采样法各适用于什么情况? 怎样提高溶液吸收法的富集效率?

（8）怎样用重量法测定空气中总悬浮颗粒物（TSP）和可吸入颗粒物（PM_{10}）?

（9）已知处于 1 003.1 hPa、20℃状况下的空气中的 SO_2 的体积分数为 2.5×10^{-6},试换算成参比状态下以 mg/m^3 为单位表示的质量浓度值。

（10）什么是 AQI? 某地区 SO_2 24 h 平均值为 168 $\mu g/m^3$,NO_2 24 h 平均浓度为 89 $\mu g/m^3$, CO 24 h 平均浓度值为 3 mg/m^3,PM_{10} 24 h 平均值为 78 $\mu g/m^3$,计算该四项污染物的 IAQI,判断首要污染物是哪种?

（11）说明空气采样器的基本组成部分和各部分的作用。影响采样器采样效率的因素有哪些?

（12）SO_2 的监测有哪几种方法? 它们有何异同? 如何根据实际情况选择 SO_2 的监测

方法。

(13)简述用盐酸萘乙二胺分光光度法测定空气中氮氧化物的原理。如何分别测定一氧化氮和二氧化氮？

(14)简述非分散性红外吸收法测定 CO 的原理及其干扰因素。

(15)什么叫光化学氧化剂,什么叫总氧化剂,如何分别测定？

(16)大气降水主要有哪些监测项目？

(17)室内空气质量监测的主要参数有哪些？ 如何布设采样点？

(18)在烟道气监测中,对采样点的位置有何要求？ 根据什么原则确定采样点数？

chapter 4

第4章

土壤环境监测

➤ 本章提要：

　　本章主要介绍土壤的基本组成和性质、土壤监测方案的制订以及土壤污染监测的样品采集和污染物的监测分析方法。通过本章学习，了解土壤的组成和背景值；掌握土壤环境质量监测的布点原则、布点方法和采样点的计算方法；掌握土壤样品的采集、制备及预处理方法；掌握土壤无机污染物的测定分析方法；了解土壤中有机污染物的检测分析方法。

民以食为天，食以土为本，土壤是人类赖以生存和发展的物质基础，也是人类环境的重要组成部分。土壤质量的优劣直接影响人类的生活、健康和社会发展。但是近些年工矿企业污染、污水灌溉、污泥农用、不合理地施用化肥农药、大气沉降等使各类污染物质通过多种渠道进入土壤。当污染物进入土壤的数量超过土壤自净能力时，将导致土壤质量下降、甚至恶化，影响土壤生产力和农产品质量安全。此外，土壤中的污染物还可能通过地下渗漏、地表径流等污染地下水和地表水。因此，定期进行土壤污染监测，防止土壤污染，是环境监测中不可缺少的重要内容，是保障农产品安全的有效手段。

4.1 概述

4.1.1 土壤组成

土壤是指陆地表面具有肥力并能生长植物的疏松表层。土壤介于大气圈、岩石圈、水圈和生物圈之间，是环境特有的组成部分。地球的表面是岩石圈，表层的岩石经过风化作用，逐渐破坏成疏松的、大小不等的矿物颗粒，称为母质。土壤是在母质、生物、气候、地形、时间等多种成土因素综合作用下演变而成的。土壤由矿物质、动植物残体腐解产生的有机物质、生物、水分和空气等固、液、气三相组成。

（1）土壤矿物质　矿物质是组成土壤的基本物质，约占土壤固体部分总质量的 95%，有土壤骨骼之称。土壤矿物分为原生矿物和次生矿物。原生矿物是由岩石直接风化而成，其晶格结构和化学组成未发生变化；次生矿物是原生矿物在风化和成土过程中形成的新的矿物，其化学组成和性质均发生变化。

土壤矿物的组成和性质直接影响土壤的物理和化学性质。原生矿物，如石英、长石、云母、辉石、角闪石等（以硅酸盐和铝酸盐为主），主要为土壤的砂粒和粉砂粒等组分（粒径较大），对土壤环境中污染物的吸附迁移等过程影响较小。次生矿物又称黏土矿物，包括层状硅酸盐矿物，如高岭石、蒙皂石和水云母等。此外还有硅、铝、铁氧化物及其水合物，如方解石等。其中层状硅酸盐和含水氧化物类是构成土壤黏粒（粒径较小）的主要成分，是土壤矿物中最活跃的组分，具有荷电性和高吸附性，是土壤环境中污染物质的集中分布成分。土壤粒径的大小影响着土壤对污染物的吸附和解吸能力。例如，大多数农药在黏土中的累积量大于砂土，而且在黏土中结合紧密，不易解吸。

土壤矿物质可以提供植物、微生物等土壤生物体生命活动所需的营养元素。土壤矿物质元素的相对含量与地球表面岩石圈元素的含量及其化学组成相似。

（2）土壤有机质　土壤有机质也是土壤形成的重要基础，它与土壤矿物质共同构成土壤的固相部分。土壤有机质绝大部分集中于土壤表层。在表层（0～15 cm 或 0～20 cm）土壤，有机质一般只占土壤干重量的 0.5%～3%。土壤有机质是土壤中含碳有机化合物的总称，由进入土壤的植物、动物、生物残骸以及施入土壤的有机肥料经分解转化逐渐形成，通常分为非腐殖质和腐殖质 2 类。非腐殖质包括糖类化合物（如淀粉、纤维素等）、含氮有机化合物及有机磷和有机硫化合物，一般占土壤有机质总量的 10%～15%。腐殖质指植物残体中稳定性较强的木质素及其类似物,在微生物作用下部分被氧化形成的一类特殊的高分子聚合物,具有芳香族结构,含有多种官能团,如羧基、羟基、甲氧基及氨基等,具有表面吸附、离子交换、络合、缓冲、氧化还原作用及生理活性等性能。腐殖质是土壤有机胶体的主体,对土壤的吸附性、稳定性有重要影响,也是重要的土壤肥力指标。

土壤有机质含有丰富的氮、磷、钾和微量元素,可为植物生长提供营养元素,为土壤微生物生长提供营养物质;可以促进土壤团粒结构的形成,改善土壤的物理性状;具有保水、保肥的能力等。此外,土壤有机质还对重金属、农药等各种无机和有机污染物的行为产生显著影响。

(3)土壤生物 土壤生物是土壤生态系统的核心部分,也是土壤有机质的重要来源,对进入土壤的有机污染物的降解及无机污染物(如重金属)的形态转化起着主导作用,是土壤净化功能的主要贡献者。土壤生物包括土壤微生物、土壤动物及高等植物根系等。

土壤微生物包括细菌、真菌、放线菌、藻类等。它们参与土壤物质的转化过程,在土壤形成与发育、土壤肥力演变、养分有效化和有毒物质降解等方面起着重要作用。土壤动物包括原生动物、蚯蚓、土壤线虫等。它们直接或间接参与土壤中物质和能量的转化,通过取食、排泄、挖掘等活动破碎生物残体,为微生物活动和有机物质进一步分解创造条件。高等植物根系是土壤生物的重要组成部分,植物通过根系吸收水分、养分,重金属、有机污染物等也通过根系进入植物体内。植物根系与土壤微生物、土壤动物共同作用,对土壤的生产力和净化能力都有重要的影响。

(4)土壤水和土壤气体 土壤水是土壤中各种形态水分的总称,是土壤的重要组成部分。它对土壤中物质的转化过程和土壤形成过程起着决定性作用。土壤水实际是含有复杂溶质的稀溶液,因此,通常将土壤水及其所含溶质称为土壤溶液。土壤溶液是植物生长所需水分和养分的主要供给源。

土壤气体是土壤的重要组成之一。土壤气体组成与土壤本身特性相关,也与季节、土壤水分、土壤深度等条件相关,如在排水良好的土壤中,土壤气体组分与大气基本相同,以氮、氧和二氧化碳为主;而在排水不良的土壤中氧含量下降,二氧化碳含量增加。

土壤通气性对植物生长、微生物生命活动和养分转化以及土壤中污染物的迁移转化都产生影响。通气条件良好时,植物根系长、根毛多、生理活动旺盛;缺氧时,根系短、根毛少、生理代谢受阻。通气良好时,好氧微生物活动旺盛,有机质分解迅速,植物可吸收利用较多的速效养分;通气不良时,有机质分解和养分释放慢,甚至产生有毒的还原物质。

▶ 4.1.2　土壤背景值

土壤背景值又称土壤本底值,是指未受或少受人类活动影响下,土壤原来固有的化学组成和元素含量水平。背景值这一概念最早是地质学家在应用地球化学探矿过程中提出的,指在各区域正常地理条件和地球化学条件下,元素在各类自然体(岩石、风化产物、土壤、沉积物、天然水、近地大气等)中的正常含量。目前在全球环境污染较为严重的情况下,要寻求绝对不受污染的背景值是很困难的。

土壤背景值按照统计学的要求进行采样设计和样品采集,分析结果经分布类型检验,确定其分布类型,以其特征值表达该元素本底值的集中趋势,以一定的置信度表达该元素本底值的范围。我国在 1990 年出版了《中国土壤元素背景值》专著。表 4-1 是该专著中表层土壤部分元素的背景值。我国土壤元素背景值有算术均值和几何均值 2 种表达方法：①元素测定值符合正态分布或近似正态分布时，用算术平均值（$\bar{x}$）表示数据集中趋势，标准偏差（s）表示数据的分散程度，用 $\bar{x} \pm 2s$ 表示 95％置信度；②元素测定值呈对数正态分布时，用几何平均值（$\bar{x}_g$）表示数据集中趋势，用几何标准偏差（s_g）表示数据的分散程度，用 $\bar{x}_g / s_g^2 \sim \bar{x}_g s_g^2$ 表示 95％置信度。

在环境科学中，土壤背景值是评价土壤污染的基础，同时也可作为污染途径追踪的依据。通过土壤背景值，可以掌握土壤现实成分和背景值之间的差异，从而了解土壤受污染的程度。

表 4-1　全国土壤（A 层）部分元素的背景　　　　　　　　　　mg/kg

元素	顺序统计量							算术		几何		95％范围值
	最小值	5％值	25％值	中位值	75％值	95％值	最大值	均值	标准差	均值	标准差	
砷	0.01	2.4	6.2	9.6	13.7	27.0	626	11.2	7.86	9.2	1.91	2.5～33.5
镉	0.001	0.016	0.046	0.079	0.121	0.264	13.4	0.097	0.079	0.074	2.118	0.017～0.333
铬	2.20	17.4	40.2	57.3	73.9	118.8	1209	61.0	31.07	53.9	1.67	19.3～150.2
铜	0.33	6.0	14.9	20.7	27.3	44.8	272	22.6	11.41	20.0	1.66	7.3～55.1
汞	0.001	0.009	0.020	0.038	0.079	0.221	45.9	0.065	0.080	0.040	2.602	0.006～0.272
镍	0.06	5.7	17.0	24.9	33.0	51.2	627	26.9	14.36	23.4	1.74	7.7～71.0
铅	0.68	10.9	18.0	23.4	30.5	55.6	1143	26.0	12.37	23.6	1.54	10.0～56.1
硒	0.006	0.060	0.127	0.207	0.350	0.830	9.13	0.290	0.255	0.215	2.146	0.047～0.993
锌	2.60	25.1	51.0	68.0	89.2	140.0	593	74.2	32.78	67.7	1.54	28.4～161.1

注：表中数据摘自中国环境监测总站编著《中国土壤元素背景值》；A 层指土壤表层或耕层。

▶ 4.1.3　土壤污染

土壤污染是指人为活动或自然过程中产生的有害物质进入土壤后，超过了土壤对污染物的净化能力，引起土壤的化学、物理和生物等方面特性的改变，导致土壤功能失调和质量下降，危害公众健康或者破坏生态环境的现象。

2014 年发布的《全国土壤污染状况调查公报》表明，全国土壤点位超标率为 16.1％，主要为中轻度污染。污染类型以无机物为主，占 82.8％；无机污染物中镉的点位超标率最高（7.0％），其次为镍（4.7％），砷的点位超标率达到 2.7％。耕地土壤点位超标率为 19.4％，主要污染物为镉、镍、铜、砷、汞、铅、滴滴涕和多环芳烃等。

　1）土壤污染的来源与种类

土壤中污染物的来源有 2 类，一类是自然源，主要是自然矿床风化、火山爆发、地震等；另外一类是人为污染源，主要包括固体废物（城市垃圾、工业废渣、污泥、尾矿等）随意堆放、农业投入品的不合理施用、污水排放、大气沉降等。

污染物的种类包括无机污染物和有机污染物。无机污染物有重金属（汞、镉、铅、铬、镍、铜、锌）、类金属（砷、硒）、放射性元素（铯^{137}Cs、锶^{90}Sr）；有机污染物包括有机农药、酚类、石油、苯并[a]芘、有机洗涤剂等。

2）土壤污染的特点

土壤是生态、水、气系统之间物质和能量交换的重要构成单元，是人类生存环境的重要支撑。土壤污染与其他环境体系污染相比具有很大的不同。

（1）隐蔽性和滞后性　大气污染、水体污染和固体废物污染等比较直观，通过感官就能发现。而土壤污染则不同，往往要通过对土壤样品进行分析化验和农作物的残留检测，甚至通过研究对人畜健康状况的影响才能确定。因此土壤污染从产生污染到出现问题通常会滞后较长的时间。如日本的"镉米"事件，就是经过了 10～20 年之后才逐渐被人们认识。

（2）持久性和不可逆性　污染物质在土壤中并不像在大气和水中那样容易扩散和稀释，土壤一旦被污染后很难恢复。许多有机磷和有机氯农药在自然土壤环境中具有持久性，需要相当长的时间进行净化。重金属污染物进入土壤环境后，与复杂的土壤组分发生一系列的迁移转化作用，最终形成难溶化合物沉积在土壤中，是不可逆的过程。

（3）危害大和治理难　污染物进入土壤环境后通过食物链的迁移转化，影响农产品的质量与食品安全，最终对人体健康造成潜在威胁。土壤污染一旦发生，仅仅依靠切断污染源的方法往往很难奏效，有时要靠换土、淋洗土壤等方法才能解决问题。因此，治理污染土壤通常成本较高、治理周期较长。

3）土壤污染的类型

土壤污染的类型按照污染物进入土壤的途径可分为水质污染型、大气污染型、农业污染型、固体废物污染型、生物污染型。

（1）水质污染型　水质污染型是指用工业废水、城市污水和受污染的地表水进行农田灌溉，使污染物质随水进入到农田土壤而造成污染。其特点是污染物集中于土壤表层，但随着污灌时间的延长，某些可溶性污染物可由表层渐次向下渗透。

（2）大气污染型　大气污染型是指空气中各种颗粒沉降物和气体，自身降落或随雨水沉降到土壤而引起的污染。其中二氧化硫、氮氧化物、氟化氢等废气，分别以硫酸、硝酸、氢氟酸等形式进入土壤，容易引起土壤酸化。

（3）农业污染型　农业污染型是指农田中大量施用化肥、农药、有机肥以及农用地膜等造成的污染。如六六六、滴滴涕等在土壤中的长期残留；氮、磷等流失进入水体或在土壤中累积，成为潜在的环境污染物；农用地膜难于分解，在土壤中形成隔离层。

（4）固体废物污染型　固体废物污染型是指垃圾、污泥、矿渣、粉煤灰等固体废物的堆积、掩埋、处理过程造成的污染。这种污染属于点源型土壤污染，其污染物的种类和性质都比较复杂。

（5）生物污染型　生物污染型是指有害的生物种群，从外界环境侵入土壤，大量繁衍，破坏原来的动态平衡，对人体健康产生不良的影响。造成土壤生物污染的污染物主要是未经处理的粪便、垃圾、城市生活污水、饲养场和屠宰场的污物等。其中危险性最大的是传染病医院未经消毒处理的污水和污物。

▶ 4.1.4　土壤环境监测的特点

由于土壤组成的复杂性和种类的多样性，以及人类对土壤认识的局限性等给土壤污染监测工作带来了许多困难，与大气、水体污染监测相比，土壤监测具有其自身的特点。

（1）复杂性　当污染物进入土壤后，其迁移、转化受到土壤性质的影响，将表现出不同的分布特征,同时土壤具有空间变异性特征,因此,土壤监测中采集的样品往往具有局限性。如当污水流经农田时,污染物在不同位置分布差异很大,采集代表性的样品难度加大,因此,样品采集时必须尽量反映实际情况,使采样误差降低至最小。

(2)频次低 由于污染物进入土壤后变化慢,滞留时间长,因此采样频次可适当降低。

(3)与植物的关联性 土壤是植物生长的主要环境与基质,是自然界食物链循环的基础,因此,在土壤污染监测的同时,还要监测农作物生长发育是否受到影响以及植株和农产品污染物的含量水平。

▶ 4.1.5 土壤环境质量标准

土壤环境质量标准规定了土壤中污染物最高允许浓度或范围,是判定土壤环境质量的依据。我国颁布的土壤环境质量标准有《土壤环境质量 农用地土壤污染风险管控标准(试行)》(GB 15618—2018)、《土壤环境质量 建设用地土壤污染风险管控标准(试行)》(GB 36600—2018)等。

农用地包括耕地(水田、水浇地和旱地)、园地(果园、茶园)和草地(天然牧草地、人工牧草地)。《土壤环境质量 农用地土壤污染风险管控标准(试行)》(GB 15618—2018)规定了农用地土壤污染风险筛选值(表4-2、表4-3)和管制值(表4-4)。当土壤污染物浓度小于或等于风险筛选值时,说明农产品质量、农作物生长或土壤生态环境的风险低;超过风险筛选值时,说明农产品质量、农作物生长或土壤生态环境可能存在风险,应当加强土壤环境监测和农产品协同监测,原则上应当采取安全利用措施。当土壤污染物浓度超过风险管制值时,食用农产品不符合质量安全标准,农用地土壤污染风险高,原则上应当采取严格管控措施。

表 4-2　农用地土壤污染风险筛选值(基本项目)　　　　　　　　mg/kg

污染物项目		风险筛选值			
		pH≤5.5	5.5<pH≤6.5	6.5<pH≤7.5	pH>7.5
镉	水田	0.3	0.4	0.6	0.8
	其他	0.3	0.3	0.3	0.6
汞	水田	0.5	0.5	0.6	1.0
	其他	1.3	1.8	2.4	3.4
砷	水田	30	30	25	20
	其他	40	40	30	25
铅	水田	80	100	140	240
	其他	70	90	120	170
铬	水田	250	250	300	350
	其他	150	150	200	250
铜	果园	150	150	200	200
	其他	50	50	100	100
镍		60	70	100	190
锌		200	200	250	300

表 4-3　农用地土壤污染风险筛选值（其他项目）　　　　　　　　　　　mg/kg

序号	污染物项目	风险筛选值
1	六六六总量[a]	0.10
2	滴滴涕总量[b]	0.10
3	苯并[a]芘	0.55

注：[a]六六六总量为 α-六六六、β-六六六、γ-六六六、δ-六六六 4 种异构体的含量总和。
　　[b]滴滴涕总量为 p,p'-滴滴伊、p,p'-滴滴滴、o,p'-滴滴涕、p,p'-滴滴涕 4 种衍生物的含量总和。

表 4-4　农用地土壤污染风险管制值　　　　　　　　　　　　　　　　mg/kg

污染物项目	风险管制值			
	pH≤5.5	5.5＜pH≤6.5	6.5＜pH≤7.5	pH＞7.5
镉	1.5	2.0	3.0	4.0
汞	2.0	2.5	4.0	6.0
砷	200	150	120	100
铅	400	500	700	1 000
铬	800	850	1 000	1 300

《土壤环境质量　建设用地土壤污染风险管控标准（试行）》（GB 36600—2018）规定了保护人体健康的建设用地土壤污染风险筛选值和管制值（表 4-5）。建设用地土壤污染风险筛选值是指在特定土地利用方式下，建设用地土壤中污染物含量小于等于该值时，对人体健康的风险可以忽略；超过该值时，对人体健康可能存在风险，应当开展进一步的详细调查和风险评估，确定具体污染范围和风险水平。建设用地土壤污染风险管制值是指在特定土地利用方式下，建设用地土壤中污染物含量超过该值时，对人体健康通常存在不可接受风险，应当采取风险管控或修复措施。标准中第一类用地包括居住用地、中小学用地、医疗卫生用地和社会福利设施用地，以及公园绿地中的社区公园或儿童公园用地等，主要是人们的活动场所；第二类用地包括工业用地、物流仓储用地、商业服务业设施用地、道路与交通设施用地、公用设施用地、公共管理与公共服务用地（中小学用地、医疗卫生用地和社会福利设施用地除外），以及绿地与广场用地（社区公园、儿童公园用地除外）等。

表 4-5　建设用地土壤污染风险筛选值和管制值（基本项目）　　　　　mg/kg

序号	污染物项目	CAS 编号	筛选值		管制值	
			第一类用地	第二类用地	第一类用地	第二类用地
		重金属和无机物				
1	砷	7440-38-2	20	60	120	140
2	镉	7440-43-9	20	65	47	172
3	铬（六价）	18540-29-9	3.0	5.7	30	78
4	铜	7440-50-8	2 000	18 000	8 000	36 000
5	铅	7439-92-1	400	800	800	2 500

序号	污染物项目	CAS编号	筛选值		管制值	
			第一类用地	第二类用地	第一类用地	第二类用地
6	汞	7439-97-6	8	38	33	82
7	镍	7440-02-0	150	900	600	2 000
挥发性有机物						
8	四氯化碳	56-23-5	0.9	2.8	9	36
9	氯仿	67-66-3	0.3	0.9	5	10
10	氯甲烷	74-87-3	12	37	21	120
11	1,1-二氯乙烷	75-34-3	3	9	20	100
12	1,2-二氯乙烷	107-06-2	0.52	5	6	21
13	1,1-二氯乙烯	75-35-4	12	66	40	200
14	顺-1,2-二氯乙烯	156-59-2	66	596	200	2 000
15	反-1,2-二氯乙烯	156-60-5	10	54	31	163
16	二氯甲烷	75-09-2	94	616	300	2 000
17	1,2-二氯丙烷	78-87-5	1	5	5	47
18	1,1,1,2-四氯乙烷	630-20-6	2.6	10	26	100
19	1,1,2,2-四氯乙烷	79-34-5	1.6	6.8	14	50
20	四氯乙烯	127-18-4	11	53	34	183
21	1,1,1-三氯乙烷	71-55-6	701	840	840	840
22	1,1,2-三氯乙烷	79-00-5	0.6	2.8	5	15
23	三氯乙烯	79-01-6	0.7	2.8	7	20
24	1,2,3-三氯丙烷	96-18-4	0.05	0.5	0.5	5
25	氯乙烯	75-01-4	0.12	0.43	1.2	4.3
26	苯	71-43-2	1	4	10	40
27	氯苯	108-90-7	68	270	200	1 000
28	1,2-二氯苯	95-50-1	560	560	560	560
29	1,4-二氯苯	106-46-7	5.6	20	56	200
30	乙苯	100-41-4	7.2	28	72	280
31	苯乙烯	100-42-5	1 290	1 290	1 290	1 290
32	甲苯	108-88-3	1 200	1 200	1 200	1 200
33	间二甲苯＋对二甲苯	108-38-3 106-42-3	163	570	500	570
34	邻二甲苯	95-47-6	222	640	640	640

环 境 监 测

序号	污染物项目	CAS 编号	筛选值		管制值	
			第一类用地	第二类用地	第一类用地	第二类用地
半挥发性有机物						
35	硝基苯	98-95-3	34	76	190	760
36	苯胺	62-53-3	92	260	211	663
37	2-氯酚	95-57-8	250	2 256	500	4 500
38	苯并[a]蒽	56-55-3	5.5	15	55	151
39	苯并[a]芘	50-32-8	0.55	1.5	5.5	15
40	苯并[b]荧蒽	205-99-2	5.5	15	55	151
41	苯并[k]荧蒽	207-08-9	55	151	550	1 500
42	䓛	218-01-9	490	1 293	4 900	12 900
43	二苯并[a,h]蒽	53-70-3	0.55	1.5	5.5	15
44	茚并[1,2,3-cd]芘	193-39-5	5.5	15	55	151
45	萘	91-20-3	25	70	255	700

4.2 土壤环境监测方案的制订

土壤环境监测方案制订与水或空气监测方案制订类似,首先要明确监测目的,然后进行调查和资料收集,在此基础上合理布设采样点,确定监测项目和采样方法、选择监测方法、建立质量保证程序和措施、提出监测数据处理要求,最终全面安排实施计划。本节结合《土壤环境质量 农用地土壤污染风险管控标准(试行)》(GB 15618—2018)、《农田土壤环境质量监测技术规范》(NY/T 395—2012)、《建设用地土壤污染风险管控和修复 监测技术导则》(HJ 25.2—2019)以及《土壤环境监测技术规范》(HJ/T 166—2004)介绍土壤环境监测方案的制订程序。

▶ 4.2.1 监测目的

土壤环境监测是环境监测的重要内容之一,其目的是查清本底值,监测、预报和控制土壤环境质量。根据监测目的不同,土壤环境监测分为以下几类。

(1)区域环境土壤背景值调查 区域环境土壤背景值调查指通过测定土壤中元素的含量,确定这些元素的背景水平和变化。土壤背景值是环境保护的基础数据,是研究污染物在土壤中变迁和进行土壤质量评价与预测的重要依据,同时为土壤资源的保护和开发、土壤环境质量标准的制定以及农林经济发展提供依据。

（2）农田土壤环境质量监测　　农田土壤环境质量监测指为了判断农田土壤的环境质量是否符合相关标准规定而进行的监测，判断土壤是否被污染以及污染程度，预测发展变化趋势。例如，依据我国颁布的《土壤环境质量　农用地土壤污染风险管控标准（试行）》（GB 15618—2018）、《绿色食品　产地环境质量》（NY/T 391—2013）等各类标准的要求对土壤环境质量状况做出判断。

（3）建设用地土壤污染风险管控和修复监测　　建设用地土壤污染风险管控和修复监测包括建设用地土壤污染状况调查和土壤污染风险评估、风险管控效果评估、修复效果评估、后期管理等活动的环境监测，其目的是判断建设用地土壤污染是否存在影响居住、工作人群健康的风险，评价土壤污染修复效果，加强建设用地土壤环境监管，保障人居环境安全。其判断依据是《土壤环境质量　建设用地土壤污染风险管控标准（试行）》（GB 36600—2018）。

（4）土壤污染事故监测　　土壤污染事故监测指对废气、废水、废液、废渣、污泥以及农用化学品等对土壤造成的污染事故进行的应急监测。需要调查引起事故的污染物来源、种类、污染程度及危害范围等，为行政主管部门采取对策提供科学依据。

▶ 4.2.2　资料收集

广泛收集相关资料，包括自然环境和社会环境方面的资料，有利于科学、优化布设监测点和后续监测工作。

自然环境方面的资料包括：地形地貌、成土母质、土壤类型、土壤环境背景值等土壤信息资料；温度、降水量和蒸发量等气象资料；地表水和地下水、地质条件、水土流失等水文资料；相应的图件（如交通图、土壤图、地质图、大比例尺地形图等资料，供制作采样图和标注采样点位用），遥感与土壤利用及其演变过程等方面的资料。

社会环境方面的资料包括：工农业生产布局、人口分布及相应图件（如行政区划图等）。

污染资料包括：工业污染源种类与分布、污染物种类及排放途径和排放量、农药和化肥使用情况、污水灌溉及污泥使用情况、工程建设或生产过程对土壤造成影响的环境研究资料、造成土壤污染事故的主要污染物的毒性、稳定性以及如何消除等资料、地方病等。

资料收集后，需要现场踏勘，将调查得到的信息进行整理和分析，丰富采样工作图的内容。

▶ 4.2.3　监测项目

土壤监测项目一般根据监测目的而定，背景值调查是为了掌握土壤中各种元素的含量水平，要求测定项目多。污染事故监测只测定可能造成土壤污染的项目。土壤质量监测测定那些影响自然生态、植物正常生长以及危害人体健康的项目。

《土壤环境质量　农用地土壤污染风险管控标准（试行）》（GB 15618—2018）规定农用地土壤污染风险筛选值的基本项目（重金属类）为必测项目，包括镉、汞、砷、铅、铬、铜、镍、锌；农用地土壤污染风险筛选值的其他项目为选测项目，包括六六六、滴滴涕和苯并[a]芘。此外不同土壤 pH 条件下,土壤污染风险筛选值存在差异,因此,必须测定土壤 pH。《土壤环境质量 建设用地土壤污染风险管控标准(试行)》(GB 36600—2018)规定的基本项目共有 45 项(重金属和无机物、挥发性有机物和半挥发性有机物)(表 4-5),是初步调查阶段建设用地土壤污染风险筛选的必测项目。对于土壤环境质量标准中未要求控制的污染物,可根据当地环境污染状况,确认在土壤中积累较多、对环境危害较大、影响范围广、毒性较强的污染物,或者污染事故对土壤环境造成严重不良影响的物质,确定监测项目。

4.2.4 采样点的布设

采样点的布设是土壤环境监测的前期工作,是野外采样的准备阶段,其原则和方法由监测的目的决定。布点包括 2 个方面的内容,一是样点数,二是样点的布置方法。有些时候是先决定样点数,然后根据采样范围内的土质、地形、灌溉等的差异将总样点数合理地分配到整个监测范围内。有时则根据实际情况,采用分层随机抽样的布点方法,决定样点的布置与样点数。

1)布设原则

土壤是一个开放的缓冲动力学体系,与外界环境不断进行物质和能量交换,但又具有物质和能量相对稳定和均匀性差的特点。为了使布设的采样点具有代表性和典型性,应遵循以下基本原则。

(1)合理划分采样单元,大单元分成相对均匀的小单元,设立对照单元。可按照土壤接纳污染物的途径(如大气污染、农灌污染、综合污染等),参考土壤类型、农作物种类、耕作制度等因素,划分采样单元,同一单元的差别应尽可能缩小。背景值调查一般按照土壤类型和成土母质划分采样单元,因为不同类型的土壤和成土母质的元素组成和含量相差较大。

(2)土壤污染监测应考虑污染源类型,哪里有污染就在哪里布点,优先布设在那些污染严重、影响农业生产活动的地方。

(3)采样点应避开田边、沟边、路边、肥堆边和水土流失严重、表层土严重破坏的地点。

2)布点方法

(1)区域环境土壤背景点布点方法 以获取区域环境土壤背景值为目的的布点,坚持"哪里不污染在哪里布点"的原则。实际工作中,一般在调查区域内或附近,找寻没有受到人为污染或相对未受污染,而成土母质、土壤类型及农作历史等一致的区域布点。

在满足上述条件的前提下,尽量将监测点位布设在成土母质或土壤类型所代表区域的中部位置。

(2)农田土壤环境质量监测布点方法 根据调查目的、调查精度和调查区域环境状况等因素确定监测单元。农田土壤监测单元按土壤接纳污染物的途径划分为大气污染型、灌溉水污染型、农用固体废物污染型、农用化学物质污染型和综合污染型等。土壤监测单元划分参考土壤类型、农作物种类、耕作制度、商品生产基地、保护区类别、行政区划等要素,同一单元的差别应尽可能缩小。

大气污染型和固体废物堆污染型土壤监测单元以污染源为中心放射状布点,在主导风向和地表水的径流方向适当增加采样点;农用固体废物污染型和农用化学物质污染型土壤监测单元采用均匀布点;灌溉水污染型土壤监测单元采用按水流方向带状布点,采样点自纳污口起由密渐疏;综合污染型土壤监测单元布点采用综合放射状、均匀、带状布点法。

在污染事故调查等监测中,需要布设对照点以考察监测区域的污染程度。选择与监测区域土壤类型、耕作制度等相同且未受污染的区域采集对照点;或在监测区域内采集不同深度的剖面样品作为对照点。

(3)建设用地土壤污染风险评估和修复监测点位的布设　根据地块土壤污染状况调查阶段性结论确定的地理位置、地块边界及各阶段工作要求,确定布点范围。在所在区域地图或规划图中标注出准确地理位置,绘制地块边界,并对场界角点进行准确定位。地块土壤环境监测常用的监测点位布点方法包括系统随机布点法、系统布点法和分区布点法,见图4-1。

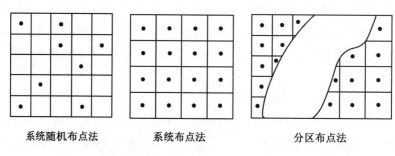

系统随机布点法　　　　　　系统布点法　　　　　　分区布点法

图 4-1　系统随机布点法、系统布点法和分区布点法示意图

系统随机布点法是将监测区域分成面积相等的若干工作单元,从中随机(随机数的获得可以利用掷骰子、抽签、查随机数表的方法)抽取一定数量的工作单元,在每个工作单元内布设一个监测点位。系统随机布点法适用于地块内土壤特征相近、土地使用功能相同的区域。

系统布点法是将监测区域分成面积相等的若干工作单元,每个工作单元内布设一个监测点位。系统布点法适用于地块土壤污染特征不明确或地块原始状况严重破坏的地块。

分区布点法是将地块划分成不同的小区,再根据小区的面积或污染特征确定布点的方法。地块内土地使用功能的划分一般分为生产区、办公区、生活区。原则上生产区的工作单元划分应以构筑物或生产工艺为单元,包括各生产车间、原料及产品仓库、废水处理及废渣贮存场、场内物料流通道路、地下贮存构筑物及管线等。办公区包括办公建筑、广场、道路、绿地等,生活区包括食堂、宿舍及公用建筑等。对于土地使用功能相近、单元面积较小的生产区也可将几个单元合并成一个监测工作单元。分区布点法适用于地块内土地使用功能不同及污染特征差异明显的地块。

3)采样点数量

土壤监测布设采样点数量要根据监测目的、区域范围大小及其环境状况等因素确定。监测区域大、区域环境状况复杂,布设采样点数就要多;监测范围小,其环境状况差异小,布设采样点数就少。一般要求每个监测单元最少设3个点。区域土壤环境调查按调查的精度不同,可从2.5 km、5 km、10 km、20 km、40 km中选择网距网格布点,区域内的网格结点数即为土壤采样点数量。

也可由均方差和绝对偏差、变异系数和相对偏差计算样品数,但计算的是样品数的下限数值。实际工作中土壤布点数量还要根据调查目的、调查精度和调查区域环境状况等因素确定。

(1)由均方差和绝对偏差计算样品数 用下列公式可计算所需的样品数:

$$n = t^2 s^2 / d^2$$

式中:n 为样品数;t 为选定置信水平(土壤环境监测一般选定为 95%)一定自由度下的 t 值;s^2 为均方差,可从先前的其他研究或者从极差 $R[s^2=(R/4)^2]$ 估计;d 为可接受的绝对偏差。

例 4-1 某地土壤多氯联苯(PCB)的浓度范围 0~13 mg/kg,若 95% 置信度时平均值与真值的绝对偏差为 1.5 mg/kg,s 为 3.25 mg/kg,初选自由度为 10,样品数的计算如下:

$$n = (2.228)^2 (3.25)^2 / (1.5)^2 = 23$$

因为 23 比初选的 10 大得多,重新选择自由度查 t 值计算得:

$$n = (2.069)^2 (3.25)^2 / (1.5)^2 = 20$$

20 个土壤样品数较大,原因是其土壤 PCB 含量分布不均匀(0~13 mg/kg),要降低采样的样品数,就得牺牲监测结果的置信度(如从 95% 降低到 90%),或放宽监测结果的置信距(如从 1.5 mg/kg 增加到 2.0 mg/kg)。

(2)由变异系数和相对偏差计算样品数

$$n = t^2 s^2 / d^2 \text{ 可变为:} n = t^2 CV^2 / m^2$$

式中:n 为样品数;t 为选定置信水平(土壤环境监测一般选定为 95%)一定自由度下的 t 值;CV 为变异系数(%),可从先前的其他研究资料中估计;m 为可接受的相对偏差(%),土壤环境监测一般限定为 20%~30%。

没有历史资料的地区、土壤变异程度不太大的地区,一般 CV 可用 10%~30% 粗略估计,有效磷和有效钾变异系数 CV 可取 50%。

▶ 4.2.5 监测方法

土壤中污染元素的分析测试方法常用原子吸收分光光度法、分光光度法、原子荧光法、气相色谱法、电化学分析方法等,电感耦合等离子体原子发射光谱(ICP-AES)分析法、电感耦合等离子体质谱(ICP-MS)分析法、X 射线荧光光谱分析法、中子活化分析法、液相色谱分析法及气相色谱-质谱(GC-MS)联用法等近代分析方法在土壤监测中也已应用。选择分析方法的原则是第一选择相关标准方法,第二选择权威部门规定或推荐的方法,第三自选等效方法。表 4-6 列出了土壤环境质量监测项目的分析测定方法。

表 4-6　土壤常规监测项目及分析方法

污染物项目	分析方法	标准编号
镉	土壤质量　铅、镉的测定　石墨炉原子吸收分光光度法	GB/T 17141
汞	土壤和沉积物　汞、砷、硒、铋、锑的测定　微波消解/原子荧光法	HJ 680
	土壤质量　总汞、总砷、总铅的测定　原子荧光法第 1 部分:土壤中总汞的测定	GB/T 22105.1
	土壤质量　总汞的测定　冷原子吸收分光光度法	GB/T 17136
	土壤和沉积物　总汞的测定　催化热解-冷原子吸收分光光度法	HJ 923
砷	土壤和沉积物　12 种金属元素的测定　王水提取-电感耦合等离子体质谱法	HJ 803
	土壤和沉积物　汞、砷、硒、铋、锑的测定　微波消解/原子荧光法	HJ 680
	土壤质量　总汞、总砷、总铅的测定　原子荧光法第 2 部分:土壤中总砷的测定	GB/T 22105.2
铅	土壤质量　铅、镉的测定　石墨炉原子吸收分光光度法	GB/T 17141
	土壤和沉积物　无机元素的测定　波长色散 X 射线荧光光谱法	HJ 780
铬	土壤　总铬的测定　火焰原子吸收分光光度法	HJ 491
	土壤和沉积物　无机元素的测定　波长色散 X 射线荧光光谱法	HJ 780
铜	土壤质量　铜、锌的测定　火焰原子吸收分光光度法	GB/T 17138
	土壤和沉积物　无机元素的测定　波长色散 X 射线荧光光谱法	HJ 780
镍	土壤质量　镍的测定 火焰原子吸收分光光度法	GB/T 17139
	土壤和沉积物　无机元素的测定　波长色散 X 射线荧光光谱法	HJ 780
锌	土壤质量　铜、锌的测定　火焰原子吸收分光光度法	GB/T 17138
	土壤和沉积物　无机元素的测定　波长色散 X 射线荧光光谱法	HJ 780
六六六和滴滴涕	土壤和沉积物　有机氯农药的测定　气相色谱-质谱法	HJ 835
	土壤和沉积物　有机氯农药的测定　气相色谱法	HJ 921
	土壤质量　六六六和滴滴涕的测定　气相色谱法	GB/T 14550
苯并[a]芘	土壤和沉积物　多环芳烃的测定　气相色谱-质谱法	HJ 805
	土壤和沉积物　多环芳烃的测定　高效液相色谱法	HJ 784
	土壤和沉积物　半挥发性有机物的测定 气相色谱-质谱法	HJ 834
pH	土壤 pH 的测定　电位法	NY/T 1377

▶ 4.2.6　质量控制与质量保证

在样品的采集、保存、运输、交接等过程应建立完整的管理程序。为避免采样设备及外部环境条件等因素对样品产生影响,应注重现场采样过程中的质量保证和质量控制。

（1）应防止采样过程中的交叉污染。钻机采样过程中,在第一个钻孔开钻前要进行设备清洗;进行连续多次钻孔的钻探设备应进行清洗;同一钻机在不同深度采样时,应对钻探设备、取样装置进行清洗;与土壤接触的其他采样工具重复利用时也应清洗。一般情况下可用清水清洗,也可用待采土样或清洁土壤进行清洗;必要时或特殊情况下,可采用无磷去垢剂溶液、高压自来水、去离子水(蒸馏水)或10%硝酸进行清洗。

（2）采集现场质量控制样是现场采样和实验室质量控制的重要手段。质量控制样一般包括平行样、现场空白样及运输空白样,质控样品的分析数据可从采样到样品运输、贮存和数据分析等不同阶段反映数据质量。

（3）在采样过程中,同种采样介质,应至少一个样品采集平行样。样品采集平行样是从相同的点位收集并单独封装和分析的样品。

（4）采集土壤样品用于分析挥发性有机物指标时,建议每次运输应采集至少一个运输空白样,即从实验室带到采样现场后,又返回实验室的与运输过程有关,并与分析无关的样品,以便了解运输途中是否受到污染和样品是否损失。

（5）现场采样记录、现场监测记录可使用表格描述土壤特征、可疑物质或异常现象等,同时应保留现场相关影像记录,其内容、页码、编号要齐全,便于核查,如有改动应注明修改人及时间。

4.2.7　土壤环境质量评价

土壤环境质量评价涉及评价因子、评价标准和评价模式。评价因子数量与项目类型取决于监测目的和现实经济技术条件。评价标准常采用国家土壤环境质量标准、区域土壤背景值或部门(专业)土壤质量标准。评价模式常用污染指数法或与其有关的评价方法。《环境影响评价技术导则　土壤环境》(HJ 964—2018)规定,土壤环境质量现状评价标准值采用农用地和建设用地土壤污染风险管控标准中的筛选值进行评价。

（1）污染指数、超标率(倍数)评价　土壤环境质量评价一般以单项污染指数为主,指数小污染轻,指数大污染则重。当区域内土壤环境质量作为一个整体与外区域进行比较或与历史资料进行比较时,除用单项污染指数外,还常用综合污染指数。土壤由于地区背景差异较大,用土壤污染累积指数更能反映土壤的人为污染程度。土壤污染物分担率可评价确定土壤的主要污染项目,污染物分担率由大到小排序,污染物主次也同此序。除此之外,土壤污染超标倍数、样本超标率等统计量也能反映土壤的环境状况。污染指数和超标率等计算公式如下:

$$土壤单项污染指数＝土壤污染物实测值/土壤污染物质量标准$$
$$土壤污染累积指数＝土壤污染物实测值/污染物背景值$$
$$土壤污染物分担率(\%)＝(土壤某项污染指数/各项污染指数之和)×100\%$$
$$土壤污染超标倍数＝(土壤某污染物实测值－某污染物质量标准)/某污染物质量标准$$
$$土壤污染样本超标率(\%)＝(土壤样本超标总数/监测样本总数)×100\%$$

（2）内梅罗污染指数评价

$$内梅罗污染指数(P_N)＝\sqrt{\frac{PI_{均}^2＋PI_{最大}^2}{2}}$$

式中:$PI_{均}$和$PI_{最大}$分别是平均单项污染指数和最大单项污染指数。

内梅罗指数反映了各污染物对土壤的作用,同时突出了高浓度污染物对土壤环境质量的影响,可按内梅罗污染指数划定污染等级。内梅罗指数土壤污染评价标准见表4-7。

表4-7 土壤内梅罗污染指数评价标准

等级	内梅罗污染指数	污染等级
Ⅰ	$P_N \leq 0.7$	清洁(安全)
Ⅱ	$0.7 < P_N \leq 1.0$	尚清洁(警戒级)
Ⅲ	$1.0 < P_N \leq 2.0$	轻度污染
Ⅳ	$2.0 < P_N \leq 3.0$	中度污染
Ⅴ	$P_N > 3.0$	重污染

(3)背景值及标准偏差评价　用区域土壤环境背景值$(x)95\%$置信度的范围$(x \pm 2s)$来评价:

若土壤某元素监测值$x_i < x - 2s$,则该元素缺乏或属于低背景土壤;

若土壤某元素监测值在$x \pm 2s$,则该元素含量正常;

若土壤某元素监测值$x_i > x + 2s$,则土壤已受该元素污染,或属于高背景土壤。

4.3　土壤样品的采集与制备

土壤环境样品的采集是土壤环境监测的重要环节。能否获得科学、准确、有代表性及典型性的土壤样品,是关系到分析结果和由此得出的结论正确与否的先决条件。

4.3.1　土壤样品采集

样品采集一般按3个阶段进行:①前期采样。根据背景资料与现场考察结果,采集一定数量的样品分析测定,用于初步验证污染物空间变异性和判断土壤污染程度,为制定监测方案(选择布点方式和确定监测项目及样品数量)提供依据,前期采样可与现场调查同时进行;②正式采样。按照监测方案,实施现场采样;③补充采样。正式采样测试后,发现布设的样点没有满足总体设计需要,则要进行增设采样点补充采样。

面积较小的土壤污染调查和突发性土壤污染事故调查可直接采样。

4.3.1.1　农田土壤样品的采集

1)农田土壤混合样

农田土壤样品通常在农作物成熟收获时与农作物协同采集。在已布置明确的点上采样,也需保证样品的代表性。为减少土壤空间分布不均匀的影响,在一个采样单元内,应在不同方位上进行多点采样,并且均匀混合成为代表性的土壤样品。一般农田土壤环境监测采集耕作层土样,种植一般农作物采$0\sim20\ cm$,种植果林类农作物采$0\sim60\ cm$。为了保证样品的代表性,减少监测费用,采取采集混合样的方案。混合样的采集主要有4种方法,见图 4-2。

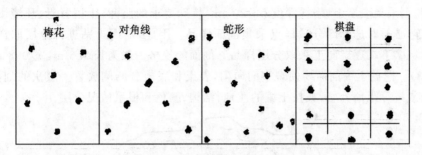

图 4-2 混合土壤采样点布设示意图

(1)梅花点法 梅花点法适用于面积较小、地势平坦、土壤组成和受污染程度相对比较均匀的地块,设分点 5 个左右。

(2)对角线法 对角线法适用于污灌农田土壤,按对角线分 5 等分点,以等分点为采样分点。

(3)蛇形法 蛇形法适宜于面积较大、土壤不够均匀且地势不平坦的地块,设分点 15 个左右,多用于农业污染型土壤。

(4)棋盘式法 棋盘式法适宜中等面积、地势平坦、土壤不够均匀的地块,设分点 10 个左右;受污泥、垃圾等固体废物污染的土壤,分点应在 20 个以上。

各分点混匀后用四分法取 1 kg 土样装入样品袋,多余部分弃去。四分法的做法是:将各点采集的土样混匀并铺成正方形,画对角线,分成 4 份,将对角线的 2 个对顶三角形范围内的样品保留,剔出一半。如此循环,直至所需的土量。样品袋一般由棉布缝制而成,如潮湿样品可内衬塑料袋(供无机化合物测定)或将样品置于玻璃瓶内(供有机化合物测定)。采样的同时,由专人填写样品标签、采样记录;标签一式两份,一份放入袋中,一份系在袋口,标签上标注采样时间、地点、样品编号、监测项目、特征描述、采样深度和经纬度以及采样人等信息。采样结束,需逐项检查采样记录、样袋标签和土壤样品,如有缺项和错误,及时补齐更正。采样记录格式见表 4-8。

表 4-8 土壤采样现场记录表

采用地点			东经		北纬	
样品编号			采样日期			
样品类别			采样人员			
采样层次			采样深度/cm			
样品描述	土壤颜色		植物根系			
	土壤质地		沙砾含量			
	土壤湿度		其他异物			
采样点示意图			自下而上植被描述			

注:土壤颜色可采用门塞尔比色卡比色,也可按土壤颜色三角表进行描述。颜色描述可采用双名法,主色在后,副色在前,如黄棕、灰棕等。颜色深浅还可以冠以暗、淡等形容词,如浅棕、暗灰等。

2)农田土壤剖面样

一般监测采集表层土,采样深度 0~20 cm,特殊要求的监测(土壤背景、环境影响评价、污染事故等)必要时选择部分采样点采集剖面样品。因此,需用土钻进行分层取样,或挖掘土坑后,自坑壁下端逐层向上采取分层样品。剖面的规格一般为长 1.5 m,宽 0.8 m,深 1~2 m(图 4-3)。挖掘土壤剖面要使观察面向阳,表土和底土分两侧放置。层次的划分可根据需要而定,或按等距离分层,或按土壤的质地、结构、颜色和根系情况分层。

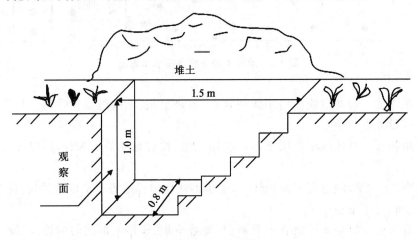

图 4-3　土壤剖面坑示意图

一般每个剖面采集 A(耕作层)、B(淀积层)、C(母质层)3 层土样。地下水位较高时,剖面挖至地下水出露时为止;山地丘陵土层较薄时,剖面挖至风化层。对 B 层发育不完整(不发育)的山地土壤,只采 A、C 两层。

干旱地区剖面发育不完善的土壤,在表层 5~20 cm、心土层 50 cm、底土层 100 cm 左右采样。水稻土按照 A 耕作层、P 犁底层、C 母质层(或 G 潜育层、W 潴育层)分层采样(图 4-4),对 P 层太薄的剖面,只采 A、C 两层(或 A、G 层或 A、W 层)。

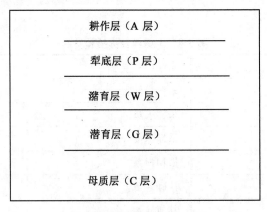

图 4-4　水稻土剖面示意图

对 A 层特别深厚、淀积层不甚发育、1 m 内见不到母质的土类剖面,按 A 层 5~20 cm、A/B 层 60~90 cm、B 层 100~200 cm 采集土壤。草甸土和潮土一般在 A 层 5~20 cm、

C1 层(或 B 层)50 cm、C2 层 100～120 cm 处采样。

采样次序自下而上,先采剖面的底层样品,再采中层样品,最后采上层样品,以免采取上层样品对下层土壤的混杂污染。测量重金属的样品尽量用竹质或不锈钢工具去除与金属采样器接触的部分土壤,再用其取样。剖面每层样品采集 1 kg 左右,装入样品袋。标签和采样记录格式见表 4-8。

如果用土钻取样,土钻钻至所需深度,把钻提出,将土样用挖勺取出。如果只取表层土样,可用深 10 cm、直径 8 cm 金属或塑料制的采样筒,直接压入土层内,然后用铲铲出并取样。

4.3.1.2　建设用地土壤污染样品的采集

1)地块土壤污染状况调查初步采样

(1)可根据原地块使用功能和污染特征,选择可能污染较重的若干工作单元,作为土壤污染物识别的工作单元。原则上监测点位应选择工作单元的中央或有明显污染的部位,如生产车间、污水管线、废物堆放处等。

(2)对于污染较均匀的地块(包括污染物种类和污染程度)和地貌严重破坏的地块(包括拆迁性破坏、历史变更性破坏),可根据地块的形状采用系统随机布点法(图 4-1),在每个工作单元的中心采样。

(3)监测点位的数量与采样深度应根据地块面积、污染类型及不同使用功能区域等调查阶段性结论确定。

(4)对于每个工作单元,表层土壤和下层土壤垂直方向层次的划分应综合考虑污染物迁移情况、构筑物及管线破损情况、土壤特征等因素确定。采样深度应扣除地表非土壤硬化层厚度,原则上应采集 0～0.5 m 表层土壤样品,0.5 m 以下下层土壤样品根据判断布点法采集,建议 0.5～6 m 土壤采样间隔不超过 2 m;不同性质土层至少采集 1 个土壤样品。同一性质土层厚度较大或出现明显污染痕迹时,根据实际情况在该层位增加采样点。

(5)一般情况下,应根据地块土壤污染状况调查阶段性结论及现场情况确定下层土壤的采样深度,最大深度应直至未受污染的深度为止。

2)地块土壤污染状况调查详细采样

(1)对于污染较均匀的地块(包括污染物种类和污染程度)和地貌被严重破坏的地块(包括拆迁性破坏、历史变更性破坏),可采用系统布点法划分工作单元(图 4-1),在每个工作单元的中心采样。

(2)如地块不同区域的使用功能或污染特征存在明显差异,则可根据土壤污染状况调查获得的原使用功能和污染特征等信息,采用分区布点法划分工作单元(图 4-1),在每个工作单元的中心采样。

(3)单个工作单元的面积可根据实际情况确定,原则上不应超过 1 600 m²。对于面积较小的地块,应不少于 5 个工作单元。采样深度应至土壤污染状况调查初步采样监测确定的最大深度,深度间隔与初步采样相同。

(4)如需采集土壤混合样,可根据每个工作单元的污染程度和工作单元面积,将其分成 1～9 个均等面积的网格,在每个网格中心进行采样,将同层的土样制成混合样(测定挥发性有机物项目的样品除外)。

表层土壤样品采集一般采用锹、铲等简单工具,也可以采用钻孔采样。下层土壤的采集则以钻孔取样为主,也可采用槽探的方式进行采样。钻孔取样可采用人工或机械钻孔后取样。人工钻探采样的设备包括螺纹钻、管钻、管式采样器等。机械钻探包括实心螺旋钻、中空螺旋钻、套管钻等。槽探一般靠人工或机械挖掘采样槽,然后用采样铲或采样刀进行采样。槽探的断面呈长条形,根据地块类型和采样数量设置一定的断面宽度。槽探取样可通过锤击敞口取土器取样和人工刻切块状土取样。

4.3.1.3　城市土壤样品的采集

城市土壤是城市生态的重要组成部分,虽然城市土壤不用于农业生产,但其环境质量对城市生态系统影响极大。城区内大部分土壤被道路和建筑物覆盖,只有小部分土壤栽植草木,城市土壤主要是指后者。由于其复杂性,分两层采样,上层(0~30 cm)可能是回填土或受人为影响大的部分,下层(30~60 cm)是受人为影响相对较小部分。两层分别取样监测。

城市土壤监测点以网距 2 000 m 的网格布设为主、功能区布点为辅,每个网格设 1 个采样点。专项研究和调查的采样点可适当加密。

4.3.1.4　污染事故监测土壤样品采集

污染事故发生后,需要立即组织采样。根据污染物及其对土壤的影响确定监测项目,尤其是污染事故的特征污染物是监测的重点。根据污染物的颜色、印渍和气味以及结合考虑地势、风向等因素初步界定污染事故对土壤的污染范围。

如果是固体污染物抛洒污染型,打扫后采集表层 5 cm 土样,采样点数不少于 3 个。

如果是液体倾翻污染型,污染物向低洼处流动的同时向深度方向渗透并向两侧横向方向扩散,每个点分层采样,事故发生点样品点较密,采样深度较深,离事故发生点相对远处样品点较疏,采样深度较浅。采样点不少于 5 个。

如果是爆炸污染型,以放射性同心圆方式布点,采样点不少于 5 个,爆炸中心采分层样,周围采表层土(0~20 cm)。

污染事故土壤监测要设定 2~3 个背景对照点,各点(层)取 1 kg 土样装入样品袋,有腐蚀性或要测定挥发性化合物,改用广口瓶装样。含易分解有机物的待测定样品,采集后置于低温(冰箱)中,直至运送、移交到分析室。

4.3.1.5　区域环境背景土壤采样

采样点的自然景观应符合土壤环境背景值研究的要求。采样点选在被采土壤类型特征明显的地方,地形相对平坦、稳定、植被良好的地点;坡脚、洼地等具有从属景观特征的地点不设采样点;城镇、住宅、道路、沟渠、粪坑、坟墓附近等处人为干扰大,失去土壤的代表性,不宜设采样点,采样点离铁路、公路至少 300 m 以上;采样点以剖面发育完整、层次较清楚、无侵入体为准,不在水土流失严重或表土被破坏处设采样点;选择不施或少施化肥、农药的地块作为采样点,以使样品点尽可能少受人为活动的影响;不在多种土类、多种母质母岩交错分布、面积较小的边缘地区布设采样点。

采样点可采表层样或土壤剖面。一般监测采集表层土,采样深度 0~20 cm,特殊要求的监测(土壤背景、环境影响评价、污染事故等)必要时选择部分采样点采集剖面样品。剖面样的采集与农田土壤剖面样相同。

▶ 4.3.2　土壤样品的制备

现场采集的土壤样品经核对无误后,进行分类装箱,运往实验室加工处理。在运输中严防样品的损失、混淆和沾污，并派专人押送，按时送至实验室。从野外取回的土样，都需经一个制备过程：风干、磨细、过筛、混匀、装瓶，以备各项测定之用。

样品制备目的是：剔除土壤以外的侵入体（如植物残茬、石粒、砖块等）和新生体（如铁锰结核和石灰结核等），以除去非土样的组成部分；适当磨细，充分混匀，使分析时所称取的少量样品具有较高的代表性，以减少称样误差；使样品可以长期保存，不致因微生物活动而霉坏。

（1）样品的风干　除测定游离挥发酚、铵态氮、硝态氮、低价铁、农药等不稳定项目需要新鲜土样外，多数项目需用风干土样。因为风干土样较易混合均匀，重复性、准确性都比较好。

从野外采集的土壤样品运到实验室后，为避免受微生物的作用引起发霉变质，应立即将全部样品倒在白色搪瓷盘或木盘内进行风干。当达半干状态时把土块压碎，拣去动植物残体如根、茎、叶、虫体等和石块、结核（石灰、铁、锰）等杂物后铺成薄层，经常翻动，在阴凉处使其慢慢风干，切忌阳光下暴晒或烘箱烘干。即使因急需而使用烘箱，也只能限于低温鼓风干燥。如果石子过多，应当将拣出的石子称重，记下所占的百分数。风干场所力求干燥通风，并要防止酸蒸气、氨蒸气等易挥发化学物质和灰尘的污染。

（2）磨碎与过筛　在磨样室将风干的样品倒在有机玻璃板上，用木槌敲打，用木滚、木棒、有机玻璃棒等再次压碎，拣出杂质，混匀，并用四分法取压碎样，根据分析测试项目要求，过孔径 1 mm（20 目）或 2 mm（10 目）尼龙筛。过筛后的样品全部置无色聚乙烯薄膜上，充分搅拌混匀，再采用四分法取其 2 份，一份交样品库存放，另一份作样品的细磨用。过 2 mm孔径的土壤一般用于物理分析，作为化学分析用的土壤还必须进一步研细，使之全部通过1 mm 孔径的筛子，或者根据测定指标的要求使土壤通过相应孔径的筛子。

用于细磨的样品再用四分法分成 2 份，一份研磨到全部过孔径 0.25 mm（60 目）筛子，用于农药或土壤有机质、土壤全氮量等项目分析；另一份研磨到全部过孔径 0.15 mm（100目）筛子，用于土壤元素全量分析。制样过程见图 4-5。

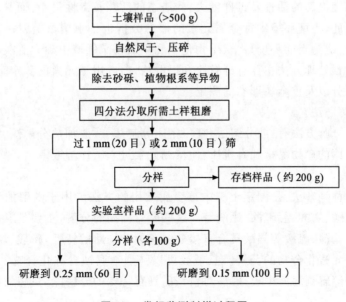

图 4-5　常规监测制样过程图

在磨细与过筛过程中,通过任何筛孔的样品必须代表整个样品的成分,并且任何样品不得因制备过程而导致污染。如果样品须制备粗、细2种规格,切不可把能通过细孔筛者作为细粒样,不能通过细孔筛者作为粗粒样。必须按照预定计划,分别取出预计数量的样品,无损地通过预定的筛孔。凡一次研磨不能通过者,必须多次研磨,不允许遗留任何土粒通不过既定筛孔。为了保证样品不受污染,必须注意制样的工具、容器与存储方法等。磨制样品的工具应取未上过漆的木盘、木棒或木杵。对于坚硬的、必须通过很细筛孔的土粒,应用玛瑙乳钵和玛瑙研钵。

(3)土样保存　一般样品用磨口塞的广口瓶保存半年至1年,以备必要时查核之用。样品瓶上标签须注明样号、采样地点、土类名称、试验区号、深度、采样日期、筛孔等项目,并且瓶内和瓶外都须附上标签。

环境监测中用以进行质量控制的标准土样或对照土样则需长期妥善保存。贮存样品应尽量避免日光、潮湿、高温和酸碱气体等的影响。

玻璃材质容器是常用的优质贮存器,聚乙烯塑料容器也属美国环保局推荐容器之一,该类贮器性能良好、价格便宜且不易破损。

将风干土样、沉积物或标准土样等贮存于洁净的玻璃或聚乙烯容器之内。在常温、阴凉、干燥、避阳光、密封(石蜡涂封)条件下保存。

▶ 4.3.3　土壤样品的预处理

土壤中污染物种类繁多,不同的污染物的样品预处理方法及测定方法各异。要根据不同的监测要求和监测目的,选定样品预处理方法。

由于土壤组成的复杂性和土壤物理化学性状差异,造成重金属及其他污染物在土壤环境中形态的复杂性和多样性。土壤中金属的不同形态对植物的生理活性和毒性均有差异,其中以有效态和交换态的活性及毒性最大,残渣态的活性及毒性最小,而其他结合态的活性及毒性居中。因此,土壤环境中重金属元素的形态分析也是土壤重金属污染监测的重要组成部分,同时也已成为当前环境科学、生物化学和生命科学领域中颇为活跃的前沿性课题。

土壤样品的预处理方法主要有分解法和提取法,前者用于元素的测定,后者用于有机污染物和不稳定组分以及重金属形态的测定。

4.3.3.1　全分解方法

土壤样品全分解方法有:酸分解法、高压密闭分解法、微波加热分解法、碱熔法等。分解的作用是破坏土壤的矿物晶格和有机质,使待测元素进入试样溶液中。

1)酸分解法

酸分解法也称消解法,是测定土壤中重金属常用的方法。用于消解的酸通常有:硝酸、盐酸、高氯酸、硫酸、磷酸、氢氟酸、硼酸等。这些酸对样品的分解,主要是靠酸的溶解腐蚀作用和氧化作用。盐酸、硫酸等强酸具有直接分解腐蚀矿物质的特性,磷酸、氢氟酸、硼酸等弱酸用于一些特有元素化合物的分解。氢氟酸可以强烈地腐蚀含硅化合物,它使束缚在硅酸盐里的各种成分溶解到溶液中去;磷酸对铬铁矿具有特殊的分解能力;高氯酸对有机质具有很强的破坏能力。

在实际分析中,各种酸很少单独使用,多用混合酸进行消解。常用的多元酸消解体系有:盐酸-硝酸-氢氟酸-高氯酸、硝酸-氢氟酸-高氯酸、硝酸-硫酸-高氯酸、硝酸-硫酸-磷酸、硝酸-盐酸等。同时,为了提高分解能力,还可以加入其他氧化剂或还原剂,如高锰酸钾、五氧化二钒、亚硝酸钠等。

盐酸-硝酸-氢氟酸-高氯酸全分解土壤样品的操作要点是:准确称取 0.500 0 g 风干过 0.15 mm 筛的土样于聚四氟乙烯坩埚中,用几滴水润湿后,加入 10 mL 盐酸[ρ(HCl)= 1.19 g/mL],于电热板上低温加热,蒸发至约剩 5 mL 时,加入 15 mL 硝酸[ρ(HNO$_3$)= 1.42 g/mL],继续加热蒸至近黏稠状,加入 10 mL 氢氟酸[ρ(HF)=1.15 g/mL]并继续加热,为了达到良好的除硅效果,应经常摇动坩埚。最后加入 5 mL 高氯酸[ρ(HClO$_4$)= 1.67 g/mL],并加热至白烟冒尽。土壤分解物应呈白色或淡黄色(含铁较高的土壤),倾斜坩埚时呈不流动的黏稠状。用稀酸溶液冲洗内壁及坩埚盖,温热溶解残渣,冷却后,定容至 100 mL 或 50 mL,最终体积依待测成分的含量而定。

2)高压密闭分解法

高压密闭分解法的操作要点是:称取 0.500 0 g 风干过 0.15 mm 筛的土样于内套聚四氟乙烯坩埚中,加入少许水润湿试样,再加入硝酸[ρ(HNO$_3$)= 1.42 g/mL]、高氯酸 [ρ(HClO$_4$)=1.67 g/mL]各 5 mL,摇匀后将坩埚放入不锈钢套筒中,拧紧。放在 180℃的烘箱中分解 2 h。取出,冷却至室温后,取出坩埚,用水冲洗坩埚盖的内壁,加入 3 mL 氢氟酸[ρ(HF)=1.15 g/mL],置于电热板上,100~120℃加热除硅,待坩埚内剩下 2~3 mL 溶液时,调高温度至 150℃,蒸至冒浓白烟后再缓缓蒸至近干,定容后进行测定。

3)微波加热分解法

微波加热分解法是将土壤样品和混合酸放入聚四氟乙烯容器中,置于微波消解仪内加热使试样分解的一种消化法。由于微波加热分解法是以被分解的土样及酸的混合液作为发热体,从内部进行加热使土样分解,热量几乎不向外部传导损失,所以热效率非常高。并且,在消化中通过微波消解仪内转盘的不断旋转,可以起到搅拌和充分混匀土样的作用,使其加速分解。此法具有方便快捷、消化力强等特点,目前使用较普遍。一般使用硝酸-盐酸、硝酸-双氧水等体系进行消解。

4)碱熔法

碱熔法是将土壤样品与碱混合,在高温下熔融使样品分解的方法。常用的溶剂有碳酸钠、氢氧化钠、过氧化钠、偏硼酸锂等。所用器皿有铝坩埚、瓷坩埚、镍坩埚和铂金坩埚等。碱熔法具有分解样品完全、操作简便、快速,且不产生大量酸蒸气的特点,但由于使用试剂量大,引入了大量可溶性盐,也易引进污染物质。另外,有些重金属如镉、铬在高温下易挥发损失(如高于 450℃)。

(1)碳酸钠熔融法 操作要点:称取 0.500 0~1.000 0 g 风干土样放入预先用少量碳酸钠或氢氧化钠垫底的高铝坩埚中,分次加入 1.5~3.0 g 碳酸钠,并用圆头玻璃棒小心搅拌,使与土样充分混匀,再放入 0.5~1 g 碳酸钠,平铺在混合物表面,盖好坩埚盖。移入马弗炉中,于 900~920℃熔融 0.5 h。自然冷却至 500℃左右时,可稍打开炉门(不可开缝过大,否则高铝坩埚骤然冷却会开裂)以加速冷却,冷却至 60~80℃用水冲洗坩埚底部,然后放入 250 mL 烧杯中,加入 100 mL 水,在电热板上加热浸提熔融物,用水及盐酸[1:1(V/V)]将坩埚及坩埚盖洗净取出,并小心用盐酸[1:1(V/V)]中和、酸化(注意盖好表面皿,以免大量 CO$_2$ 冒泡引起试样的溅失),待大量盐类溶解后,用中速滤纸过滤,用水及 5% 盐酸洗净滤纸及其中的不溶物,定容待测。碳酸钠熔融法适合测定氟、钼、钨。

（2）碳酸锂-硼酸、石墨粉坩埚熔样法　操作要点:在 30 mL 瓷坩埚内充满石墨粉,置于 900℃高温电炉中灼烧半小时,取出冷却,用乳钵棒压出一空穴。准确称取经 105℃烘干的土样 0.200 0 g 于定量滤纸上,与 1.5 g Li_2CO_3-H_3BO_3(Li_2CO_3：H_3BO_3＝1：2)混合试剂均匀搅拌,捏成小团,放入瓷坩埚内石墨粉洞穴中,然后将坩埚放入已升温到 950℃的马弗炉中,20 min 后取出,趁热将熔块投入盛有 100 mL 4%硝酸溶液的 250 mL 烧杯中,立即于 250 W 功率清洗槽内超声,直到熔块完全溶解;将溶液转移到 200 mL 容量瓶中,并用 4%硝酸定容。吸取 20 mL 上述样品液移入 25 mL 容量瓶中,并根据仪器的测量要求决定是否需要添加基体元素及添加浓度,最后用 4%硝酸定容,用光谱仪进行多元素同时测定。

碳酸锂-硼酸在石墨粉坩埚内熔样,再用超声波提取熔块,分析土壤中的常量元素,速度快,准确度高。此法适合铝、硅、钛、钙、镁、钾、钠等元素分析。

4.3.3.2　形态分析样品的提取方法

1）有效态的提取

重金属元素或营养元素不同的化学形态,对生物体的可利用性不同。重金属元素的总量中只有一部分能被植物所吸收并对植物直接造成危害,进而影响食品安全和人体健康。一般而言,水提取量最接近植物可吸收量,以后又发展了各种浓度乙酸铵、柠檬酸、草酸盐、盐酸等模仿根分泌酸性物质和根周围缓冲特性的提取剂来提取土壤中重金属的有效态。20 世纪 70 年代以来,为了明确植物吸收的重金属数量与土壤中可提取态的重金属数量之间的关系,国内外学者开展了大量的研究工作。筛选出的较为理想的提取剂有:氯化钙($CaCl_2$)、乙二胺四乙酸（EDTA)、二乙烯三胺五乙酸（DTPA)等,其中应用较为普遍的是 DTPA。《土壤 8 种有效态元素的测定　二乙烯三胺五乙酸浸提-电感耦合等离子体发射光谱法》(HJ 804—2016)中规定了有效态元素的提取方法。

二乙烯三胺五乙酸（DTPA)浸提法　DTPA 浸提液可测定有效态铜、锌、铁、镉、铅、钴、镍等。该浸提液的成分包括 0.005 mol/L DTPA、0.01 mol/L $CaCl_2$ 和 0.1 mol/L TEA(三乙醇胺)。DTPA 浸提液配制:在烧杯中依次加入 14.920 0 g TEA,1.967 0 g DTPA,1.470 0 g $CaCl_2 \cdot 2H_2O$,加水搅拌使其完全溶解,继续加水稀释至约 800 mL,用 6 mol/L 盐酸调节 pH 至 7.30±0.2(用 pH 计测定),转移至 1 000 mL 容量瓶中定容至刻度,摇匀。DTPA 浸提液贮存于塑料瓶中,几个月内不会变质。

浸提操作要点:称取 10.00 g 风干过 2.0 mm 筛的土样,置于 100 mL 硬质玻璃三角瓶中,加入 20.0 mL DTPA 浸提液,在(20±2)℃条件下,用水平振荡机振荡提取 2 h,干滤纸过滤,滤液用于分析元素含量。

2）重金属形态的提取

通常金属元素的形态可划分为水溶态、可交换态、络合（螯合)态、沉淀态（包括结晶态与封闭态)、有机态等。由于不同金属元素与土壤结合的某些特性差异,对各种形态的提取剂选择也有所不同,在元素形态的系统研究中常采用连续提取法进行。在土壤环境化学中,对重金属元素的形态分析一般采用 Tessier 的五步连续提取法。该方法由 Tessier 于 1979 年提出,主要适用于土壤或底泥等基质中重金属的形态分析。连续提取的 5 种形态分别为:可交换态、碳酸盐结合态、铁锰氧化物结合态、有机结合态和残渣态。其具体步骤如下。

（1）可交换态　1.000 0 g 试样中加入 1.0 mol/L $MgCl_2$ 溶液 8 mL(pH 7.0),室温下振

荡 1 h,离心 10 min,吸取上清液分析。

（2）碳酸盐结合态　经步骤（1）处理后的残余物在室温下加入 8 mL 1.0 mol/L NaAc 浸提,在浸提前用乙酸把 pH 调至 5.0,振荡 8 h,离心,吸取上清液分析。

（3）铁锰氧化物结合态　经步骤（2）处理后的残余物中,加入 20 mL 0.04 mol/L 盐酸羟胺($NH_2OH \cdot HCl$)的 25%（V/V）的乙酸中浸提。浸提温度为(96 ± 3)℃,时间为 4 h,离心,吸取上清液分析。

（4）有机结合态　在经步骤（3）处理后的残余物中,加入 3 mL 0.02 mol/L 硝酸、5 mL 30%双氧水,然后用硝酸调节 pH 至 2,将混合物加热至(85 ± 2)℃,保温 2 h,并在加热中间振荡几次。再加入 5 mL 30% H_2O_2,用硝酸调 pH 至 2,再将混合物在(85 ± 2)℃加热 3 h,并间断地振荡。冷却后,加入 5 mL 3.2 mol/L 乙酸铵,用 20%（V/V）硝酸溶液稀释至 20 mL,振荡 30 min。离心,吸取上清液分析。

（5）残渣态　对步骤（4）处理后的残余物,利用硝酸-氢氟酸-高氯酸消解法消解分析。

一般认为,在 5 种不同的存在形式中,可交换态和碳酸盐结合态金属易迁移、转化,对人类和环境危害较大;铁锰氧化物结合态和有机结合态较为稳定,但在外界条件变化时也有释放出金属离子的可能;残渣态一般称为非有效态,因为它在自然条件下不易释放出来。

4.3.3.3　有机污染物的提取方法

土壤中有机污染物包括苯并[a]芘、三氯乙醛、矿物油、挥发酚、六六六、滴滴涕等。由于这些污染物的含量多数是痕量和超痕量,需要对环境样品进行浓缩、富集和分离。土壤中有机物的测定方法与水样中基本相同,而最大的不同之处在于有机物的提取方法。

1）常用有机溶剂

（1）有机溶剂的选择原则　根据相似相溶的原理,尽量选择与待测物极性相近的有机溶剂作为提取剂。提取剂必须与样品能很好地分离,且不影响待测物的纯化与测定;不能与样品发生作用,毒性低、价格便宜;提取剂沸点范围为 45～80℃为好。

此外,还要考虑溶剂对样品的渗透力,以便将土样中待测物充分提取出来。当单一溶剂不能达到理想的提取效果时,常用 2 种或 2 种以上不同极性的溶剂以不同的比例配成混合提取剂。

（2）常用有机溶剂的极性　常用有机溶剂的极性由强到弱的顺序为:乙腈、甲醇、乙酸、乙醇、异丙醇、丙酮、二氧六环、正丁醇、正戊醇、乙酸乙酯、乙醚、硝基甲烷、二氯甲烷、苯、甲苯、二甲苯、四氯化碳、二硫化碳、环己烷、正己烷（石油醚）、正庚烷。

（3）溶剂的纯化　纯化溶剂多用重蒸馏法。纯化后的溶剂是否符合要求,最常用的检查方法是将纯化后的溶剂浓缩 100 倍,再用与待测物检测相同的方法进行检测,无干扰即可。

2）有机污染物的提取

（1）振荡提取　准确称取一定量的土样置于标准三角瓶中,加入适量的提取剂振荡,静置分层或抽滤、离心分出提取液,样品再重复提取 2 次,分出提取液,合并,待净化。振荡提取操作简便,是最为广泛应用的环境样品前处理方法之一。其缺点是有机溶剂耗用量大,还易引入新的干扰,浓缩步骤费时,且易导致被测物的损失。

（2）超声波提取　准确称取一定量的土样置于烧杯中,加入提取剂,超声振荡,真空过滤或离心分出提取液,固体物再用提取剂提取 2 次,分出提取液合并,待净化。超声波提取技术的基本原理主要是利用超声波的空化作用加速土壤中目标有机物的浸提过程。与常规提取法相比,超声波提取具有时间短、提取率高、无需加热等优点。但由于超声波发生器本身产生的超声波不甚均匀,使得超声波提取方法的重现性差。

(3)索氏提取　索氏提取器(图 4-6)又称脂肪提取器,常用于提取土壤、生物样品中的农药、石油、苯并[a]芘等非挥发及半挥发有机污染物。准确称取一定量土样放入滤纸筒中,再将滤纸筒置于索氏提取器中。在有 1～2 粒干净沸石的 150 mL 圆底烧瓶中加 100 mL 提取剂,连接索氏提取器,加热回流一定的时间即可。此法为经典提取法,也叫完全提取法,提取效果比较好,但需时间较长,耗费溶剂量大,可能产生有机溶剂的二次污染。

(4)其他方法　近年来,吹扫蒸馏法(用于提取易挥发性有机物)、超临界提取法(SFE)都发展很快。尤其是 SFE 法由于其快速、高效、安全性(不需任何有机溶剂),成为具有很好发展前途的提取法。

3)提取液的净化

使待测组分与干扰物分离的过程称为净化。当用有机溶剂提取样品时,一些干扰杂质可能与待测物一起被提取出,若不除掉这些杂质将会影响检测结果,甚至使定性定量

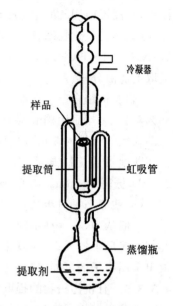

冷凝器

样品

提取筒

虹吸管

蒸馏瓶

提取剂

图 4-6　索氏提取器

无法进行,严重时还可使气相色谱的柱效减低、检测器沾污,因而提取液必须经过净化处理。净化的原则是尽量完全除去干扰物,而使待测物尽量少损失。常用的净化方法有以下几种。

(1)液-液分配法　液-液分配法的基本原理是在一组互不相溶的溶剂中溶解某一溶质成分,该溶质以一定的比例分配(溶解)在溶剂的两相中。通常把溶质在两相溶剂中的分配比称为分配系数。在同一组溶剂对中,不同的物质有不同的分配系数;在不同的溶剂对中,同一物质也有着不同的分配系数。利用物质和溶剂对之间存在的分配关系,选用适当的溶剂通过反复多次分配,便可使不同的物质分离,从而达到净化的目的,这就是液-液分配净化法。采用此法进行净化时一般可得到较好的回收率,不过分配的次数须是多次方可完成。

液-液分配过程中若出现乳化现象,可采用以下方法进行破乳:加入饱和硫酸钠水溶液,以其盐析作用而破乳;加入硫酸[1∶1(V/V)],加入量从 10 mL 逐步增加,直到消除乳化层,此法只适于对酸稳定的化合物;离心机离心分离。

液-液分配中常用的溶剂对有:乙腈-正己烷、N,N-二甲基甲酰胺(DMF)-正己烷、二甲亚砜-正己烷等。

(2)化学处理法　用化学处理法净化能有效地去除脂肪、色素等杂质。常用的化学处理法有酸处理法和碱处理法。

酸处理法是用浓硫酸与提取液在分液漏斗中振荡进行磺化,以除掉脂肪、色素等杂质。其净化原理是脂肪、色素中含有碳-碳双键,如脂肪中不饱和脂肪酸和叶绿素中含一双键的叶绿醇等,这些双键与浓硫酸作用时产生加成反应,所得的磺化产物溶于硫酸,这样便使杂质与待测物分离。这种方法常用于强酸条件下稳定的有机物如有机氯农药的净化,而对于易分解的有机磷、氨基甲酸酯农药则不可使用。

碱处理法是利用油脂等能与强碱发生皂化反应,生成脂肪酸盐而将其分离的方法。例

如,用石油醚提取粮食中的石油烃,同时也将油脂提取出来,如在提取液中加入氢氧化钾-乙醇溶液,油脂与之反应生成脂肪酸钾盐进入水相,而石油烃仍留在石油醚中。

（3）吸附柱层析法　吸附柱层析法的原理是利用待测物质和杂质与吸附剂之间的吸附力大小不同的特性,提取液中各组分在柱中吸附剂上反复被吸附与解吸,并通过洗脱溶剂的解吸作用使待测物与杂质分离,达到净化目的。

在玻璃柱中装入1种或数种吸附剂,使提取液通过装有吸附剂的玻璃柱。由于吸附剂对待测物和干扰物的吸附性不同,当用洗脱剂淋洗时,若柱中的吸附剂对待测物吸附性强时,则杂质被淋出,柱中的待测物另选洗脱剂即可淋出,反之则待测物被淋出。这种方法是常用的净化法之一。常用的吸附剂有硅酸镁、氧化铝、硅藻土和活性炭等。将具有不同吸附性能的吸附剂按不同比例混合装柱,让各自吸附能力优势互补,对于净化较为复杂的试样能获得更好的净化效果。

（4）低温冷冻法　该方法是基于不同物质在同一溶剂中的溶解度随温度不同而不同的原理将彼此分离。例如,将用丙酮提取样品中农药的提取液置于－70℃的冰-丙酮冷阱中,由于脂肪和蜡质的溶解度大大降低而沉淀析出,农药仍留在丙酮中。经过滤除去沉淀,获得经净化的提取液。这种方法的最大优点是有机化合物在分离过程中不发生变化,并且有良好的分离效果。

4）提取液的浓缩

使大体积溶液中溶剂减少、待测组分浓度增高的操作步骤称为浓缩。提取液经过分离净化后,其中被测组分的浓度往往太低,达不到分析需要,就要对样品进行浓缩,才能进行测定。常用的浓缩方法有蒸馏法或减压蒸馏法、蒸发法、吹气法、K-D浓缩器浓缩法等。

（1）蒸发法　将待浓缩的溶液置于室温下,任其溶剂自然蒸发,达到浓缩的目的。此法简便,需要时间长,但对如石油醚、丙酮、二氯甲烷等作为溶剂的提取液效果较好。

（2）吹气法　向待浓缩的溶液表面吹惰性气体或干燥空气,使溶剂加速挥发,适用于不易挥发、蒸汽压较低的农药。

（3）K-D浓缩仪浓缩法　K-D浓缩仪由K-D瓶、施耐德管和冷凝器及接收瓶组成（图4-7）,在减压的条件下进行蒸馏,使溶剂从溶液中蒸出,溶液中待测物浓度增加。此方法简便,待测物不易损失,是普遍使用的一种浓缩方法,但对甲醇、甲苯等沸点较高的溶剂,则速度慢、效果差,不宜采用。

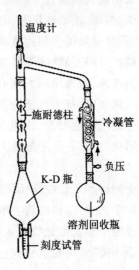

图4-7　K-D浓缩器

（4）旋转浓缩法　本法需用旋转浓缩蒸发仪在减压、加温、旋转条件下进行浓缩,其浓缩速度快、待测物不易损失,是最常用的一种方法。但对蒸汽压高的农药,使用时应注意温度条件不能过高,否则容易造成损失。

4.4 无机污染物测定

土壤中的无机污染物主要有砷、铬、镉、汞、铅、镍、铜、锌和氟等金属和非金属化合物,它们大多来源于工业三废(废气、废水、废渣)排放、施用肥料及农药等农业生产活动。与水体和大气污染的直观表现不同,土壤污染往往要通过农作物或通过摄食的人或动物的健康状况才能反映出来,从遭受污染到产生严重后果有一个相当长的逐步积累过程,具有较强的隐蔽性和潜伏性。因此,监测土壤中污染物质的含量及其动向至关重要。

土壤中无机污染物质尤其是金属元素含量一般较低,对其进行测定需采用高灵敏度的方法。目前无机污染物质的分析可以采用光度分析法、阳极溶出法、原子吸收分光光度法和等离子体发射光谱法等。土壤中金属化合物的测定方法与"水和废水监测"中金属化合物的测定方法基本相同,仅在预处理方法和测定条件方面有差异,故在此做简单介绍。

▶ 4.4.1 砷和汞

农药厂、铜或砷冶炼厂、焦化厂、钨矿等排出的废水中常含有砷化合物,用含砷废水灌溉农田后,土壤受到砷污染。无机形态的砷曾被广泛应用于农业,作为杀虫剂、除莠剂、杀菌剂、干燥剂、脱叶剂以及动物饲料添加剂等。受砷污染的土壤会降低农作物产量,同时引起食物链砷污染,最终损害人类的健康。

汞在天然或人工条件下均可以单质和汞的化合物2种形态存在。土壤的汞污染主要来自污水灌溉、燃煤、汞冶炼厂和汞制剂厂(仪表、电气、氯碱工业)的排放。生长在汞污染土壤上的谷物,汞含量可能会超过食用标准。汞对植物的危害因作物种类而异。汞在一定浓度下使作物减产,在较高浓度下甚至使作物死亡。

测定土壤砷、汞常用的方法有原子吸收法、原子荧光法及分光光度法等,从方法的灵敏度、准确度、精密度、抗干扰能力及适用性上来看,这几种方法均可采用。原子吸收法与原子荧光法比分光光度法简便、快速,砷的分光光度法测定在"水和废水监测"中已经介绍,本节主要介绍氢化物-原子荧光光谱法。

4.4.1.1 原理

样品中的砷和汞经盐酸-硝酸加热消解后,用硼氢化钾(KBH_4)或硼氢化钠将样品中的汞还原为原子态汞;用硫脲将五价砷还原为三价砷,再加入硼氢化钾将其还原为砷化氢。砷的氢化物或原子态汞由氩气载入原子化器解离而成为原子,原子受到光源特征辐射线的照射后产生原子荧光,荧光信号到达检测器转变为电信号,经电子放大器放大后由读数装置读出结果。

4.4.1.2 仪器

氢化物发生原子荧光光谱仪;砷和汞的空心阴极灯;水浴锅。

4.4.1.3 试剂

(1)王水[1:1(V/V)] 取1份硝酸与3份盐酸混合后,用去离子水稀释1倍。

(2)测汞还原剂[0.01%硼氢化钾+0.2%氢氧化钾(KOH)溶液] 称取0.2 g氢氧化钾

放入烧杯中,用少量水溶解;称取 0.01 g 硼氢化钾溶于氢氧化钾溶液中,然后稀释至 100 mL,此溶液现用现配。

(3)测砷还原剂[1%硼氢化钾+0.2%氢氧化钾(KOH)溶液]　称取 0.2 g 氢氧化钾放入烧杯中,用少量水溶解;称取 1.0 g 硼氢化钾溶于氢氧化钾溶液中,然后稀释至 100 mL,此溶液现用现配。

(4)测汞载液{硝酸溶液[1:19(V/V)]}　量取 25 mL 硝酸,缓慢倒入放有少量去离子水的 500 mL 容量瓶中,用去离子水定容至刻度,摇匀。

(5)测砷载液{盐酸溶液[1:9(V/V)]}　量取 50 mL 盐酸,加水定容至 500 mL。

(6)硫脲(5%)-抗坏血酸(5%)水溶液　称取 5 g 硫脲(CH_4N_2S),5 g 抗坏血酸($C_6H_8O_6$)溶于去离子水中,稀释至 100 mL,现用现配。

(7)保存液　称取 0.5 g 重铬酸钾,用少量水溶解,加入 50 mL 硝酸,用水稀释至 1 000 mL 摇匀。

(8)稀释液　称取 0.2 g 重铬酸钾,用少量水溶解,加入 28 mL 硫酸,用水稀释至 1 000 mL 摇匀。

(9)汞标准贮备液　称取经干燥处理的 0.1354 g 氯化汞,用保存液溶解后,转移至 1 000 mL 容量瓶中,再用保存液稀释至刻度,摇匀。此标准溶液汞的浓度为 100 μg/mL。

(10)汞标准中间溶液　吸取 10.00 mL 汞标准贮备液注入 1 000 mL 容量瓶中,用保存液稀释至刻度,摇匀。此标准溶液汞的浓度为 1.00 μg/mL。

(11)汞标准工作溶液　吸取 2.00 mL 汞标准中间溶液注入 100 mL 容量瓶中,用保存液稀释至刻度,摇匀。此标准溶液汞的浓度为 20.0 ng/mL。

(12)砷标准贮备液　准确称取三氧化二砷(As_2O_3)0.660 0 g 于烧杯中,加入 10 mL 10%氢氧化钠溶液,加热溶解,冷却后移入 500 mL 容量瓶中,用水稀释至刻度,摇匀。此溶液砷浓度为 1.00 mg/mL。

(13)砷标准中间溶液　吸取 10.00 mL 砷标准贮备液注入 100 mL 容量瓶中,用盐酸溶液[1:9(V/V)]稀释至刻度,摇匀。此标准溶液砷的浓度为 100 μg/mL。

(14)砷标准工作溶液　吸取 1.00 mL 砷标准中间溶液注入 100 mL 容量瓶中,用盐酸溶液[1:9(V/V)]稀释至刻度,摇匀。此标准溶液砷的浓度为 1.00 μg/mL。

4.4.1.4　操作步骤

(1)土壤样品的消化　准确称取经风干、研磨并过 0.15 mm 孔径筛的土壤样品 0.200 0~1.000 0 g 于 50 mL 具塞刻度比色管中,加少量水润湿样品,然后加入 10 mL 王水[1:1(V/V)],加塞摇匀,在室温下放置过夜,再置于沸水浴中消煮 2 h,期间摇动几次,取下冷却后用水稀释至刻度,摇匀后放置。

吸取一定量的消解试液于 50 mL 比色管中,加 3 mL 盐酸、5 mL 硫脲-抗坏血酸溶液,用水稀释至刻度,摇匀放置,取上清液待测砷。

另吸取 1 份一定量的消解试液于 50 mL 比色管中,立即加入 10 mL 保存液,用稀释液稀释至刻度,摇匀后放置,取上清液测定汞,同时做空白试验。

(2)标准曲线的绘制　分别准确吸取 0.00 mL、0.50 mL、1.00 mL、2.00 mL、3.00 mL、5.00 mL、10.00 mL 汞标准工作液,分别置于 50 mL 容量瓶中,加入 10 mL 保存液,用稀释液稀释至刻度,摇匀。即得含汞量分别为 0.00 ng/mL、0.20 ng/mL、0.40 ng/mL、0.80 ng/mL、

1.20 ng/mL、2.00 ng/mL、4.00 ng/mL 的标准系列溶液。

分别准确吸取 0.00 mL、0.50 mL、1.00 mL、1.50 mL、2.00 mL、3.00 mL 砷标准工作液，分置于 50 mL 容量瓶中，分别加入 5 mL 盐酸、5 mL 硫脲-抗坏血酸溶液，用水稀释至刻度，摇匀。即得含砷量分别为 0.00 ng/mL、10.0 ng/mL、20.0 ng/mL、30.0 ng/mL、40.0 ng/mL、60.0 ng/mL 的标准系列溶液。

（3）仪器条件　根据仪器使用说明书选择仪器测定条件。

（4）测定　将仪器调至最佳工作条件，在还原剂和载液的带动下，测定标准系列各点的荧光强度（标准曲线是减去标准空白后的荧光强度对浓度绘制的标准曲线），然后测定样品空白、试样的荧光强度。

4.4.1.5　结果计算

土壤样品砷/汞的质量分数按下式计算：

$$\omega(\text{As/Hg, mg/kg}) = \frac{(\rho - \rho_0) \times V_2 \times V_{总}/V_1}{m \times (1-f) \times 1\,000}$$

式中：ρ 为从标准曲线上查得元素质量浓度，ng/mL；ρ_0 为试剂空白溶液测定质量浓度，ng/mL；V_2 为测定时分取样品溶液稀释定容体积，mL；$V_{总}$ 为样品消解后定容总体积，mL；V_1 为测定时分取样品消解液体积，mL；m 为样品质量，g；f 为土壤含水量；1 000 为单位换算系数。

4.4.1.6　注意事项

（1）若样品中汞含量太高，不能直接测量，应适当减少称样量，使试样含汞量保持在标准曲线的直线范围内。

（2）样品消解完毕，通常要加保存液并以稀释液定容，以防止汞的损失。样品试液宜尽早测定，一般情况下只允许保存 2~3 d。

▶ 4.4.2　镉、铅、镍、铬、铜和锌

镉、铅不是植物和动物的必需元素。但不同来源的镉、铅、镍、铬污染了土壤、植物、水体以及食品后，通过食物链引起人和动物中毒。铅的污染主要来自交通、有色金属冶炼燃烧，以及汽油燃烧等排出的含铅废气、工业废水灌溉等。大气中的铅可以直接进入人体或由于雨水淋洗、微尘散落而污染农作物、水面和表土，再由动植物进入人体。

镉和镍的污染主要来源于冶炼、电镀、颜料、印刷和磷肥工业中的废水、废气和废渣中。长期利用含镉、镍污水灌溉农田会使土壤被镉或镍污染。

铬是一种主要的环境污染元素，铬的污染源主要是电镀、制革废水、铬渣等。铬在土壤中主要有 2 种价态：Cr^{6+} 和 Cr^{3+}，Cr^{6+} 毒性比 Cr^{3+} 高。Cr^{3+} 主要存在于土壤与沉积物中，Cr^{6+} 主要存在于水中，但易被 Fe^{2+} 和有机物等还原。

土壤样品的预处理方法参见 4.3.3 部分，重金属的测定方法参见"水和废水监测"中的相关章节。

4.5 有机污染物测定

当有机污染物直接或间接地进入到土壤,累积到一定程度时,不仅农作物生长受阻,影响产量,还将通过作物根系吸收或生物链富集作用,大量浓缩到农产品中,最终造成人类健康的潜在性危险。土壤中通常需要检测的有机污染物种类繁多,包括杀虫剂、除草剂、杀菌剂等。

4.5.1 检测分析方法

有机污染物残留检测分析,必须采用高灵敏度的检测仪器才能实现。由于残留物品种多,化学结构和性质各不相同,待测组分复杂,往往需要检测的不仅仅是有机污染物本身,还有其有毒代谢物等。所以应根据待测物特性及检测要求,使用不同的检测方法。尤其近年来高效农药品种不断出现,残留在环境中的量很低。同时国际上对农药最高残留限量要求也越来越严格,给农药残留量的检测提出了更高的要求。

检测方法应具备简便、快速、灵敏度高的特点,根据检测目的、待测物性质、样品种类,采用符合要求的方法。

用于检测有机污染物的方法有:光度法(可见光、紫外光及红外光)、极谱法、薄层层析法、气相色谱法、生物测定法、同位素标记法、核磁共振波谱法、酶联免疫法、液相色谱法、色谱-质谱联用法等。这些方法中有的灵敏度不高,如分光光度法、极谱法、薄层层析法、生物测定法;有的需要特殊设备,如同位素标记法;有的则需要昂贵的仪器,如色谱-质谱联用仪、核磁共振波谱仪等;有的还处于研究开发阶段,不够稳定和成熟,如酶联免疫法。目前使用最多最普遍的方法是气相色谱法和液相色谱法,它们具有简便、快速、灵敏及稳定性和重现性好、线性范围宽、耗资低等优点。气相色谱法、液相色谱法和色谱-质谱联用法的基本原理和工作流程参见"水和废水监测"中的相关章节。

4.5.2 苯并[a]芘

苯并[a]芘是一种由5个苯环构成的多环芳烃类碳氢化合物,存在于煤焦油、各类炭黑和煤、石油等燃烧产生的烟气、香烟烟雾、汽车尾气,以及炭烤食物中。苯并[a]芘被公认为是强致癌物质,它在土壤中的背景值很低,但当土壤受到污染后,便会产生严重危害。开展土壤中苯并[a]芘的监测,掌握不同条件下土壤中苯并[a]芘量的变化规律,对评价和防治土壤污染具有重要意义。

测定苯并[a]芘的方法有紫外分光光度法、荧光分光光度法、高效液相色谱法、气相色谱-质谱法等,本节主要介绍高效液相色谱法。

4.5.2.1 原理

样品中的多环芳烃用合适的萃取方法(索氏提取、加压流体萃取等)提取,根据样品基体干扰情况采取合适的净化方法(硅胶层析柱、硅胶或硅酸镁固相萃取柱等)对萃取液进行净化、浓缩、定容,用配备紫外/荧光检测器的高效液相色谱仪分离检测,以保留时间定性,外标法定量。

本方法适用于土壤和沉积物中包括苯并[a]芘、萘、菲、蒽等16种多环芳烃的测定。

4.5.2.2　仪器设备

高效液相色谱仪;色谱柱;提取装置(索氏提取器或其他同等性能的设备);浓缩装置(氮吹浓缩仪或其他同等性能的设备);固相萃取装置。

4.5.2.3　试剂

(1)乙腈(CH_3CN):HPLC 级。

(2)正己烷(C_6H_{14}):HPLC 级。

(3)二氯甲烷(CH_2Cl_2):HPLC 级。

(4)丙酮(CH_3COCH_3):HPLC 级。

(5)丙酮-正己烷混合溶液[1∶1(V/V)]。

(6)二氯甲烷-正己烷混合溶液[2∶3(V/V)]。

(7)二氯甲烷-正己烷混合溶液[1∶1(V/V)]。

(8)苯并[a]芘标准贮备液:$\rho=100\sim2\,000$ mg/L。

(9)苯并[a]芘标准使用液($\rho=10.0\sim200$ mg/L):移取 1.0 mL 苯并[a]芘标准贮备液于 10 mL 棕色容量瓶,用乙腈稀释并定容至刻度,摇匀,转移至密实瓶中于 4℃下冷藏、避光保存。

(10)十氟联苯($C_{12}F_{10}$)贮备液:$\rho=1\,000$ mg/L。

(11)十氟联苯使用液($\rho=40\,\mu g/mL$):移取 1.0 mL 十氟联苯贮备溶液于 25 mL 棕色容量瓶,用乙腈稀释并定容至刻度,摇匀,转移至密实瓶中于 4℃下冷藏、避光保存。

(12)干燥剂:无水硫酸钠(Na_2SO_4)或粒状硅藻土。

(13)硅胶:粒径 $75\sim150\,\mu m$(200~100 目)。

(14)玻璃层析柱:内径 20 mm,长 10~20 cm,带聚四氟乙烯活塞。

(15)硅胶固相萃取柱:1 000 mg/6 mL。

(16)硅酸镁固相萃取柱:1 000 mg/6 mL。

(17)石英砂:粒径 $150\sim830\,\mu m$(100~20 目),使用前须检验,确认无干扰。

(18)玻璃棉或玻璃纤维滤膜:在马弗炉中 400℃烘 1 h,冷却后置于磨口玻璃瓶中密封保存。

(19)氮气:纯度≥99.999%。

4.5.2.4　操作步骤

1)样品提取

称取样品 10.00 g,加入适量无水硫酸钠,研磨均化成流沙状。如果使用加压流体提取,则用粒状硅藻土脱水。将制备好的试样放入玻璃套管或纸质套管内,加入 50.0 μL 十氟联苯使用液,将套管放入索氏提取器中。加入 100 mL 丙酮-正己烷混合溶液[1∶1(V/V)],以每小时不少于 4 次的回流速度提取 16~18 h。

2)过滤和脱水

在玻璃漏斗上垫一层玻璃棉或玻璃纤维滤膜,加入约 5 g 无水硫酸钠,将提取液过滤到浓缩器皿中。用适量丙酮-正己烷混合溶液[1:1(V/V)]洗涤提取容器 3 次,再用适量丙酮-正己烷混合溶液[1:1(V/V)]冲洗漏斗,洗液并入浓缩器皿。

3)浓缩

氮吹浓缩法:开启氮气至溶剂表面有气流波动(避免形成气涡),用正己烷多次洗涤氮吹过程中已经露出的浓缩器壁,将过滤和脱水后的提取液浓缩至约 1 mL。如不需净化,加入约 3 mL 乙腈,再浓缩至约 1 mL,将溶剂完全转化为乙腈。如需净化,加入约 5 mL 正己烷并浓缩至约 1 mL,重复此浓缩过程 3 次,将溶剂完全转化为正己烷,再浓缩至约 1 mL,待净化。也可采用旋转蒸发浓缩或其他浓缩方式。

4)净化

(1)硅胶层析柱净化 在玻璃层析柱的底部加入玻璃棉(图 4-8),加入 10 mm 厚的无水硫酸钠,用少量二氯甲烷进行冲洗。玻璃层析柱上置一玻璃漏斗,加入二氯甲烷直至充满层析柱,漏斗内存留部分二氯甲烷,称取约 10 g 硅胶经漏斗加入层析柱,以玻璃棒轻敲层析柱,除去气泡,使硅胶填实。放出二氯甲烷,在层析柱上部加入 10 mm 厚的无水硫酸钠。

用 40 mL 正己烷预淋洗层析柱,淋洗速度控制在 2 mL/min,在顶端无水硫酸钠暴露于空气之前,关闭层析柱底端聚四氟乙烯活塞,弃去流出液。将浓缩后的约 1 mL 提取液移入层析柱,用 2 mL 正己烷分 3 次洗涤浓缩器皿,洗液全部移入层析柱,在顶端无水硫酸钠暴露于空气之前,加入 25 mL 正己烷继续淋洗,弃去流出液。用 25 mL 二氯甲烷-正己烷混合溶液[2:3(V/V)]洗脱,洗脱液收集于浓缩器皿中,用氮吹浓缩法(或其他浓缩方式)将洗脱液浓缩至约 1 mL,加入约 3 mL 乙腈,再浓缩至 1 mL 以下,将溶剂完全转换为乙腈,并准确定容至 1.0 mL 待测。

(2)固相萃取柱净化(填料为硅胶或硅酸镁) 用固相萃取柱作为净化柱,将其固定在固相萃取装置上。用 4 mL 二氯甲烷冲洗净化柱,再用 10 mL 正己烷平衡净化柱,待柱充满后关闭流速控制阀浸润 5 min,打开控制阀,弃去流出液。在溶剂流干之前,将浓缩后的约 1 mL 提取液移入柱内,用 3 mL 正己烷分 3 次洗涤浓缩器皿,洗液全部移入柱内,用 10 mL 二氯甲烷-正己烷混合溶液[1:1(V/V)]进行洗脱,待洗脱液浸满净化柱后关闭流速控制阀,浸润 5 min,再打开

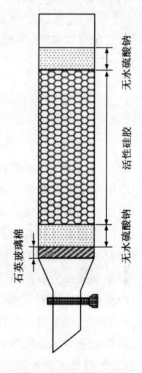

图 4-8 层析柱示意图

控制阀,接收洗脱液至完全流出。用氮吹浓缩法(或其他浓缩方式)将洗脱液浓缩至约 1 mL,加入约 3 mL 乙腈,再浓缩至 1 mL 以下,将溶剂完全转换为乙腈,并准确定容至 1.0 mL 待测。

净化后的待测试样如不能及时分析,应于 4℃下冷藏、避光、密封保存,30 d 内完成

分析。

用石英砂代替实际样品,按照与试样的制备相同步骤制备空白试样。

5)标准曲线的绘制

分别量取适量的苯并[a]芘标准使用液,用乙腈稀释,制备至少 5 个浓度点的标准系列,质量浓度分别为 0.04 $\mu g/mL$、0.10 $\mu g/mL$、0.50 $\mu g/mL$、1.00 $\mu g/mL$ 和 5.00 $\mu g/mL$(此为参考浓度),同时取 50.0 μL 十氟联苯使用液,加入至标准系列中任一浓度点,十氟联苯的质量浓度为 2.00 $\mu g/mL$,贮存于棕色进样瓶中,待测。

6)测定

设定仪器的检测条件进行测定,仪器的参考条件:进样量 10 μL;柱温 35℃;流速 1.0 mL/min;流动相 A 为乙腈,流动相 B 为水。

4.5.2.5 结果计算

土壤样品苯并[a]芘的质量分数按下式计算:

$$\omega(苯并[a]芘,\mu g/kg) = \frac{\rho \times V}{m \times W_{dm}}$$

式中:ρ 为由标准曲线计算所得苯并[a]芘的质量浓度,$\mu g/mL$;V 为样品定容体积,mL;m 为样品质量(湿重),kg;W_{dm} 为土壤样品干物质含量,%。当测定结果大于或等于 10 $\mu g/kg$ 时,保留 3 位有效数字;当测定结果小于 10 $\mu g/kg$ 时,保留至少小数点后 1 位。

▶▶ 习题与思考题 ◀◀

(1)简述土壤的基本组成。

(2)何谓土壤背景值? 土壤背景值的调查研究对环境保护和环境科学有何意义?

(3)简述土壤污染的来源、污染类型及其特点。

(4)简述土壤环境监测的目的和意义。

(5)根据环境监测的目的,土壤环境质量监测分为哪几种类型?

(6)如何评价土壤环境质量?

(7)土壤环境监测布点的原则和布点方法有哪些? 布点方法各适用于什么情况?

(8)如何确定采样点的数量?

(9)根据土壤污染监测的目的,如何确定采样深度? 为什么需要多点采集混合土样?

(10)怎样加工制备风干土壤样品? 不同监测项目对土壤样品的粒度要求有何不同?

(11)土壤样品预处理的方法有哪些? 怎样根据监测目的选择预处理方法?

(12)土壤样品的消解方法主要有哪些? 各有何特点?

(13)为什么要进行土壤中重金属元素的形态分析? 其总量分析和形态分析之间有何关系?

(14)简述土壤中重金属元素有效态的提取分析方法。

(15)国家标准中规定土壤重金属必测元素有哪些？各有哪些分析方法？

(16)土壤中有机污染物的提取和萃取方法有哪些？各有何特点？

(17)简述原子荧光法测定土壤中汞和砷的原理。

(18)目前用于检测有机污染物的检测方法主要包括哪些？分析其优缺点。

(19)有一块地势平坦的田地,由于用污水灌溉,土壤被铅、汞和苯并[a]芘污染,试设计一个监测方案,包括:布设监测点、采集土壤、土样制备和预处理,并选择分析测定方法。

chapter **5**

第5章

固体废物监测

➤ 本章提要：

　　本章主要介绍固体废物样品采集与制备方法和固体废物及其渗滤液有害性质的监测分析方法。通过本章学习，要求在了解固体废物分类、性质与危害的基础上，掌握其取样方法和分析测定的基本原理与技术；了解生活垃圾渗滤液的特性及监测分析。

随着生产的发展和人类生活水平的提高,固体废物排放量日渐增多,固体废物的污染问题也已经成为环境保护的问题之一。固体废物来自人类活动的许多环节,主要包括生产过程和生活过程的各个环节。

5.1 固体废物样品采集与制备

固体废物,是指在生产、生活和其他活动中产生的丧失原有利用价值或者虽未丧失利用价值但被抛弃或者放弃的固态、半固态和置于容器中的气态的物品、物质以及法律、行政法规规定纳入固体废物管理的物品、物质。

固体废物的分类方法有多种,按其组成可分为有机废物和无机废物;按其形态可分为固体废物、半固体废物和液态(气态)废物;按其污染特性可分为危险废物和一般废物等;按其来源分为生活垃圾、建筑垃圾、农业固体废物和工业固体废物等。

生活垃圾是指在日常生活中或者为日常生活提供服务的活动中产生的固体废物以及法律、行政法规规定视为生活垃圾的固体废物。其主要成分包括:厨余物、废纸、废塑料、废织物以及废家具、废电器、庭院废物等。生活垃圾主要产自居民家庭、商业、餐饮业、旅馆业、市政环卫、交通、文教、行政事业、水处理污泥等。它的成分复杂,有机物含量高。

建筑垃圾是指在工程中由于人为或者自然等原因产生的建筑废料,包括废渣土、弃土、淤泥以及弃料等。农业固体废物是指农业生产过程和农民生活中所排放出的固体废物,包括:废竹、木屑、稻草、麦秸、蔗渣、人畜粪便及废旧农机具等。工业固体废物是指在工业生产活动中产生的固体废物。

危险废物是指列入国家危险废物名录或根据国家规定的危险废物鉴别标准和鉴别方法认定的具有危险特性的固体废物。

固体废物的监测包括:采样计划的设计和实施、分析方法、质量保证等方面。我国颁发的《工业固体废物采样制样技术规范》(HJ/T 20—1998)对工业固体废物采样制样方案设计、采样技术、制样技术、样品保存和质量控制等进行了详细的规定。

为了使采集样品具有代表性,在采集之前要调查研究生产工艺过程、废物类型、排放数量、堆积历史、危害程度和综合利用情况。如采集有害废物则应根据其有害特性采取相应的安全措施。

5.1.1 固体废物样品采集

5.1.1.1 采样方案设计

在固体废物采样前,应首先进行采样方案(采样计划)设计。方案的内容包括:采样目的和要求、背景调查和现场踏勘、采样程序、安全措施、质量控制、采样记录和报告等。

(1)采样目的 采样的具体目的根据固体废物监测的目的来确定。在设计采样方案时,应首先明确以下具体目的和要求:特性鉴别和分类;环境污染监测;综合利用或处置;污染环境事故调查分析和应急监测;科学研究;环境影响评价;法律调查、法律责任、仲裁等。

采样的目的明确后,要调查以下影响采样方案制定的因素,并进行现场踏勘:固体废物的产生(处置)单位、产生时间、产生形式(间断或连续)、贮存(处置)方式;废物种类、形态、数量、特性;废物试验及分析允许的误差和要求;废物污染环境、监测分析的历史资料;废物产生或堆存或处置或综合利用现场踏勘,了解现场及周围环境。

(2)采样程序　采样按以下步骤进行:①确定废物批量;②选派采样人员;③明确采样目的和要求;④进行背景调查和现场踏勘;⑤确定采样法;⑥确定份样数和份样量;⑦确定采样点;⑧选择采样工具;⑨制定安全措施;⑩制定质量控制措施、采样、组成小样(或大样)。

采样记录和报告,采样时应记录固体废物的名称、来源、数量、性状、包装、贮存、处置、环境、编号、份样量、份样数、采样点、采样方法、采样日期、采样人等。必要时,根据记录填写采样报告。

5.1.1.2　采样技术

1)采样法

(1)简单随机采样法　一批废物,当对其了解很少,且采取的份样比较分散也不影响分析结果时,对这批废物不做任何处理,不进行分类也不进行排队,而是按照其原来的状况从废物中随机采取份样。

抽签法:先对所有采份样的部位进行编号,同时把号码写在纸片上(纸片上号码代表采份样的部位),掺和均匀后,从中随机抽取份样数的纸片,抽中号码的部位,就是采份样的部位,此法只宜在采份样的点不多时使用。

随机数字表法:先对所有采份样的部位进行编号,有多少部位就编多少号,最大编号是几位数,就使用随机数表的几栏(或几行)合在一起使用,从随机数字表的任意一栏、任意一行数字开始数,碰到小于或等于最大编号的数码就记下来(碰上已抽过的数就不要它),直到抽够份数为止。抽到的号码,就是采份样的部位。

(2)系统采样法　一批按一定顺序排列的废物,按照规定的采样间隔,每间隔采取一个份样,组成小样或大样。

在一批废物以运送带、管道等形式连续排出的移动过程中,按一定的质量或时间间隔采份样,份样间的间隔可根据表 5-1 规定的份样数和实际批量按照下列公式计算:

$$T \leqslant \frac{Q}{n} \quad 或 \quad T' \leqslant \frac{60Q}{G \times n}$$

式中:T 为采样质量间隔,t;Q 为批量,t;n 为按照公式计算出的份样数或表 5-1 中规定的份样数;G 为每小时排出量,t/h;T' 为采样时间间隔,min;60 为单位换算系数。

表 5-1　批量大小与最少份样数　　　　　　固体:t;液体:1 000 L

批量大小	最少份样数/个	批量大小	最少份样数/个
<1	5	≥100	30
≥1	10	≥500	40
≥5	15	≥1 000	50
≥30	20	≥5 000	60
≥50	25	≥10 000	80

采第一个份样时,不可在第一间隔的起点开始,可在第一间隔内随机确定。

在运送带上或落口处采份样,须截取废物流的全截面。

所采份样的粒度比例应符合采样间隔或采样部位的粒度比例,所得的大样的粒度比例应与整批废物流的粒度分布大致相符。

(3)分层采样法 根据对一批废物已有的认识,将其按照有关标志分若干层,然后在每层中采取份样。一批废物分次排出或某生产工艺过程的废物间歇排出过程中,可分 n 层采样,根据每层的质量,按比例采取份样。同时,必须注意粒度比例,使每层所采份样的粒度比例与该层废物粒度分布大致相符。

第 i 层采份样数 n_i 按下列公式计算:

$$n_i = \frac{n \times m_i}{Q}$$

式中:n_i 为第 i 层应采份样数;n 为按公式计算出的份样数或表 5-1 中规定的份样数;m_i 为第 i 层废物质量,t;Q 为批量,t。

(4)两段采样法 简单随机采样、系统采样、分层采样都是一次就直接从批废物中采取份样,称为单阶段采样。当一批废物由许多车、桶、箱、袋等容器盛装时,由于各容器比较分散,所以要分阶段采样。首先从一批废物总容器件数 N_0 中随机抽取 n_1 件容器,然后再从 n_1 件的每一件容器中采 n_2 个份样。

推荐当 $N_0 \leqslant 6$ 时,取 $n_1 = N_0$;当 $N_0 > 6$ 时,n_1 按下列公式计算:

$$n_1 \geqslant 3 \times \sqrt[3]{N_0} \quad \text{(小数进整数)}$$

推荐第二阶段的采样数 $n_2 \geqslant 3$,即 n_1 件容器中的每个容器均随机采上、中、下最少 3 个份样。

(5)权威采样法 由对被采批工业固体废物非常熟悉的个人来采取样品而置随机性于不顾。这种采样法,其有效性完全取决于采样者的知识。尽管权威采样有时也能获得有效的数据,但对大多数采样情况,建议不采用这种采样方法。

2)份样量

一般来说,样品量多一些,才有代表性。因此,份样量不能少于某一限度;但份样量达到一定限度之后,再增加重量也不能显著提高采样的准确度。份样量取决于废物的粒度上限,废物的粒度越大,均匀性越差,份样量就越多,它大致与废物的最大粒度直径某次方成正比,与废物不均匀性程度成正比。份样量可按切乔特公式计算:

$$m \geqslant K \times d^a$$

式中:m 为份样量应采的最低重量,kg;d 为废物中最大粒度的直径,mm;K 为缩分系数,代表废物的不均匀程度,废物越不均匀,K 越大,可用统计误差法由实验测定,有时也可由主管部门根据经验指定;a 为经验常数,随废物的均匀程度和易碎程度而定。对于一般情况,推荐 $K = 0.06$,$a = 1$。

也可以按照表 5-2 确定每份样品应采的最小质量。表中要求的采样铲容量为保证一次在一个地点或部位能取到足够数量的份样量。对于液态废物的份样量以不小于 100 mL 的采样瓶(或采样器)所盛量为准。

表 5-2　份样量和采样铲容量

最大粒度/mm	最小份样量/kg	采样铲容量/mL	最大粒度/mm	最小份样量/kg	采样铲容量/mL
>150	30		20～40	2	800
100～150	15	16 000	10～20	1	300
50～100	5	7 000	<10	0.5	125
40～50	3	1 700			

3）份样数

（1）公式法　当已知份样间的标准偏差和允许误差时，可按下列公式计算份样数：

$$n \geqslant \left(\frac{t \times s}{\delta} \right)^2$$

式中：n 为必要份样数；s 为份样间的标准偏差；δ 为采样允许误差；t 为选定置信水平下的 t 值。取 $n \to \infty$ 时的 t 值作为最初 t 值，以此算出 n 的初值。用对应于 n 初值的 t 值代入，不断迭代，直至算得的 n 值不变，此 n 值即为必要份样数。

（2）查表法　当份样间标准偏差或允许误差未知时，可按表 5-1 经验确定份样数。

5.1.1.3　采样点

对于堆存、运输中的固体工业固体废物和大池（坑、塘）中的液体工业固体废物，可按对角线型、梅花型、棋盘型、蛇型等点分布确定采样点（采样位置）。

对于粉末状、小颗粒的工业固体废物，可按垂直方向、一定深度的部位确定采样点。

对于容器内的工业固体废物，可按上部（表面下相当于总体积的 1/6 深处）、中部（表面下相当于总体积的 1/2 深处）、下部（表面下相当于总体积的 5/6 深处）确定采样点。

根据采样方式（简单随机采样、分层采样、系统采样、两段采样等）确定采样点（采样位置）。

5.1.1.4　采样工具

固体废物的采样工具包括：尖头钢锹；钢尖镐（腰斧）；采样探子和钻；气动和真空探针；取样铲；具盖采样桶或内衬塑料的采样袋。

5.1.1.5　采样类型

（1）现场采样　在生产现场采样，首先应确定样品的批量，然后按下式计算出采样间隔，进行流动间隔采样。

$$采样间隔 \leqslant \frac{批量}{规定的份样数}$$

采第一个份样时，不可在第一间隔的起点开始，可在第一间隔内随机确定。

（2）运输车及容器采样　在运输一批固体废物时，当车数不多于该批废物规定的份样数时，每车应采份样数按下式计算。当车数多于规定的份样数时，按表 5-3 选出所需最少的采样车数，然后从所选车中各随机采集一个份样。

$$每车应采份样数 = \frac{规定份样数}{车数}$$

在车中,采样点应均匀分布在车厢的对角线上,如图 5-1 所示,端点距车角应大于 0.5 m,表层去掉 30 cm。

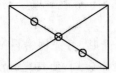 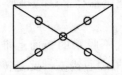 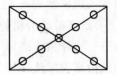

图 5-1　车厢中的采样布点

对于一批若干容器盛装的废物,按表 5-3 选取最少容器数,并且每个容器中均随机采 2 个样品。

表 5-3　所需最少的采样车数(容器数)

车数/辆(容器数/个)	所需最少采样车数/辆(容器数/个)	车数/辆(容器数/个)	所需最少采样车数/辆(容器数/个)
<10	5	50～100	30
10～25	10	>100	50
25～50	20		

(3)废渣堆采样　在渣堆两侧距堆底 0.5 m 处画第一条横线,然后每隔 0.5 m 画 1 条横线;再每隔 2 m 画 1 条横线的垂线,其交点作为采样点。按表 5-1 确定的份样数,确定采样点数,在每点上从 0.5～1.0 m 深处各随机采样 1 份,如图 5-2 所示。

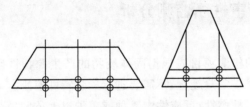

图 5-2　废渣堆中采样点的分布

▶ 5.1.2　样品的制备与保存

样品制备的目的是从采取的小样或大样中获取最佳量、具有代表性、能满足试验或分析要求的样品。

1)制样工具

制样工具包括:粉碎机(破碎机)、药碾、钢锤、标准套筛、十字分样板、机械缩分器。

2)制样要求

(1)在制样全过程中,应防止样品产生任何化学变化和污染。若制样过程中,可能对样品的性质产生显著影响,则应尽量保持原来状态。

(2)湿样品应在室温下自然干燥,使其达到适于破碎、筛分、缩分的程度。

(3)制备的样品过筛后(筛孔为 5 mm),装瓶备用。

3)制样程序

(1)粉碎　用机械或人工方法把全部样品逐级破碎,通过 5 mm 孔径筛。粉碎过程中,不可随意丢弃难于破碎的粗粒。

(2)缩分　将样品于清洁、平整、不吸水的板面上堆成圆锥形,每铲物料自圆锥顶端落下,使均匀地沿堆尖散落,不可使圆锥中心错位。反复转堆,至少 3 周,使其充分混合。然后将圆锥顶端轻轻压平,摊开物料后,用十字板自上压下,分成 4 等份,取 2 个对角的等份,重复操作数次,直至不少于 1 kg 试样为止。在进行各项有害特性鉴别试验前,可根据要求的样品量进一步进行缩分。

4)样品水分的测定

称取样品 20 g 左右,测定无机物时可在 105℃下干燥,恒重至±0.1 g,测定水分含量。

测定样品中的有机物时应于 60℃下干燥 24 h,测定水分含量。固体废物测定结果以干样品计算,当污染物含量小于 0.1％时以 mg/kg 表示,含量大于 0.1％时则以百分含量表示,并说明是水溶性或总量。

5)样品的保存

制好的样品密封于容器中保存(容器应对样品不产生吸附、不使样品变质),贴上标签备用。标签上应注明:编号、废物名称、采样地点、批量、采样人、制样人、时间等。特殊样品,可采取冷冻或充惰性气体等方法保存。制备好的样品,一般有效保存期为 1 个月,易变质的试样应该酌情及时测定。

5.2　固体废物有害性质监测分析

固体废物特性鉴别的检测项目应根据固体废物的产生源特性确定。凡列入《国家危险废物名录》的固体废物,属于危险废物,不需要进行危险特性鉴别。未列入《国家危险废物名录》,凡具有腐蚀性、毒性、易燃性、反应性中 1 种或 1 种以上危险特性的固体废物,属于危险废物。固体废物特性鉴别采用《危险废物鉴别标准　通则》(GB 5085.7—2019)和《危险废物鉴别技术规范》(HJ 298—2019)规定的相应方法和指标限值。

5.2.1　急性毒性初筛试验

有害废物中会有多种有害成分,组分分析难度较大。急性毒性的初筛试验可以简便地鉴别并综合急性毒性。《危险废物鉴别标准 急性毒性初筛》(GB 5085.2—2007)规定了危险废物急性毒性初筛的试验方法。口服毒性半数致死量(median lethal dose,LD_{50})是经过统计学方法得出的一种物质的单一计量,可使青年白鼠口服后,在一定时间内死亡一半的物质剂量。

急性经口毒性试验方法如下:以体重 18～24 g 的小白鼠(或 200～300 g 大白鼠)作为试验动物,若是外购鼠,必须在本单位饲养条件下饲养 7～10 d,仍活泼健康者方可使用。试验前 8～12 h 和观察期间禁食。

称取制备好的样品 100 g,置于 500 mL 具磨口玻璃塞的三角瓶中,加入 100 mL(pH 为 5.8~6.3)蒸馏水(固液比为 1∶1),振摇 3 min,于室温下静止浸泡约 24 h,用中速定量滤纸过滤,滤液留待灌胃用。

灌胃采用 1 mL (或 5 mL)注射器,注射针采用 9 号(或 12 号),去针头,磨光,弯曲成新月形。对 10 只小白鼠(或大白鼠)进行一次性灌胃,每只灌浸出液 0.40(或 3.00) mL,实际灌胃量按照小白鼠不超过 0.02 mL/g、大白鼠不超过 0.01 mL/g,对灌胃后的小白鼠(或大白鼠)进行中毒症状观察,记录 48 h 内动物死亡数。经口摄取固体 LD_{50}≤200 mg/kg、液体 LD_{50}≤500 mg/kg 的固体废物,属于危险废物。

▶ 5.2.2 易燃性试验

鉴别易燃性的方法是测定闪点。闪点是指在标准大气压(101.3 kPa)下,液体表面上方释放出的易燃蒸气与空气完全混合后,可以被火焰或火花点燃的最低温度。闪点较低的液态废物和燃烧剧烈而持续的非液态废物,由于摩擦、吸湿、点燃等自发的化学变化会发热、着火,或可能由于它的燃烧引起对人体或环境的危害。《危险废物鉴别标准 易燃性鉴别》(GB 5085.4—2007)中规定了易燃性的鉴别方法。

液态固体废物鉴别试验采用专用的闭口闪点测定仪。温度计采用 1 号温度计(-30~170℃)或 2 号温度计(100~300℃)。防护屏用镀锌铁皮制成,高度 550~650 mm,宽度应适于使用,屏身内壁漆成黑色。测定时按标准要求加热试样至一定温度,停止搅拌,每升高 1℃ 点火 1 次,至试样上方刚出现蓝色火焰时,立即读出温度计上的温度值,该值即为闪点。

闪点温度低于 60℃(闭杯试验)的液体、液体混合物或含有固体物质的液体属于易燃性危险废物。操作过程的细节可参阅《闪点的测定 宾斯基-马丁闭口杯法》(GB/T 261)。

对于固态废物,可参照《易燃固体危险货物危险特性检验安全规范》(GB 19521.1)进行。其中危险特性鉴别试验仪器采用金属燃烧速测仪、非金属燃烧速测仪。

对于气态危险废物,可参照《易燃气体危险货物危险特性检验安全规范》(GB 19521.3)进行。

▶ 5.2.3 腐蚀性试验

腐蚀性指通过接触能损伤生物细胞组织或腐蚀物体而引起危害。测定方法一种是按照《固体废物 腐蚀性测定 玻璃电极法》(GB/T 15555.12)测定 pH;另一种是按照《金属材料实验室均匀腐蚀全浸试验方法》(JB/T 7901)测定腐蚀速率。

玻璃电极法的具体测定方法如下:称取 100 g 制备好的试样(以干基计),置于浸取用的混合容器中,加水 1 L(包括试样的含水量)。将浸取用的混合容器垂直固定在振荡器上,振荡频率调节为(110±10)次/min,振幅 40 mm,在室温下振荡 8 h,静置 16 h。通过过滤装置分离固液相,滤后立即测定滤液的 pH。如果固体废物中干固体的含量小于 0.5%(m/m)时,则不经过浸出步骤,直接测定溶液的 pH。

按照 GB/T 15555.12 制备的浸出液,pH≥12.5,或者 pH≤2.0 时;或者在 55℃ 条件下,对 GB/T 699 中规定的 20 号钢材的腐蚀速率≥6.35 mm/a,则该废物是具有腐蚀性的危险废物。

废物的反应性常指在常温、常压下,不稳定或外界条件发生变化时发生剧烈变化,以致产生爆炸或放出有毒有害气体的现象。根据《危险废物鉴别标准 反应性鉴别》(GB 5085.5—2007),危险废物的反应特性主要有 3 种,即具有爆炸性质、与水或酸接触产生易燃气体或有毒气体、废弃氧化剂或有机过氧化物。

5.2.4.1 爆炸性质

爆炸即在极短的时间内,释放出大量能量,产生高温,并放出大量气体,在周围形成高压的化学反应或状态变化的现象。对于固体废物爆炸性质的鉴别主要依据专业知识,必要时可以参考《民用爆炸品危险货物危险特性检验安全规范》(GB 19455)中的规定进行试验和鉴别。

(1)撞击感度试验 确定样品对机械撞击作用的敏感程度。一定量的样品,受一定重量的落锤,自一定高度自由落下的一次冲击作用,观察是否发生爆炸、燃烧和分解,测定其爆炸百分数,即为撞击感度值。

落锤重(10 000±10) g,落高(250±1) mm,样品量(0.050±0.002) g。将称量好的样品倒入击柱套内,连同底座在装配台上适当转动几圈,让样品均匀地分布在击柱面上。再放入上击柱,让它借助本身的重力徐徐下落至接触面,进行撞击试验(25 次)。观察有无分解、燃烧、爆炸现象发生。

分解:变色,有气味,有气体产生;燃烧:冒烟,有痕迹,有声响;爆炸:冒烟,有痕迹,声响明显。

一组试验的爆炸百分数按下式计算:

$$P = \frac{x}{25} \times 100\%$$

式中:P 为爆炸百分数;x 为 25 次试验中,分解、燃烧、爆炸的总次数。当两组测定结果平行时,以他们的算术平均值作为该样品的撞击感度值。

(2)摩擦感度试验 测定样品对摩擦作用的敏感程度,用摆式摩擦仪进行测定。将一定量的试验样品夹在试验装置的两个滑柱端面之间,并沿上滑柱的轴线方向施加一定的压力。当上滑柱受到摆锤从某一摆角释放的侧击力作用时,将相对于受压的样品滑移。观察样品受摩擦作用后是否发生爆炸、燃烧和分解。在一定试验条件下的发火率即作为样品摩擦感度的标志。

(3)差热分析试验 确定样品的热不稳定性,用差热分析仪测定。当样品与参比物质以同一升温速度加热时,在记录仪上记录具有吸热或放热的温度-时间曲线。

将被测样品(5~25 mg)及参比样品(Al_2O_3 等)分别放入相同的坩埚内,将热电偶测量头与坩埚接触好,选择合适的升温速度及差热量程。仪器预热及调零后,使加热炉以某一恒定的速度升温,由于热电偶与自动记录仪相连,所以样品受热后分解的情况可从记录仪记录的温度-时间曲线得到。

通过样品的热分析曲线,可以了解样品受热分解的全过程。由温度-时间曲线的峰温、峰形等判断样品的热不稳定性。

(4)爆炸点试验　确定样品对热作用的敏感度,用爆发点测定仪测定。从样品开始受热到爆炸有一段时间,这段时间叫延滞期。采用 5 s 延滞期的爆炸点温度来比较样品的热感度。

将试验样品(25 mg)放入铜管壳中,将铜管壳投入伍德合金浴中,试验在不同的浴温下进行,记录在每个温度下爆炸前延滞的时间。试验温度由高逐渐下降,每隔一定温度,于恒温下进行试验,浴温一直降到爆炸、点燃、不发生明显的分解为止。浴温的范围为 125～400℃。如果在 360℃,5 min 不发生爆炸,样品就可以从合金浴中取出。

以横坐标表示介质的温度 t(℃),以纵坐标表示延滞期 T(s),作图可求出 5 s 延滞期爆发点。

(5)火焰感度试验　确定样品对火焰的敏感程度,用火焰感度仪测定。被测样品与黑药柱保持一段距离,用灼热的镍铬丝点燃标准用药柱,观察黑药在燃烧时产生的热量能否点燃样品。

把装有黑药柱的模具放在仪器顶部中心位置,旋转自耦变压器,使点火用的镍铬丝发红为止。转动点火工具手把,用通红的镍铬丝点燃黑药柱,黑药柱燃烧喷射之火焰作用于试样,观察试样是否爆炸、燃烧和分解。将自耦变压器旋至零点,依次用定点法或升降法将一组试样做完。

在上述试验条件下,只要能发火即说明样品对火焰有一定感度,而对火焰的敏感程度可用样品与黑药柱相距一定距离内发火百分数或 50% 发火距离表示。

5.2.4.2　与水或酸接触产生易燃气体或有毒气体

有些危险废物与水混合发生剧烈的化学反应,并放出大量易燃气体和热量,可按照《遇水放出易燃气体危险货物危险特性检验安全规范》(GB 19521.4)的规定进行试验和判断;对于与水混合能产生足以危害人体健康或环境的有毒气体、蒸气或烟雾的废物,主要依据专业知识和经验来判断;对于与酸溶液接触后氢氰酸和硫化氢的比释放率的测定,可以在装有定量废物的封闭体系中加入一定量的酸,将产生的气体吹入洗气瓶,测定被分析物(GB 5085.5—2007)。实验装置如图 5-3 所示。

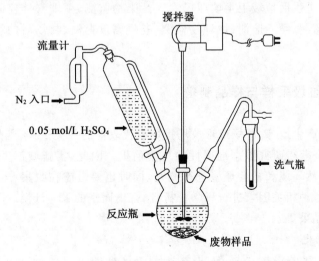

流量计

搅拌器

N₂ 入口 ➡

0.05 mol/L H₂SO₄

洗气瓶

反应瓶

废物样品

图 5-3　测定废物中氰化物或硫化物的实验装置

5.2.4.3　废弃氧化剂或有机过氧化物

对于极易引起燃烧或爆炸的废弃氧化剂,按照《氧化性危险货物危险特性检验安全规范》(GB 19452)的规定进行试验;而对热、震动或摩擦极为敏感的含过氧基的废弃有机过氧化物的试验方法按照《有机过氧化物危险货物危险特性检验安全规范》(GB 19521.12)的规定进行。

▶ 5.2.5　浸出毒性试验方法

浸出毒性是固态的危险废物遇水浸沥,其中有害的物质迁移转化,污染环境,浸出的有害物质的毒性称为浸出毒性。固体废物受到水的冲淋、浸泡,其中有害成分将会转移到水相而污染地表水、地下水,导致二次污染。

《危险废物鉴别标准　浸出毒性鉴别》(GB 5085.3—2007)规定浸出试验采用《固体废物浸出毒性浸出方法　硫酸硝酸法》(HJ/T 299—2007)规定步骤,该方法以硝酸/硫酸混合溶液为浸提剂,模拟废物在不规范填埋处置、堆放或经无害化处理后土地利用时,其中的有害组分在酸性降水的影响下,从废物中浸出而进入环境的过程。

浸出试验采用规定方法浸出水溶液,然后对浸出液进行分析。固体废物浸出液中任何一种危害成分含量超过 GB 5085.3—2007 中所列的浓度限值,则判定该固体废物是具有浸出毒性特征的危险废物。

5.3　生活垃圾监测分析

《生活垃圾采样和分析方法》(CJ/T 313—2009)规定了生活垃圾样品的采集、制备和测定,适用于生活垃圾的常规调查和分析;《生活垃圾卫生填埋场环境监测技术要求》(GB/T 18772—2017)规定了生活垃圾卫生填埋场大气污染物监测、填埋气体监测、渗沥液监测、外排水监测、地下水监测、噪声监测、填埋物监测、苍蝇密度监测、封场后的填埋场环境监测的内容和方法。

▶ 5.3.1　生活垃圾采样与样品制备

从不同的垃圾产生地、贮存场或堆放场提取有代表性的各类试样,既是垃圾特性研究的第一环节,也是保证获得研究数据准确性的重要前提。因此,实施城市生活垃圾采样之前,应对垃圾产地的自然环境和社会环境进行调查,同时也要考虑在收集、运输、贮存等过程可能的变化,然后对各种相关因素进行科学分析,制订出周密的采样计划。

5.3.1.1　垃圾样品采集

1) 采样点的确定

在生活垃圾产生源设置采样点,根据所调查区域的人口数量确定最少采样点数(表5-4),并根据该区域功能区的分布(表5-5)、生活垃圾特性等因素确定采样点分布,保证采样点垃圾具有代表性和稳定性。

表 5-4　人口数量与最少采样点数

市区人口/万人	<50	50～100	100～200	>200
最少采样点数/个	8	16	20	30

表 5-5　功能区分类

居住区			事业区		商业区					清扫区	
燃煤	半燃煤	无燃煤	机关团体	教育科研	商场超市	餐饮	文体设施	集贸市场	交通场（站）	园林	道路、广场

在垃圾收集站、收运车、转运站、处理场(厂)等垃圾流节点设置采样点,应根据设施或容器的数量确定最少采样点数。

2)采样方法

对于生活垃圾可选择下述方法采样。

(1)四分法　将生活垃圾堆搅拌均匀后堆成圆形或方形,将其十字 4 等分,然后,随机舍弃其中对角的 2 份,余下部分重复进行前述铺平并分为 4 等份,舍弃一半,直至达到规定的采样量。

(2)剖面法　沿生活垃圾堆对角线做一采样立剖面,确定点位,水平点距不大于 2 m,垂直点距不大于 1 m。各点位等量采样,直至达到规定的采样量。

(3)周边法　在生活垃圾堆四周各边的上、中、下 3 个位置采集样品,总点位数不少于12 个,各点位等量采样,直至达到规定的采样量。

(4)网格法　将生活垃圾堆成一厚度为 40～60 cm 的正方形,把每边 3 等分,将生活垃圾平均分成 9 个子区域,将每个子区域中心点前、后、左、右周边 50 cm 内以及从表面算起垂直向下 40～60 cm 深度的所有生活垃圾取出,把从 9 个子区域内取得的生活垃圾倒在清洁的地面上,搅拌均匀后,采用四分法缩分规定的采样量。

5.3.1.2　样品制备

测定垃圾容重后将大块垃圾破碎至 100～200 mm,摊铺在水泥地面充分混合搅拌,再用四分法缩分 2 次(或 3 次)至 25～50 kg 样品,置于密闭容器运到分析场地。确实难以全部破碎的可预先剔除,在其余部分破碎缩分后,按缩分比例,将剔除垃圾部分破碎加入样品中。

在生活垃圾含水率测定完毕后,根据测定项目对样品的要求进行进一步破碎至测定项目要求的粒径。

采样后应立即分析,否则必须将样品摊铺在室内避风阴凉干净的铺有防渗塑胶布的水泥地面,厚度不超过 50 mm,并防止样品损失和其他物质的混入,保存期不超过 24 h。

▶5.3.2　生活垃圾特性分析

对于垃圾的不同用途,其监测重点和项目也不同。如果焚烧,垃圾的热值是决定性的参数;而堆肥需要测定生物降解度、堆肥的腐熟程度等;对于填埋,渗滤液分析和堆场周围的苍蝇密度等成为监测的主要项目。

5.3.2.1　粒度的测定

粒度采用筛分法,将一系列不同筛目的筛子按规格序列由小到大排列,筛分时,依次连续摇动 15 min,依次转到下一号筛子,然后计算每一粒度微粒所占的百分比。如果需要在试样干燥后再称量,则需在 70℃ 的温度下烘干 24 h,然后再在干燥器中冷却后筛分。

5.3.2.2　淀粉的测定

垃圾在堆肥处理过程中,需借助淀粉量分析来鉴定堆肥的腐熟程度。测定方法原理是基于垃圾在堆肥过程中形成的淀粉碘化络合物的颜色变化与堆肥降解度的关系。当堆肥降解尚未结束时,淀粉碘化络合物呈蓝色,降解结束即呈黄色。堆肥颜色的变化过程是深蓝→浅蓝→灰→绿→黄。

样品分析步骤是:①将 1 g 堆肥置于 100 mL 烧杯中,滴入几滴酒精使其湿润,再加 20 mL 36% 的高氯酸;②用纹网滤纸(90 号纸)过滤;③加入 20 mL 碘反应剂到滤液中并搅动;④将几滴滤液滴到白色板上,观察其颜色变化。碘反应剂是将 2 g 碘化钾溶解到 500 mL 水中,再加入 0.08 g 碘制成。

5.3.2.3　生物降解度的测定

垃圾中含有大量天然和人工合成的有机物质,有的容易生物降解,有的难以生物降解。生物降解的难易程度可以用生物降解度来表示。在强酸性条件下,以强氧化剂重铬酸钾在常温下氧化样品中有机质,过量的重铬酸钾以硫酸亚铁回滴。根据所消耗氧化剂的量,计算样品中有机质的量,再换算为生物可降解度。

测定步骤是:①准确称取 0.500 0 g 已烘干磨碎试样置于 500 mL 锥形瓶中;②准确量取 20.00 mL 重铬酸钾溶液 $[c(1/6K_2Cr_2O_7) = 2.00 \text{ mol/L}]$ 加入试样瓶中并充分混合;③加入 20 mL 硫酸至试样瓶中;④在室温下将这一混合物放置 12 h 且不断摇动;⑤加入大约 15 mL 蒸馏水;⑥再依次加入 10 mL 磷酸、0.2 g 氟化钠和 30 滴亚铁灵指示剂,每加入一种试剂后必须混合;⑦用标准硫酸亚铁铵溶液滴定,在滴定过程中颜色的变化是从棕绿→绿蓝→蓝→绿,在等当点时呈纯绿色;⑧用同样的方法在不放试样的情况下做空白试验;⑨如果加入指示剂时已出现绿色,则试验必须重做,必须再加 30 mL 重铬酸钾溶液。

生物降解度(biological degradability,BDM)的计算:

$$BDM(\%) = \frac{(V_2 - V_1) \times V \times c \times 1.28}{V_2}$$

式中:V_1 为试样滴定体积,mL;V_2 为空白试验滴定体积,mL;V 为重铬酸钾溶液体积,mL;c 为重铬酸钾溶液浓度,mol/L;1.28 为折合系数。

5.3.2.4　热值的测定

由于焚烧是一种可以同时并快速实现垃圾无害化、稳定化、减量化、资源化的处理技术,在工业发达国家,焚烧已经成为城市生活垃圾处理的重要方法,我国也正在加快垃圾焚烧技术的开发研究,以推进城市垃圾的综合利用。

热值是废物焚烧处理的重要指标,分高热值(H_0)和低热值(H_n)。垃圾中可燃物燃烧产生的热值为高热值。垃圾中含有的不可燃物质(如水和不可燃惰性物质),在燃烧过程中消耗热量,当燃烧升温时,不可燃惰性物质吸收热量而升温;水吸收热量后气化,以蒸汽形式挥发。高热值减去不可燃惰性物质吸收的热量和水气化所吸收的热量,称为低热值。显然,低热值更接近实际情况,在实际工作中意义更大。

高热值与低热值之间的换算公式为:

$$H_n = H_0 \left[\frac{100 - (\omega_1 + W)}{100 - W_L} \right] \times 5.85W$$

式中:H_n 为低热值,kJ/kg;H_0 为高热值,kJ/kg;ω_1 为惰性物质含量(质量分数),%;W 为垃圾的表面湿度,%;W_L 为剩余的和吸湿性的湿度,%。

热值的测定可以用量热计法或热耗法。测定废物热值的主要困难是要了解废物的比热值,因为垃圾组分变化范围大,各种组分比热差异很大,所以测定某一垃圾的比热是一复杂过程,而对组分比较简单的(例如含油污泥等)就比较容易测定。

5.3.3 垃圾渗滤液分析

渗沥水是指垃圾本身所带水分,以及降水等与垃圾接触而渗出来的溶液,它提取或溶出了垃圾组成中的污染物质甚至有毒有害物质,一旦进入环境会造成难以挽回的后果。在生活垃圾的填埋、焚烧、堆肥3种处理方法中,渗滤液主要来源于卫生填埋场,在垃圾填埋初期,由于地表水和地下水的流入、雨水的渗入,以及垃圾本身的分解会产生大量的污水,该污水称为垃圾渗滤液。其中溶解了大量可溶性无机、有机化合物等。

(1)渗沥水的特性　渗沥水的特性决定于它的组成和浓度。由于不同国家、不同地区、不同季节的生活垃圾组分变化很大,并且随着填埋时间的不同,渗沥水组分和浓度也会变化。其特点是:①成分的不稳定性,主要取决于垃圾的组成;②浓度的可变性,主要取决于填埋时间;③组成的特殊性,渗沥水不同于生活污水,垃圾中存在的物质,渗沥水中不一定存在,一般废水中有的它也不一定有。例如,在一般生活污水中,有机物质主要是蛋白质(40%～60%)、碳水化合物(25%～50%)以及脂肪、油类(10%),但在渗沥水中几乎不含油类,因为生活垃圾具有吸收和保持油类的能力。此外,渗沥水中几乎没有氰化物、金属铬和金属汞等水质必测项目。

(2)渗沥水的分析项目　《生活垃圾渗沥液检测方法》(CJ/T 428—2013)中规定了常规监测项目包括:水温、色度、总固体、总溶解性固体与总悬浮性固体、硫酸盐、氨态氮、凯氏氮、氯化物、总磷、pH、BOD_5、COD_{Cr}、钾、钠、细菌总数、总大肠菌数等。条件许可时,可加测硫化物、有机质、三甲胺、甲硫醇、二甲基二硫和重金属等项目。其中细菌总数和大肠菌数是我国已有的检测项目,测定方法基本上参照水质测定方法,并根据渗沥水特点做一些变动。

》》 习题与思考题 《《

(1)固体废物分为哪几类?

(2)简述危险固体废物的危害特性,其主要判别依据有哪些?

（3）如何采集固体废物样品？采集后如何预处理和保存？

（4）有害固体废物有害特性的检测包括哪些？分别试述其试验过程。

（5）固体废物的危害表现在哪些方面？

（6）何谓浸出毒性？

（7）什么叫急性毒性试验？为什么这是测定化学物质毒性的常用方法？

（8）生活垃圾特性分析包括哪些监测项目？分别试述其测试步骤。

（9）垃圾渗滤液有何特性？

第6章

生物体污染监测

➤ **本章提要：**

本章主要介绍生物体污染的途径，样品的采集、制备及污染监测的分析方法。通过本章学习，了解污染物进入生物体的途径、分布及转化排泄特征；熟悉生物样品的采集、制备和预处理的基本原则和方法；掌握生物体污染监测的分析方法。

民以食为天,食以安为先,而环境污染对农产品安全生产会产生极大的影响,因此,农业环境保护和农业环境监测把环境污染物对动物和植物的污染途径、分布、毒害、监测等作为研究的重点。

生物(动物和植物)都是直接或间接从空气、水体和土壤中吸取营养,当空气、水体和土壤受到污染后,生物在吸取养分的同时,也会吸收并积累一些有害物质,使生物也遭到污染。人食用了被污染的生物后也会受到危害。因此,生物体污染监测是以保持生物的生存条件、维持生态平衡、保护人体健康为目的的一项工作,是环境监测的组成部分,其内容包括动物、植物组织中各种有害物质的测定。

6.1 概述

空气、水以及土壤中各种各样的污染物质,通过生物表面附着、根部吸收、叶片气孔吸收以及表皮渗透等方式进入生物机体内,并通过食物链最终影响到人体健康。当污染物在生物体内累积至超过正常含量,足以影响人体健康或动植物正常生长发育的现象称为生物体污染。生物体污染监测是采用物理、化学方法,通过对生物体所含环境污染物的分析,对环境质量进行监测。

6.1.1 生物体污染形式

生物体受污染的途径主要有表面附着、生物吸收和食物链富集 3 种形式。

(1)表面附着 表面附着是指污染物附着在生物体表面的现象。例如,施用的农药或空气中的粉尘降落时,部分以物理的方式黏附在植物表面,其附着量与作物的表面积大小、表面性质及污染物的性质、状态有关。表面积大、表面粗糙、有茸毛的作物附着量比表面积小、表面光滑的作物大;作物对黏度大的污染物、乳剂比对黏度小的污染物、粉剂附着量大。附着在作物表面上的污染物,可因蒸发、风吹或随雨水流失而脱离作物表面。脂溶性或内吸传导性农药,可渗入作物表面的蜡质层或组织内部,经由吸收、输导分布到植株汁液中。这些农药在外界条件和体内酶的作用下逐渐降解、消失,但稳定性农药的这种分解、消失速度缓慢,直到作物收获时往往还有一定的残留量。

(2)生物吸收 空气、水体和土壤中的污染物,可经生物体各器官的主动吸收和被动吸收进入生物体。

主动吸收即代谢吸收,是指细胞利用生物特有的代谢作用产生的能量进行的吸收作用。细胞利用这种吸收能把逆向浓度差的外界物质引入细胞内。如水生植物和水生动物将水体中的污染物质吸收,并成百倍、千倍甚至数万倍地浓缩,就是靠这种代谢吸收。

被动吸收即物理吸收,这是一种依靠外液与原生质的浓度差,通过溶质的扩散作用而实现的吸收过程,不需要能量。吸收过程中,溶质的分子或离子借分子扩散运动由浓度高的外液通过生物膜流向浓度低的原生质,直至浓度达到均一为止。

动物在呼吸空气的同时也毫无选择地吸收来自空气中的气态污染物及悬浮颗粒物,在饮水时,也将摄入其中的污染物,脂溶性污染物还能通过皮肤的吸收作用进入动物机体。例如,氰化氢、砷化氢以及汞等气态毒物都可经皮肤吸收。

（3）食物链富集 环境污染物除了通过表面附着和吸收作用进入生物体外,还有一个重要累积途径:食物链。在水体环境中,常存在如下食物链:虾米吃"细泥"(实质上是浮游生物),小鱼吃虾米,大鱼吃小鱼。污染物在食物链的每次传递中浓度就得到一次浓缩,最终甚至可以达到产生中毒作用的程度。环境污染物不仅可以通过水生生物食物链富集,也可以通过陆生生物食物链富集。例如农药、大气污染物,可通过植物的叶片、根系进入植物体内,而含有污染物的农作物、牧草、饲料等经过牛、羊、猪、鸡等动物进一步富集。最后通过粮食、蔬菜、水果、肉、蛋、奶等食物进入人体中浓缩,危害人体健康。

6.1.2 污染物的吸收、分布、转移和代谢

污染物在生物体中各部位之间的分布是不均匀的,而且与生物的种类有关。了解生物体中各种有害物质的分布情况,对于生物保护和生物体污染监测方法的选择都是有益的。

6.1.2.1 植物

污染物进入植物的途径主要是根部和叶部。根对污染物的吸收有 2 种方式,即主动吸收和被动吸收。主动吸收是根逆浓度梯度的吸收行为,这种吸收作用必须有根部的呼吸作用提供必要的能量。专性蓄积污染物的植物是植物存在主动吸收污染物的证明,例如,砷超富集植物蜈蚣草地上部累积的砷可达 20 000 mg/kg。植物主动吸收的机制是细胞膜上存在的被称为载体的大分子蛋白质,像泵一样把细胞外的污染物离子运输转移到细胞内。更多的污染物是通过被动吸收方式进入植物根部的,或者依靠浓度差异产生的扩散作用,或者依靠阴阳离子的吸附交换作用。

在空气污染和喷施农药的情况下,植物叶片是污染物进入的主要渠道。植物叶片气孔、角质层、茸毛以及茎部的皮孔都能不同程度地吸收污染物。氟、二氧化硫等污染物以气态或悬浮颗粒态通过气孔进入植物体。

植物从土壤和水体中吸收的污染物,积蓄在各部位的含量是不同的。一般的分布规律是按下列顺序递减的:根＞茎＞叶＞穗＞壳＞种子。污染物的运输能力取决于污染物的种类和性质,也取决于植物的特点。重金属进入植物体后往往被滞留在吸收部位,而非重金属则较容易被转移。

在植物体中污染物的化学形态会发生变化,一部分从无机态转化为有机态,或者从有机态转化无机态,并发生化学价态的变化,因而其生理和毒理效应也会发生相应的变化。

6.1.2.2 动物

污染物通过消化道、皮肤、呼吸道进入动物的机体内。对家畜而言,经口摄取造成中毒的可能性较大,但不排除药浴时通过皮肤、空气污染时通过呼吸道摄取的可能性。消化道吸收的主要部位是肠道黏膜,污染物以扩散方式通过细胞膜被吸收。浓度越高,吸收越多。不解离的脂溶性污染物较易被吸收,水溶性易解离和难溶于水的污染物不易被吸收。气态、挥发性液态和液态气溶胶的污染物均能进入呼吸道被肺迅速吸收;直径大于 $10~\mu m$ 的微粒黏附在呼吸道,直径 $5\sim10~\mu m$ 的阻留在气管和支气管,$1\sim5~\mu m$ 的可达呼吸道深部,小于 $1~\mu m$ 的可达到肺泡内。

污染物质被动物吸收后,主要通过血液和淋巴系统分布到全身,最后到达各种组织的作

用点而产生危害。游离状态的污染物可进入血液,与血浆蛋白,特别是白蛋白相结合而在体内运输。因为毒物通过细胞膜的能力不同,且与各组织的亲和力不同,因此,污染物在体内各部位分布不均匀,在特定部位蓄积。按污染物性质及进入动物组织的类型不同,分布规律大致有 5 种。

(1)能溶解于体液的物质在体内均匀分布,如钠、钾、锂、铷、铯,以及阴离子氟、氯、溴等。

(2)主要蓄积于肝或其他网状内皮系统的物质,如镧、锑、钍等三价和四价阳离子,水解后成胶体。

(3)与骨具有亲和性的物质,如二价阳离子铅、钙、钡、锶、镭、铍等在骨骼中含量较高。

(4)对某一种器官具有特殊亲和性的物质,如碘对甲状腺,汞、铀对肾脏有特殊亲和性。

(5)脂溶性物质,如有机氯化合物,易蓄积于动物体内的脂肪中。

肝脏细胞膜通透性高,内皮细胞不完整,因而血液中的污染物,包括分子态、离子态、蛋白质结合态的污染物,都能进入肝脏。并且肝脏细胞内有特殊的结合蛋白质,能迅速结合外来污染物,能把血浆中已结合的污染物争夺过来。肾组织中也有特殊的结合蛋白质,它们与污染物的亲和力很强。脂溶性污染物能通过血脑屏障,进入脑和神经组织,可引起神经症状。水溶性和极性的污染物则不能通过屏障,因而不能进入脑部。同样脂溶性大的污染物能通过胎盘屏障,从母体进入胎儿,如有机汞。

污染物进入动物体内后在酶催化作用下进行代谢,称为毒物的生物转化。生物转化的主要场所是动物肝细胞的内质网,主要的反应类型是氧化、还原、水解、合成和结合。经过生物转化使污染物毒性减弱或消失的过程称为解毒或者生物失活,经生物转化生成新的毒性更强的化合物的过程称为致死性生物合成或生物活化。

多数污染物经生物转化后脂溶性减弱,水溶性和极性增强,增加了排泄的可能性。排泄主要经尿和胆汁两条途径。肾小球的毛细血管有较大的膜孔,因而除了大分子蛋白质结合态的污染物外,几乎所有的污染物都能通过肾小球滤过进入肾小管。在肾小管中解离的极性水溶性污染物不再被重吸收,随尿液排出。未解离的非极性的污染物浓度大于血浆浓度时可能被重吸收。肝脏中的污染物经生物转化后生成代谢产物,排入胆汁而进入小肠,部分随粪便排出。部分污染物在肠内被微生物或酶又转化为脂溶性,再次被小肠吸收,形成肠肝循环,这种排泄速度很慢的污染物,如滴滴涕、六六六和有机汞,可用泻剂加速排泄,阻止污染物的再吸收。

▶ 6.1.3　食品安全标准

为贯彻实施《中华人民共和国农产品质量安全法》和《中华人民共和国食品安全法》,保证食品安全,保障公众健康和生命安全,国家卫生健康相关部门制定颁布了一系列食品安全国家标准。其中,于 2005 年将可能对公众健康构成较大风险的 13 项污染物的单项限量标准进行合并,发布了《食品中污染物限量》。该标准于 2012 年第一次修订,2017 年第二次修订。《食品安全国家标准　食品中污染物限量》(GB 2762—2017)中规定了对消费者膳食暴露量产生较大影响的食品中的铅、镉、汞、砷、锡、镍、铬、亚硝酸盐、硝酸盐、苯并[a]芘、N-二甲基亚硝胺、多氯联苯、3-氯-1,2-丙二醇 13 项限量指标。《食品安全国家标准　食品中农药最大残留限量》(GB 2763—2021)规定了食品中 564 种农药 100 92 项最大残留限量。

6.2 生物样品的采集、制备和预处理

生物样品涉及复杂的基体,这些基体既有固态的也有液态的,包括所有的水生或陆生动、植物。形态分析有时针对整个生物体,有时是其中的一部分器官或组分,有时则只测定排泄物。植物和动物样品都是有生命的材料,不同于土壤、空气、水体等样品,因此在样品采集、运输、制备方面都有一些特殊的要求和规定。动植物样品的个体差异较大,要特别注意其代表性。

▶ 6.2.1 植物样品的采集和制备

6.2.1.1 植物样品的采集

根据明确的研究目的,采集样品前应通过必要的调查访问,对分析对象的有关污染情况及各种环境因素的影响进行深入的了解,然后选择出适当的采样区。在采样区内再划分和固定一些被污染后有代表性和生长典型的小区。

1)样品采集的一般原则

(1)代表性 选择一定数量的能符合大多数情况的植株为样品。采集时,不要采集田埂、地边及距离田埂、地边 2 m 以内的样品。

(2)典型性 采样的部位要能反映监测的要求,不能将植株上下部位随意混合。

(3)适时性 根据研究需要和污染物质对植物影响的情况,在植物的不同生长发育阶段定期采样。

2)样品的采集

(1)采样前的准备工作 采样前应预先准备好小铲、剪刀等采样工具及布口袋或塑料袋、标签(木或竹制小牌)、记录本、样品采集登记表格等物品。

(2)样品采集量 主要是考虑样品分部位处理后,最少部分的数量是否够分析之用。为保证足够的数量,一般要求至少有 1 kg 干重样品,如果是新鲜的样品,以含 80%～90%的水分来计算,则样品要为干重的 5～10 倍。总之,以不少于 5 kg 新鲜样品为原则。

(3)样品采集 根据研究对象在选好的样区内分别采集不同植株的根、茎、叶、果等不同部位。对于农作物的采集,一般在各采样小区内的采样点上,采集 5～10 处的植株混合组成一个代表性样品。常以梅花形五点取样(图 6-1),或在小区平行前进以交叉间隔方式取样(图 6-2)。

若采集的样品为根部,在抖掉附着在根上的泥土时,须注意不要损失其根毛部位,以尽量保持根系的完整。如果是水稻根系,在采样时还须立即用清水将泥土洗净。根系带回实验室后立即用清水洗 4 次,时间不超过 30 min 为宜(不能浸泡),洗干净后用纱布拭干。如果采集果树样品,要注意树龄、株型、生长势、载果数量和果实着生的部位及方位。蔬菜样品中的叶菜,若用鲜样进行分析,在采集时,尤其是在夏天采集时,由于天气炎热干燥、蒸发量大,植株最好连根带泥一同挖起,或用湿布将样品包住,或用塑料袋装好,不使其萎蔫。

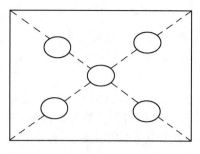

图 6-1　梅花形采样法

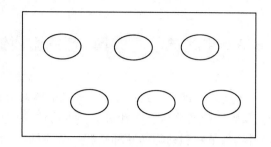

图 6-2　交叉间隔采样法

水生植物(如浮萍、眼子菜、藻类等)一般采集全株。从污水塘或污染较严重的河、塘中捞取的样品,须用清水冲洗干净,并去掉其他水草、小螺等杂物。

(4)样品保存　将采集好的样品装入布口袋或聚乙烯塑料袋,并附上用铅笔编写好样品号的标签,注明编号、采样地点、植物种类、分析项目等,并填写样品采集登记表(表 6-1),对一些特殊情况也应进行记录,以便查对和分析数据时参考。

表 6-1　样品采集登记表

| 样品号 | 样品名称 | 采集地点 | 采样日期 | 采集部位 | 土壤类别 | 物候期 | 污染情况 | | | 分析项目 | 分析部位 | 采集人 |
							次数	成分	浓度			

样品带回实验室后,应该立即放在干燥通风处晾干或烘干,用鲜样进行监测的样品,应立即送往实验室进行处理和分析。当天不能处理、分析完的样品,应暂时冷藏在冰箱内。

6.2.1.2　植物样品的制备

从现场采回来的样品一般称之为原始样品。根据分析项目的要求,应将各个种类的原始样品用不同的方法进行处理。如块根、块茎、瓜果等可切成 4 块或 8 块,根据需要量各取每块的 1/4 或 1/8 混合成平均样。粮食、种子等充分混匀后,平铺于玻璃板或木板上,用多点取样或四分法多次选取,得到缩分后的平均样。然后把各平均样作一系列的加工处理,制成可供分析用的样品,称之为分析样品。

(1)新鲜样品的制备　测定植物中易变化的物质(如酚、氰、农药、硝酸盐等)及多汁的瓜果、蔬菜样品时,应在新鲜状态下进行。

将洗净、擦干后的样品切碎、混匀,称取 100 g 放入电动捣碎机的捣碎杯中,加同样重量的蒸馏水或去离子水,捣碎 1~2 min,制成匀浆。含水量高的样品捣碎时可以不加水;含水量低的样品,可增加水量 1~2 倍。对根、茎秆、叶等含纤维素多或较硬的样品,可用不锈钢刀或剪刀切成小碎块,混匀后在乳钵中加石英砂研磨。

(2)风干样品的制备　对于植物中稳定的污染物,如某些重金属元素和非金属元素,一般用干燥样品。

将洗净的样品在干燥通风处晾干(茎秆样品可以劈开)。如果遇到阴雨天或阴湿的气候,可放在 40~60℃ 鼓风干燥箱中烘干。样品干燥后,剪碎,用电动磨碎机粉碎。谷类作物的种子样品如稻谷等,应先脱壳再粉碎。根据分析项目的要求,将粉碎好的样品通过 40～100 目金属或尼龙筛,处理后的样品保存在玻璃广口瓶或聚乙烯广口瓶中备用。

对于测定某些金属元素的样品,应注意金属器械的污染问题,如测定样品中的铬时,最好不用钢制粉碎机,过筛最好用尼龙筛,否则会有镍、锰等元素的污染、干扰。

(3)样品水分含量的测定　分析结果的计算,常以干重为基础比较各样品间某成分含量的高低(mg/kg 干重),因此在制备新鲜或风干样品时,须同时称样测定水分含量,计算干样品的含量,以便换算分析结果。含水量常用重量法测定,即称取一定量新鲜样品或风干样品,于 100～105℃烘干至恒重,由其失重计算含水量。对于含水量高的蔬菜、水果等,以鲜重表示计算结果比较好。

▶6.2.2　动物样品的采集和制备

动物的尿液、血液、唾液、胃液、乳汁、粪便、毛发、指甲、骨骼、组织和脏器等均可作为检验环境污染物的样品。

1)尿液

绝大多数毒物及其代谢产物主要由肾脏经膀胱、尿道随尿液排出。尿液收集方便,因此,尿检在医学临床检验中应用较广泛。尿液中的排泄物一般早晨浓度较高,可一次收集,也可以收集 8 h 或 24 h 的尿样,测定结果为收集时间内尿液中污染物的平均含量。采集尿液的器具要先用稀硝酸浸泡洗净,再依次用自来水、蒸馏水清洗,烘干备用。

2)血液

检验血液中的金属毒物及非金属毒物,如微量铅、汞、氟化物、酚等,对判断动物受危害情况具有重要意义。一般用注射器抽取 10 mL 血样于洗净的玻璃试管中,盖好、冷藏备用。有时需加入抗凝剂,如二溴酸盐等。

3)毛发和指甲

蓄积在毛发和指甲中的污染物质残留时间较长,即使已脱离与污染物接触或停止摄入污染食物,血液和尿液中污染物含量已下降,而在毛发和指甲中仍容易检出。头发中的汞、砷等含量较高,样品容易采集和保存,故在医学和环境分析中应用较广泛。人发样品一般采集 2～5 g,男性采集枕部发,女性原则上采集短发。采样后,用中性洗涤剂洗涤,去离子水冲洗,最后用乙醚或丙酮洗净,室温下充分晾干后保存备用。

4)组织和脏器

采用动物的组织和脏器作为检验样品,对调查研究环境污染物在机体内的分布、蓄积、毒性和环境毒理学等方面的研究都有一定的意义。但是,组织和脏器的部位复杂,且柔软、易破裂混合,因此取样操作要细心。以肝为检验样品时,应剥去被膜,取右叶的前上方表面下几厘米纤维组织丰富的部位作样品。检验肾时,剥去被膜,分别取皮质和髓质部分作样品,避免在皮质与髓质结合处采样。其他如心、肺等部位组织,根据需要,都可作为检验样品。检验较大的个体动物受污染情况时,可在躯干的各部位切取肌肉片制成混合样。采集组织和脏器样品后,应放在组织捣碎机中捣碎、混匀,制成浆状鲜样备用。

5)畜禽产品

畜禽样品采集前应进行现场调查,了解养殖业的生产规模、品种、数量、商品率等状况,了解饲养场的污染状况(水体、饲料、牧草等),了解养殖动物的生长发育情况以及产品产量和品质情况。

(1)鸡、鸭等小型畜禽样的采集　从饲养场或个体专业户选取 3~6 只畜禽,宰杀后用不锈钢刀在其背部或腿部随机取约 1 kg 混合样,立即在 0℃ 以下冷冻保存,切忌用福尔马林浸渍,以免重金属污染。根据需要,同步采集各脏器组织的样品。

(2)大型畜禽(牛、羊等)样的采集　在食品加工厂或食品站选取 2~3 头宰杀的畜禽,用小刀在其背部、腿部随机取约 1 kg 混合样,处理同上。

(3)蛋类样品的采集　从选定的养鸡场随机选取 1 kg 新鲜蛋,应保持外壳完整无损伤,切忌选用保存较长时间的或破损的蛋。

(4)奶类样品的采集　从奶牛、奶羊养殖场选取 4~5 头奶牛、奶羊采全脂奶,充分混匀至无奶油形成后采集 1~2 kg 即可,如有奶油形成,应把奶油从容器壁完全刮下,搅拌至均匀乳化后采集。

6)水产品

水产品如鱼、虾、贝类等是人们常吃的食物,也是水污染物进入人体的途径之一。样品从监测区域内水产品产地或最初集中地采集。一般采集产量高、分布范围广的水产品,所采品种尽可能齐全,以较客观地反映水产食品被污染的水平。例如,从水产养殖场选取鲜鱼或虾、螺、蚌各 1 kg 的混合样品。体重在 500 g 左右的个体数不少于 5 个,250 g 以下的个体数不少于 10 个。先去除鳞、鳃等不可食部位,沿脊椎纵剖后取 1/2 或数分之一,50 g 以下者取整体,剔去刺骨,切碎混匀。螺、蚌等贝类去硬壳,取肉组织,切碎混匀。

6.2.3　生物样品的预处理

采集、制备好的生物样品中含有大量有机物,且所含有害物质一般都在痕量和超痕量级范围,因此,测定前必须对样品进行分解,对待测组分进行富集和分离,或对干扰组分进行掩蔽等预处理。

1)消解

消解法又称湿法氧化或消化法。它是将生物样品与 1 种或 2 种以上的强酸共煮,将有机物分解成二氧化碳和水除去。为加快氧化速度,常常要加入双氧水、高锰酸钾或五氧化二钒等氧化剂、消化剂。常用的消解体系有:硝酸-高氯酸、硝酸-硫酸、硫酸-高锰酸钾、硝酸-硫酸-五氧化二钒等。

2)灰化

灰化法又称燃烧法或高温分解法。根据样品种类和待测组分的不同要求,选用铂、石英、银、镍、铁、聚四氟乙烯或瓷质坩埚,在高温炉中控温 450~550℃,加热至样品完全灰化,残渣经硝酸或盐酸再溶解后,测定各种元素成分。

为了促进分解,抑制某些元素的挥发损失,灰化法常加适量助灰化剂。加入硝酸和硝酸盐,可加速样品的氧化、疏松灰分;加入硫酸和硫酸盐,可减少氯化物的挥发损失;加入碱金属或碱土金属的氧化物、氢氧化物或碳酸盐、醋酸盐,可防止氟、氯、砷等的挥发损失。

灰化分解生物样品不使用或少使用化学试剂,有利于提高测定微量元素的准确度。但因灰化温度较高,不宜用来处理含挥发组分的样品。对于易挥发的元素,如汞、砷等,可用氧瓶燃烧法。

3）提取、净化和浓缩

测定生物样品中的农药、甲基汞、酚等有机污染物时，需用溶剂将待测组分从样品中提取出来。提取效果的好坏直接影响测定结果的准确度，常用的提取方法包括振荡提取、组织捣碎提取、超声提取、直接球磨提取、索氏提取器提取等。

在提取样品中被测组分的同时，也把其他干扰组分同时提取出来，如用石油醚提取有机磷农药时，会将脂肪、色素等一同提取出来。因此在测定之前，还必须进行杂质的分离，也就是净化。常用的净化方法有：萃取法、层析法、低温冷冻法、磺化法和皂化法等。

生物样品的提取液经过分离净化后，其中的被测组分的浓度往往太低，达不到分析需要，这就要对样品进行浓缩，才能进行测定。常用的浓缩方法有蒸馏或减压蒸馏法、蒸发法、K-D浓缩器浓缩法。

生物样品中有机污染物的提取、净化和浓缩与土壤样品的提取、净化和浓缩类似，相关的预处理程序见本书的4.3.3.3部分。

6.3 污染物的测定

生物体中污染物的含量一般很低，常需要选用高灵敏度的现代分析仪器进行分析。常用分析方法有光谱分析、色谱分析、电化学分析、放射分析、多机联用分析、酶联免疫法等。关于生物样品中重金属和类金属元素以及氟化物等的测定，除了预处理的程序与水样有所区别外，具体的分析测试方法可以参见本书前面章节的相关内容。

▶ 6.3.1 亚硝酸盐和硝酸盐

食品中积累过量亚硝酸盐和硝酸盐会对人体健康造成潜在危害，我国食品安全国家标准 GB 2762 中规定了食品中亚硝酸盐和硝酸盐的限量指标。世界卫生组织（WHO）和联合国粮农组织（FAO）规定亚硝酸盐的日允许摄入量（ADI）为 0.13 mg/(kg·d)，硝酸盐的ADI 为 3.6 mg/(kg·d)。

硝酸盐的测定方法很多，仪器分析方法主要包括：分光光度法（SP）、原子吸收分光光度法（AAS）、离子色谱法（IC）、流动注射分析法（FIA）、硝酸盐离子选择电极法（ISE）、紫外分光光度法（UVS）、高压液相色谱法（HPLC）、气相色谱法（GC）、连续流动分析法（CFA）等。硝酸盐含量的测定方法可归纳为 3 大类：①直接测定 NO_3^--N 法；②硝酸盐还原法，即还原为 NO_2^--N 和 NH_4^+-N 或 NO 和还原物的测定；③非直接法，以 NO_3^--N 与化学物质反应生成一种化合物的浓度变化来测定 NO_3^--N 的浓度。由于 NO_2^- 的比色计测定法比 NO_3^- 灵敏，随之发展了 NO_3^- 还原为 NO_2^- 的 NO_3^- 测定方法。此法中硝酸盐还原和 NO_2^- 定量测定是比色法的关键步骤，在提高分析的灵敏度和精密度上起到重要作用。

《食品安全国家标准 食品中亚硝酸盐与硝酸盐的测定》（GB 5009.33—2016）中规定了离子色谱法、分光光度法、紫外分光光度法作为食品中硝酸盐和亚硝酸盐测定的标准方法。本节主要介绍蔬菜中硝酸盐和亚硝酸盐测定的分光光度法。

6.3.1.1 原理

亚硝酸盐采用盐酸萘乙二胺法测定,硝酸盐采用镉柱还原法测定。试样经沉淀蛋白质、除去脂肪后,在弱酸性条件下,亚硝酸盐与对氨基苯磺酸重氮化后,再与盐酸萘乙二胺偶合形成紫红色染料,外标法测得亚硝酸盐含量。采用镉柱将硝酸盐还原成亚硝酸盐,测得亚硝酸盐总量,由此总量减去亚硝酸盐含量,即得试样中硝酸盐含量。

6.3.1.2 仪器

分光光度计;天平;组织捣碎机;电热恒温水浴;镉柱[投入足够的锌皮或锌棒于500 mL 硫酸镉溶液(200 g/L)中,经过 3～4 h,当其中的镉全部被锌置换后,用玻璃棒轻轻刮下,取出残余锌皮或锌棒,使镉沉底,倾去上层清液,以水用倾泻法多次洗涤,然后移入组织捣碎机中,加 500 mL 水,捣碎约 2 s,用水将金属细粒洗至标准筛上,取 20～40 目的部分装柱]。

6.3.1.3 试剂

(1)锌皮或锌棒。

(2)硫酸镉。

(3)亚铁氰化钾溶液($\rho=106$ g/L):称取 106.0 g 亚铁氰化钾[$K_4Fe(CN)_6 \cdot 3H_2O$],用水溶解,并稀释至 1 000 mL。

(4)乙酸锌溶液($\rho=220$ g/L):称取 220.0 g 乙酸锌[$Zn(CH_3COO)_2 \cdot 2H_2O$],先加 30 mL 冰醋酸溶解,用水稀释至 1 000 mL。

(5)饱和硼砂溶液($\rho=50$ g/L):称取 5.0 g 硼酸钠($Na_2B_4O_7 \cdot 10H_2O$),溶于 100 mL 热水中,冷却后备用。

(6)氨缓冲溶液(pH 9.6～9.7):量取 30 mL 盐酸,加 100 mL 水,混匀后加 65 mL 25％氨水,再加水稀释至 1 000 mL,混匀,调节 pH 至 9.6～9.7。

(7)氨缓冲溶液的稀释液:量取 50 mL 氨缓冲溶液,加水稀释至 500 mL,混匀。

(8)盐酸($c=0.1$ mol/L):量取 5 mL 盐酸,用水稀释至 600 mL。

(9)对氨基苯磺酸溶液($\rho=4$ g/L):称取 0.4 g 对氨基苯磺酸($C_6H_7NO_3S$),溶于100 mL 20％(V/V)盐酸中,混匀,置棕色瓶中,避光保存。

(10)盐酸萘乙二胺溶液($\rho=2$ g/L):称取 0.2 g 盐酸萘乙二胺($C_{12}H_{14}N_2 \cdot 2HCl$),溶于100 mL 水中,混匀后置棕色瓶中,避光保存。

(11)亚硝酸钠标准溶液($\rho=200$ μg/mL):准确称取 0.100 0 g 于 110～120℃ 干燥恒重的亚硝酸钠,加水溶解后移入 500 mL 容量瓶中,加水稀释至刻度,混匀。

(12)亚硝酸钠标准使用液($\rho=5.0$ μg/mL):临用前吸取亚硝酸钠标准溶液 5.00 mL,置于 200 mL 容量瓶中,加水稀释至刻度。

6.3.1.4 操作步骤

(1)试样预处理　将新鲜蔬菜、水果用去离子水洗净,晾干后,取可食部切碎混匀。将切碎的样品用四分法取适量,用食物粉碎机制成匀浆备用。如需加水应记录加水量。

(2)提取　称取 5.00 g 制成匀浆的试样(如制备过程中加水,应按加水量折算),置于50 mL 烧杯中,加 12.5 mL 饱和硼砂溶液,搅拌均匀,以 70℃ 左右的水约 300 mL 将试样洗入 500 mL 容量瓶中,于沸水浴中加热 15 min,取出置冷水浴中冷却,并放置至室温。

（3）提取液净化　在振荡上述提取液时加入 5 mL 亚铁氰化钾溶液，摇匀，再加入 5 mL 乙酸锌溶液以沉淀蛋白质。加水至刻度，摇匀，放置 30 min，除去上层脂肪，上清液用滤纸过滤，弃去初滤液 30 mL，滤液备用。

（4）亚硝酸盐的测定　吸取 40.0 mL 上述滤液于 50 mL 带塞比色管中，另吸取 0.00 mL、0.20 mL、0.40 mL、0.60 mL、0.80 mL、1.00 mL、1.50 mL、2.00 mL、2.50 mL 亚硝酸钠标准使用液（相当于 0.0 μg、1.0 μg、2.0 μg、3.0 μg、4.0 μg、5.0 μg、7.5 μg、10.0 μg、12.5 μg 亚硝酸钠），分别置于 50 mL 带塞比色管中。于标准管与试样管中分别加入 2 mL 对氨基苯磺酸溶液，混匀，静置 3～5 min 后各加入 1 mL 盐酸萘乙二胺溶液，加水至刻度，混匀，静置 15 min，用 2 cm 比色杯，以零管调节零点，于波长 538 nm 处测吸光度，绘制标准曲线。同时做试剂空白。

（5）硝酸盐的还原　先用 25 mL 稀氨缓冲液冲洗镉柱，流速控制在 3～5 mL/min（以滴定管代替镉柱的可控制在 2～3 mL/min）。吸取 20 mL 滤液于 50 mL 烧杯中，加 5 mL 氨缓冲溶液，混合后注入贮液漏斗，使其流经镉柱还原，用原烧杯收集流出液，当贮液漏斗中的样液流尽后，再加 5 mL 水置换柱内留存的样液。将全部收集液如前再经镉柱还原 1 次，第二次流出液收集于 100 mL 容量瓶中，继续用水流经镉柱洗涤 3 次，每次 20 mL，洗液一并收集于同一容量瓶中，加水至刻度，混匀。

（6）亚硝酸钠总量的测定　吸取 10～20 mL 还原后的样液于 50 mL 比色管中，按照亚硝酸盐的测定方法进行测定。

6.3.1.5　结果计算

（1）样品中亚硝酸盐（以亚硝酸钠计）的质量分数按下式计算：

$$\omega_1(\text{亚硝酸钠}, \text{mg/kg}) = \frac{m_1 \times 1\,000}{m \times \dfrac{V_1}{V_0} \times 1\,000}$$

式中：m_1 为从标准曲线查得的吸光度所对应的亚硝酸钠的质量，μg；m 为试样质量，g；V_1 为测定用样液体积，mL；V_0 为试样处理液总体积，mL；1 000 为单位换算系数。

（2）样品中硝酸盐（以硝酸钠计）的质量分数按下式计算：

$$\omega_2(\text{硝酸钠}, \text{mg/kg}) = \left[\frac{m_2 \times 1\,000}{m \times \dfrac{V_2}{V_0} \times \dfrac{V_4}{V_3} \times 1\,000} - \omega_1 \right] \times 1.232$$

式中：m_2 为经镉粉还原后测得总亚硝酸钠的质量，μg；m 为试样的质量，g；V_2 为总亚硝酸钠的测定用样液体积，mL；V_0 为试样处理液总体积，mL；V_3 为经镉柱还原后样液总体积，mL；V_4 为经镉柱还原后样液的测定用体积，mL；ω_1 为计算出的试样中亚硝酸钠的质量分数，mg/kg；1.232 为亚硝酸钠换算成硝酸钠的系数。

以重复性条件下获得的两次独立测定结果的算术平均值表示，结果保留 2 位有效数字。

▶ 6.3.2　甲基汞

自从 20 世纪 50 年代日本发生水俣病事件以来,汞作为全球性的污染物质已经引起人们的广泛关注。甲基汞是各种形态的无机汞和有机汞中毒性最强的一种汞化合物,对人类的健康危害极大。它是一种有蓄积性的剧毒化合物,具有生物致畸作用、免疫毒性和神经毒性反应,长期微量摄入会对人体健康造成不同程度的危害,因此在环境监测中分析甲基汞是非常必要的。

汞的形态测定主要是利用提取和分离的方式,采用光谱法、气相色谱法、高效液相色谱法、毛细管电泳法测定。利用色谱的分离能力与原子光谱的高选择性、高灵敏度联用来测定不同形态的元素是近年来分析化学发展的一大热点。例如,气相色谱-原子荧光法(GC-AFS)、气相色谱-冷原子荧光法(GC-CVAFS)、气相色谱-电感耦合等离子体-质谱(GC-ICP-MS)、高压液相色谱-电感耦合等离子体-质谱(HPLC-ICP-MS)、高效液相色谱-原子荧光光谱等联用技术可以分析不同形态的金属元素。

国家推荐标准(GB/T 17132—1997)中规定了气相色谱仪-电子捕获检测器测定样品中甲基汞的含量;食品安全国家标准(GB 5009.17—2021)中规定了食品中有机汞测定的液相色谱-原子荧光光谱联用方法(LC-AFS)。本节主要介绍利用液相色谱-原子荧光光谱联用方法测定食品中的甲基汞。

6.3.2.1　原理

食品中甲基汞经超声波辅助 5 mol/L 盐酸溶液提取后,使用 C_{18} 反相色谱柱分离,色谱流出液进入在线紫外消解系统,在紫外光照射下与强氧化剂过硫酸钾反应,甲基汞转变为无机汞。酸性环境下,无机汞与硼氢化钾在线反应生成汞蒸气,由原子荧光光谱仪测定。由保留时间定性,外标法峰面积定量。

6.3.2.2　仪器

液相色谱-原子荧光光谱联用仪(LC-AFS);天平;组织匀浆器;高速粉碎机;冷冻干燥机;离心机(最大转速 10 000 r/min);超声清洗器。

6.3.2.3　试剂

(1)流动相(3% 甲醇 + 0.04 mol/L 乙酸铵 + 0.1% L-半胱氨酸):称取 0.5 g L-半胱氨酸[L-HSCH$_2$CH(NH$_2$)COOH],1.6 g 乙酸铵,置于 500 mL 容量瓶中,用水溶解,再加入 15 mL 甲醇,最后用水定容至 500 mL。经 0.45 μm 有机系滤膜过滤后,于超声水浴中超声脱气 30 min。现用现配。

(2)盐酸溶液(c = 5 mol/L):量取 208 mL 盐酸,溶于水并稀释至 500 mL。

(3)盐酸溶液 10%(V/V):量取 100 mL 盐酸,溶于水并稀释至 1 000 mL。

(4)氢氧化钾溶液(ρ = 2 g/L):称取 2.0 g 氢氧化钾,溶于水并稀释至 1 000 mL。

(5)氢氧化钠溶液(c = 6 mol/L):称取 24 g 氢氧化钠,溶于水并稀释至 100 mL。

(6)硼氢化钾溶液(ρ = 2 g/L):称取 2.0 g 硼氢化钾,用氢氧化钾溶液(5 g/L)溶解并稀释至 1 000 mL。现用现配。

(7)过硫酸钾溶液(ρ = 2 g/L):称取 1.0 g 过硫酸钾,用氢氧化钾溶液(5 g/L)溶解并稀释至 500 mL。现用现配。

环境监测

(8)L-半胱氨酸溶液($\rho=10$ g/L):称取 0.1 g L-半胱氨酸,溶于 10 mL 水中。现用现配。

(9)甲醇溶液[1∶1(V/V)]:量取甲醇 100 mL,加入 100 mL 水中,混匀。

(10)重铬酸钾的硝酸溶液($\rho=0.5$ g/L):称取 0.05 g 重铬酸钾溶于 100 mL 硝酸溶液[5∶95(V/V)]中。

(11)氯化汞标准贮备液($\rho=200$ μg/mL,以 Hg 计):准确称取 0.027 0 g 氯化汞,用 0.5 g/L 重铬酸钾的硝酸溶液溶解,并稀释、定容至 100 mL。于 4℃冰箱中避光保存,可保存 2 年。或购买经国家认证并授予标准物质证书的标准溶液物质。

(12)甲基汞标准贮备液($\rho=200$ μg/mL,以 Hg 计):准确称取 0.025 g 氯化甲基汞,加少量甲醇溶解,用甲醇溶液[1∶1(V/V)]稀释、定容至 100 mL。于 4℃冰箱中避光保存,可保存 2 年。或购买经国家认证并授予标准物质证书的标准溶液物质。

(13)混合标准使用液($\rho=1.0$ μg/mL,以 Hg 计):准确移取 0.50 mL 甲基汞标准贮备液和 0.50 mL 氯化汞标准贮备液,置于 100 mL 容量瓶中,以流动相稀释至刻度,摇匀。此混合标准使用液中,两种汞化合物的浓度均为 1.00 μg/mL。现用现配。

6.3.2.4 操作步骤

1)试样提取

称取匀浆样品 0.500～2.000 g,置于 15 mL 塑料离心管中,加入 10 mL 的盐酸溶液(5 mol/L),放置过夜。室温下超声水浴提取 60 min,期间振摇数次。4℃下以 8 000 r/min 转速离心 15 min。准确吸取 2.0 mL 上清液至 5 mL 容量瓶或刻度试管中,逐滴加入氢氧化钠溶液(6 mol/L),使样液 pH 为 2～7。加入 0.1 mL 的 L-半胱氨酸溶液(10 g/L),最后用水定容至刻度。0.45 μm 有机系滤膜过滤,待测。同时做空白试验。

2)仪器参考条件

(1)液相色谱参考条件　色谱柱:C$_{18}$ 分析柱(柱长 150 mm,内径 4.6 mm,粒径 5 μm),C$_{18}$ 预柱(柱长 10 mm,内径 4.6 mm,粒径 5 μm);流速:1.0 mL/min;进样体积:100 μL。

(2)原子荧光检测参考条件　负高压:300 V;汞灯电流:30 mA;原子化方式:冷原子;载液:10%盐酸溶液;载液流速:4.0 mL/min;还原剂:2 g/L 硼氢化钾溶液;还原剂流速:4.0 mL/min;氧化剂:2 g/L 过硫酸钾溶液;氧化剂流速:1.6 mL/min;载气流速:500 mL/min;辅助气流速:600 mL/min。

3)标准曲线制作

取 5 支 10 mL 容量瓶,分别准确加入混合标准使用液(1.00 μg/mL)0.00 mL、0.010 mL、0.020 mL、0.040 mL、0.060 mL 和 0.10 mL,用流动相稀释至刻度。此标准系列溶液的浓度分别为 0.0 ng/mL、1.0 ng/mL、2.0 ng/mL、4.0 ng/mL、6.0 ng/mL 和 10.0 ng/mL。吸取标准系列溶液 100 μL 进样,以标准系列溶液中目标化合物的浓度为横坐标,以色谱峰面积为纵坐标,绘制标准曲线。标准溶液的色谱图见图 6-3。

4)试样溶液的测定

将试样溶液 100 μL 注入液相色谱-原子荧光光谱联用仪中,得到色谱图,以保留时间定性。以外标法峰面积定量。平行测定次数不少于 2 次。

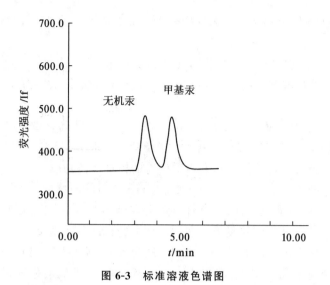

图 6-3　标准溶液色谱图

6.3.2.5　结果计算

样品中甲基汞的质量分数按下式计算：

$$(\text{甲基汞}, \text{mg/kg}) = \frac{f \times (\rho - \rho_0) \times V \times 1\,000}{m \times 1\,000 \times 1\,000}$$

式中：f 为稀释因子；ρ 为标准曲线得到的测定液中甲基汞的浓度，ng/mL；ρ_0 为标准曲线得到的空白溶液中甲基汞的浓度，ng/mL；V 为加入提取试剂的体积，mL；1 000 为单位换算系数；m 为试样称样量，g。计算结果保留 2 位有效数字。

6.3.2.6　注意事项

甲基汞的毒性很强，做好废液的安全处置。

▶ 6.3.3　有机磷农药

有机磷农药，是用于防治植物病虫害的含有机磷的有机化合物，大多数属磷酸酯类或硫代磷酸酯类化合物。这一类农药品种多、药效高、用途广、易分解，是目前应用最广泛的杀虫药。

有机磷对人、畜的毒性主要是对乙酰胆碱酯酶的抑制，使乙酰胆碱不能分解而在神经末梢蓄积，作用于胆碱能受体，使胆碱能神经发生过度兴奋，导致先兴奋、后抑制，最终衰竭的一系列的毒蕈碱样、烟碱样和中枢神经系统等症状。

过去，我国生产的有机磷农药绝大多数为杀虫剂，如常用的对硫磷、内吸磷、马拉硫磷、乐果、敌百虫及敌敌畏等。近几年来，已先后合成杀菌剂、杀鼠剂等有机磷农药。由于有机磷农药对人体健康的影响，因此，食品中有机磷农药的残留检测分析在环境监测中非常重要。目前，有机磷农药的检测方法主要是气相色谱法。本节以蔬菜为例介绍蔬菜中有机磷农药测定的气相色谱法。

6.3.3.1　原理

试样用乙腈提取，提取液经固相萃取或分散固相萃取净化，使用带火焰光度检测器的气相色谱仪检测,根据双柱色谱峰的保留时间定性,外标法定量。

6.3.3.2　仪器设备

气相色谱仪;分液漏斗;组织捣碎机;旋转蒸发仪;可控温氮吹仪;涡旋振荡器。

6.3.3.3　试剂

(1)乙腈。

(2)丙酮:色谱纯。

(3)氯化钠(NaCl)。

(4)标准贮备液(1 000 mg/L):准确称取 10 mg(精确至 0.1 mg)有机磷类农药各标准品,用丙酮溶解并分别定容到 10 mL。标准贮备液避光且低于-18℃保存,有效期 1 年。

(5)混合标准溶液:将各种有机磷类农药分别准确吸取一定量的单个农药贮备液于 50 mL 容量瓶中,用丙酮定容至刻度。混合标准溶液,避光 0～4℃保存,有效期 1 个月。

6.3.3.4　操作步骤

1)提取和净化

称取 20 g(精确到 0.01 g)试样于 150 mL 烧杯中,加入 40 mL 乙腈,用高速匀浆机 15 000 r/min 匀浆 2 min,提取液过滤至装有 5～7 g 氯化钠的 100 mL 具塞量筒中,盖上塞子,剧烈振荡 1 min,在室温下静置 30 min。

准确吸取 10 mL 上清液于 100 mL 烧杯中,80℃水浴中氮吹蒸发近干,加入 2 mL 丙酮溶解残余物,盖上铝箔,备用。

将上述备用液完全转移至 15 mL 刻度离心管中,再用约 3 mL 丙酮分 3 次冲洗烧杯,并转移至离心管,最后定容至 5.0 mL,涡旋 0.5 min,用微孔滤膜过滤,待测。

2)测定

(1)仪器参考条件色谱柱　A 柱,50%聚苯基甲基硅氧烷石英毛细管柱,30 m× 0.53 mm(内径)×1.0 μm,或相当者;B 柱,100%聚苯基甲基硅氧烷石英毛细管柱,30 m× 0.53 mm(内径)×1.5 μm,或相当者。

色谱柱温度:150℃保持 2 min,然后以 8℃/min 程序升温至 210℃,再以 5℃/min 升温至 250℃,保持 15 min。

进样口温度:250℃。

检测器温度:300℃。

(2)标准曲线　将混合标准中间溶液用丙酮稀释成质量浓度为 0.005 mg/L、0.01 mg/L、0.05 mg/L、0.1 mg/L 和 1 mg/L 的系列标准溶液,参考色谱条件测定。以农药质量浓度为横坐标、色谱的峰面积积分值为纵坐标绘制标准曲线。

(3)定性及定量　定性测定:以目标农药的保留时间定性。被测试样中目标农药双柱上色谱峰的保留时间与相应标准色谱峰的保留时间相比较,相差应在±0.05 min 之内。

定量测定:以外标法定量。

试样溶液的测定:将混合标准工作溶液和试样溶液依次注入气相色谱仪中,保留时间定性,测得目标农药色谱峰面积。待测样液中农药的响应值应在仪器检测的定量测定线性范围之内,超过线性范围,应根据测定浓度进行适当倍数稀释后再进行分析。

空白试验:除不加试料外,其他操作与样品相同。

6.3.3.5　结果计算

$$\omega = \frac{V_1 \times A \times V_3}{V_2 \times A_s \times m} \times \rho$$

式中：ω 为样品中被测组分质量分数，mg/kg；V_1 为提取溶剂总体积，mL；V_2 为提取液分取体积，mL；V_3 为待测溶液定容体积，mL；A 为待测溶液中被测组分峰面积；A_s 为标准溶液中被测组分峰面积；m 为试样质量，g；ρ 为标准溶液中被测组分质量浓度，mg/L。

计算结果应扣除空白值，计算结果以重复性条件下获得的 2 次独立测定结果的算术平均值表示，保留 2 位有效数字。当结果超过 1 mg/kg 时，保留 3 位有效数字。

▶▶ 习题与思考题 ◀◀

(1)生物是怎样被污染的？进行生物体污染监测有何重要意义？

(2)简述污染物在生物体的分布规律。

(3)怎样采集植物样品和根据监测项目的特点进行制备？

(4)一般从动物的哪些部位采样？为什么从这些部位采样？

(5)生物样品的预处理方法有哪些？

(6)简述食品中硝酸盐和亚硝酸盐的分析测定方法。

(7)怎样用液相色谱-原子荧光光谱联用法测定生物样品中的甲基汞？

Chapter **7**

第7章

生物监测和生态监测

➤ **本章提要:**

　　本章主要介绍生物监测和生态监测的基本概念和基本方法,空气、水体和土壤污染的生物监测,以及生态监测指标体系和生态环境状况评价。通过本章学习,了解生物监测、生态监测、指示生物的基本概念;理解生物监测的优缺点;掌握生物监测的生理生化监测方法、毒理学方法、个体生物监测法、群落和生态系统监测及评价方法;了解空气、水体、土壤污染生物监测的基本方法和评价方法,以及生态监测指标体系和生态环境状况评价方法。

生物与其生存环境之间存在着相互影响、相互制约、相互依存的密切关系。受到污染的生物,在生态、生理和生化指标等方面会发生变化,出现不同的症状或反应。生物监测与生态监测是在长期连续监测方面,对物理和化学监测的重要补充,充分利用生物对污染物毒性反应的敏感性,更能较准确地反映真实的污染状况。生态环境监测是生态环境保护的基础,是生态文明建设的重要支撑。

生物监测与生态监测都是利用生命系统各层次对自然或人为因素引起环境变化的反应来判定环境质量,都是研究生命系统与环境系统的相互关系。生物监测系统地利用生物反应以评价环境的变化,从生物学组建水平观点出发,各级水平上都可以有反应;生态监测是比生物监测更复杂、更综合的一种监测方法,重点放在对生态系统层次上的生物监测。

现代生物技术的快速发展,使捕捉生物信息的能力大大增强,正在给传统的生物监测和生态监测技术注入新的活力;监测手段上的变革,对于了解污染物的性质、分析污染的程度、追踪污染发生的历史、预测污染的影响及发展趋势等方面都具有十分重要的意义。

7.1 概述

7.1.1 基本概念

1)生物监测

生物监测与化学监测、物理监测一样,被广泛应用于环境保护。生物监测这一术语是在1977年4月由欧洲共同体(EEC)、世界卫生组织(WHO)、美国环境保护局(EPA)组织的"关于生物样品在评价人体接触污染物方面的应用"的国际会议上正式提出并给予定义的。

生物监测是利用生物分子、细胞、组织、器官、个体、种群和群落等各层次对环境污染程度所产生的反应来阐明环境污染状况的环境监测方法,从生物学的角度为环境质量的监测和评价提供依据。从理论上,环境的物理、化学过程决定着生物学过程;反过来,生物学过程的变化也可以在一定程度上反映出环境的物理、化学过程的变化。因此,可以通过对生物的观察来评价环境质量的变化。从某种意义上,由环境质量变化所引起的生物学过程变化能够更直接地综合反映出环境质量对生态系统的影响,比用理化方法监测得到的参数更具有说服力。

生物监测的理论基础是生态系统理论。污染物进入环境后,会对生态系统在各级生物学水平上产生影响,引起生态系统固有结构和功能的变化。例如,在分子水平上,会诱导或抑制酶活性,抑制蛋白质、DNA 和 RNA 等的合成。在细胞水平上,引起细胞膜结构和功能的改变,破坏像线粒体和内质网等细胞器的结构和功能。在个体水平上,对动物会导致死亡,行为改变,抑制生长发育与繁殖等;对植物表现为生长速度减慢,发育受阻,失绿黄化及早熟等。在种群和群落水平上,引起种群数量密度的改变,结构和物种比例的变化,遗传基础和竞争关系的改变,引起群落中优势种群、生物量、物种多样性等的改变。

2)生态监测

生态监测是运用物理、化学或生物等方法对生态系统或生态系统中的生物因子、非生物因子状况及其变化趋势进行的测定、观察。在地球的全部或者局部范围内观察和收集生命支持能力的数据、并加以分析研究,以了解生态环境的现状和变化。所谓生命支持能力数据,包括生物(人类、动物、植物和微生物等)和非生物(地球的基本属性)的相关信息。通过不断监视自然和人工生态系统及生物圈其他组成部分(外部空气圈、地下水等)的状况,确定改变的方向和速度,并查明多种形式的人类活动在这种改变中所起的作用。

生态监测是一种综合技术,通过地面固定的监测站或流动观察队、航天摄影及太空轨道卫星获取包括环境、生物、经济和社会等多方面数据。运用可比的方法,在时间或空间上对特定区域范围内生态系统或生态系统聚合体的类型、结构和功能及其组成要素等进行系统的测定和观察,监测的结果被用于评价和预测人类活动对生态系统的影响,为合理利用资源、改善生态环境和自然保护提供决策依据。与其他监测技术相比,生态监测是一种涉及学科多、综合性强和更复杂的监测技术。

从不同生态系统的角度出发,生态监测可分为城市生态监测、农村生态监测、森林生态监测、草原生态监测及荒漠生态监测等。从生态监测的对象及其涉及的空间尺度,可分为宏观生态监测和微观生态监测两大类。

(1)宏观生态监测 宏观生态监测是对区域范围内生态系统的组合方式、镶嵌特征、动态变化和空间分布格局等及其在人类活动影响下的变化进行观察和测定,例如,热带雨林、沙漠化、湿地等生态系统的分布及面积的动态变化。宏观监测的地域等级至少应在区域生态范围之内,最大可扩展到全球一级。其监测手段主要依赖于遥感技术和地理信息系统。监测所得的信息多以图件的方式输出,将其与自然本底图和专业图件比较,评价生态系统质量的变化。

(2)微观生态监测 微观生态监测是运用物理、化学和生物方法对某一特定生态系统或生态系统聚合体的结构和功能特征及其在人类活动影响下的变化进行监测。主要以大量的野外生态监测站为基础,每个监测站的地域等级最大可包括由几个生态系统组成的景观生态区,最小也应代表单一的生态系统。按照微观生态监测内容,可分为干扰性生态监测、污染性生态监测、治理性生态监测。

宏观生态监测和微观生态监测二者既相互独立,又相辅相成,一个完整的生态监测应包括宏观和微观监测两种尺度所形成的生态监测网。

3)指示生物

指示生物,就是对环境中某些物质,包括污染物的作用或环境条件的改变能较敏感和快速地产生明显反应,通过其反应来监测和评价环境质量的现状和变化的生物。生物监测中所应用的指示生物通常都具有以下基本特征。

(1)灵敏性和特异性 指示生物的敏感性直接决定了生物监测方法的灵敏度。指示生物对胁迫的生物反应具有特异性,即对干扰作用反应敏感,在绝大多数生物对某种异常干扰作用尚未做出反应的情况下,指示生物中健康的个体却出现了可见的损害或表现出某种特征,有着"预警"的功能。由于生物种类很多,不同生物甚至同种生物不同品种和亚种对同一干扰的反应都不同。因此,要根据监测对象和监测目的挑选相应的敏感种类和指示生物。

(2)代表性 从指示效果的角度要求,指示生物的适宜性越狭窄越好,但这样的生物在群落中的数量和分布区很小。因此,指示生物除具有敏感性强的特点外,还应是常见种,最好是群落中的优势种。

（3）较小的差异性　表现在对干扰作用的反应个体间的差异小、重现性高。许多生物个体差异很大,若以此作为指示生物往往会影响监测结果的准确性。指示生物应是个体间差异小的种类,方能保证监测结果的可靠性和重现性。用作指示生物的植物,最好选用无性植物。这类植物在遗传性上差异甚小,可保证获得较为一致可比的监测结果。

（4）多功能性　即尽量选择除监测功能外还兼有其他功能的生物,达到一举多得的目的。如有的有经济价值,有的有绿化或观赏价值等。国内外在空气污染的监测上,常选用唐菖蒲、秋海棠、牡丹、兰花、玫瑰等,都达到了既可观赏和获得经济效益,又能"报警"的目的。

▶ 7.1.2　生物和生态监测的特点

1）生物监测的优点

与理化监测方法相比,生物监测具有理化监测所不能替代和所不具备的一些优点。

（1）综合性　生物监测能较好地综合反映环境质量状况。环境问题是相当复杂的,某一生态效应常是几种因素综合作用的结果。如在受污染的水体中,通常是多种污染物并存,而每种污染物并非都是各自单独起作用,各类污染物之间也不都是简单的加减关系。理化监测仪器常常反映不出这种复杂的关系,而生物监测却具有这种特征。

（2）连续性　用理化监测方法可快速而精确测得某空间内许多环境因素的瞬时变化值,但却不能以此来确定这种环境质量对长期生活于这一空间内的生命系统影响的真实情况。生物监测具有这种优点,因为它是利用生命系统的变化来"指示"环境质量,而生命系统各层次都有其特定的生命周期,这就使得监测结果能反映出某地区受污染或生态破坏后累积结果的历史状况。这有助于对某地区环境污染历史状况的分析,也是理化监测所无法比拟的。

（3）多功能性　一般理化监测仪器的专一性很强,测定 O_3 的仪器不能兼测 SO_2,测 SO_2 的也不能兼测 CH_4。生物监测却能通过指示生物的不同反应症状,分别监测多种干扰效应。例如,在污染水体中,通过对鱼类种群的分析就可获得某污染物在鱼体内的生物积累速度以及沿食物链产生的生物学放大情况等许多信息。植物受 SO_2、PAN(过氧乙酰硝酸酯)和氟化物的危害后,叶的组织结构和色泽常表现出不同的受害症状。

（4）高灵敏性　生物监测灵敏度高,从物种的水平上说,是指有些生物对某种污染物的反应很敏感。如唐菖蒲在 $0.01~\mu L/L$ 的氟化氢下,20 h 就出现反应症状。

（5）整体性　对于宏观系统的变化,生物监测更能真实和全面地反映外干扰的生态效应。许多外干扰对生态系统的影响都因系统的功能整体性而产生连锁反应。如:空气污染可影响植物的初级生产力,生态系统的各组分对系统功能变化的反应也是很敏感的。因此,只有通过生物监测才能对宏观系统的复杂变化予以客观的反映。

另外,生物监测还具有价格低廉,不需购置昂贵的精密仪器;不需要烦琐的仪器保养及维修等工作;可以在大面积或较长距离内密集布点,甚至在边远地区也能布点进行监测等优点。

2）生物监测的局限性

生态系统理论是生物监测的理论基础,生态系统具有维持一定地区的系统结构和功能的固有特性。环境污染必然引起生态系统固有结构和功能的变化,生物监测可以反映这种环境污染的生态效应,为环境控制与管理提供生物能动的反应信息。但生态系统的复杂性

也为生物监测参数的选择带来了困难,主要是因为:

(1)污染的发生总是综合性的,相同强度的同种干扰对处于不同状态的生物常产生不同的生态效应。指示生物同一受害症状可由多种因素造成,增加了对监测结果判别的困难。如:许多植物的落叶、矮态、卷转、僵直和扭曲等,空气氟化物的污染和低浓度除草剂的施用均可造成上述异常现象;SO_2对植物的伤害往往与霜冻或无机盐缺乏的症状也很相似。

(2)生物在不同生活史阶段的反应不同,如水稻在抽穗、扬花、灌浆时期对污染反应最敏感、危害最大,而成熟期的敏感性就明显降低。

(3)系统受污染后的效应往往在初期不易测出。

(4)由于影响生物学过程的不仅仅是环境污染,还有许多非污染因素。外界各种因子容易影响生物监测结果和生物监测性能。如:利用菜豆(*Phaseolus vulgaris* L.)监测O_3,其致伤率与光照强度密切相关;SO_2对植物的危害受气象条件影响很大等。

(5)生物监测的精度不高,有些场合只能半定量。它通常反映的只是环境中各污染物所反映出来的总体生物毒性水平。

尽管生物监测还存在着一定的局限性,但是它在环境监测中的地位和作用仍然是非常重要的。第一,通过生物监测可揭示和评价各类生态系统在某一时段的环境质量状况,为利用、改善和保护环境指出方向。第二,由于生物监测更侧重于研究人为干扰与生态环境变化的关系,可使人们搞清哪些活动模式既符合经济规律、又符合生态规律,从而为协调人与自然的关系提供科学依据。第三,通过生物监测还能掌握对生态环境变化构成影响的各种主要干扰因素及每种因素的贡献。这既能为受损生态系统的恢复和重建提供科学依据,也可为制定相应的环保管理计划,增强环保工作的针对性和主动性,进而提高措施的有效性服务。第四,由于生物监测可反馈各种干扰的综合信息,所以人们能依此对区域生态环境质量的变化趋势做出科学预测。

3)生态监测的特点

(1)综合性　生态监测是一门涉及多学科(包括生物、地理、环境、生态、物理、化学、数学信息和技术科学等)的交叉领域,涉及农、林、牧、副、渔、工等各个生产领域。

(2)长期性　自然界中生态过程的变化十分缓慢,而且生态系统具有自我调控功能,一次或短期的监测数据及调查结果不可能对生态系统的变化趋势做出准确的判断,必须进行长期的监测,通过科学对比,才能对一个地区的生态环境质量进行准确的描述。

(3)复杂性　生态系统是自然界中生物与环境之间相互关联的复杂的动态系统,在时间和空间上具有很大的变异性,生态监测要区分人类干扰作用(污染物质的排放、资源的开发利用等)和自然变异及自然干扰作用(如洪水、干旱和水灾)比较困难,特别是在人类干扰作用并不明显的情况下,许多生态过程在生态学的研究中也不十分清楚。

(4)分散性　生态监测台站的设置相隔较远,监测网络的分散性很大。同时由于生态过程的缓慢性,生态监测的时间跨度也很大,所以通常采取周期性的间断监测。

7.2　生物和生态监测的基本方法

生物监测方法的建立是以环境生物学理论为基础的。目前,生物监测已经从传统的生物种类、数量和行为的描述发展到现代化的自动分析,从单纯的生态学方法扩展到与生理、生化、毒理学和生物体残留量分析等领域相结合的研究。根据监测生物系统的结构水平、监测指示及分析技术等,可以将生物监测的基本方法大致分为4大类,即生理学方法、生物化学成分分析法、毒理学方法(毒性测定、致突变测定等)、生态学方法(个体生态和群落生态)。从生物的分类法来分,主要包括动物监测、植物监测和微生物监测。

生态监测的方法有地面监测、空中监测、卫星监测以及一些新技术、新方法在生态监测中的应用。

▶ 7.2.1　生理和生化监测法

近年来,化学污染物所导致的生物有机体的生物化学和生理学改变越来越多地被运用于监测和评价化学污染物的暴露及其效应。许多环境科学家把这些生物化学和生理学改变称之为生物标志物。

这类指标已被广泛应用于生物监测中,它比症状指标和生长指标更敏感更迅速,常在生物未出现可见症状之前就已有了生理生化方面的明显改变。如空气污染对植物光合作用有明显影响,在尚未发现可见症状的情况下,测量光合作用能得到植物体短暂的或可逆的变化。植物呼吸作用强度、气孔开放度、细胞膜的透性、酶学指标(如硝酸还原酶、核糖核酸酶、过氧化氢酶等)以及某些代谢产物等也都能用作监测指标。用于水污染监测的生理生化指标也很多,采用得最普遍,同时又比较成功的是鱼类脑胆碱酯酶对有机磷农药的反应。转氨酶、糖酵解酶和肝细胞的糖原等也是常用指标。生化指标的突出优点是反应敏感,但由于酶反应所具有的一些特点,同一种酶对不同污染物往往都能产生反应。所以,多数生化指标只能用来评价环境的污染程度,而无法确定污染物的种类。

▶ 7.2.2　毒理学方法

1)生物毒性测定

毒性测定是生物监测中最重要的一个部分,常用生物测试的方法。生物测试是指系统地利用生物的反应测试1种或多种污染物或环境因素单独或联合存在时,所导致的影响或危害。利用生物受到污染物质危害或毒害后所产生的反应或生理机能的变化,评价环境污染状况,确定有毒有害物质的安全浓度。

经典的毒性测定根据染毒时间长短分为:①急性毒性试验,一次给予受试物后,动物所产生的毒性反应,观察时间一般为1周;②蓄积性毒性试验,对受试动物给予多次小剂量的受试物,观察蓄积和解毒的关系,观察时间为几天、几周或几个月;③亚急性毒性试验,研究试验动物在多次给以受试物时所引起的毒性作用。

不同的测试方法和不同生物的测试结果,可有不同的表示方法。最常用的毒性测定项目包括:①致死浓度(lethal concentration,LC),能使受试生物中毒死亡的毒物的最低浓度;②效应浓度(effect concentration,EC),引起受试生物特定的生物学效应的毒物浓度;③安全浓度(safe concentration,SC),对受试生物不产生有害作用的毒物浓度;④毒物最高允许浓度(maximum acceptable toxicant concentration,MATC),最大无影响浓度和最低有影响浓度之间的毒物浓度,统计学分析有显著影响的阈浓度,有一限定范围。

进行水生生物毒性试验可用鱼类、浮游植物、浮游动物、水生昆虫和甲壳动物等,其中鱼类毒性试验应用较广泛。鱼类对水环境的变化反应十分灵敏,当水体中的污染物达到一定浓度或强度时,就会引起系列中毒反应。同时,鱼是水生生态系统的重要组成部分,是人类主要的食物来源,所以,鱼类的急性毒理资料是常用的评价有毒化学物质和工业废水对水生生物危害的试验材料。

我国于 1991 年颁布了《水质　物质对淡水鱼(斑马鱼)急性毒性测定方法》(GB/T 13267—91)。该方法是在确定的试验条件下,用斑马鱼作为试验生物测定毒物在 48 h 或 96 h 后引起受试斑马鱼群体中 50% 鱼致死的浓度,从而判断水中物质的毒性。该标准适用于水中单一化学物质的毒性测定,工业废水的毒性测定也可使用此方法。2019 年,又颁布了《水质　急性毒性的测定　斑马鱼卵法》(HJ 1069—2019)。该方法是在确定的试验条件下培养斑马鱼受精卵 48 h,根据鱼卵存活与死亡的统计数据计算 LID(lowest ineffective dilution,即最低无效应稀释倍数)或 EC_{50},表征水样的急性毒性。该标准适用于地表水、地下水、生活污水和工业废水的急性毒性测定。下面介绍静水式鱼类毒性试验。

(1)供试鱼的选择　选择无病、行动活泼、鱼鳍完整舒展、食欲和逆水性强、体长约 3 cm、规格大小一致的幼鱼(斑马鱼或金鱼)。选出的鱼必须先在与试验条件相似的生活条件(温度、水质等)下驯养 7 d 以上。

(2)试验条件选择　每一种浓度的试验溶液为一组,每组至少 10 尾鱼。试验容器用容积约 10 L 的玻璃缸,保证每升水中鱼重不超过 2 g。试验溶液的温度要适宜,对冷水鱼为 12~28 ℃,对温水鱼为 20~28 ℃。同一试验中,温度变化为 ±2 ℃。试验溶液中不能含大量耗氧物质,要保证有足够的溶解氧,对于冷水鱼不少于 5 mg/L,对于温水鱼不少于 4 mg/L。试验溶液的 pH 通常控制为 6.7~8.5。

(3)试验步骤　为保证正式试验顺利进行,必须先进行预试验,以确定试验溶液的浓度范围。选用溶液浓度范围可大一些,每组鱼的尾数可少一些。观察 24 h(或 48 h)鱼类中毒的反应和死亡情况,找出不发生死亡、全部死亡和部分死亡的浓度。

设置 7 个浓度(至少 5 个),浓度间隔取等对数间距,例如:10.0、5.6、3.2、1.8、1.0(对数间距 0.25)或 10.0、7.9、6.3、5.0、4.0、3.6、2.5、2.0、1.6、1.26、1.0(对数间距 0.1),其单位可用体积百分比或 mg/L 表示。另设一对照组,对照组在试验期间鱼死亡超过 10%,则整个试验结果不能采用。将试验用鱼分别放入盛有不同浓度溶液和对照水的玻璃缸中,并记录时间。前 8 h 要连续观察并记录试验情况,如果正常,继续观察,记录第 24 h、48 h 和 96 h 鱼的中毒症状和死亡情况,判断毒物或工业废水的毒性。

(4)数据计算　半数致死量(LD_{50})或半致死浓度(LC_{50})是评价毒物毒性的主要指标之一。LC_{50} 可用概率单位图解法估算,以浓度对数作为横坐标,死亡概率为纵坐标,在算术坐标纸上绘图,从而估算 LC_{50}。

鱼类毒性试验的一个重要目的是根据试验数据估算毒物的安全浓度,为制定有毒物质在水中最高允许浓度提供依据。计算安全浓度的经验式有以下几种:

$$安全浓度 = \frac{24 \text{ h } LC_{50} \times 0.3}{(24 \text{ h } LC_{50}/48 \text{ h } LC_{50})^3}$$

$$安全浓度 = \frac{48\ h\ LC_{50} \times 0.3}{(24\ h\ LC_{50}/48\ h\ LC_{50})^2}$$

$$安全浓度 = 96\ h\ LC_{50} \times (0.1 \sim 0.01)$$

目前应用比较普遍的是最后一种,对易分解、累计少的化学物质一般选用的系数为 0.05~0.1,对稳定的能在鱼体内高累积的化学物质,一般选用的系数为 0.01~0.05。

2)遗传毒性测定

细胞遗传学是研究遗传基因的传递者染色体的行为、形态、结构、数目和组合,并进一步阐明生物遗传现象的科学。目前常采用细胞遗传学的方法来筛选化学诱变因子,监测环境中具有致癌、致畸、致突变的化学物质。目前常采用的方法主要有:微核测定法、染色体畸变分析、姐妹染色体交换率及非预定 DNA 合成等。

(1)微核监测技术　外源性诱变剂或物理诱变因素可以诱导生活细胞内染色体发生断裂,影响纺锤丝和中心粒的正常功能,造成有些染色体及其断片在细胞分裂后期滞后,不能够正常地分配并整合到细胞的细胞核上,形成所谓的微核。在一定污染物浓度范围内,污染物与微核率有很好的剂量-效应关系,而且灵敏度高、可靠性强。

高等植物被认为是进行环境化学物质的遗传毒性效应研究的极好材料。例如,紫露草和蚕豆非常适合作为检测遗传毒性物质的材料,它们对环境诱变因素很敏感。蚕豆根尖微核技术自创建以来,由于其简单易行且灵敏度高而一直受到广泛的应用。我国于 2019 年颁布了《水质　致突变性的鉴别　蚕豆根尖微核试验法》(HJ 1016—2019),该标准适用于地表水、地下水、生活污水和工业废水的致突变性鉴别。将经过浸种催根后长出的蚕豆初生根在试样中暴露一定时间,经恢复培养、固定、染色后,制片镜检,统计蚕豆根尖初生分生组织区细胞微核率。致突变物可作用于细胞核物质,导致有丝分裂期染色体断裂形成断片、整条染色体脱离纺锤丝、纺锤丝牵引染色体移动的功能受损。这些移动受到影响的染色体断片或整条染色体不能随正常染色体移向细胞两极形成子细胞核,而是滞留细胞质中形成子细胞微核并引起其数量增加。比较试样与空白试样蚕豆根尖细胞微核率是否显著增加,可判定样品是否存在致突变性。

(2)染色体畸变技术　研究在物理和化学因素影响下,染色体数目和结构的变化称之为染色体畸变分析。染色体结构的畸变包括:染色体单体断裂、双着丝点染色体、染色体粉碎化和染色单体互换等。染色体畸变率越高,说明污染越严重。在动物上常用蝌蚪肠细胞、小鼠外周血淋巴细胞和蟾蜍血液细胞等为材料,观察细胞染色体畸变情况。

(3)非预定 DNA 合成技术　很多遗传毒理学试验所用的 DNA 修复测试方法是非预定DNA 合成(unscheduled DNA synthesis,UDS)技术。它的原理是:如果细胞复制受阻,同时又暴露于受测药品和 ^{3}H 标记的胸腺嘧啶核苷,那么,此时如果受测物质不损伤 DNA 从而刺激修复系统(UDS),^{3}H 标记就不会有明显的掺入。UDS 是研究损伤修复的重要指标,紫外线、电离辐射、化学诱变剂和金属离子处理均能诱导 UDS 的产生。UDS 试验在 DNA 水平上检测化学物质的损伤作用,现已广泛用于致癌物质的筛选并成为评价污染物遗传毒性的指标之一。

7.2.3 生态学方法

7.2.3.1 个体生物监测法

1）典型受害症状监测法

本法主要是通过肉眼观察生物体受污染影响后发生的形态变化,如观察植物叶片伤害症状、动物器官畸形等。

处在空气环境中的敏感植物受污染物影响,叶片会表现出伤害症状。如果污染物浓度很高且暴露时间很短,那么植物表现为急性症状,如叶片坏死,颜色由绿变黄、变白等;当污染物浓度较低而且暴露时间较长时,则表现为慢性伤害,如叶片由绿变棕黄、脱绿和早熟落叶。这两种症状均为典型症状。不同植物对同种污染物的反应不同,同种植物对不同污染物的反应也不一样。因此,根据特定植物的典型症状(尤其是急性症状)可以指示空气中某种污染物的存在。利用这种方法监测空气污染时,必须尽量采用那些不会产生"混淆症状"的植物材料,以便得到植物对特定污染物影响的非常独特的反应。

在根据形态结构变化指标来监测水体污染时,最常见的生物材料是鱼类。如果见到鱼的体形变短变宽、背鳍颈部后方向上隆起(图7-1),鳍条排列紧密、臀鳍基部上方的鳞片排列紧密,发生不规则错乱,侧线不明显或消失等,可认为水体已被严重污染。

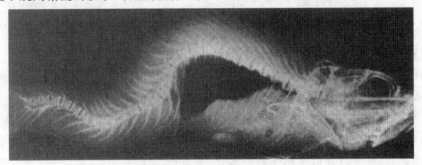

图 7-1 鱼受水污染后产生的畸形

(引自:乔玉辉. 污染生态学. 2008.)

土壤中的污染物对植物的根、茎、叶都可能产生影响,出现一定的症状,如:铜、镍、钴会抑制新根伸长,形成狮子尾巴一样的形状,据这些症状是否出现以及症状表现程度等的观察,可以监测土壤污染状况。如果蚯蚓身体蜷曲、僵硬、缩短或肿大,体色变暗,体表受伤,甚至死亡,表明土壤受到了有机氯农药的污染。

2）个体生长发育影响

生物生长发育状况是各种环境因素作用的综合体现,即便是一些非致死的慢性伤害作用,最终也将导致生物生产量的改变。因此对于植物而言,各类器官的生长状况观测值都可作为监测环境的指标,如:植物的茎、叶、花、果实、种子发芽率、总收获量等,其中,果树和乔木等木本植物还可采用小枝、茎干生长率、直径、叶面积、坐果率等;动物的指标也基本雷同,如生长速度、个体肥满度等。

3）生物体内污染物及其代谢产物含量分析法

生活于污染环境中的植物、动物、微生物都能够不同程度地吸收和积累一些污染物,通过分析这些生物体内的成分,可以监测环境污染物的种类、水平等。

(1)低等附生植物 附生植物具有比较好的监测空气污染的功能,原因是:附生植物地理分布广,出现在各种自然环境,甚至工业区和城市市区。附生植物无表皮和角质层,污染物容易通过。附生植物无真正意义上的根,也没有维管组织,其所需矿物质主要通过干湿沉降来获取。在这些植物体中发现的全部污染物,是直接从空气中吸收或是吸收沉降在植物体上的污染物。因此,能够在附生植物体内污染物含量与其环境浓度及其沉积率之间,建立起良好的相关关系,能够较客观地反映空气污染状况。附生植物大多分布在树干、枝、叶上,不受土壤污染的影响。鉴于上述原因,地衣和苔藓植物被大量用来指示和监测空气中粉尘、SO_2等污染。

(2)高等植物 植物体内污染物含量与空气中相应的污染物浓度有很大的相关性,并且它能够反映较长时间内空气中污染物的平均浓度,因此,可以作为监测环境污染的指标。例如,大叶黄杨叶片含氟量与空气中氟化物的浓度有明显的正相关性。利用上述原理,采集并分析在不同地点生长的同一种植物的叶片污染物含量,就可以绘制出该污染物的分布图。

根据一个地区范围的污染源的分布情况以及地形、地貌等特点,在污染区不同污染地段采集1种或几种各地段都有的植物叶片(乔木、灌木)或全株(草本),在非污染区设对照点。各采样点植物叶片的采样应该同时进行,然后测定叶片中某些污染物的含量,根据下式求出各采样点的污染指数 PI。根据污染指数对各点的空气污染程度进行分级。

$$PI = \omega_m / \omega_c$$

式中:ω_m为采样点采样植物叶片中污染物质量分数,mg/kg;ω_c为对照点采样植物叶片中污染物质量分数,mg/kg。

根据含污量指数对各监测点污染程度进行分级:Ⅰ级,清洁空气(≤1.2);Ⅱ级,轻度污染(1.21~2.0);Ⅲ级,中度污染(2.01~3.0);Ⅳ级,严重污染(≥3.0)。

(3)水生生物 水中的污染物可以进入生物体内并富集,通过分析水生生物体内的某些成分,就能够了解水中污染物的种类、相对水平和危害程度。可以分析生物体的整体,如鱼类、贝类、虾类等,也可以分析生物体的一部分、排泄物、呕吐物等。

7.2.3.2 群落生物监测法

1)群落结构分析法

由于植物群落与周围环境有着密切的关系,环境条件的变化可直接或间接影响植物群落的生长。环境污染的最终结果之一是敏感生物消亡,抗性生物旺盛生长,群落结构单一。各种植物对污染物敏感程度不同,其反应有明显的不同。因此,监测各种植物的受害症状和受害程度,分析植物群落中各种植物的反应,可以对该地区的大气污染程度做出评价。现以某磷肥厂附近林地在氟污染情况下地衣调查结果为例。

(1)严重污染 树干上没有梅衣属地衣,石蕊属地衣不能够形成子囊盘,甚至不能够形成柱体。粉状地衣只存在于地表及树干基部 15 cm 以下。指裂梅衣含氟量大于 570 mg/kg。

(2)中等污染 梅衣属地衣出现在树干高度 4 m 以下,但没有连片生长的梅衣原柱体。指裂梅衣大部分个体不产生粉芽。石蕊属的几个种虽然有柱体及子囊盘,但原植体不同程度小于正常生长者。粉状地衣在树干上可以分布到 5 m 高处。指裂梅衣含氟量 270~570 mg/kg。

(3)轻度污染 树花属地衣较多,梅花属叶状及粉状地衣分布高达树冠内部的主干上。

指裂梅衣含氟量 67～270 mg/kg。

(4)无污染　松萝属及树花属地衣在乔木和灌木上普遍出现,梅衣属等叶状地衣在树干上大片分布到树冠内部的小枝上。指裂梅衣含氟量小于 67 mg/kg。

2)生物指数法

生物指数是指运用数学公式反映生物种群或群落结构的变化以评价环境质量的数值。

(1)贝克(Beck)法　Beck 于 1955 年提出以生物指数来评价水体污染的程度。该法按水体中大型无脊椎动物对有机污染的敏感和耐性分为 2 类,在环境条件相似、面积确定的河段采集底栖动物,进行种类鉴定。按下式计算生物指数:

$$生物指数(BI)=2A+B$$

式中:A 为敏感动物种类数;B 为耐污动物种类数。

以这种方法计算生物指数,要求调查采集的各监测点的环境因素力求一致,如水深、流速、底质、有无水草等。BI 越大,水体越清洁,水质越好;BI 越小,水体污染越严重。指数范围在 0～40,BI 与水质关系为:当 BI>10 时,水质清洁;$1 \leqslant BI \leqslant 6$,水质中度污染;BI=0,水质严重污染。

(2)生物多样性指数法　生物多样性指数又称差异指数,是根据生物多样性理论设计的一种指数。生物多样性是长期自然发展的结果,是自然生态系统保持相对平衡的重要因素。如香农-威纳(Shannon-Wiener)多样性指数 H:

$$H=-\sum_{i=1}^{s} P_i \ln P_i$$

式中:$P_i=n_i/N$,n_i 为第 i 种生物的个体数,N 为总个体数;s 为物种数。

对指标的评价:H 在 0～1 时为严重污染,1～3 时为中度污染,大于 3 时为轻度污染。

多样性指数的最大优点是具有简明的数值概念,可以直接反映环境的质量。指数值越大,表示多样性越高,生态环境状况越好。对于一个污染的水体,可以通过与类似的、但未污染的水体进行比较,从而获得相对污染程度的环境质量参数,这是一种很好的环境监测方法。

(3)硅藻生物指数法　用河流中硅藻的种类数计算生物指数,其计算公式为:

$$硅藻生物指数 = \frac{2A+B-2C}{A+B-C} \times 100$$

式中:A 为不耐污藻类的种类数;B 为广谱性藻类的种类数;C 为仅在污染区才出现的藻类种类数。

硅藻生物指数值在 0～50 时为多污带,50～100 为 α-中污带,100～150 为 β-中污带,150～200 为轻污带。

(4)颤蚓生物指数　用颤蚓类与全部底栖动物个体数量的比例作为生物指数,其计算公式为:

$$颤蚓指数(I)=(颤蚓类个体数/底栖类动物个体数) \times 100$$

颤蚓指数 80～100 为严重污染水域,70～80 为中等污染水域,60～70 为轻度污染水域,0～60 为清洁水域。

(5)水生昆虫与寡毛类湿重的比值　此法由金(King)和鲍尔(Ball)1964 年提出,作为

生物指数来评价水质。这种方法无需将生物鉴定到种,仅将底栖动物中昆虫和寡毛类检出,分别称重,按下式计算:

$$I = (昆虫湿重/寡毛类湿重) \times 100$$

此值越小,表示污染越严重;反之,此值越大,表示水质越清洁。

(6)特伦特(Trent)生物指数 该法是用简单数字表示河流污染的一种方法。根据英国特伦特(Trent)河不同河段生物品种中有指示作用的几类无脊椎动物出现的种类数及个体数,分别记分,以分值的大小表示河流污染的程度。它是一种经验的生物指数,按照调查所得样本中大型底栖无脊椎动物的类群总数及属于6类关键性生物类群的种类数而确定其生物指数。生物指数值随污染程度的增加而下降,范围从10(指示为清洁水)直到0(指示水质严重污染)。这一方法中的生物类群鉴定并不要求鉴定到种,仅需统计种的数目。

3)污水生物系统法

污水生物系统是德国学者于20世纪初提出的。其理论基础是河流受到有机物污染后,在污染源下游的一段流程里,会产生自净过程,即随河水污染程度的逐渐减轻,生物种类也发生变化,在不同的河段出现不同的生物种。据此,可将河流依次划为4个带:多污带、α-中污带、β-中污带和寡污带,每个带都有自己的物理、化学和生物学特征。50年代以后,一些学者经过深入研究,补充了污染带的种类名录,增加了指示种的生理学和生态学描述。1964年,日本学者津田松苗等编制了一个污水生物系统各带的化学和生物特征,见表7-1。

表7-1 污水生物系统生物学和化学特征

项目	多污带	α-中污带	β-中污带	寡污带
化学过程	还原和分解作用明显开始	水和底泥里出现氧化作用	氧化作用更强烈	因氧化使无机化达到矿化阶段
溶解氧	没有或极微量	少量	较多	很多
BOD	很高	高	较低	低
硫化氢	具有强烈的硫化氢臭味	轻微的硫化氢臭味	无	无
有机物	蛋白质、多肽等高分子化合物大量存在	高分子化合物分解产生氨基酸、氨等	大部分有机物已完成无机化过程	有机物完全分解
底泥	常有黑色硫化铁存在,呈黑色	硫化铁氧化成氢氧化铁,不呈黑色	有 Fe_2O_3 存在	大部分氧化
细菌	大量存在,每毫升可达100万个以上	细菌较多,每毫升在10万个以上	数量减少,每毫升在10万个以下	数量少,每毫升在100个以下
栖息生物的生态学特征	动物都是摄食细菌者,且耐受pH强烈变化,耐低溶解氧的厌氧生物,对硫化氢、氨等毒物有强烈抗性	摄食细菌动物占优势,肉食性动物增加,对溶解氧和pH变化表现出高度适应性,对氨有一定耐性,对硫化氢耐性较弱	对溶解氧和pH变化耐性较差,并且不能长时间耐腐败性毒物	对pH和溶解氧变化耐性很弱,特别是对腐败性毒物如硫化氢等耐性很差

项目	多污带	α-中污带	β-中污带	寡污带
植物	无硅藻、绿藻、接合藻及高等植物	出现蓝藻、绿藻、接合藻、硅藻等	出现多种类的硅藻、绿藻、接合藻,是鼓藻的主要分布区	水中藻类少,但着生藻类较多
动物	以微型动物为主,原生动物居优势	仍以微型动物占大多数	多种多样	多种多样
原生动物	有变形虫、纤毛虫,但无太阳虫、双鞭毛虫、吸管虫等	仍然没有双鞭毛虫,但逐渐出现太阳虫、吸管虫等	太阳虫、吸管虫中耐污性差的种类出现,双鞭毛虫也出现	鞭毛虫、纤毛虫有少量出现
后生动物	仅有少数轮虫、蠕形动物、昆虫幼虫;水蟥、淡水海绵、苔藓动物、小型甲壳类、鱼类不能生存	没有淡水海绵、苔藓动物,有贝类、甲壳类、昆虫,鱼类中的鲤、鲫、鲶等可在此带栖息	淡水海绵、苔藓动物、水蟥、贝类、小型甲壳类、两栖类动物、鱼类均有出现	昆虫幼虫种类很多,其他各种动物逐渐出现

4)PFU 法

微型生物群落(polyurethane foam unit,PFU)监测方法是应用泡沫塑料块作为人工基质收集水体中的微型生物群落,测定该群落结构与功能的各种参数,以评价水质。PFU 法是美国 Cairns 等于 1969 年创立的,我国于 1991 年颁布了《水质 微型生物群落监测 PFU 法》(GB/T 12990—91)。此外,还可以用毒性试验方法预报工业废水和化学品对受纳水体中微型生物群落的毒性强度,为制定其安全浓度和最高允许浓度提出群落级水平的基准。

(1)方法原理 微型生物群落是指水生态系统中显微镜下才能看见的微小生物,主要是细菌、真菌、藻类、原生动物和小型后生动物等。它们占据着各自的生态位,彼此间有复杂的相互作用,构成特定的群落。当水环境受到污染后,群落的平衡被破坏,种类数减少,多样性指数下降,随之结构、功能参数发生变化。

用 PFU 浸泡水中,暴露一定时间后,水体中大部分微型生物种类均可群集到 PFU 内,挤出的水样能代表该水体中的微型生物群落。已证明原生动物(包括植物性鞭毛虫、动物性鞭毛虫、肉足虫和纤毛虫)在群集过程中符合生态学上的 MacArthur-Wilson 岛屿区域地理平衡模型,由此可求出群集过程中的 3 个功能参数(Seq、G、$T_{90\%}$)。在生物组建水平中,群落水平高于种和种群水平,因而在群落水平上的生物监测和毒性试验比种和种群水平更具有环境真实性,为环境管理部门提供符合客观环境的结构和功能参数,做出科学的判断。

(2)测定要点 监测江、河、湖、塘等水体中微型生物群落时,用细绳沿腰捆紧并有重物垂吊的 PFU(规格为 50 mm×65 mm×75 mm)块悬挂于水中采样,根据水环境条件确定采样时间,一般在静水中采样约需 4 周,在流水中采样约需 2 周。采样结束后,带回实验室,把 PFU 中的水全部挤于烧杯内,用显微镜进行微型生物种类观察和活体计数。依据 GB/T 12990—91 的规定,镜检原生动物,要求看到 85% 的种类;若要求种类多样性指数,需取水样于计数框内进行活体计数观察。

进行毒性试验时,可采用静态式,也可采用动态式。静态毒性试验是在盛有不同毒物浓度的试验盘中分别挂放空白 PFU 和种源 PFU,将一块种源 PFU 放于盘中央,再将 8 块空白 PFU 均匀放置在周围。将试验盘置于光照培养箱中,每天控制 12 h 光照,分别于 1 d、3 d、7 d、11 d 和 15 d 取样镜检。动态毒性试验是用恒流稀释装置配制不同毒物浓度的试验液,分别连续滴流到各挂放空白 PFU 和种源 PFU 的试验槽中,在 0.5 d、1 d、3 d、7 d、11 d 和 15 d 取样镜检。

(3)结果表示 微型生物群落观察和测定结果可用表 7-2 所列结构和功能参数表示。表中分类学参数是通过种类鉴定获得的,非分类学参数是用仪器或化学分析法测定后计算出的。群集过程是根据 MacArthur-Wilson 岛屿区域平衡模型修订公式:

$$S_t = \frac{S_{eq}(1 - e^{-Gt})}{1 + He^{-Gt}}$$

式中:S_t 为 t 时的种数;S_{eq} 为群落达到平衡时的种数;G 为微型生物群集速度常数;$T_{90\%}$ 为达到 $90\%S_{eq}$ 所需时间;H 为污染强度。

利用这些参数即可评价污染状况。例如,干净水体的异养性指数在 40 以下;污染指数与群落达平衡时的种数呈负相关,与群集速度常数呈正相关等。在 S_{eq} 与毒物浓度之间能获得统计学的相关公式,根据此公式可获得 EC_5、EC_{20}、EC_{50} 的效应浓度和预测最大毒物允许浓度(MATC)。

表 7-2　污水生物系统生物学和化学特征

结 构 参 数		功 能 参 数
分类学	种类数	群集过程(S_{eq}、G、$T_{90\%}$)
	指示种类	功能类群(光合自养、食菌、食藻、食肉、腐生、杂食)
	多样性指数	
非分类学	异样性指数	光合作用速度
	叶绿素 a	呼吸作用速度

▶7.2.4　生态监测技术

(1)地面监测 地面监测是传统采用的技术,系统的地面测量可以提供最详细的情况。在所监测区域建立固定站,由人徒步或乘越野车等交通工具按规划的路线进行定期测量和收集数据。地面测量采样线一般沿着现存的地貌,如小路、家畜和野兽行走的小道。记录点放在这些地貌相对不受干扰一侧的生境点上,采样断面的间隔为 0.5～1.0 km。收集数据包括植物物候现象、高度、物种、物种密度,草地覆盖以及生长阶段、密度,木本物种的覆盖;观察动物活动、生长、生殖、粪便及食物残余物等。它只能收集几千米到几十千米范围内的数据,而且费用是最高的,但这是最基本也是不可缺少的手段。因为地面监测得到的是"直接"数据,可以对空中和卫星监测进行校核,某些数据只能在地面监测中获得,例如:降雨量、土壤湿度、小型动物、动物残余物(粪便、尿和残余食物)等。地面监测能验证并提高遥感数据的精确性并有助于对数据的解释。尽管遥感技术能提供有关土地覆盖和土地利用情况变化以及一些地表特征(如温度、化学组成)等综合性信息,但这些信息需要通过更细致的地面监测来进行补充。

（2）空中监测　空中监测首先绘制工作区域图，用坐标网覆盖研究区域，典型的坐标是 10 km×10 km。飞行时，这个坐标用于系统地记录位置，以及发送分析获得的数据。

（3）卫星监测　利用地球资源卫星监测天气、农作物生长状况、森林病虫害、空气和地表水的污染情况等已经普及。卫星监测最大的优点是覆盖面宽，可以获得人工难以到达的高山、丛林资料。由于资料来源增加，费用相对降低。这种监测对地面细微变化难以了解，因此，地面监测、空中监测和卫星监测相互配合才能获得完整的资料。

（4）"3S"技术　生态监测是以宏观为主，宏观与微观监测相结合的工作。对于结构与功能复杂的宏观生态环境进行监测，必须采用先进的技术手段。其中，生态监测平台是宏观监测的基础，它必须以"3S"技术作为支持。"3S"技术即遥感技术、全球定位系统与地理信息系统3项技术的集合。3项技术形成了对地球进行空间观测、空间定位及空间分析的完整的技术体系。它能反映全球尺度上生态系统各要素的相互关系和变化规律，提供全球或大区域精确定位的高频度宏观资源与环境影像，揭示岩石圈、水圈、气圈和生物圈的相互作用和关系。

遥感（RS）包括卫星遥感和航空遥感可以提供的生态环境信息：土地利用与土地覆盖信息；生物量信息（植被种类、长势、数量分布）；空气环流及空气沙尘暴信息；气象信息（云层厚度、高度、水汽含量、云层走向等）。

7.3　空气、水体、土壤污染的生物监测

利用生物手段进行环境污染监测工作始于 20 世纪初。20 世纪 70 年代以来，水污染生物监测、空气污染生物监测发展迅速，土壤污染生物监测近期有潜在的发展空间。由于环境系统的复杂性以及生物的适应性和变异性，使得生物监测的准确性受到一定的限制，只有将生物监测与理化监测相结合，才能全面反映环境质量。

▶ 7.3.1　空气污染

7.3.1.1　植物监测

植物位置固定、管理方便且对空气污染敏感。植物受到污染后，常会在叶片上出现肉眼可见的伤斑，即可见症状。不同的污染物质和浓度所产生的症状及程度各不相同。污染物对植物内部生理代谢活动产生影响，如使蒸腾率降低、呼吸作用加强、叶绿素含量减少、光合作用强度下降，进一步影响植物的生长发育，使生长量减少、植株矮化、叶面积变小、叶片早落及落花落果等。植物吸收污染物后，内部某些成分的含量也会发生变化。因此，可利用植物监测空气污染。目前，利用植物监测空气污染在指示植物选择与利用、根据植物受害症状确定空气污染物、根据叶片含污量估测环境污染程度等方面已经形成一套完整的监测方法体系。空气污染的植物监测有以下几种方法。

1）指示植物法

空气污染指示植物应具备的条件是：对污染物反应敏感，受污染后的反应症状明显，且干扰症状少；生长期长，能不断萌发新叶；栽培管理和繁殖容易；尽可能具有一定的观赏或经

济价值,以起到美化环境与监测环境质量的双重作用。通常敏感植物对空气污染反应最快,最容易受害,最先发出污染信息,出现污染症状。可以根据发出的各种信息来判断空气污染状况,对空气环境质量做出评价。指示植物能综合反映空气污染对生态系统的影响强度,能较早发现空气污染,监测出不同的空气污染,反映一个地区的污染历史。指示植物的选择方法有以下几种。

(1)现场评比法　选取排放已知单一污染物的现场,对污染源影响范围内的各类植物进行观察记录,特别注意叶片上出现的伤害症状和受害面积,比较后评比出各自的抗性等级,凡敏感植物(即受害最重者)就可选作指示植物。相对来说这种方法简单易行,其缺点是在野外条件下多种因子复杂作用的影响,易造成个体间的不一致,从而影响选择结果。

(2)栽培比较试验法　将各种预备筛选的植物进行栽培,然后把这些植物放置在监测区内,观察并详细记录其生长发育状况及受害反应。经一段时间后,评定多种植物反应,选出敏感植物。这种方法可避免现场评比法中因条件差异造成的影响。植物栽培试验包括盆栽和地栽。

(3)人工熏气法　将需要筛选的植物放置在人工控制条件的熏气室内,把所确定的单一或混合气体与空气掺混均匀后通入熏气室内,根据不同的要求控制熏气时间。该方法能较准确地把握植物反应症状和观察其他指标,确定受害的临床值(引起生物受害的最低浓度和最早时间)以及评比各类生物的敏感性等。

通过上述方法筛选出的比较常用的空气污染指示植物及其受害症状见表7-3。

表7-3　常用的空气污染指示植物及其受害症状

污染物	指示性植物	受害症状
SO_2	地衣、苔藓、紫花苜蓿、荞麦、金荞麦、芝麻、向日葵、大马蓼、土荆芥、藜、曼陀罗、落叶松等	叶脉间出现褐色或红棕色大小不等的点、块状伤斑,与正常组织间界限分明。单子叶植物沿平行叶脉出现条状伤斑
PAN	早熟禾、矮牵牛、繁缕、菜豆等	叶子下表面变光滑或呈银白色或青铜色
NO_2	悬铃木、向日葵、番茄、秋海棠、烟草等	脉间组织和靠近叶缘边出现不规则的白色或褐色溃伤
O_3	烟草、矮牵牛、牵牛花、马唐、燕麦、洋葱、萝卜、马铃薯等	叶面出现白色或褐色不规则斑点或呈条斑分布,叶尖端变成褐色或坏死
HF	唐菖蒲、郁金香、金荞麦、杏、葡萄、梅、紫荆、雪松(幼嫩叶)等	叶尖和叶缘出现灼伤、退绿,伤区与健康组织区别明显
Cl_2	芝麻、荞麦、向日葵、大马蓼、藜、翠菊、万寿菊、鸡冠花、大白菜、萝卜等	叶脉间变白,叶尖和叶缘出现灼伤及落叶

2)空气污染植被调查法

在污染区内调查植物生长、发育及数量丰度和分布状况等,初步查清空气污染与植物之间的相互关系。具体方法和内容包括:选择观察点;调查污染区内空气中主要污染物的种类、浓度及分布扩散规律;确定污染区内植物群落的观察对象、观察时间和观察项目等。也可采用样方和样线统计法进行调查。在调查分析的基础上,确定出各种植物对有害气体的抗性等级。在调查过程中,主要是利用污染区内现有植物的可见症状。通常在轻污染区可以观察到植物出现的叶部症状;在中度污染区,敏感植物可出现明显中毒症状,而抗性中等植物也可能会出现部分症状,抗性较强的植物一般不出现症状;在严重污染区,自然分布的敏感植物可能绝迹,而人工栽培的敏感植物可出现严重的受害症状,甚至死亡,中等抗性植物也可出现明显的症状,有的抗性较强的植物也可能出现部分症状。

对调查结果常采用一些指数加以量化,如污染影响指数(AI),其计算公式为:

$$AI = W_0/W_m$$

式中:AI 为污染影响指数;W_0 为清洁未污染区植物生长量;W_m 为污染区监测植物生长量。

该指数越大,则表示空气污染程度越重。

3)植物群落监测法

植物群落监测法是分析监测区内植物群落中各种植物受害症状和程度以估测该地区空气污染程度的一种监测方法。根据植物叶片呈现的受害症状和受害面积百分数,可以判断该地区的主要污染物和污染程度。表 7-4 是对某化工厂附近植物群落调查的结果,可以看出该厂附近已被 SO_2 污染,而且一些对 SO_2 抗性强的种类,如构树、马齿苋等也受到伤害,表明该地区曾发生过明显的急性危害。

表 7-4　某化工厂 30～50 m 范围内植物群落受害情况

植物名称	受害情况
悬铃木、加拿大白杨	80％或全部叶片受害,甚至脱落
桧柏、丝瓜	叶片有明显大块伤斑,部分植物枯死
向日葵、葱、玉米、菊花、牵牛花	50％叶面积受害,叶片脉间有点块状伤斑
月季、蔷薇、枸杞、香椿、乌桕	30％叶面积受害,叶片脉间有轻度点块状伤斑
葡萄、金银花、构树、马齿苋	10％叶面积受害,叶片有轻度点块状伤斑
广玉兰、大叶黄杨、蜡梅	无明显症状

4)地衣、苔藓监测法

这两类植物对 SO_2 和氟化氢等反应敏感,1968 年,在荷兰举行的空气污染对动植物影响讨论会上,推荐地衣和苔藓作为空气污染指示生物。根据这两类植物的多度、盖度、频度和种类、数量的变化,绘出污染分级图,以显示空气污染的程度、范围和污染历史。

7.3.1.2　动物监测

利用动物监测空气污染虽不及植物那么普遍,但也能够起到指示、监测环境污染的作用。事实上,利用生物监测环境污染是从动物开始的。人们很早就懂得用金丝雀、金翅雀、老鼠及鸡等动物的异常反应(不安,甚至死亡)来探测矿井里的瓦斯毒气;利用对氰氢酸特别敏感的鹦鹉来监测用氰氧化物为原料的制药车间空气中氰氢酸的含量,以此确保工人的生命安全。美国的多诺拉事件调查表明,金丝雀对 SO_2 最敏感,其次是犬,再次是家禽;日本有人利用鸟类与昆虫的分布来反映空气质量的变化;利用鸟类羽毛、骨骼中的重金属含量来监测空气中的重金属污染物及污染程度。

蜜蜂是空气污染最理想的监测动物。早在 19 世纪末就有科学家通过分析死蜂发现蜂受到砷、氟化物、铅及汞等的污染。1960年,加利福尼亚大学的科学家发现臭氧、氟化物缩短了蜜蜂的寿命;1970年初,北美和欧洲的科学家开始利用蜜蜂监测空气污染水平,评价空气环境质量。保加利亚一些矿区也用蜜蜂来监测金属污染物在空气中的浓度。一个蜂巢有5万只以上的蜜蜂,这群蜜蜂可以在约4 km² 以上的范围内觅食,每天要在数百万株植物上停留采花蜜,空气污染物会随着花粉、花蜜带回蜂巢,只要分析花粉、花蜜和蜂体就能够了解污染物的种类及污染水平。

一个区域中动物种群数量的变化也可监测该地空气污染状况。如一些大型哺乳类、鸟类、昆虫等,特别对空气污染敏感种类数量的变化很能够说明问题。如果发现上述动物迁离,不易直接接触污染物的潜叶性昆虫、虫瘿昆虫、体表有蜡质的蚧类等数量增加,说明该地区空气污染严重,环境恶化。

7.3.1.3　微生物监测

微生物与环境污染关系密切,利用微生物区系组成及数量变化监测环境污染程度已完全可行。通过对空气中微生物的检测可以了解空气环境中微生物的分布情况,为地区性空气环境质量评价提供生物污染的依据。检测空气中的微生物有以下几种方法。

(1)沉降平皿法　将盛有琼脂培养基的平皿置于一定地点,打开皿盖暴露一定时间,然后进行培养,计数其中生长的菌落数。暴露1 min后每平方米培养基表面积上生长的菌落数相当于0.3 m³ 空气中所含的细菌数。这种检验方法比较原始,一些悬浮在空气中的带菌小颗粒在短时间内不易降落到培养皿内,无法确切进行定量测定。但这种检测方法简便,可用于不同条件下的对比检验。

(2)吸收液法　利用特制的吸收管将定量空气快速吸收到管内的吸收液内,然后再用吸收液培养,计数菌落数或分离病原微生物。

(3)撞击平皿法　抽吸定量的空气,快速撞击在一个或数个转动或不转动的平皿内的培养基表面上,然后进行培养,计数生长的菌落数。

(4)滤膜法　使定量空气通过滤膜,带微生物的尘粒会吸着在滤膜表面,然后将尘粒洗脱在适当的溶液中,再吸取一部分进行培养计数。

评价空气微生物污染状况的指标可用细菌总数和链球菌总数。目前对于空气中微生物数量的标准尚无正式规定。空气中细菌总数是1 m³ 空气中各种细菌的总数,一般认为超过500～1 000 个/m³ 时,作为空气污染的指标。

▶ 7.3.2　水体污染

7.3.2.1　植物监测

在水体污染的情况下,不仅水的物理和化学性质有所变化,而且水中的生物种类组成、数量及特征也将发生变化。因此,水生植被的组成变化可以用来监测水体污染状况。以浮游植物为例,在水体受到污染时,种类和数量即会明显减少,而且耐污染的种类也将出现。若对它们的特点进行调查研究,就可以对水体污染程度做出判断。以滇池为例,水生植被与水体污染程度的关系如下。

(1)严重污染　各种高等沉水植物全部死亡。

(2)中等污染　敏感植物如海菜花、轮藻、石龙尾等消失,篦齿眼子菜等敏感植物稀少,抗性强的如红线草、狐尾藻等相当繁茂。

（3）轻度污染　敏感植物如海菜花、轮藻等渐趋消失，中等敏感植物和抗污植物均有生长。

（4）无污染　轮藻生长茂盛，海菜花生长正常。上述各类植物均能够正常生长。

从上述结果可以看出，海菜花、轮藻等敏感植物可以用作监测植物。

浮游植物长期以来就被用作水质的指示生物，有些种类对有机污染或化学污染非常敏感。报道的浮游植物清水指示种类有冰岛直链藻、小球藻和锥囊藻属的一些种类；报道的污染指示种类有谷皮菱形藻、铜锈微囊藻和水花束丝藻。与浮游植物一样，一定水域内的浮游动物种群对评价水质是有用的。但由于浮游生物的不稳定性且常常集群分布，因而浮游生物作为水质指示生物的可靠性和准确性受到限制。

7.3.2.2　动物监测

水污染指示生物一般采用底栖动物中的环节动物、软体动物、固着生活的甲壳动物以及水生昆虫等。它们个体大，在水中相对位移小，生命周期较长，能够反映环境污染特点，已经成为水体污染指示生物的重要研究对象。例如，颤蚓类普遍出现于污染水体中，特别在严重有机污染水体中数量多、种类单纯，其中以霍甫水丝蚓或颤蚓最为常见。可以用单位面积颤蚓数作为水体污染程度的指标，例如，颤蚓类<100 条/m^2（扁蜉幼虫>100 条/m^2）为未污染，颤蚓类$100 \sim 999$ 条/m^2 属轻污染，颤蚓类$1\,000 \sim 5\,000$ 条/m^2 属中污染，颤蚓类$>5\,000$ 条/m^2 属严重污染。

耐有机污染种类常常也是对有毒物质抗性较强的种类，在工业严重污染的水体中颤蚓类也能够大量发展，而且种类比较单纯。水蛭也是一种相当耐污染的无脊椎动物，有些种类仅在富含有机物的水域中生活。在有机污染的地方，水蛭数量可以多达惊人的地步。如1925 年，美国伊利诺斯河有机污染后，水蛭数量达$29\,107$ 条/m^2，$2\,800$ kg/hm^2。水蛭对铅、铜和 DDT 等农药的忍耐能力也很强，有些水蛭能够把 DDT 分解成为毒性较小的 DDE。此外，昆明滇池的尾鳃蚓绿眼虫、枝眼虫也可以作为污染水体的指示动物。

重金属污染也可以用动物来指示。Winner 等（1980）调查了美国俄亥俄州受铜污染的两条河流，严重污染河段以摇蚊幼虫占优势；中污染河段以石蚕及摇蚊为主；轻污染河段或清洁河段以蜉蝣与石蚕占优势。对金沙江调查的结果也符合上述结论，即石蚕和摇蚊幼虫是重金属污染河流的主要底栖动物，其中四节蜉科分布于轻度至中度污染河段，石蚕、扁蜉仅出现在轻污染至清洁水体，长角石蚕只见于清洁水体。

由于水体污染日益严重，鱼类大量死亡和数量急剧下降，因此，鱼类可作为水体污染的监测生物。鱼类的呼吸系统是鱼体与水环境之间联系最广的界面，因此，鱼的呼吸系统是受污染物影响最敏感的系统，可利用污染物对鱼类毒害前后呼吸频率的变化来判断污染物的毒性大小和污染程度。在用鱼来监测水体污染的方法中，监测参数包括耗氧量、运动类型、回避反应、趋流性、游泳耐力、心跳速率和血液成分等。例如，鱼鳃组织很细嫩，所以对水中的污染物反应敏感。

7.3.2.3　微生物监测

（1）微生物的指示作用　有机污染物是微生物的良好生长物质，水体内有机质的含量高，则微生物的数量大。一般在清洁湖泊、池塘、水库和河流中，有机质含量少，微生物也很少，每毫升水中含有几十至几百个细菌，并以自养型为主，常见的种类有硫细菌、铁细菌、鞘杆菌和含有光合色素的绿硫细菌、紫色细菌以及蓝细菌,它们通常被认为是清洁水体中的微生物类群。

在停滞的池塘水、污染的江河水,以及下水道的沟水中,有机质含量高,微生物的种类和数量都很多,每毫升可达几千万至几亿个,其中以抗性强、能分解各种有机物的一些腐生型细菌、真菌为主。常见的细菌有变形杆菌、大肠杆菌、粪链球菌和合生孢梭菌等以及各种芽孢杆菌、弧菌、螺菌等。真菌以水生藻状菌为主,另外还有大量的酵母菌。异养活细菌的数量也是水体营养状况的指示指标,富营养化的水体,异养活细菌的数量较多。

(2)细菌学监测　水源受到带有致病菌的粪便污染后,可引起各种肠道疾病,甚至使某些水介传染病暴发流行。因此,水质的细菌学检验对于保护人群健康具有重要的意义。由于致病菌在水体中存在的数量较少,检测技术比较复杂,因此,常常不是直接检测水中的致病菌,而是选用间接指标即粪便污染的指示菌作为代表。由于大肠菌群在水中存在的数目与致病菌呈一定正相关,具有抵抗力略强、易于检查等特点,作为水体受粪便污染的指标,以大肠菌群最为理想。

我国现行饮用水卫生标准规定,1 mL 自来水细菌总数不得超过 100 个,大肠菌群数为不得检出。水体受到粪便污染时,细菌总数和大肠菌群数会相应增加。一般认为,1 mL 水中,细菌总数 10～100 个为极清洁水,100～1 000 个为清洁水,1 000～10 000 个为不太清洁水,10 000～100 000 个为不清洁水,多于 100 000 个为极不清洁水。

(3)发光细菌监测　用鱼或原生动物进行试验,费用昂贵且费时较多,如用细菌的生长状况或死亡率作为测定环境中毒物的指标,也需十多小时才能完成。用发光细菌来监测有毒物质,由于毒物仅干扰发光细菌的发光系统,费时较少且敏感性好,操作简便,结果准确,所以利用发光细菌的发光强度作为指标测定有毒物质,在国内外越来越受到重视,目前,已开始在环境监测中运用此方法。

发光细菌是一类非致病性细菌,在正常的生理条件下能发出 0.4 nm 的蓝绿色可见光,这种发光现象是细菌新陈代谢过程。毒物具有抑光作用,毒物浓度与细菌发光强度呈负相关线性关系。凡能够干扰或破坏发光细菌呼吸、生长、新陈代谢等生理过程的任何有毒物质都可以根据发光强度的变化监测水体污染。

该法在环境监测中可用于水体中无机或有机的,如重金属、农药、除草剂、酚类化合物及氰化物等 30 多种污染物的监测,如利用发光细菌快速测定工业废水综合毒性、水体中氰化物浓度、污染水体生物毒性等。

🔺 7.3.3　土壤污染

7.3.3.1　植物监测

利用一些对特定污染物较为敏感的植物作为土壤污染物的预测和监测指示。一般来说,指示植物主要起到预警作用。目前,用于空气、水体污染物监测的植物种类较丰富,而用于土壤监测的植物种类相对较少。

土壤受到污染后,植物对污染物的作用所产生的反应主要表现为:产生可见症状,如叶片上出现伤斑;生理代谢异常,如蒸腾率降低、呼吸作用加强、生长发育受阻;植物化学成分发生改变。酚污染会使水稻根系发育不好,植株变矮小,分蘖减少,叶片变窄,叶色灰暗,严重时叶片枯黄,叶缘内卷,少数叶片主脉两侧有不明显的褐色条斑,根部变为褐色;砷污染使小麦叶片变得窄而硬,呈青绿色;铬使小麦植株生长矮小,下部叶片发黄,叶面出现铁锈样斑块;镉使大豆叶脉变成棕色,叶片退绿,叶柄变为淡红棕色;一些无机农药污染使植物叶柄基部或叶片出现烧伤的斑点或条纹,使幼嫩组织发生褐色焦斑或破坏;有机农药污染严重使叶片相继变黄或脱落,花座少,延迟结果,果变小或籽粒不饱满等。因此可以通过对指示植物观测确定土壤污染类型及污染程度。

7.3.3.2 动物监测

土壤动物是反映环境变化的敏感指示生物,当某些环境因素的变化发展到一定限度时就会影响到土壤动物的繁衍和生存,甚至造成死亡。研究表明,在重金属污染的土壤中,土壤动物种类、数量随污染程度的减轻而逐渐增加,并且与重金属的浓度呈现显著的负相关。

农药对蚯蚓有很强的毒性,低剂量农药即可引起蚯蚓数量的减少;对有机磷农药废水污染区土壤动物调查表明,土壤动物种类和个体数随污染程度的增加而明显减少,群落结构发生显著变化。

蚯蚓对敌敌畏很敏感,在农药洒入培养缸的瞬间,即发现蚯蚓剧烈弹跳,隐伏在土层中的蚯蚓也纷纷涌出土面,浓度越大,蚯蚓的反应越剧烈。6 h后,某些蚯蚓个体环带区有充血肿胀现象,12 h后,蚯蚓呈现暗红色,活动能力大大减弱,甚至呈现麻痹、组织溃疡等病变,直至死亡。在高浓度时,24 h后,已有大部分蚯蚓死亡,36 h,已没有活体。蚯蚓可以用来作为农药环境污染的监测生物。

土壤中蚯蚓数量的测定方法:在面积为1 500 m² 的取样点随机选取5个小样点,小样点取土面积为30 cm×30 cm,取样深度为土壤表层处25 cm;清除地被物后,用铁铲挖掘,小心破碎土块并置于白色塑料布上,拾取其上的蚯蚓并计算种群密度;带回实验室称其鲜重并分类鉴定。重复以上程序数次,计算单位面积土壤中蚯蚓种类及数量的平均值。

另外,也可以利用土壤中的原生动物、线虫、甲螨等监测土壤污染。

7.3.3.3 微生物监测

工农业生产产生的废弃物对土壤的污染,导致了土壤微生物数量组成和种群组成的改变。污染物进入土壤后,首先受害的是土壤微生物,许多土壤微生物对土壤中重金属、农药等污染物含量的稍许提高就会表现出明显的不良反应。通过测定污染物进入土壤系统前后的微生物种类、数量、生长状况及生理生化变化等特征就可监测土壤污染的程度。

土壤微生物数量的改变与自身的耐药性有关,对农药有耐受性的微生物增加了,而敏感的却减少了,因此,使用农药的结果就是使土壤微生物群落趋于单一化。受五氯硝基苯污染的土壤中,敏感种减少了,具有耐受性的长蠕孢菌增殖并占据了主导地位;受五氯酚污染的土壤中能够找到的菌种是具有耐受性的6种假单胞菌属细菌;受三氯乙酸或代森锰锌污染的土壤,真菌中只剩下青霉和曲霉。

不同农药引起微生物数量变化的情况是不完全相同的,如用5 mg/L甲拌磷或特丁甲拌磷处理能使土壤细菌数增加,而用椒菊酯处理则使细菌数减少。同一种农药对不同类群微生物的影响也不完全一致,如:用3 mg/L二嗪农处理180 d后,细菌和真菌数没有改变,而放线菌增加了300倍;用4 mg/L阿拉特津处理,细菌总数与对照相比没有明显差异,但固氮菌增加了1倍,反硝化菌和纤维素分解菌则分别减少了80%和90%。

镉、铜、铅及铬对较为敏感的大芽孢杆菌和枯草杆菌均有明显的抑制作用,随金属浓度的升高,菌落数明显减少,其中大芽孢杆菌对金属污染物更为敏感。

7.3.3.4 酶监测

土壤中植物的根系及其残体、土壤动物及其遗骸和微生物能够分泌具有生物活性的土壤酶。土壤酶的活性反映了土壤中进行的各种生物化学过程的强度和方向。土壤酶的活性易受环境中物理、化学和生物等因素的影响,尤其在土壤污染条件下,土壤酶的活性变化很大。因此,土壤酶活性在一定程度上可以反映土壤受污染的程度。经常测定的土壤酶为脱氢酶、过氧化氢酶、脲酶和磷酸酶。

7.4 生态监测

随着科学技术的发展,人们对环境问题的认识也不断深入,环境问题已不仅仅是污染物引起的人类健康问题,而是还包括自然环境的保护和生态平衡,以及维持人类繁衍、发展的资源问题。因此,环境监测正从一般意义上的环境污染向生态监测拓宽,生态监测已成为环境监测的重要组成部分。

7.4.1 生态监测的任务

生态监测的任务包括以下几个方面:①对生态系统现状以及因人类活动所引起的重要生态问题进行动态监测;②对人类的资源开发活动和环境污染物所引起的生态系统的组成、结构和功能变化进行监测;③对被破坏的生态系统在人类的治理过程中生态平衡恢复过程进行监测;④通过监测数据的积累,研究各种生态问题的变化规律及发展趋势,建立数学模型,为预测预报和影响评价打下基础;⑤为政府部门制定有关环境法规、进行有关决策提供科学依据;⑥寻求符合我国国情的资源开发治理模式及途径,以保证我国生态环境的改善及国民经济持续协调地发展。

7.4.2 生态监测方案制订与实施

开展生态监测工作,首先要确定生态监测方案,其主要内容是明确生态监测的基本概念和工作范围,并制定相应的技术路线,提出主要的生态问题以便进行优先监测,制定我国主要生态类型和微观监测的指标体系,依据目前的分析水平,选出常用的监测指标分析方法。

(1)生态监测方案的制订　生态监测技术路线和方案的制订大体包含以下几点:资源、生态与环境问题的提出,生态监测台站的选址,监测的内容、方法及设备,生态系统要素及监测指标的确定,监测场地、监测频度及周期描述,数据的整理(观测数据、试验分析数据、统计数据、文字数据、图形及图像数据),建立数据库,信息或数据输出,信息的利用(编制生态监测项目报表,针对提出的生态问题建立模型、预测预报、评价和规划、政策规定)。生态监测方案制订及实施见图7-2。

(2)生态监测平台和生态监测站　生态监测平台是宏观生态监测工作的基础,它以遥感技术作支持,并具备容量足够大的计算机和宇航信息处理装置。生态监测站是微观生态监

环境监测

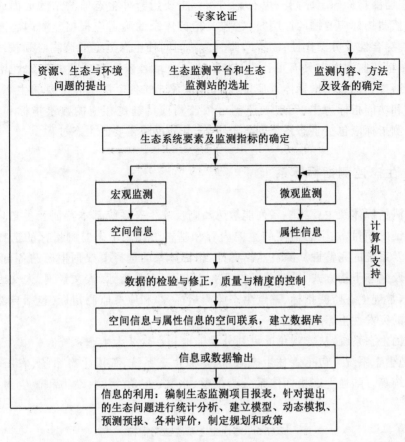

图 7-2　生态监测方案制订及实施程序

(引自:奚旦立.环境监测.2019)

测工作的基础,它以完整的室内外分析、观测仪器作支持,并具备计算机等信息处理系统。生态监测平台和生态监测站的选址必须考虑区域内生态系统的代表性、典型性和对全区域的可控性。一个大的监测区域可设置一个生态监测平台和数个生态监测站。

(3)生态监测频率　生态监测频率视监测的区域和目的而定。一般全国范围的生态环境质量监测和评价应 1~2 年进行 1 次;重点区域的生态环境质量监测每年 1~2 次;特定目的的监测,如监测沙尘天气和近岸海域赤潮要每天 1 次或每天数次,甚至采取连续自动监测的方式。

(4)我国优先监测的生态项目　优先监测的生态项目主要有:①全球气候变暖引起的生态系统或动、植物区系位移;②珍稀、濒危动、植物种的分布及其栖息地;③水土流失面积及其时空分布和对环境的影响;④沙化面积及其时空分布和对环境的影响;⑤草场沙化退化面积及其时空分布和对环境的影响;⑥人类活动对陆地生态系统(森林、草原、农田、荒漠等)结构和功能的影响;⑦水环境污染对水生生态系统(湖泊、水库、河流和海洋等)结构和功能的影响;⑧主要环境污染物(农药、化肥、有机污染物和重金属)在土壤-植物-水体系统中的迁移和转化;⑨水土流失地、沙漠化地及草原退化地优化治理模式的生态平衡恢复过程;⑩各生态系统中微量气体的释放通量与吸收情况。

(5)生态监测指标确定原则 生态监测指标主要指野外生态监测站的地面或水体监测项目。确定监测指标应遵循的原则是：①监测指标体系的确定应根据监测内容充分考虑指标的代表性、综合性及可操作性；②不同监测台站间同种生态类型的监测必须按统一的指标体系进行，尽量使监测内容具有可比性；③各监测台站可依监测项目的特殊性增加特定指标，以突出各自的特点；④指标体系应能反映生态系统的各个层次和主要的生态环境问题，并应以结构和功能指标为主；⑤宏观监测可依监测项目选定相应的数量指标和强度指标。微观生态监测指标应包括生态系统的各个组分，并能反映主要的生态过程。

▶ 7.4.3 生态监测指标体系

生态监测指标体系主要指一系列能敏感清晰反映生态系统基本特征及生态环境变化趋势并相互印证的项目，是生态监测的主要内容和基本工作。生态监测指标的选择首先要考虑生态类型及系统的完整性。除自然指标外，指标体系的选择要根据生态站各自的特点、生态系统类型及生态干扰方式，同时兼顾以下3个方面：人为指标（人文景观、人文因素等）、一般监测指标（常规生态监测指标、重点生态监测指标等）和应急监测指标（包括自然因素和人为因素造成的突发性生态问题）。

地球上的生态系统，从宏观角度可划分为陆地和水生2大生态系统。

（1）陆地生态系统 包括森林生态系统、草原生态系统、荒漠生态系统、农田生态系统、城市生态系统等。陆地生态指标体系分为气象、水文、土壤、植物、动物和微生物6个要素，见表7-5。

表 7-5　陆地生态系统监测指标

要素	常规指标	选择指标
气象	气温、湿度、风向、风速、降水量及其分布、蒸发量、地面及浅层地温、日照时数	大气干、湿沉降物及其化学组成，大气（森林、农田）或林间（森林）CO_2 浓度及动态，林冠径流量及化学组成（森林）
水文	地表径流量，径流水化学组成：酸度、碱度、总磷、总氮及 NO_2^-、NO_3^-、农药（农田），径流水总悬浮物，地下水位，泥沙颗粒组成及流失量，泥沙化学成分：有机质、总氮、总磷、总钾及重金属、农药（农田）	附近河流水质，泥沙流失量及颗粒组成，农田灌水量、入渗量和蒸发量（农田）
土壤	有机质，养分含量：总氮、总磷、总钾、速效磷、速效钾，pH，交换性酸基及其组成，交换性盐基及其组成，阳离子交换量，颗粒组成及团粒结构，容重，含水量，孔隙度，透水率等	CO_2 释放量（稻田测 CH_4），农药残留量，重金属残留量，盐分总量，水田氧化还原电位，化肥和有机肥施用量及化学组成（农田），元素背景值，生命元素含量，沙丘动态（荒漠）
植物	种类及组成，种群密度，现存生物量，凋落物量及分解率，地上部分生产量，不同器官的化学组成：粗灰分、氮、磷、钾、钠、有机碳、水分和光能的收支	珍稀植物及其物候特征（森林），可食部分农药、重金属、NO_2^- 和 NO_3^- 含量（农田），可食部分粗蛋白、粗脂肪含量

要素	常规指标	选择指标
动物	动物种类及种群密度,土壤动物生物量,热值,能量和物质的收支,化学成分:灰分、蛋白质、脂肪、总磷、钾、钠、钙、镁	珍稀野生动物的数量及动态,动物灰分、蛋白质、脂肪、必需元素含量,体内农药、重金属等残留量(农田)
微生物	种类及种群密度、生物量、热值	土壤酶类型,土壤呼吸强度,土壤固氮作用,元素含量与总量

（2）水生生态系统　包括淡水生态系统和海洋生态系统。指标体系分为水文气象、水质、底质、浮游植物、浮游动物、游泳动物、底栖生物和微生物8个要素,见表7-6。

表7-6　水生生态系统监测指标

要素	常规指标	选择指标
水文气象	日照时数,总辐射量,降水量,蒸发量,风速、风向,气温,湿度,大气压,云量、云形、云高及可见度	海况(海洋),入流量和出流量(淡水),入流和出流水的化学组成(淡水),水位(淡水),大气干、湿沉降物量及组成(淡水)
水质	水温,颜色,气味,浊度,透明度,电导率,残渣,氧化还原电位,pH,矿化度,总氮,亚硝态氮,硝态氮,氨氮,总磷,总有机碳,溶解氧,化学需氧量,生化需氧量	重金属(总汞、镉、砷、铅、铬、铜、锌、镍),农药,油类,挥发酚类
底质	氧化还原电位,pH,粒度,总氮,总磷,有机质	甲基汞,重金属(总汞、镉、砷、铅、铬、铜、锌、镍),硫化物,农药
游泳动物	个体种类及数量,年龄和丰富度,现存量、捕捞量和生产力	体内农药、重金属残留量,致死量和亚致死量,酶活性(p-450酶)
浮游植物	群落组成、定量分类数量分布(密度)、优势种动态、生物量、生产力	体内农药、重金属残留量,酶活性(p-450酶)
浮游动物	群落组成定性分类、定量分类数量分布、优势种动态、生物量	体内农药、重金属残留量
微生物	细菌总数、细菌种类、大肠杆菌群及其分类、生化活性	
着生藻类和底栖动物	定性分类、定量分类、生物量动态、优势种	体内农药、重金属残留量

根据各类生态系统监测指标内容,所用监测方法分为水文气象参数观测法、理化参数测定法、生物调查和生物测定法等不同类型,可分别选用相应规范化方法测定。各生态监测站相同的指标应按统一的采样、分析和测定方法进行,以便站际间的数据具有可比性。

▶ 7.4.4　生态环境状况评价

生态环境质量是指生态环境的优劣程度,它以生态学理论为基础,在特定的时间和空间范围内,从生态系统层次上,反映生态环境对人类生存及社会经济持续发展的适宜程度,是根据人类的具体要求对生态环境的性质及变化状态的结果来进行评定的。

生态环境状况评价利用一个综合指数(生态环境状况指数,ecological index,EI,数值范围 0~100)反映区域生态环境的整体状态。指标体系包括生物丰度指数、植被覆盖指数、水网密度指数、土地胁迫指数、污染负荷指数 5 个分指数和 1 个环境限制指数。5 个分指数分别反映被评价区域内生物的丰贫,植被覆盖的高低,水的丰富程度,遭受的胁迫强度,承载的污染物压力。环境限制指数是约束性指标,指根据区域内出现的严重影响人居生产生活安全的生态破坏和环境污染事项对生态环境状况进行限制和调节。各项评价指标的权重见表 7-7。

表 7-7　各项评价指标的权重

指标	生物丰度指数	植被覆盖指数	水网密度指数	土地胁迫指数	污染负荷指数	环境限制指数
权重	0.35	0.25	0.15	0.15	0.10	约束性指标

生态环境状况指数(EI)=0.35×生物丰度指数+0.25×植被覆盖指数+0.15×水网密度指数+0.15×(100－土地胁迫指数)+0.10×(100－污染负荷指数)+环境限制指数

式中各项指数的计算方法见《生态环境状况评价技术规范》(HJ 192—2015)。

根据生态环境状况指数,将生态环境分为 5 级,即优、良、一般、较差和差,见表 7-8。

表 7-8　生态环境状况分级

级别	优	良	一般	较差	差
指数	EI≥75	55≤EI<75	35≤EI<55	20≤EI<35	EI<20
描述	植被覆盖度高,生物多样性丰富,生态系统稳定	植被覆盖度较高,生物多样性较丰富,适合人类生活	植被覆盖度中等,生物多样性一般水平,较适合人类生活,但有不适合人类生活的制约性因子出现	植被覆盖较差,严重干旱少雨,物种较少,存在着明显限制人类生活的因素	条件较恶劣,人类生活受到限制

生态环境质量评价要根据特定的目的,选择具有代表性、可比性、可操作性的评价指标和方法,对生态环境质量的优劣程度进行定性或定量的分析和判别。我国的生态环境质量评价工作在不断地发展,对其相关的指标体系以及评价方法的研究也多种多样。如何建立合理的、具有普遍实用性而且指标信息容易获取的指标体系,并用恰当的方法进行评价,是生态环境质量评价的重要环节。

▶▶ 习题与思考题 ◀◀

(1)什么是生物监测?生物监测的优缺点有哪些?

(2)什么是生态监测?生态监测的特点有哪些?

(3)何谓指示生物？简述环境指示生物的特征及其作用。

(4)简述生物监测的基本方法。

(5)简述鱼类毒性试验的步骤及其在实际中的应用。

(6)表示鱼类毒性试验结果的 LC_{50} 的含义是什么？

(7)贝克生物指数法、生物种类多样性指数法评价水质优劣的原理有何不同之处？各有何优缺点？

(8)简述污水生物系统法监测河水水质污染程度的原理，并说明有何优缺点。

(9)PFU 微型生物群落监测法通过观测哪些指标(参数)表征水体污染程度？简述其原理和测定步骤。

(10)指示生物如何分类？常用的空气污染指示植物有哪些？

(11)水污染指示生物有哪些？

(12)简述土壤污染指示植物及其受到某些特定污染物伤害后的受害症状。

(13)宏观生态监测和微观生态监测有何区别和联系？

(14)生态监测的指标体系有哪些？选定的原则是什么？

(15)生态环境状况如何分级？

第8章

噪声和振动污染监测

▶ **本章提要：**

　　本章主要介绍声学和振动的基本知识、危害、标准、测量及其评价方法。通过本章学习，掌握声音和噪声的物理特性及其量度；了解主要噪声和振动标准以及监测测试仪器；重点掌握噪声监测方法及评价方法。

噪声和振动污染与水污染、空气污染和土壤污染等一样是当代主要的环境污染之一,但噪声和振动污染与后者不同,它们是物理污染(或称能量污染),一般情况下并不致命,且与声源同时产生、同时消失。噪声和振动污染源分布很广,渗透到人们生产和生活的各个领域,且人们能够直接感觉到它的干扰,因此噪声和振动污染已经成为广泛的社会危害。

8.1 噪声污染监测

▶ 8.1.1 噪声及声学基础

8.1.1.1 声音与噪声

1)声音

人类生活在一个声音的环境中,通过声音进行交谈、表达思想感情以及开展各种活动。所有的声音均起源于物体的振动。凡能发生振动的物体统称为声源。从物体的形态来分,声源可分为固体声源、液体声源和气体声源。声源的振动通过空气介质作用于人耳鼓膜而产生的感觉称为声音。声音的传播介质有空气、水和固体,它们分别称为空气声、水声和固体声。本节噪声监测主要讨论空气声。

2)噪声

从物理现象判断,一切无规律的或随机的声信号叫噪声。例如,震耳欲聋的机器声、呼啸而过的飞机声等。另外,噪声的判断还与人们的主观感觉和心理因素有关,即一切不希望存在的干扰声都叫噪声。例如,音乐之声对正在欣赏音乐的人来说是一种美的享受、是需要的声音,而对正在思考或睡眠的人来说则是不需要的声音、是噪声。

(1)噪声的危害　噪声污染对人群的危害程度取决于噪声的强度和暴露时间的长短。噪声的危害是多方面的,主要表现在以下几点:①干扰睡眠。噪声会影响人的熟睡或使人从睡眠中惊醒,使体力和疲劳得不到应有的恢复,从而影响工作效率和安全生产。②损伤听力。长期在噪声环境中工作和生活将造成人的听力下降,产生噪声性耳聋。在声压级为 90 dB 条件下长期工作的人中,大约有 20% 会发生耳聋;在 85 dB 条件下,大约有 10% 的人可能会耳聋。③干扰语言交谈和通信联络。④影响视力。长时间处于高噪声环境中的人,很容易发生眼疲劳、眼病、眼花和视物流泪等眼损伤现象。⑤能诱发多种疾病。噪声会引起紧张的反应,使肾上腺素增加,引起心率改变和血压上升;强噪声会刺激耳腔前庭,使人眩晕、恶心、呕吐,症状和晕船一样;在神经系统方面,能够引起失眠、疲劳、头晕、头痛和记忆力减退;噪声还能影响人的心理。

(2)噪声的分类　环境噪声按来源分有 4 种:交通噪声,指机动车辆、船舶、汽车、火车和飞机等所产生的噪声;工业噪声,指工矿企业在生产活动中各种机械设备如鼓风机、汽轮机、织布机和冲床等所产生的噪声;建筑施工噪声,指建筑施工机械如打桩机、挖土机和混凝土搅拌机等发出的声音;社会生活噪声,指人类社会活动和家庭活动中如高音喇叭、电视机等发出的过强声音。

(3)噪声的特征　噪声的特征有以下几点:①可感受性。就公害的性质而言,噪声是一种感受公害。许多公害是无感觉公害,如放射性污染和某些有毒化学品的污染,人们在不知不觉中受到污染及危害,而噪声则是通过感觉对人产生危害的。一般的公害可以根据污染物排放量来评价,而噪声公害则取决于受影响者心理和生理因素。一般来说,不同的人对相同的噪声可能有不同的反应,因此,在噪声评价中应考虑其对不同人群的影响。②即时性。与空气、水体和土壤等其他物质污染不一样,噪声污染是一种能量污染,仅仅是由于空气中的物理变化而产生的。无论多么强的噪声,还是持续了多么久的噪声,一旦产生噪声的声源停止辐射能量,噪声污染立即消失,不存在任何残存物质。③局部性。与其他公害相比,噪声污染具有局部性。一般情况下,噪声源辐射出的噪声随着传播距离的增加,或受到障碍物的吸收,噪声能量很快被减弱,因而噪声污染主要局限在声源附近不大的区域内。④多发性。城市中噪声源分布既多又散,具有多发性,使得噪声的测量和治理工作难度大。

8.1.1.2　声音的物理特性和量度

1) 声音的发生、频率、波长和声速

物体在空气中振动,使周围空气发生疏、密交替变化并向外传递。当这种振动频率在 $20\sim20~000$ Hz,人耳可以感觉,称为可听声,简称声音。频率低于 20 Hz 的叫次声,高于 $20~000$ Hz 的叫超声,它们作用到人的听觉器官时不引起声音的感觉,所以人不能听到。

声音是波的一种,叫声波。通常情况下,声音是由许多不同频率、不同幅值的声波构成的,称为复音,而最简单的仅有一个频率构成的声音称为纯音。

声源在 1 s 内振动的次数叫频率,记作 f,单位为赫兹(Hz)。振动一次所经历的时间叫周期,记作 T,单位为秒(s)。$T=1/f$,即频率和周期互为倒数。可听声的周期为 50 ms 至 $50~\mu s$。

沿声波传播方向,振动一个周期所传播的距离,或在波形上相位相同的相邻两点间的距离称作波长,记为 λ,单位为米(m)。可听声的波长范围为 $0.017\sim17$ m。

单位时间内声波传播的距离叫声波速度,简称声速,记作 c,单位为 m/s。频率 f、波长 λ 和声速 c 三者的关系是:

$$c=\lambda f$$

2) 声功率、声强和声压

(1)声功率(W)　在声源振动时,总有一定的能量随声波的传播向外发射。声功率是指声源在单位时间内向周围空间所发出的总声能,用 W 表示,其常用单位为瓦(W)。

(2)声强(I)　声强是指单位时间内,与声波传播方向垂直的单位面积上所通过的声能量。声强用 I 表示,其常用单位为瓦/米²(W/m^2)。如果是点声源,声音以球面波向外传播,则距声源 r 处的声强 I 与声功率 W 有以下关系:

$$I=\frac{W}{4\pi r^2}$$

可见,在声功率一定的条件下,某点的声强与该点离声源的距离的平方成反比。这就是离声源越远,人们所听到的声音就越弱的原因。

(3)声压(p)　当声源振动时,它所辐射出的能量会引起空气介质的压力变化,这种压力变化称为声压,用 p 表示,其常用单位是牛顿/米²(N/m^2)或帕(Pa)。人耳对声音的感觉直接与声压有关,一般声学仪器直接测量的也是声压。可以引起人耳感觉的声压值(又称闻阈)为 2×10^{-5} Pa,人耳最大承受(引起鼓膜破裂)的声压值(又称痛阈)为 20 Pa。

声压与声强有密切的关系。在离声源较远而且不发生波的反射作用时,该处的声波可近似地看作是平面波。平面波的声压(p)与声强(I)有以下关系:

$$I = \frac{p^2}{\rho c}$$

式中:p 为声压,N/m²;ρ 为空气密度,kg/m³;c 为声速,m/s。

在声功率、声强和声压 3 个物理量中,声功率和声强都不容易直接测定。所以在噪声监测中,一般都是测定声压,就可算出声强,进而算得声功率。

3)声压级、声强级、声功率级

能够引起人们听觉的噪声不仅要有一定的频率范围(20~20 000 Hz),而且还要有一定的声压范围(2×10^{-5}~20 Pa)。声压太小,不能引起听觉;声压太大,只能引起痛觉,而不能引起听觉。从闻阈声压 2×10^{-5} Pa 到痛阈声压 20 Pa,声压的绝对值数量级相差 100 万倍,声强之比则达 1 万亿倍。因此,在实践中使用声压的绝对值来描述噪声的强弱很不方便。此外,人耳对声音强度的感觉并不正比于强度(如声压)的绝对值,而更接近正比于其对数值。因此,在声学中普遍采用对数标度。

(1)分贝的定义 用对数标度时需先选定基准量(或称参考量),然后对被量度量与基准量的比值求对数,此对数值称为被量度量的"级"。如果所取对数是以 10 为底,则级的单位称为贝尔(B)。由于 B 过大,故常将 1 B 分为 10 挡,每一挡的单位称为分贝(dB)。

因此,分贝的定义是指两个相同物理量(如 A_1 和 A_0)之比取以 10 为底的对数并乘以 10(或 20)。

$$N = 10 \lg \frac{A_1}{A_0}$$

式中:A_0 为基准量(或参考量);A_1 为被量度量。

(2)声压级 当用"级"来衡量声压大小时,就称为声压级。这与人们常用级来表示风力大小、地震强度的意义是一样的。声压级用 L_p 表示,单位是 dB,其定义式为:

$$L_p = 10 \lg \frac{p^2}{p_0^2} = 20 \lg \frac{p}{p_0}$$

式中:p 为声压,Pa;p_0 为基准声压,即 2×10^{-5} Pa。

显然,采用 dB 标度的声压级后,将动态范围 2×10^{-5}~20 Pa 声压转变为动态范围为 0~120 dB 的声压级,因而使用更方便,也符合人的听觉的实际情况。一般人耳对声音强弱的分辨能力约为 0.5 dB。

(3)声强级 声强级常用 L_I 表示,单位是 dB,其定义式为:

$$L_I = 10 \lg \frac{I}{I_0}$$

式中:I 为声强,W/m²;I_0 为基准声强,即 10^{-12} W/m²。

(4)声功率级 声功率级用 L_W 表示,单位是 dB,其定义式为:

$$L_W = 10\lg \frac{W}{W_0}$$

式中:W 为声功率,W;W_0 为基准声功率,即 10^{-12} W。

8.1.1.3 噪声的叠加和相减

(1)噪声的叠加 两个或两个以上的独立声源作用于声场中某一点时,就产生了声音的叠加。声能量是可以进行代数相加的物理量度,而声级由于是对数关系,不能代数相加。假设两个声源的声功率分别是 W_1 和 W_2,那么总声功率 $W_总 = W_1 + W_2$;同样两个声源在同一点的声强为 I_1 和 I_2,则它的总声强 $I_总 = I_1 + I_2$。但是声压是不能直接进行代数相加的物理量度,根据前面公式可以推导总声压与各声压的关系式。

$$I_1 = \frac{p_1^2}{\rho c} \qquad I_2 = \frac{p_2^2}{\rho c}$$

$$I_总 = \frac{p_总^2}{\rho c} = \frac{p_1^2 + p_2^2}{\rho c}$$

几个独立声源在空间某点的总声压级可由下式求出:

$$L_{p_总} = 10\lg \sum_{i=1}^{n} \frac{p_i^2}{p_0^2}$$

式中:p_i 为第 i 个声源在此点处的声压;p_0 为基准声压。

由于 $L_{p_i} = 10\lg \frac{p_i^2}{p_0^2}$,则有 $\frac{p_i^2}{p_0^2} = 10^{\frac{L_{p_i}}{10}}$

$$L_{p_总} = 10\lg \sum_{i=1}^{n} 10^{\frac{L_{p_i}}{10}}$$

如果各声源的声压级相等,则所产生的总声压级可用下式表示:

$$L_{p_总} = L_p + 10\lg N$$

式中:L_p 为一个噪声源的声压级,dB;N 为噪声源的数目。

如果两个噪声级不同的噪声源(如 L_{p_1} 和 L_{p_2},且 $L_{p_1} > L_{p_2}$)叠加在一起,按上式计算较麻烦。可利用表 8-1 查值来计算,以 $L_{p_1} - L_{p_2}$ 值按表查得 ΔL_p,则总声压级 $L_{p_总} = L_{p_1} + \Delta L_p$。

例 8-1 两个声源作用于某一点的声压级分别为 $L_{p_1} = 94$ dB,$L_{p_2} = 90$ dB,因此 $L_{p_1} - L_{p_2} = 4$ dB,查表 8-1 得,$\Delta L_p = 1.5$ dB,所以,总声压级 $L_{p_总} = 94 + 1.5 = 95.5$ dB。

表 8-1 声源声压级叠加增值参数　　　　　　　　　　　　dB

$L_{p_1} - L_{p_2}$	0	1	2	3	4	5	6	7	8	9	10	11	12	13	14	15
ΔL_p	3	2.5	2.1	1.8	1.5	1.2	1.0	0.8	0.6	0.5	0.4	0.3	0.3	0.2	0.1	0.1

由表 8-1 可见,当声压级相同时,叠加后总声压级增加 3 dB,当声压级相差 15 dB 时,叠加后的总声压级增加 0.1 dB。因此,两个声压级叠加,若两者相差 15 dB 以上,其中较小的声压级对总声压级的影响可以忽略。

多个噪声源的叠加与叠加次序无关,叠加时,一般选择两个声压级相近的依次进行,因为两个声压级数值相差较大,则增加值 ΔL_p 很小(有时忽略),影响准确性。当两个声压级相差很大时,即 $L_{p_1} - L_{p_2} > 15$ dB,总的声压级的增加值 ΔL_p 可以忽略,因此,在噪声控制中,抓住噪声源中有主要影响的,只有将这些主要噪声源降下来,才能取得良好的降噪效果。

例如,有 8 个声源作用于一点,声压级分别为 65 dB、65 dB、70 dB、78 dB、85 dB、92 dB、95 dB、100 dB,它们合成的总声压级可以任意次序依表 8-1 两两叠加而得。任意两种叠加次序如下:

叠加次序一(单位:dB)

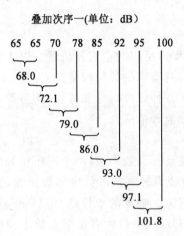

叠加次序二(单位:dB)

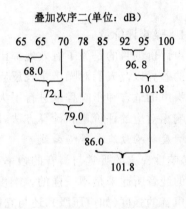

(2)噪声的相减　在某些实际工作中,常遇到从总的被测噪声级中减去背景或环境噪声级,来确定由单独噪声源产生的噪声级。如某加工车间内的一台机床,在它开动时,辐射的噪声级是不能单独测量的。但是,机床未开动前的背景或环境噪声是可以测量的,机床开动后,机床噪声与背景或环境噪声的总噪声级也是可以测量的,那么,计算机床本身的噪声级就必须采用噪声级的减法。其推导与上面叠加计算一样,可用下式表示:

$$L_{机械} = L_t - \Delta L$$

式中:$L_{机械}$ 为机器本身的噪声级,dB;L_t 为总噪声级,dB;ΔL 为增加值,dB,其值可由图 8-1 查得。

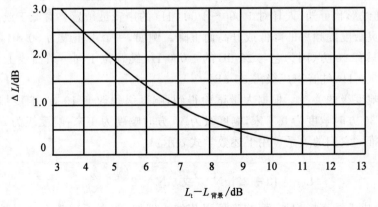

图 8-1　声压级分贝差值曲线

例 8-2 为测定某一台机器的噪声大小,从声级计上测得的声级为 100 dB,当机器停止工作时,测得的背景噪声为 95 dB,求该机器的实际噪声值。

解 由题可知,总噪声 $L_t = 100$ dB,背景噪声 $L_{背景} = 95$ dB

$L_t - L_{背景} = 5$ dB,查图 8-1 得 $\Delta L = 1.8$ dB

机器本身噪声 $L_{机械} = 100 - 1.8 = 98.2$ dB

▶ 8.1.2 噪声评价

8.1.2.1 噪声评价量

噪声评价的目的是为了有效地提出适合于人们对噪声反应的主观评价量。由于噪声变化特性的差异以及人们对噪声主观反应的复杂性,使得对噪声的评价较复杂。多年来,各国学者对噪声的危害和影响程度进行了大量研究,提出了各种评价指标和方法,期望得出与主观性影响相对应的评价量和计算方法,以及所允许的数值和范围。

1)响度和响度级与等响曲线

(1)响度 人的听觉与声音的频率有非常密切的关系。一般来说,两个声压相等而频率不相同的纯音听起来是不一样的。响度是人耳判别声音由轻到响的强度等级概念,它不仅取决于声音的强度(如声压级),还与它的频率及波形有关。响度的单位是"宋"(sone),符号为"N"。1 宋的定义是声压级为 40 dB,频率为 1 000 Hz,且来自听者正前方的平面形波的强度。如果另一个声音听起来比这个大 n 倍,则该声音的响度为 n 宋。

(2)响度级 响度级的概念也是建立在两个声音的主观比较上的。定义 1 000 Hz 纯音声压级的分贝值为响度级的数值,任何其他频率的声音,当调节 1 000 Hz 纯音的强度使之与这声音一样响时,则这 1 000 Hz 纯音的声压级分贝值就定为这一声音的响度级值。响度级的单位叫"方"(phon),符号为"L_N"。由于响度级在确定时,考虑了人耳的特性,并将声音的强度与频率用同一单位——响度级统一了起来,既反映了声音客观物理量上的强弱,又表示了声音主观感觉上的强弱。

(3)等响曲线 利用与基准声音比较的方法,可以得到人耳听觉频率范围内一系列响度相等的声压级与频率关系的曲线,即等响曲线(图 8-2),该曲线被国际标准化组织(ISO)所采用,所以又称 ISO 等响曲线。同一曲线上不同频率的声音,听起来感觉一样响,而声压级是不同的。从曲线形状可知,人耳对 1 000~4 000 Hz 的声音最敏感。对低于或高于这一频率范围的声音,灵敏度随频率的降低或升高而下降。例如,一个声压级为 80 dB 的 20 Hz 纯音,它的响度级只有 20 方,因为它与 20 dB 的 1 000 Hz 纯音位于同一条曲线上;同理,与它们一样响的 10 000 Hz 纯音声压级需 30 dB。

(4)响度与响度级的关系 根据大量试验得到,响度级每改变 10 方,响度加倍或减半。例如,响度级为 30 方时响度为 0.5 宋,响度级为 40 方时响度为 1 宋,响度级为 50 方时响度为 2 宋,依此类推。它们的关系可用下述数学式表示:

$$L_N = 40 + 33 \lg N \quad 或 \quad N = 2^{\left(\frac{L_N - 40}{10}\right)}$$

响度级的合成不能直接相加,而响度可以相加。例如:两个不同频率而都具有 60 方的声音,合成后的响度级不是 60+60=120(方),而是先将响度级换算成响度进行合成,然后再

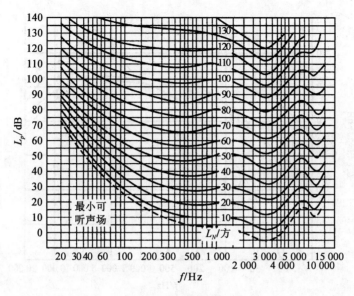

图 8-2　等响曲线
(引自:奚旦立.环境监测.2019)

换算成响度级。本例中 60 方相当于响度 4 宋,所以两个声音响度合成为 4+4=8(宋),而 8 宋按数学计算可知为 70 方,因此两个响度为 60 方的声音合成后的总响度级为 70 方。

2)计权声级

由于用响度级来反映人耳的主观感觉太复杂,而且人耳对低频声不敏感,对高频声较敏感。为了能用仪器直接反映人的主观响度感觉的评价量,有关人员在噪声测量仪器(声级计)中设计了一种特殊的滤波器,叫计权网络。通过计权网络测得的声压级,已不再是客观物理量的声压级,而叫计权声压级或计权声级,简称声级。

为了模拟人耳的听觉特征,人们在等响曲线中选出 3 条曲线,即 40 方、70 方、100 方的曲线,分别代表低声级、中强声级和高强声级时的响度,并按这 3 条曲线的形状,设计出 A、B、C 计权网络。在噪声测量仪器上安装相应的滤波器,对不同频率的声音进行一定的衰减和放大,这样便可从噪声测量仪器上直接读出 A 声级、B 声级、C 声级,这些声级分别称为 L_A、L_B、L_C 计权声级,分别记为 dB(A)、dB(B)、dB(C)。图 8-3 所示为国际电工委员会(IEC)规定的 4 种计权网络频率响应的相对声压级曲线,其中 A 计权网络相当于 40 方等响曲线的倒转;B 计权网络相当于 70 方等响曲线的倒转;C 计权网络相当于 100 方等响曲线的倒转;D 计权声级是对噪声参量的模拟,专用于飞机噪声的测量。

近年来研究表明,不论噪声强度是多少,利用 A 声级都能较好地反映噪声对人吵闹的主观感觉和人耳听力损伤程度。因此,现在常用 A 声级作为噪声测量和评价的基本量。如果不作说明均指的是 A 声级。

3)等效连续声级

A 声级主要适用于连续稳态噪声的测量和评价,它的数值可由噪声测量仪器的表头直接读出。但人们所处的环境中大都是随时间而变化的非稳态噪声,如果用 A 声级来测量和评价就显得不合适了。于是提出用噪声能量平均值来评价噪声对人的影响,即等效连续声级,它反映人实际接受的噪声能量的大小,对应于 A 声级来说就是等效连续 A 声级。国际

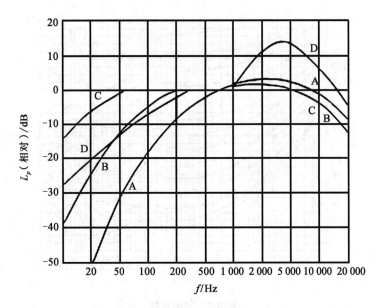

图 8-3　A、B、C、D 计权特性曲线

标准化组织(ISO)对等效连续 A 声级的定义是:在声场中某个位置、某一时间内,对间歇暴露的几个不同 A 声级,以能量平均的方法,用一个 A 声级来表示该时间内噪声的大小,这个声级就为等效连续 A 声级,用 L_{eq} 表示,单位是 dB(A),其数学表达式为:

$$L_{eq} = 10\lg\left[\frac{1}{T}\int_0^T \left(\frac{p_i}{p_0}\right)^2 \mathrm{d}t\right] = 10\lg\left[\frac{1}{T}\int_0^T 10^{0.1L_{p_A}}\mathrm{d}t\right]$$

式中: L_{eq} 为等效连续 A 声级,dB(A); T 为规定的测量时间,s; L_{p_A} 为某一时刻 t 的瞬时 A 计权声压级,dB(A)。

如果测量是在等时间间隔下测得的一系列 A 声级数据,则测量时段内的等效连续 A 声级可通过下式计算:

$$L_{eq} = 10\lg\left[\left(\sum 10^{0.1L_i}\right)/n\right]$$

式中: L_{eq} 为等效连续 A 声级,dB(A); L_i 为第 i 个瞬时 A 声级 dB(A),一般每 5 s 读一个; n 为读得的声级总个数,一般为 100 个或 200 个。

如果测量是在非等时间间隔下测得的一系列 A 声级数据,则测量时段内的等效连续 A 声级计算公式如下:

$$L_{eq} = 10\lg\left[\left(\sum 10^{0.1L_i}\cdot t_i\right)/T\right]$$

式中: t_i 为第 i 个采样时间,s; T 为总的测量时间,s; L_i 为采样时间 t_i 读出的 A 声级 dB(A)。

从等效连续 A 声级的定义中不难看出,对于连续的稳态噪声,等效连续 A 声级等于所测得的 A 计权声级。等效连续 A 声级由于较为简单,易于理解,而且又与人的主观反应有较好的相关性,因而已成为国际国内标准所采用的评价量。

4）昼夜等效声级

由于同样的噪声在白天和夜间对人的影响不同，为了考虑噪声在夜间对人们烦恼的增加，规定在夜间测得的所有声级均加上 10 dB(A) 作为修正值，再计算昼夜噪声能量的加权平均，由此构成昼夜等效声级这一评价参量，用符号 L_{dn} 表示。昼夜等效声级主要预计人们昼夜长期暴露在噪声环境下所受的影响。由上述规定昼夜等效声级 L_{dn} 可表示为：

$$L_{dn} = 10\lg \left[\frac{16 \times 10^{0.1L_d} + 8 \times 10^{0.1(L_n+10)}}{24} \right]$$

式中：L_d 为白天 16 h 的等效声级，dB(A)，时间为 6:00～22:00；L_n 为夜间 8 h 的等效声级，dB(A)，时间从 22:00 至次日 6:00。

白天和夜间的时段可以根据当地的情况做适当的调整，或根据当地政府的规定。该评价量可作为几乎包含各种噪声的城市噪声全天候的单值评价量。

5）累积百分声级

累积百分声级又称统计声级，指在规定的测量时间 T 内或次数中所测得的声级，有 $n\%$ 的时间或次数超过某一声级 L_A，则这个 L_A 称为累积百分声级，用 L_n 表示，单位为 dB(A)。如 $L_5 = 70$ dB 表示整个测量期间噪声超过 70 dB 的概率占 5%。

累积百分声级 L_{10}、L_{50}、L_{90} 分别表示测定时间内 10%、50% 和 90% 时间超过的噪声级，相当于噪声的平均峰值、平均值和背景值。L_{10}、L_{50}、L_{90} 的计算有 2 种方法：一种是在正态概率纸上画出累积分布曲线，然后从图中求得；另外一种是将在规定的时间内测得的 A 声级数据（如 100 个），按从大到小的顺序排列，第 10 个数据为 L_{10}，第 50 个数据为 L_{50}，第 90 个数据为 L_{90}（如是 200 个数据，则第 20 个数据即为 L_{10}，第 100 个数据为 L_{50}，第 180 个数据为 L_{90}）。统计声级用来表述起伏很大的噪声，例如交通噪声。

6）噪声污染级

噪声污染级也是用以评价噪声对人的烦恼程度的一种评价量，它既包含了对噪声能量的评价，同时也包含了噪声涨落的影响。噪声污染级用标准偏差来反映噪声的涨落，标准偏差越大，表示噪声的离散程度越大，即噪声的起伏越大。噪声污染级用符号 L_{NP} 表示，单位是 dB(A)，适用于评价航空或道路的交通噪声，其表达式为：

$$L_{NP} = L_{eq} + Ks$$

$$s = \sqrt{\frac{1}{n-1} \sum_{i=1}^{n} (L_{p_{A_i}} - \overline{L_{p_A}})^2}$$

式中：s 为规定时间内噪声瞬时声级的标准偏差；$L_{p_{A_i}}$ 为测得的第 i 个瞬时 A 声级，dB(A)；$\overline{L_{p_A}}$ 为所测声压级的算术平均值，dB(A)，即 $\overline{L_{p_A}} = \dfrac{\sum L_{p_{A_i}}}{n}$；$n$ 为测得声级的总个数；K 为常数，对交通和飞机噪声取值 2.56。

从噪声污染级 L_{NP} 的表达式中可以看出：式中第一项取决于干扰噪声能量，累积了各个噪声在总的噪声暴露中所占的分量；第二项取决于噪声事件持续时间，平均能量中难以反映噪声起伏，起伏大的噪声 Ks 项也大，对噪声污染级的影响也越大，也更易引起人的烦恼。

对于随机分布的噪声，噪声污染级和等效连续声级或累计百分数声级之间有以下关系：

$$L_{NP} = L_{eq} + (L_{10} - L_{90})$$

$$或 \quad L_{NP} = L_{50} + (L_{10} - L_{90}) + (L_{10} - L_{90})^2 / 60$$

从以上关系中可以看出,L_{NP} 不但和 L_{eq} 有关,而且和噪声的起伏值($L_{10} - L_{90}$)有关,当($L_{10} - L_{90}$)增大时,L_{NP} 明显增加,说明了 L_{NP} 比 L_{eq} 能更显著地反映出噪声的起伏作用。

8.1.2.2 噪声评价标准

噪声对人的影响与声源的物理特性、暴露时间和个体差异等因素有关。因此,噪声标准是在大量试验基础上进行统计分析后制定的,主要考虑因素包括:保护听力、噪声对人体健康的影响、人们对噪声的主观烦恼度和目前的经济、技术条件等方面。对不同的场所和时间分别加以限制,即同时考虑标准的科学性、先进性和现实性。

(1)听力保护的噪声允许范围 从保护听力而言,一般认为每天 8 h 长期工作在 80 dB 以下,听力不会损伤,而在声级分别为 85 dB 和 90 dB 的环境中工作 30 年,根据国际标准化组织(ISO)的调查,耳聋的可能性分别为 8% 和 18%。在声级为 70 dB 的环境中,谈话就感到困难。而干扰睡眠和休息的噪声级阈值白天为 50 dB,夜间为 45 dB。

(2)城市区域环境噪声标准 我国《声环境质量标准》(GB 3096—2008)规定了不同区域、不同时段的噪声标准值,见表 8-2。

表 8-2　区域环境噪声标准(等效声级 L_{eq})　　　　　　dB(A)

声环境功能区类别	昼间	夜间
0 类	50	40
1 类	55	45
2 类	60	50
3 类	65	55
4 类		
4a 类	70	55
4b 类	70	60

(3)工业企业噪声标准 《工业企业厂界环境噪声排放标准》(GB 12348—2008)用以限制工厂辐射噪声引起的环境影响。各类区域厂界噪声标准值见表 8-3。

表 8-3　工业企业厂界环境噪声排放限值(等效声级 L_{eq})　　　　　dB(A)

厂界外声环境功能区类别	昼间	夜间
0	50	40
1	55	45
2	60	50
3	65	55
4	70	55

表 8-2 和表 8-3 中,0 类声环境功能区指康复疗养区等特别需要安静的区域。1 类声环境功能区指以居民住宅、医疗卫生、文化教育、科研设计、行政办公为主要功能,需要保持安

静的区域。2 类声环境功能区指以金融、集市贸易为主要功能，或者居住、商业、工业混杂，需要维持住宅安静的区域。3 类声环境功能区指以工业生产、仓储物流为主要功能，需要防止工业噪声对周围环境产生严重影响的区域。4 类声环境功能区指交通干线两侧一定距离之内，需要防止交通噪声对周围环境产生严重影响的区域，包括 4a 类和 4b 类 2 种类型。4a 类为高速公路、一级公路、二级公路、城市快速路、城市主干路、城市次干路、城市轨道交通（地面段）、内河航道两侧区域；4b 类为铁路干线两侧区域。

另外，我国现已颁布的噪声标准还包括：《社会生活环境噪声排放标准》（GB 22337—2008）、《建筑施工场界环境噪声排放标准》（GB 12523—2011）、《机场周围飞机噪声环境标准》（GB 9660—88）、《摩托车和轻便摩托车定置噪声限值及测量方法》（GB 4569—2005）、《摩托车和轻便摩托车加速行驶噪声限值及测量方法》（GB 16169—2005）、《汽车定置噪声限值》（GB 16170—1996）、《汽车加速行驶车外噪声限值及测量方法》（GB 1495—2002）等。

▶ 8.1.3 噪声测量仪器及噪声监测

8.1.3.1 测量仪器的选择和使用

噪声测量仪器主要是测量声场中的声压，至于声强、声功率的直接测量较麻烦，故较少直接测量；其次是测量噪声的特征，即声压的各种频率组成成分。随着现代电子技术的飞速发展，噪声测量仪器发展也很快。在噪声测量中，可根据不同的测量与分析目的，选用不同的仪器，采用相应的测量方法。常用的测量仪器有声级计、声频频谱仪、自动记录仪、录音机和实时分析仪等。

1）声级计

声级计是噪声测量的基本仪器，它由传声器、放大器、计权网络和有效值检波器等组成，总体结构如图 8-4 所示。声级计的作用原理是：声压大小经传声器后转换成电压信号，此信号经前置放大器放大后，再通过计权网络选出所要测定的频率（频带），又经输出放大器放大，最后从显示仪表上指示出声压级的数值（dB）。

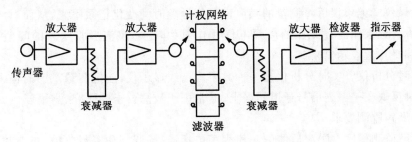

图 8-4 声级计工作原理

（1）传声器 传声器又称话筒，是将声压转变为电压的换能元件。传声器的质量是影响声级计性能和测量准确度的关键部位。优质的传声器应满足以下要求：灵敏度高、工作稳定；频率响应特性平直、位相畸变小；受外界环境因素（如温度、湿度、振动、电磁波等）影响小；动态范围大。根据换能原理和结构的不同，一般使用的传声器有晶体的、动圈的和电容式的。由于电容传声器具有良好的频响特性，近年来使用最广泛。

（2）放大器　　放大器是声级计和频谱分析仪内部放大电信号的电子线路。因为从传声器所获得的电压信号是很微弱的,既达不到计权网络分离信号（不同的频率）所需的能量,也不能推动读数仪表工作,所以在声级计及频谱分析仪内部都设置有前置放大器和输出放大器。前置放大器将来自传声器的微弱电压放大到一定的水平后,计权网络才能从其中分离出待测频带的信号。此信号再经输出放大器放大后,才能推动读数仪表。

（3）计权网络　　计权网络是由电阻和电容组成的,具有特定频率响应的滤波器。它能使欲测定的频带顺利地通过,而把其他频率的波尽可能地除去。为了使声级计测出的声压级的大小接近人耳对声音的响应,用于声级计的计权网络是根据图 8-3 所示的 A、B、C 3 种网络特性曲线设计的。

（4）有效值检波器　　声级计中,由放大器输出的都是交流信号,为取得推动指示仪表的直流信号,在声级计中还设有检波器。因为表示信号大小的参数包括有效值和峰值,所以设有两种检波器,即有效值（均方根值）检波器和峰值检波器,在声级计中应用最多的是有效值检波器。

（5）指示器　　声级计的指示方式有 2 种,即电表指示和数字显示。目前生产的声级计大部分采用电表指示,测量有效值时的平均时间有 3 种:在快挡（F）上,电表电路的时间常数约为 125 ms;在慢挡（S）上,电表电路的时间常数约为 1 s;在脉冲挡（I）上,电表电路的时间常数约为 35 ms。具有 I 计权的声级计,可用来测量脉冲噪声。

2）其他噪声测量仪器

（1）声频频谱仪　　噪声测量中如需进行频谱分析,通常在精密声级测定时配用倍频程滤波器。根据规定需要使用 10 挡,即中心频率为 31.5 Hz、63 Hz、125 Hz、250 Hz、500 Hz、1 000 Hz、2 000 Hz、4 000 Hz、8 000 Hz、16 000 Hz。

（2）录音机　　有些噪声现场,由于某些原因不能当场进行分析,需要储备噪声信号,然后带回实验室分析,这就需要录音机。供测量用的录音机不同于家用录音机,其性能要求高得多。它要求频率范围宽（一般为 20～15 000 Hz）,失真小（小于 3%）,信噪比大（35 dB 以上）。此外,还要求频响特性尽可能平直、动态范围大等。

（3）记录仪　　记录仪可将测量的噪声声频信号随时间变化记录下来,从而对环境噪声做出准确评价。记录仪能将交变的声频电信号作对数转换,整流后将噪声的峰值、均方根值（有效值）和平均值表示出来。

（4）实时分析仪　　实时分析仪是一种数字式谱线显示仪,能把测量范围的输入信号在短时间内同时反映在一系列信号通道示屏上,通常用于较高要求的研究、测量。

8.1.3.2　噪声监测要求

（1）噪声监测程序　　噪声监测的一般程序包括:现场调查和资料收集、布点和监测技术、数据处理和监测报告。

环境噪声来源于工业、建筑施工、道路交通和社会生活,监测前应调查有关工程的建设规模、生产方式、设备类型及数量,工程所在地的占地面积、地形和总平面布置图,职工人数、噪声源设备布置图及声学参数;调查道路、交通运输方式以及机动车流量等;调查地理环境、气象条件、绿化状况以及社会经济结构和人口分布等。

环境噪声的监测范围不一定越宽越好,也不能说掌握了几个主要噪声源周围几百米内的噪声就可以了,而应该是区域内噪声所影响的范围。监测点的选择、监测实践和监测方法因不同的噪声监测内容而异。监测点一般要覆盖整个评价范围,重点布置在现有噪声源对敏感区有影响的点上。其中,点声源周围布点密度应高一些。对于线声源,应根据敏感区分布状况和工程特点,确定若干测量断面,每一断面上设置一组测点。为便于绘制等声级线图,一般采用网格测量法和定点测量法。

(2)测量天气条件　无雨、无雪、无雷电、风力小于四级(风速小于 5 m/s)。

(3)测点选择　测点选在距离任何反射物(地面除外)至少 3.5 m 外,距地面高度 1.2 m以上。传感器对准声源方向,附近应该没有别的障碍物或反射体,无法避免时应背向反射体。应避免围观人群的干扰。测点附近有固定声源或交通噪声干扰时,应加以说明。

(4)读数方法　在人工读数时,如果声级起伏不大于 10 dB(A),读 100 个数据,每 5 s 末读一个瞬时声级。如果起伏大于 10 dB(A),读 200 个数据。在自动采样时,采样时间间隔不大于 1 s,测量 10 min 或 20 min 的等效连续声级。结果中注明采样时间间隔。

8.1.3.3　噪声监测

1)城市区域声环境噪声监测

城市区域环境噪声的监测可分为普查性监测和例行监测。城市环境噪声普查是一项基础性的调查工作,对于掌握城市噪声污染现状、制定国家环境噪声标准、执行地方噪声管理法规等都起到了积极作用。但它只是一次性测量,所得结果只是城市的平均水平,无法反映局部区域的噪声污染水平。

区域声环境例行监测的目的是评价整个城市噪声总体水平;分析城市声环境状况的年度变化规律和变化趋势。

(1)布点　将现有建成的城区划分为等距离的网格(如 1 000 m×1 000 m、500 m×500 m或 250 m×250 m),每一网格取一代表点。测点总数多于 100 个才能保证其结果误差不大于 2 dB(A)。测点应位于网格中心,可先在地图上做网格布点,再到现场踏勘确定。若网格中心点无法设点(如为房屋、河流、道路等),可将测点移至便于测量的地点,但要求此点离网格中心点的距离尽可能短。

(2)测量时间　测量时间一般分为昼间(6:00~22:00)和夜间(22:00 至次日 6:00)2 个时段。在规定时间内每个测点测量 10 min 等效连续声级,昼间和夜间分别测量,测量的同时要判断测点附近的主要噪声源(如交通噪声、工厂噪声、施工噪声、居民噪声或其他噪声源等),并记录下周围的声学环境。测量数据记录于表 8-4。

表 8-4　环境噪声测量记录

日期	_____		天气	_____
时间	_____		仪器	_____
地点	_____		噪声源	_____
$L_{10}=$ _____		$L_{50}=$ _____	$L_{90}=$ _____	
$s=$ _____		$L_{eq}=$ _____	测量人 _____	

(3)监测频次和时间　昼间监测每年 1 次;夜间监测每 5 年 1 次,在每个五年规划的第三年监测。监测工作安排在每年的春季或秋季,每个城市监测日期相对固定,监测应该避开节假日和非正常工作日。

（4）数据处理　由于城市区域环境噪声是随时间而起伏变化的非稳态噪声，因此，测量结果一般用统计噪声级或等效连续 A 声级进行处理。如果测量数据符合正态分布，则可用以下近似公式计算：

$$L_{eq} \approx L_{50} + \frac{(L_{10} - L_{90})^2}{60}$$

（5）评价方法　评价方法为数据平均法和图表法。将全部中心测点测得的连续等效 A 声级做算术平均运算，所得到的算术平均值就代表某一区域或全市的总噪声水平。城市区域环境噪声的测量结果，除了用上面有关的数据表示外，还可用城市噪声污染图表示。为了便于绘图，将区域各测点的测量结果以 5 dB 为一等级，划分为若干等级（如 56～60 dB、61～65 dB、66～70 dB、…分别为一个等级），然后用深浅不同的颜色或阴影线表示每一等级，绘制在城市区域的网格上，用于表示城市区域的噪声污染分布。由于一般环境噪声标准多以 L_{eq} 来表示，为便于同标准相比较，建议以 L_{eq} 作为环境噪声评价量，来绘制噪声污染图。

2）城市道路交通声环境监测

城市道路交通噪声监测的目的是反映道路交通源的噪声强度；分析道路交通噪声声级与车流量、路况等的关系及变化规律，分析城市道路交通噪声的年度变化规律和变化趋势。

（1）选点原则　能反映城市建成区内各类道路（城市快速路、城市主干路、城市次干路、含轨道交通走廊的道路及穿过城市的高速公路等）交通噪声排放特征；能反映不同道路特点（考虑车辆类型、车流量、车辆速度、路面结构、道路宽度、敏感建筑物分布等）交通噪声排放特征。

（2）监测点位数量　巨大（1 000 万以上人）、特大城市（300 万～1 000 万人）≥100 个；大城市（100 万～300 万人）≥80 个；中等城市（50 万～300 万人）≥50 个；小城市（小于等于 50 万人）≥20 个。根据各类道路的路长比例分配点位数量。

（3）监测点位　测点选在两路口之间，距路口应大于 50 m。长度小于 100 m 的路段，测点选在中央。测点不能选在路口，因为那里汇集了开往各方向的车辆，加上车辆刹车、启动时的影响，声级明显地高于其他地方，不能代表路段上交通噪声的实际水平，而在路段中央车流量和车速都比较均匀，在那里测得的声级可以代表路段的平均声级水平。测量时传声器置于道路边线 20 cm 处。传声器对准马路中心。

（4）测量时段和次数　白天在正常工作时间内测量。在其他条件（如车速、路面条件、路宽、临街建筑等）不变的情况下，道路交通噪声的变化取决于车流量的变化。而车流量的变化又与人们的活动规律密切相关。在正常工作时间内，车流量比较平稳，此时测得的结果与整个白天的平均声级比较接近。夜间最好在午夜前后 3 h 内（如 22：00 至次日 1：00）进行。因为整个夜间的声级涨落较大，而在午夜前后这一段时间内的测量结果与整个夜间的平均声级较为接近。

需要了解某几条特定道路的交通噪声的变化规律，进行常年记录用以对比时，可以测量 24 h 的等效连续声级以及统计声级，每 3 个月进行 1 次。例行监测昼间监测每年 1 次；夜间监测每 5 年 1 次，在每个五年规划的第三年监测。监测工作安排在每年的春季或秋季，每个城市监测日期相对固定，监测应该避开节假日和非正常工作日。

（5）数据记录及处理　测量时每个点测量 20 min 等效连续声级。手工读数时，每隔 5 s 记一个瞬时 A 声级（慢响应），连续记录 200 个数据。测量的同时记录交通流量（机动车）。测量结果一般用统计噪声级和连续等效 A 声级来表示。

（6）评价方法　若对城市交通干线的噪声进行比较和评价，必须把全市各干线测点对应的 L_{10}、L_{50}、L_{90}、L_{eq} 的各自平均值、最大值和标准偏差列出。平均值 $\overline{L}$ 的计算公式为：

$$\overline{L} = \frac{1}{l} \sum_{k=1}^{n} L_k l_k$$

式中：$\overline{L}$ 为全市道路交通噪声平均值，dB；l 为全市干线总长度，km；L_k 为所测第 k 段干线的声级 L_{eq}（或 L_{10}），dB；l_k 为所测第 k 段干线的长度，km。

根据各测点的测量结果按 5 dB 分挡，绘制道路两侧区域中的道路交通噪声等声级线，并可绘制道路交通噪声污染空间分布图。

3）城市功能区声环境监测

城市功能区声环境监测的目的是评价功能区监测点位的昼间和夜间达标情况；反映城市各类功能区监测点位的声环境质量随时间的变化情况。

（1）监测点位设置　采用定点监测方法。首先通过普查，粗选出反映该功能区声环境质量特征的监测点位若干个，然后根据以下原则进一步确定本功能区的定点监测点位：①能满足监测仪器的测试条件，安全可靠；②监测点位能长期稳定；③能避开反射面和附近的固定噪声源；④监测点位兼顾行政区划；⑤4 类声环境功能区选择有噪声敏感建筑物的区域。

（2）监测点位数量　巨大、特大城市≥20 个；大城市≥15 个；中等城市≥10 个；小城市≥7 个。

（3）监测频次、时间与测量　每季度监测 1 次，监测应避开节假日和非正常工作日。每个监测点位每次连续监测 24 h，记录小时等效声级 L_{eq}，小时累积百分声级 L_{10}、L_{50}、L_{90}、L_{min}、L_{max} 和标准偏差（SD）。

（4）评价方法　将某一功能区昼间连续 16 h 和夜间连续 8 h 测得的等效声级分别进行能量平均，按下式计算昼间等效声级和夜间等效声级。

$$L_d = 10\lg\left(\frac{1}{16}\sum_{i=1}^{16}10^{0.1L_i}\right) \qquad L_n = 10\lg\left(\frac{1}{8}\sum_{i=1}^{8}10^{0.1L_i}\right)$$

式中：L_d 为昼间等效声级，dB(A)；L_n 为夜间等效声级，dB(A)；L_i 为昼间或夜间小时等效声级，dB(A)。

4）工业企业噪声监测

（1）车间噪声测量　若车间内噪声级的波动小于 3 dB(A)，一般只选 1～3 个测点，否则应分成若干区，每区 1～3 个点。注意这些区是工人正常工作时的活动地点。对于稳定噪声，测量 A 声级；不稳定噪声，测量等效连续 A 声级或测量不同 A 声级下的暴露时间，计算等效连续 A 声级。测量时使用慢挡，取平均读数。噪声测量时，要注意避免或减少气流、电磁场、温度和湿度等因素对测量的影响。测量时，将传声器放置在操作人员常在的位置，高度约在人耳处（人离开）。

（2）工业企业厂界噪声测量　工业企业边界噪声测量的测点应布置在法定厂界外 1 m 处，传声器高度在 1.2 m 以上噪声敏感处。如厂界有围墙，测点应选在厂界外 1 m，高于围墙 0.5 m 以上的位置。围绕厂界布点，布点数及间距视实际情况而定。

5）机动车辆噪声测量

机动车辆包括汽车、摩托车、轮式拖拉机等。机动车辆所发出的噪声是流动声源，在城市环境噪声中以交通运输噪声最突出。机动车噪声是一个包括各种性质噪声的综合噪声源，其主要噪声源可分为发动机、冷却系统、排气系统、进气系统等。

（1）布点　车外噪声测量需要平坦开阔的场地。在测试中心周围 50 m 半径范围内不应有大的反射物。测试跑道应有 100 m 以上平直、干燥的沥青路面或混凝土路面，路面坡度不超过 1％。测点应选在 20 m 跑道中心点两侧，距中线 7.5 m，距地面 1.2 m。

（2）测量　各类车辆按测试方法所规定的行驶挡位分别以加速和匀速状态驶入测试跑道。同样的测量往返进行 1 次。车辆同侧 2 次测量结果之差不应大于 3 dB(A)。若只用 1 个声级计测量，同样的测量应进行 4 次，即每侧测量 2 次。

（3）数据处理　车外噪声一般用最大值来表示。取受试车辆同侧 2 次测量声级的平均值中最大值作为被测车辆加速行驶或匀速行驶时的最大噪声级。

6）机场周围飞机噪声测量

（1）测量条件　测量要在无雪、无雨，地面上 10 m 高处的风速不大于 5 m/s，相对湿度 30％～90％的条件下进行。测量传声器应安装在开阔平坦的地方，高于地面 1.2 m，离其他反射壁面 1 m 以上。注意避开高压电线和大型变压器。所有测量都应使传声器膜片基本位于飞机标称飞行航线和测点所在的平面内，即是掠入射。在机场的附近应当使用声压型传声器，其频率响应的平直部分要达到 10 000 Hz。要求测量的飞机噪声的最大值至少要超过环境背景噪声级 20 dB，测量结果才被认为可靠。读取 1 次飞行过程的 A 声级最大值，一般用慢响应，在飞机低空高速通过及离跑道近处的测点用快响应。

（2）测量方法　《机场周围飞机噪声测量方法》(GB 9661—88)适用于测量机场周围由于飞机起飞、降落或低空飞行时所产生的噪声，包括精密测量和简易测量。精密测量需要作为时间函数的频谱分析的测量。传声器通过声级计将飞机噪声信号送到测量录音机并记录在磁带上。然后，在实验室按原速回放录音信号，并对录音信号进行频谱分析。简易测量只需经频率计权的测量。声级计接声级记录器，或用声级计和测量录音机读 A 声级或 D 声级的最大值，记录飞行时间、状态、机型等测量条件。

8.2　振动污染监测

物体在外力作用下沿直线或弧线以中心位置（平衡位置）为基准的往复运动，称为机械运动，简称振动。运转着的机械设备，由于机械部件之间都有力的传递，因而总是会产生振动。振动是噪声产生的原因，机械设备产生的噪声有 2 种传播方式：一种以空气为介质向外传播，称为空气声；另一种是声源直接激发固体构件振动，这种振动以弹性波的形式在基础、地板、墙壁中传播，并在传播中向外辐射噪声，称为固体声。

振动不仅能激发噪声,而且还能通过固体直接作用于人体,危害身体健康。轻微的振动就会影响精密仪器的正常使用,而强烈的振动甚至还会损害机器和建筑物。振动是环境污染的一个方面,铁路振动、公路振动、地铁振动、工业振动均会对人们的正常生活和休息产生不利的影响。

● 8.2.1 名词术语

(1)振动加速度级和振动级 振动加速度与基准加速度之比的以 10 为底的对数乘以 20,称为振动加速度级,记为 VAL,单位为分贝(dB)。

$$VAL = 20\lg \frac{a}{a_0}$$

式中:a 为振动加速度的有效值,m/s^2;a_0 为基准加速度,$a_0 = 10^{-6}$ m/s^2。

按 ISO 2631/1—1997 规定的全身振动不同频率计权因子修正后得到的振动加速度级,简称振级,记为 VL,单位为分贝(dB)。

(2)Z 振级和累积 Z 振级 按 ISO 2631/1—1997 规定的全身振动 Z 计权因子修正后得到的振动加速度级,称为 Z 振级,记为 VL_Z,单位为分贝(dB)。

在规定的测量时间 T 内,有 $N\%$ 时间的 Z 振级超过某一 VL_Z,这个 VL_Z 叫作累积百分 Z 振级,记为 VL_{ZN},单位为分贝(dB)。

(3)稳态振动、冲击振动和无规振动 观测时间内振级变化不大的环境振动称为稳态振动;具有突发性振级变化的环境振动称为冲击振动;未来任何时刻不能预先确定振级的环境振动称为无规振动。

● 8.2.2 环境振动标准

《城市区域环境振动标准》(GB 10070—88)规定了城市各类区域环境振动的标准值及适用地带范围,见表 8-5。标准值适用于连续发生的稳态振动、冲击振动和无规振动。每日发生几次的冲击振动,其最大值昼间不允许超过标准值 10 dB,夜间不超过 3 dB。

表 8-5 城市各类区域铅垂向 Z 振级标准值　　　　　　　　　　　　dB

适用地带范围	昼间	夜间
特殊住宅区(特别需要安静的住宅区)	65	65
居民、文教区(纯居住区和文教、机关区)	70	67
混合区(一般商业与居住混合区;工业、商业、少量交通与居住混合区)、商业中心区	75	72
工业集中区(城市或区域内规划明确确定的工业区)	75	72
交通干线道路两侧(车流量每小时 100 辆以上的道路两侧)	75	72
铁路干线两侧(距每日车流量不少于 20 列的铁道外轨 30 m 外两侧的住宅区)	80	80

环境振动的测量按照《城市区域环境振动测量方法》(GB 10071—88)和《环境振动监测技术规范》(HJ 918—2017)执行。

1)测量仪器

振动测量和噪声测量有关,部分仪器可通用。只要将噪声测量系统中声音传感器换成振动传感器,将声音计权网络换成振动计权网络,就成为振动测量系统。但振动频率往往低于噪声频率。人感觉振动以振动加速度表示,一般人的可感振动加速度为 $0.03 \mathrm{~m/s^2}$,而感觉难受的振动加速度为 $0.5 \mathrm{~m/s^2}$,不能容忍的振动加速度为 $5 \mathrm{~m/s^2}$。人的可感振动频率最高为 1 000 Hz,但仅对 100 Hz 以下振动才较敏感,而最敏感的振动频率是与人体共振频率数值相等或相近时。人体共振频率在直立时为 4~10 Hz,俯卧时为 3~5 Hz。

2)测量方法

(1)测量点的布设　测量点应设在建筑物室外 0.5 m 以内振动敏感处,必要时测量点置于建筑物室内地面中央。拾振器应平稳地安放在平坦、坚实的地面上,避免置于如地毯、草地、沙地或雪地等松软的地面上。拾振器的灵敏度主轴方向与测量方向一致。测量时避免足以影响环境振动测量值的其他环境因素,如剧烈的温度梯度变化、强电磁场、强风、地震或其他非振动污染源引起的干扰。

(2)测量　测量量为铅垂向 Z 振级。测量方法采用的仪器时间计权常数为 1 s。对于稳态振动,每个测点测量 1 次,取 5 s 内的平均示数作为评价量。对于冲击振动,取每次冲击过程的最大示数为评价量,对于重复出现的冲击振动,以 10 次读数的算术平均值为评价量。对于无规振动,每个测点等间隔地读取瞬时示数,采样间隔不大于 5 s,连续测量时间不少于 1 000 s,以测量数据的 $\mathrm{VL_{Z10}}$ 为评价量。对于铁路振动,读取每次列车通过过程中的最大示数,每个测点连续测量 20 次列车,以 20 次读值的算术平均值为评价量。

▶▶ **习题与思考题** ◀◀

(1)简述噪声对人体的影响与危害。

(2)什么叫噪声?环境噪声有哪些?

(3)用分贝表示声学量有什么好处?

(4)简述声功率和声功率级、声强和声强级、声压和声压级的概念。

(5)环境噪声和背景噪声二者如何区分?

(6)什么叫计权声级?它在噪声测量中有何作用?

(7)等响曲线是如何绘制的?响度级、频率和声压级三者之间有何关系?

(8)简述等效连续声级、噪声污染级、昼夜等效声级和累积百分声级的定义。

(9)试述简单声级计的结构原理。在噪声测量中普遍采用哪种传声器?

(10)噪声相加和相减应如何进行?

(11)三个声源作用于某一点的声压级分别为 65 dB、68 dB 和 71 dB,求同时作用于这一点的总声压级为多少?

(12)在铁路旁某处测得:货车通过时,在 3 min 内的平均声压级为 70 dB;客车通过时,在 2 min 内的平均声压级为 65 dB;无车辆通过时的环境噪声约为 60 dB;该处白天 12 h 内共有 50 列火车通过,其中货车 20 列、客车 30 列,试计算该地点白天的等效声级。

(13)什么是振动加速度级和 Z 振级?

(14)如何测量区域环境振动?

第9章

放射性和电磁辐射监测

➤ **本章提要**:

　　本章主要介绍放射性基本知识、度量单位、放射性的危害、放射性监测仪器、监测方法等;介绍电磁辐射污染传播方式、监测仪器、监测方法等。通过本章学习,了解环境放射性污染和电磁辐射污染的来源、危害以及保护措施等基础知识;掌握放射性污染和电磁辐射污染监测技术。

以波或粒子的形式向周围空间发射并在其中传播的能量统称为辐射(如声辐射、热辐射、电磁辐射、粒子辐射等)。其中放射性辐射是指与物质直接或者间接作用时能使物质电离的辐射,又称电离辐射,包括核设施、核技术应用、伴生放射性矿产资源等所产生的辐射;电磁辐射是指以电磁波形式通过空间传播的辐射,包括广播电视、无线通信、雷达发射、高压送变电以及工业、科研、医疗系统中的电磁能应用项目等所产生的辐射。放射性辐射和电磁辐射会对人体产生危害,因而日益受到各界的关注。

9.1 放射性污染概述

放射性污染监测是环境监测的重要组成部分。随着原子能工业的迅速发展和放射性同位素的广泛应用,环境中的放射性水平有可能高于天然本底值,甚至超过规定标准,构成放射性污染,危害人类和生物。因此,对环境中的放射性物质进行监测、控制和治理是环境保护工作的一项重要任务。

▶ 9.1.1 放射性污染的来源

自然界中各种物质都是由元素组成的,而组成元素的基本单位是原子。原子是由原子核和围绕原子核按一定能级运动的电子所组成,原子核由中子和质子组成,通常把具有相同质子数而不同中子数的元素称为同位素。各种同位素的原子核分为 2 类:一类是能够稳定的原子核;另一类是不稳定的原子核,这种不稳定的原子核能自发地、有规律地改变其结构而转变成另外一种原子核,这种现象称为核衰变或放射性衰变。在衰变的过程中,总是放出具有一定动能的带电或不带电的粒子,如 α、β、γ 射线,这种现象称为放射性。如 ^{16}O、^{17}O、^{18}O 就是天然氧的 3 种非放射性同位素,^{234}U、^{235}U、^{238}U 就是铀的 3 种放射性同位素。

天然不稳定原子核自发放出射线的特性称为"天然放射性",通过核反应由人工制造出来的原子核的放射性称为"人为放射性"。

1)天然核辐射来源

(1)宇宙射线　宇宙射线是从宇宙空间辐射到地球表面的射线,它由初级宇宙射线和次级宇宙射线组成。初级宇宙射线是指从外层空间射到地球大气的高能辐射,主要由质子、α 粒子、原子序数为 $4\sim26$ 的原子核及高能电子所组成,初级宇宙射线的能量很高,穿透力很强。初级宇宙射线与地球大气层中的氧或氮原子核相互作用,产生的次级粒子和电磁辐射称为次级宇宙射线,次级宇宙射线能量比初级宇宙射线低。大气层对宇宙射线有强烈的吸收作用,到达地面的几乎全是次级宇宙射线。

(2)天然放射性核素　天然放射性核素是指具有一定原子序数和中子数,处于特定能量状态的原子。自然界中天然放射性核素主要包括以下 3 个方面:宇宙射线产生的放射性核素,主要是初级宇宙射线与大气层中某些原子核反应的产物,如 ^3H、^{14}C 等;中等质量的天然放射性核素,这类核素数量不多,如 ^{40}K、^{87}Rb 等;重天然放射性核素,原子序数大于83的天然放射性核素,一般分为铀系、钍系及锕系 3 个放射性系列,它们大都放射 α 粒子,有的随 α、 β衰变同时放出γ射线。

放射线中有α射线、β射线、γ射线、X射线4种放射线,它们可分为电磁波和高速运动的粒子流。而粒子流又可分为带电荷与不带电荷的。

2)人为放射性来源

随着核工业和军事工业的发展及一些核素的各种应用,使大气中的放射性物质不断增加。引起环境放射性污染的来源主要是人为放射源。人为放射性污染源有:核武器试验、核工业的铀矿开采、矿石加工、核反应堆和原子能电站及燃料后处理、核动力舰艇和航空器、高能加速器以及医学科研、工农业各部门开放性使用放射性核素等。另外,日常生活中也有放射性物质,如:磷肥、打火石、火焰喷射玩具、夜光表、彩色电视机、装饰用大理石等,均可产生不同强度和剂量的放射线。人为放射污染源及污染物如图9-1所示。

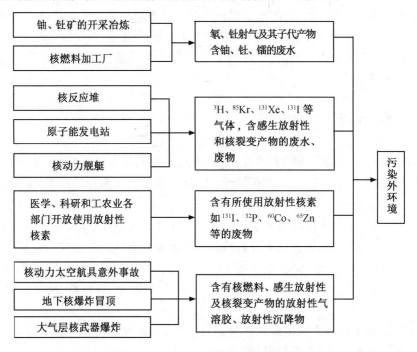

图9-1 人为放射性污染源及污染物

9.1.2 放射性污染度量单位

(1)放射性活度和半衰期 放射性活度(强度)是度量放射性物质的一种物理量,它以放射性物质在单位时间内发生的核衰变数目来表示。活度单位为贝克勒尔,简称贝克,用符号Bq表示。1 Bq表示放射性核素在1 s内发生1次衰变。放射性活度反映某种放射性核素的数量值,该值的大小与核衰变相关。可表示为:

$$A = \frac{\mathrm{d}N}{\mathrm{d}t} = \lambda N$$

式中:A为放射性强度,Bq或s^{-1};N为某时刻的核素数;t为时间,s;λ为衰变常数,表示放射性核素在单位时间内的衰变概率,s^{-1}。

放射性的核素因衰变而减少到原来一半所需的时间称为半衰期（$T_{1/2}$）。衰变常数（λ）与半衰期有下列关系：

$$T_{1/2} = \frac{0.693}{\lambda}$$

半衰期是放射性核素的基本特性之一，不同核素半衰期不同，如^{90}Sr 的半衰期是 28 年，而^{238}U 为 45 亿年。从环境保护的角度来讲，半衰期越短，对环境越有利，而半衰期很长的核素一旦发生核污染，要通过衰变使其消失需要的时间很长久。

（2）吸收剂量　电离辐射在机体的生物效应与机体所吸收的辐射能量有关。吸收剂量是反映物体对辐射能量的吸收状况，是指在电离辐射与物质发生相互作用时，单位质量的物质吸收电离辐射能量大小的物理量。其定义为：

$$D = \frac{\mathrm{d}\overline{E}_D}{\mathrm{d}m}$$

式中：D 为吸收剂量，单位为戈瑞，由符号 Gy 表示，1 Gy 表示任何 1 kg 物质吸收 1 J 的辐射能量，即 1 Gy＝1 J/kg；$\mathrm{d}\overline{E}_D$ 为电离辐射给予质量为 $\mathrm{d}m$ 的物质的平均能量。

与戈瑞暂时并用的专用单位是拉德（rad），1 rad＝10^{-2} Gy

（3）剂量当量　电离辐射所产生的生物效应与辐射的类型、能量等有关。尽管吸收剂量相同，但若射线类型、照射条件不同时，对生物组织的危害程度是不同的。因此，在辐射防护工作中引入了剂量当量这一概念，以表征所吸收辐射能量对人体可能产生的危害情况。剂量当量定义为在生物机体组织内所考虑的一个体积单元上吸收剂量、品质因子和所有修正因素的乘积，即：

$$H = DQN$$

式中：H 为剂量当量，单位是希沃特 Sv，1 Sv＝1 J/kg；D 为吸收剂量，Gy；Q 为品质因子；N 为所有其他修正因素的乘积。

品质因子 Q，用以粗略地表示吸收剂量相同时各种辐射的相对危险程度。Q 越大，危险性越大。Q 是依据各种电离辐射带电粒子的电离密度而相应规定的。国际放射防护委员会建议对内外照射皆可使用表 9-1 给出的品质因子 Q。

在辐射防护中应用剂量当量，可以评价总的危险程度。

表 9-1　各种辐射的品质因子

辐射类型	品质因子	辐射类型	品质因子	辐射类型	品质因子
X、γ 射线和电子	1	快中子（>10 keV）	10	反冲核	20
中子（<10 keV）	3	α 粒子	10		

（4）照射量　照射量是指在一个体积单元的空气中（质量为 $\mathrm{d}m$），γ 或 X 射线全部被空气所阻止时，空气电离所形成的离子总电荷的绝对值（负的或正的），其单位是 C/kg（库仑/kg）。通常照射量用符号"X"表示。其关系式如下：

$$X = \frac{\mathrm{d}Q}{\mathrm{d}m}$$

式中:dQ 为一个体积单元内形成的离子的总电荷绝对值,C;dm 为一个体积单元中空气的质量,kg。

照射量只适用 X 和 γ 辐射透过空气介质的情况,不能用于其他类型的辐射和介质。照射量有时用照射率 x 来表示,其定义为单位时间内的照射量,单位是 C/(kg·s)。

▶ 9.1.3 放射性核素在环境中的分布

(1)土壤和岩石中的分布 土壤和岩石中天然放射性核素的含量变动很大,主要取决于岩石层的性质及土壤的类型。某些天然放射性核素在土壤和岩石中含量的估计值列于表 9-2。

表 9-2 土壤、岩石中天然放射性核素的含量   Bq/g

核素	土 壤	岩 石
^{40}K	$2.96\times10^{-2}\sim8.88\times10^{-2}$	$8.14\times10^{-2}\sim8.14\times10^{-1}$
^{226}Ra	$3.7\times10^{-3}\sim7.03\times10^{-2}$	$1.48\times10^{-2}\sim4.81\times10^{-2}$
^{232}Th	$7.4\times10^{-4}\sim5.55\times10^{-2}$	$3.71\times10^{-3}\sim4.81\times10^{-2}$
^{238}U	$1.11\times10^{-3}\sim2.22\times10^{-2}$	$1.48\times10^{-2}\sim4.81\times10^{-2}$

(2)水体中的分布 海水中天然放射性核素主要是 ^{40}K、^{87}Rb 和铀系元素。其含量与所处地理区域、流动状态、淡水和淤泥入海情况等因素有关。淡水中天然放射性核素的含量与所接触的岩石、水文地质、大气交换及自身理化性质等因素有关。一般地下水所含放射性核素高于地面水,且铀、镭的变化大。

(3)大气中的分布 多数放射性核素均可出现在大气中,但主要是氡的同位素(特别是 ^{222}Rn),它是镭的衰变产物,能从含镭的岩石、土壤、水体和建筑材料中逸散到大气,其衰变产物是金属元素,极易附着于气溶胶颗粒上。

大气中氡的浓度与气象条件有关,日出前浓度高,日中较低,可相差 10 倍以上。一般情况下,陆地和海洋上的近地面大气中,氡的浓度分别为 $(1.11\sim9.61)\times10^{-3}$ Bq/L 和 $(1.9\sim2.2)\times10^{-3}$ Bq/L 范围。

(4)动植物组织中的分布 任何动植物组织中都含有一些天然放射性核素,主要有 ^{40}K、^{226}Ra、^{14}C、^{210}Pb 和 ^{210}Po 等。其含量与这些核素参与环境和生物体之间发生的物质交换过程有关,如:植物与土壤、水、肥料中的核素含量有关;动物与饲料、饮水中的核素含量有关。

▶ 9.1.4 放射性污染的特点

放射性污染与一般化学污染物的污染有着显著的区别,具有以下特点。

(1)放射性污染物的放射性与物质的化学状态无关。

(2)每一种放射性都有其固有的半衰期,不因温度和压力的改变而改变,短的可以快到 10^{-7} s,长的可达 10^{9} 年之久。

(3)每一种放射性核素都能放射出具有一定能量的一种或几种射线。

（4）除了核反应条件外，任何化学、物理和生物的处理都不能改变放射性污染物的放射性质。

（5）放射性物质进入环境后，可随介质的扩散或流动在自然界迁移，还可在生物体内被富集，进入人体后产生内照射，对人体的危害更大。

▶ 9.1.5　放射性污染的危害

1）放射性进入人体的途径

放射性物质主要从呼吸道、消化道、皮肤或黏膜侵入人体。不同途径进入人体的放射性核素，具有不同的吸收、蓄积和排出特点。放射性核素的吸收率会受多种因素影响，如肠道内的酸碱度、胃肠道蠕动及分泌程度等。

由呼吸道吸入的放射性物质，其吸收程度与气态物质的性质和状态有关。难溶性气溶胶吸收较慢，可溶性则较快。气溶胶粒径越大，在肺部的沉积越少。气溶胶被肺泡膜吸收时，可直接进入血液流向全身；由消化道进入的放射性物质由肠胃吸收后，经肝脏随血液进入全身；从皮肤或黏膜侵入可溶性物质易被皮肤吸收，由伤口侵入的污染物吸收频率极高；进入人体的放射性核素能在人体内累积。通常每人每年从环境中受到的放射性辐射总量不超过 2 mSv，其中天然放射性本底辐射占 50%，其余为放射性污染辐射。

2）放射性的危害

一切形式的放射线对人体都是有害的。由放射引起的原子激发和电离作用，使机体内起着重要作用的各种分子变得不稳定、化学键断裂生成新分子或诱发癌症。α 射线的电离能力最强、射程短、致伤集中，进入机体后产生的内照射危害最大，β、γ 射线次之。γ 射线穿透能力最强，体外危害性最大，α、β 射线次之。人体受到过量的辐射所引起的病症称为"放射病"。主要有以下几种。

（1）急性放射病　急性放射病由大剂量照射引起，一般出现在意外核辐射事故和核爆炸时。

（2）慢性放射病　慢性放射病由多次照射、长期累积引起。放射性物质进入环境中的物质循环，产生外照射。通过呼吸、饮水和食物链以及皮肤接触进入人体并产生内照射。主要危害为白细胞减少、白血病等。

（3）远期影响　远期影响是由于急性、慢性危害导致的潜伏性危害。例如，照射量在 150拉德（rad）以下时，死亡率为零，但在 10～20 年之后其结果才表现出来。躯体效应有白血病、骨癌、肺癌、卵巢癌、甲状腺癌和白内障等。遗传效应有基因突变和染色体畸变。

▶ 9.1.6　放射性污染的处理方法

与其他废物的处理相比，放射性废物处理一般只改变放射性物质存在的形态，以达安全处置的目的。对于中、高浓度的放射性物质，采用浓缩、贮存和固化的方法；对于低浓度放射性废物，则采用净化处理或滞留衰减到一定浓度以下再稀释排放。

1）放射性废水的处理

（1）稀释排放法　我国有关标准规定，排入本单位下水道的浓度不得超过露天水源中限制浓度的 100 倍,并必须保证单位总排出口水中放射性浓度不超过露天水源中限制浓度。凡是超过上述浓度的放射性废水,必须经稀释或净化处理。

(2)放置衰变法　对含放射性物质半衰期短的废水,也可放置在专门容器内,待放射性强度降低后再稀释排放。存放容器要坚固,防止破裂泄露。

(3)混凝沉降法　采用凝聚剂(如硫酸铝、磷酸盐、三氯化铁等)在水中产生胶状沉淀,将放射性物质沉淀下来。

(4)离子交换法　使废水通过装有离子交换剂的设备,阳离子态的放射性核素与交换剂 H^+、Na^+ 等进行交换;阴离子态的核素与 Cl^- 等交换,从而使废水净化。

(5)蒸发法　目前使用较广。蒸发过程中的雾沫、冷凝液可能带有放射性,需经检验合格才能排放,原则上仍需处理。

(6)固化法　经过混凝沉降、离子交换、蒸发等处理后,放射性物质已浓集到较小体积的液体中。对这些浓缩液一般采用钢贮槽存放。为防止钢贮槽腐蚀、损坏、泄露,多采用固化法处理。对中、低浓度的放射性浓缩液,一般采用沥青、水泥、塑料固化法;对于高浓度放射性浓缩液,采用玻璃固化法,此外也可以使用陶瓷固化以及人工合成岩技术进行固化。

2)放射性废气的处理

对铀开采过程中产生的粉尘、废气及其子体,可通过改善操作条件和通风系统来解决。燃料后处理中产生的废气,多为放射性碳和惰性气体,先将燃料冷却 9～10 d,待放射性衰变后,用活性炭或银质反应器系统去除大量挥发性碘。铀矿山、水冶厂排出的废气氡浓度一般较低,多采用高烟囱排放在大气中扩散稀释的办法。对放射性气溶胶可采用普通的空气净化方法,用过滤、离心、洗涤、静电除尘等方法处理。

3)放射性固体废弃物的处理

主要是指被放射性物质污染的各种物件,如:报废的设备、仪表、管道、过滤器、离子交换树脂以及防护衣具、抹布、废纸、塑料等。对这些废物可分别采用焚烧、压缩、洗涤去污等方法。焚烧使可燃性固体废物体积缩小,并防止废物散失,但需注意放射性废气、灰尘及有机挥发物的处理;压缩是将密度小的放射性废物装在容器内压缩减容;洗涤时对一些可以重新使用的设备器材,用洗涤剂进行去污处理。对大型金属部件因局部受 α 核素污染,去污困难时可用喷镀处理。对放射性固体的最终处理还是广泛采用金属密封容器或混凝土容器包装后,贮存于安全之处,让其衰变。目前切实可行的方法是将其埋置于地下 300～1 000 m,甚至更深的地层中永久贮存。埋置法要求地层屏障能在 10^4～10^5 年内阻止核废物进入生物圈。

目前,对放射性核废弃物的最终处置还未妥善解决,仍处于积极探索研究之中。

▶ 9.1.7　放射性防护标准

为了保障核安全,预防与应对核事故,安全利用核能,保护公众和从业人员的安全与健康,保护生态环境,促进经济社会可持续发展,制定了《中华人民共和国核安全法》。为了防治放射性污染,保护环境,保障人体健康,促进核能、核技术的开发与和平利用,制定了《中华人民共和国放射性污染防治法》。为了防止放射性污染对人体的辐射损伤,保护环境,各国都制定了放射性防护标准,我国对职业性放射性工作人员和居民的年最大允许剂量当量见表 9-3。

表 9-3　职业性放射性工作人员和居民的年最大允许剂量当量 　　　　Sv

受照射部位		职业性放射性工作人员的年最大允许剂量当量[1]	放射性工作场所、相邻及附近地区工作人员和居民的年最大允许剂量当量[1]	广大居民年最大允许剂量当量[2]
器官分类	器官名称			
第一类	全身、性腺、红骨髓、眼晶体	5×10^{-2}	5×10^{-3}	5×10^{-4}
第二类	皮肤、骨、甲状腺	3.0×10^{-1}	3×10^{-2}[2]	1×10^{-2}
第三类	手、前臂、足踝	7.55×10^{-1}	7.5×10^{-2}	2.5×10^{-2}
第四类	其他器官	1.5×10^{-1}	1.5×10^{-2}	5×10^{-3}

注：①表内所列数值均为内、外照射的总剂量当量，不包括天然本底照射和医疗照射；②16岁以下人员甲状腺的限制剂量当量为 1.5×10^{-2} Sv/a。

9.2　放射性污染监测

9.2.1　监测对象及内容

放射性污染监测按照监测对象可分为：①现场监测，即对放射性物质生产或应用单位内部工作区域所做的监测；②个人剂量监测，即对放射性专业工作人员或公众做内照射和外照射的剂量监测；③环境监测，即对放射性生产和应用单位外部环境，包括空气、水体、土壤、生物、固体废物等所做的监测。

在环境监测中，主要测定的放射性核素为 α 放射性核素，即 ^{239}Pu、^{226}Ra、^{224}Ra、^{222}Rn、^{210}Po、^{232}Th、^{234}U 和 ^{235}U；β 放射性核素，即 ^{3}H、^{90}Sr、^{89}Sr、^{134}Cs、^{137}Cs、^{131}I 和 ^{60}Co。这些核素在环境中出现的可能性较大，其危害性也较大。

对放射性核素的具体监测内容有放射源强度、半衰期、射线种类及能量；环境和人体中放射性物质含量、放射性强度、空间照射量或电离辐射剂量。

9.2.2　实验室及监测仪器

由于放射性监测的对象是放射性物质，为保证操作人员的安全，防止污染环境，对实验室有特殊的要求，并需要制定严格的操作规程。放射性监测需要使用专门仪器。

1）放射性监测实验室

放射性监测实验室分为 2 个部分：一是放射性化学实验室，二是放射性计测实验室。

(1)放射性化学实验室　放射性样品的处理一般在放射性化学实验室进行。为得到准确的监测结果和考虑操作安全问题，实验室的设计应该符合相关要求。同时，实验室工作人员，工作时应穿戴防护服、手套、口罩、佩带个人剂量监测仪等；操作放射性物质时用夹子、镊子、盘子、铅玻璃瓶等器具；工作完毕后应马上清洗所用器具并放在固定地点，另需洗手和淋浴。

(2)放射性计测实验室　放射性计测实验室装备有灵敏度高、选择性和稳定性好的放射性计量仪器和装置。对于消除或降低本底的影响,一是根据来源采取相应的措施,使之降到最低程度;二是通过数据处理,对监测结果进行修正。

2)放射性监测仪器

放射性监测仪器的监测原理是根据辐射与物质相互作用所产生的各种效应(电离、光、电或热等)进行观测和测量,如 α、β、γ 射线与物质相互作用时,发生某些物理、化学效应来间接进行观测和测量。基于这些效应制成能观测核辐射的各类仪器称为核辐射检测器,常用的有电离检测器、闪烁检测器和半导体检测器等。

(1)电离检测器　电离检测器是利用射线通过气体介质时,使气体发生电离的原理制成的检测器,是通过收集射线在气体中的电离电荷进行测量的。常用的电离检测器有电流电离室、正比计数管和盖革计数管(GM 管)。电流电离室是测量由于电离作用而产生的电离电流,适用测量强放射性;正比计数管和盖革计数管则是测量由每一入射粒子引起电离作用而产生的脉冲式电压变化,从而对入射离子逐个计数,适于测量弱放射性。以上 3 种检测器之所以有不同的工作状态和不同的功能,主要是因为对它们施加的工作电压不同,从而引起电离过程不同。

(2)闪烁检测器　闪烁检测器是利用射线与物质作用发生闪光进行检测的仪器。它具有一个受带电粒子作用后其内部原子或分子被激发而发射光子的闪烁体。射线照在闪烁体上时发出荧光光子,利用光导和反光材料等将大部分光子收集在光电倍增管的阴极上。光子在灵敏阴极上打出光电子,经过倍增放大后在阳极上产生电压脉冲。这时脉冲还是很小的,需再经电子线路放大和处理记录下来。由于这种脉冲信号的大小与放射性的能量成正比,所以利用此关系进行定量。该检测器可用于测量带电粒子 α、β,不带电粒子 γ、中子射线等。同时亦可用于测量射线强度及能谱等。常用的闪烁剂有碘化钠(用于测定 γ 射线)、硫化锌(用于测定 α 射线)和有机闪烁剂(如蒽,用于测定 β 射线)。用闪烁检测器来测量放射性能量,实际上是对脉冲高度进行分析。据此原理可以制成各种闪烁谱仪。

(3)半导体检测器　半导体检测器是发展迅速的一种核辐射检测器。它的工作原理是半导体在辐射作用下,辐射与半导体晶体相互作用时产生电子-空穴对。在电场作用下,由电极收集,从而产生电脉冲信号,再经电子线路放大后记录。由于产生电子-空穴对的能量较低,所以该种检测器具有能量分辨率高且线性范围宽等优点。因此在放射性检测中已被广泛地应用,制成各种类型的检测仪器。如:用硅制成的检测仪器可用于 α 计数和 α、β 能谱测定;用锗制成的半导体检测器可用于 γ 能谱测量,而且检测效率高、分辨能力好。

另外,还可以利用照相乳胶曝光方法检测核辐射。因射线作用于照相乳胶上,就同可见光一样,产生一个潜在的图像。射线与乳胶作用产生电子,电子使卤化银还原成金属银,在检测时,将含有放射性的样品,对准照相底片曝光,使底片显影,以曝光深浅来测定射线强度。

放射性检测器种类多,需根据检测目的、试样形态、放射类型、强度及能量等因素进行选择。表 9-4 列举了不同类型的常用放射性检测仪器。

表 9-4　各种常用放射性检测仪器

射线种类	检测仪器	特　点
α	闪烁检测器	检测灵敏度低,探测面积大
	正比计数管	检测效率高,技术要求高
	半导体检测器	本底小,灵敏度高,探测面积小
	电流电离室	检测较大放射性活度
β	正比计数管	检测效率高,装置体积较大
	盖革计数管	检测效率较高,装置体积较大
	闪烁检测器	检测效率较低,本底小
	半导体检测器	探测面积小,装置体积小
γ	闪烁检测器	检测效率高,能量分辨能力强
	半导体检测器	能量分辨能力强,装置体积小

9.2.3　放射性监测的方法

环境放射性监测方法有定期监测和连续监测。定期监测的一般步骤是采样、样品预处理、样品总放射性或放射性核素的测定;连续监测是在现场安装放射性自动监测仪器,实现采样、预处理和测定自动化。

对环境样品进行放射性监测和对非放射性环境样品监测过程一样,也是经过样品采集、样品的预处理和仪器测定 3 个过程。

9.2.3.1　放射性样品采集

(1)放射性沉降物的采集　沉降物包括干沉降物和湿沉降物,主要来源于大气层核爆炸所产生的放射性尘埃,小部分来源于人为放射性微粒。

对于放射性干沉降物样品可用水盘法、黏纸法、高罐法采集。水盘法是用不锈钢或聚乙烯塑料制成的圆形水盘采集沉降物,盘内装有适量稀酸,沉降物过少的地区再酌情加数毫克硝酸锶或氯化锶载体。将水盘置于采样点暴露 24 h,应始终保持盘中有水。采集的样品经浓缩、灰化等处理后,做总 β 放射性测量。黏纸法是用涂一层黏性油的滤纸贴在圆形盘底部(涂油面向外),放在采样点暴露 24 h,然后再将黏纸灰化,进行总 β 放射性测量。高罐法是用不锈钢或聚乙烯圆柱形罐暴露于空气中采集沉降物。因罐壁高,故不必放水,可用于长时间收集沉降物。

湿沉降物是指随雨或雪降落的沉降物。其采集方法除上述方法外,常用一种能同时对雨水中核素进行浓集的采样器,此采样器由一个承接漏斗和一根离子交换柱组成。交换柱上、下层分别装有阳离子和阴离子交换树脂,待收集核素被离子交换树脂吸附浓集后,再进行洗脱,收集洗脱液进一步作放射性核素分离。也可将树脂从柱中取出,经烘干、灰化后制成干样品作总 β 放射性测量。

(2)放射性气溶胶的采集　采集方法有过滤法、沉积法、黏着法、撞击法和向心法等。最常用的是过滤法,该法简单,应用最广。采样设备由过滤器、过滤材料、抽气动力和流量计等组成,其原理与大气中颗粒物的采集相同。采样时,气溶胶被阻挡在过滤布或特制微孔滤膜上,采样结束后,将过滤材料取下,进行样品源的制备与放射性测量。

(3)其他类型样品的采集　水体、土壤、大气和生物样品的采集、制备和保存方法与非放射性样品没有太大差别,在此不再重述。采样容器可选用聚乙烯瓶和玻璃瓶,为防止放射性核素在储放过程中的损失需加入稀酸或载体、配位剂等。

9.2.3.2　样品的预处理

样品预处理目的是浓集被监测的核素、除去干扰核素,将样品的物理形态转换成易于进行放射性检测的形态。常用的预处理方法有衰变法、共沉淀法、灰化法、电化学法、有机溶剂溶解法、离子交换法、蒸馏法、萃取法等。

(1)衰变法　采样后,将其放置一段时间,让样品中一些寿命短的非待测核素衰变除去。例如,测量大气中气溶胶的总 α 放射线和总 β 放射线时,用过滤法采样后,放置 4~5 h,使短寿命的氡、钍子体衰变除去。

(2)共沉淀法　用一般化学沉淀法分离环境样品中的放射性核素,因核素含量很低,达不到溶度积,故不能达到分离目的,但如果加入毫克数量级与欲分离放射性核素性质相近的非放射性元素载体,则由于二者之间发生同晶共沉淀作用,载体将放射性核素载带下来,达到分离和富集的目的。例如,用 ^{59}Co 作载体,则与 ^{60}Co 发生同晶共沉淀。这种富集分离方法具有简便、实验条件容易满足等优点。

(3)灰化法　对蒸干的水样或固体样品,可在瓷坩埚内于 500℃ 马弗炉中灰化、冷却后称量,再转入测量盘中铺成薄层检测其放射性。

(4)电化学法　电化学法是通过电解将放射性核素沉淀在阴极上,或以氧化物形式沉积在阳极上,该法优点是分离核素的纯度高。如果将放射性核素沉积在惰性金属片电极上,可直接进行放射性测量。如将其沉积在惰性金属丝上,可先将沉积物溶出,再制备成样品源。

(5)其他预处理方法　有机溶剂溶解法是用某种适宜的有机溶剂处理固态样品(飘尘、土壤、沉积物、生物等),使其中所含被测核素得以溶解浸出的方法。所得浸出液可转入测量盘中,用红外灯烘干后进行放射性测量。离子交换法、蒸馏法、溶剂萃取法等的原理和操作与非放射性物质的预处理方法基本相同,本节不再介绍。

9.2.3.3　水中放射性监测

(1)水样中总 α 放射性活度测定　水体中常见辐射 α 粒子的核素有 ^{226}Ra、^{222}Rn 及其衰变产物等。目前公认的水样总 α 放射性浓度是 0.1 Bq/L,当大于此值时,就应对放射 α 粒子的核素进行鉴定和测量,确定主要的放射性核素,判断水质污染情况。

测定方法:取适量水样经过滤除去固体物质,在烧杯中加入水样和浓硫酸(100 mL 水样中加 0.25 mL 浓硫酸),蒸发至体积为 10~20 mL。将上述蒸发液由烧杯转移到蒸发皿,慢慢蒸发至干;在不超过 350℃ 下将样品灰化 30 min。将灰化后样品转移到测量盘中,铺展成均匀薄层;用硫化锌作闪烁体的闪烁检测器对样品进行计数测量。用一个已知活度的硝酸铀酰标准源测定检测器的计数率,对空测量盘的本底值进行计数测量。水样中总 α 比放射性活度用下式计算:

$$Q_\alpha = \frac{n_c - n_b}{n_s \times V}$$

式中:Q_α 为比放射性活度,Bq/L;n_c 为用闪烁检测器测量水样得到的计数率,计数/min;n_b 为空测量盘的本底计数率,计数/min;n_s 为根据标准源的活度计数率计算出检测器的计数率,计数/(Bq·min);V 为所取水样的体积,L。

(2)水样中总 β 放射性活度测量 水样中总 β 放射性活度测量步骤基本上与总 α 放射性活度测量相同,但检测仪器是用低本底的盖革计数管检测器,且以含 ^{40}K 的化合物(氯化钾)作标准源。氯化钾标准源的制备方法是:将经研细、过筛的分析纯氯化钾试剂,在 120～130℃下烘干 2 h,置于干燥器内冷却,准确称取与样品同样质量的氯化钾标准源,在测量盘中铺成中等厚度,以备计数测定。

(3)水中 ^{226}Ra 的测定 镭具有亲骨性,^{226}Ra、^{228}Ra 为极毒的放射性核素。一般环境中镭的含量很低,但高本底地区、核工业区域环境必须定期监测。

测定方法:取 1 L 水样于 2 L 烧杯中,依次定量加入柠檬酸、氨水、硝酸铅和钡载体,加热近沸。加甲基橙指示剂,滴加硫酸至溶液呈红色为止,静置后生成沉淀,放置过夜后,将沉淀定量移入离心管中,离心并弃去上清液。用 EDTA 和 NaOH 溶液溶解沉淀,在一定条件下往溶液中加冰醋酸至 pH 为 4.5,再次得到硫酸钡沉淀,离心分离,弃去上清液。所得沉淀再次以 EDTA 和 NaOH 溶液溶解后,转入气体扩散器,密闭 14 d,用 FD-125 型氡灶分析器测量镭含量。^{226}Ra 含量按下式进行计算:

$$c_{Ra} = \frac{K \times f(n_c - n_b)}{(1 - e^{\lambda t}) \times V}$$

式中:c_{Ra} 为水中 ^{226}Ra 含量,Bq/L;K 为闪烁室校准系数,Bq/(计数/min);n_c 为闪烁室内注入氡后的总计数率,计数/min;n_b 为闪烁室内本底计数率,计数/min;f 为换算系数;λ 为 ^{222}Rn 的衰变常数,d^{-1};t 为从封闭镭扩散器到测量 ^{222}Rn 计数率之间的时间间隔,d;V 为水样体积,L。

9.2.3.4 土壤中 α、β 放射性活度的测量

土壤中总 α、β 放射性活度的测量方法是:在采样点选定的范围内,沿直线每隔一定距离采集一份土壤样品,共采集 4～5 份。采样时用取土器或小刀取 10 cm × 10 cm、深 1 cm 的表土。除去土壤中石块、草类等杂物,在实验室内晾干或烘干,移至干净的平板上压碎,铺成 1～2 cm 厚的方块,用四分法反复缩分,直到剩余 200～300 g 土样,再于 500℃ 灼烧,待冷却后研细、过筛备用。称取适量制备好的土样放于测量盘中,铺成均匀的样品层,用相应的检测器分别测量 α 和 β 比放射性活度(测 β 放射性的样品层应厚于测 α 放射性的样品层),并分别用下式计算:

$$Q_\alpha = \frac{n_c - n_b}{60k \times S \times l \times F} \times 10^6 \qquad Q_\beta = 1.48 \times 10^4 \times \frac{n_\beta}{n_{KCl}}$$

式中:Q_α 和 Q_β 分别为 α 和 β 的比放射性活度,Bq/kg 干土;n_c 为样品 α 放射性总计数率,计数/min;n_b 为本底计数率,计数/min;k 为检测器计数效率,计数/(Bq·min);S 为样品面积,cm^2;l 为样品密度,mg/cm^2;F 为自吸收校正因子,对较厚的样品取 0.5;n_β 为样品 β 放射性总计数率,计数/min;n_{KCl} 为氯化钾标准源的计数率,计数/min;1.48×10^4 为 1 kg 氯化钾所含 ^{40}K 的 β 放射性的贝克数,Bq/kg。

9.2.3.5 大气中放射性监测

(1)大气中 ^{222}Rn 的测量 ^{222}Rn 是一种放射性惰性气体,是 ^{226}Ra 的衰变产物,它与空气作用时能使之电离,因而可用电离检测器通过测量电离电流计算其浓度。也可以用闪烁检

测器记录由氡衰变时所放出的 α 粒子计算其含量。

测定 ^{222}Rn 的方法是:用由干燥管、活性炭吸附管及抽气动力组成的采样器以一定流量采集空气样品,则气样中的 ^{222}Rn 被活性炭吸附浓集。将吸附氡的活性炭吸附管置于解吸炉中,于 350℃ 进行解吸,并将解吸出来的氡导入电离室中静置 3 h,因 ^{222}Rn 与空气分子作用使其电离,待 ^{222}Rn 和其子体平衡后,用经过 ^{226}Ra 标准源校准的静电计测量产生的电离电流(格)。当气体流速为 1～2 L/min 时,活性炭的吸收率达 90% 以上。空气中氡的含量按下式计算:

$$c_{Rn} = \frac{K \times f \times (I_c - I_b)}{V}$$

式中:c_{Rn} 为空气中 ^{222}Rn 的含量,Bq/L;I_c 为引入 ^{222}Rn 后的总电离电流,格/min;I_b 为电离室本底电离电流,格/min;V 为采气体积,L;K 为检测器电离电流,(Bq·min)/格;f 为换算系数,据 ^{222}Rn 导入电离室静置时间而定,可查表得知。

(2)空气中 ^{3}H 的测量 取一定量 6～10 目的原色硅胶,经脱水后置于采样现场自然吸附采样。取回试样后首先计算实际吸收率,然后移入测量瓶,加入闪烁液及定量水,充分摇动后,放入闪烁检测器进行测量,换算出空气中氚浓度。

(3)大气中长寿命 α 放射性测定 空气放射性污染对人体危害最大的是 α 放射性,α 放射性测定一般常用滤膜法。

测定方法:用超细纤维滤膜、抽气动力组成的采样器以 20～100 L/min 的流量采集空气样品,采集 1 000～2 000 L 气样。将滤膜放在测量盘中静置 4 h,然后用 α 闪烁计数器或 α 辐射检测器测量。按下式计算 α 活度(Bq/L):

$$\alpha_{活度} = \frac{n_c - n_b}{60k \times Q \times t \times f}$$

式中:n_c 为样品 α 放射性总计数率,计数/min;n_b 为本底计数率,计数/min;k 为仪器计数效率,计数/(Bq·min);Q 为采气时气体流量,L/min;t 为采气时间,min;f 为滤膜过滤效率。

9.3 电磁辐射污染监测

电磁辐射是变化的电场和磁场交替产生、由近及远以一定速度在空气间的传播过程,即平时所称的电磁波。按波长可将电磁波分为长波、中波、中短波、短波、超短波和微波等波段。按频率分为低频、高频、超高频和特高频。电磁波的波长越短、频率越高,辐射源输出的波能量也就越大,传播的距离就越远,受障碍的影响越小,对人的影响就越大。当电磁辐射超过规定的标准时,同样会恶化人类的生存环境,造成环境污染,影响人类的身体健康。因此,电磁监测也是环境监测的内容之一。

▶ 9.3.1 电磁辐射污染的来源和危害

电磁辐射污染是指人类使用产生电磁辐射的器具而泄漏的电磁能量,超出环境本底值,且其性质、频率、强度和持续时间等综合影响引起一些人或众人的不适感,并使健康受到恶劣影响。

1)电磁辐射的来源

电磁辐射污染源包括 2 个方面:天然污染源和人为污染源。

天然污染源是由自然现象引起。由于大气中发生电离作用,导致电荷的积蓄,从而引起放电现象。这种放电的频带较宽,可从几千赫兹到几百兆赫兹,乃至更高的频率。此外,太阳的黑子活动与黑体放射,银河系恒星的爆发、宇宙间电子移动等都能产生电磁辐射污染。

人为污染源按频率的不同可分为工频场源和射频场源。工频场源以大功率电线产生的电磁污染为主,也包括若干放电型污染。射频场源主要由无线电或射频设备工作过程产生的电磁感应与电磁辐射所引起。表 9-5 给出了人为电磁污染源的分类与来源。由于电子工业的迅速发展与电器电子设备的广泛应用,人为电磁辐射污染已成为环境污染的主要来源,也是防治的主要对象。

表 9-5　人为电磁污染源

分　类		设备名称	污染来源与部件
放电所致污染源	电晕放电	电力线(送配电线)	由于高电压、大电流而引起静电感应、电磁感应、大地漏泄电流所造成
	辉光放电	放电管	白光灯、高压水银灯以及其他放电管
	弧光放电	开关、电气铁道、放电管	点火系统、发电机、整流装备
	火花放电	电气设备、发动机、冷藏车、汽车等	整流器、发电机、放电管、点火系统
工频辐射场源		大功率电线、电气设备、电气铁道	污染来自高电压、大电流的电力线场电气设备
射频辐射场源		无线电发射机、雷达	广播、电视与通风设备的振荡与发射系统
		高频加热设备、热合机、微波干燥机	工业用射频利用设备的工作电路与振荡系统
		理疗机、治疗机	医学用射频利用设备的工作电路与振荡系统
建筑物反射		高层楼群以及大的金属构件	墙壁、钢筋、吊车

(引自:但德忠.环境监测.2006)

2)电磁辐射的传播

电磁辐射大体上可由以下 3 种途径传播:①空间传播。电子设备与电器装置在工作中,本身相当于发射天线,不断地向空间辐射电磁能。②导线传播。当射频设备及其他设备同一电源,或者两者间有电气联结关系,由电磁能(信号)通过导线进行传播。此外,信号输出输入电路、控制电路等,在强磁场中拾取信号进行传播。③复合传播。属于同时存在空间传播与导线传播所造成的电磁辐射污染,称为复合传播污染。

3)电磁辐射污染的危害

电磁辐射属于非电离辐射,其危害主要表现在:

(1)危害人体健康　电磁辐射对人体危害程度随波长而异,波长愈短对人体作用愈强,微波作用最为突出。射频电磁场的生物学活性与频率的关系为:微波＞超短波＞短波＞中波＞长波。不同频段的电磁辐射在大强度与长时间作用下,对人体产生病理危害。

处于中、短波频段电磁场(高频)的人员,经过一段时间的暴露,将产生身体不适感,严重者可引起神经衰弱及心血管系统的植物神经功能失调。这种症状在脱离作用区后一定时间即可消失,不形成永久性损伤。处于超短波与微波电磁场中的人员,其受害程度比中、短波严重。微波的危害更严重,频率在 3×10^8 Hz 以上的电磁波作用在人体上,其辐射能使机体内分子与电解质偶极子产生强烈射频振荡,产生摩擦热能,从而引起机体升温。其作用后果是引起严重的神经衰弱症状,最突出的是造成植物神经功能紊乱。在高强度与长时间的作用下,对视觉器官和生育机能都将产生显著不良影响。微波危害的一个显著特点是具有累积性,时间越长,次数越多越难恢复。当然,电磁波辐射强度在一定范围内,则对人体还有良好作用,磁性理疗即属此类。

(2)干扰信号 电磁辐射可直接影响电子设备、仪器仪表正常工作,造成信号失真、控制失灵,以致酿成大祸。如会引起火车、飞机、导弹或人造卫星的失控;干扰医院的脑电图、心电图机、心脏监护仪等信号,使之无法正常工作。

(3)引发意外重大事故 指由于电磁辐射使电爆装置、易燃易爆气体混合物等发生意外爆炸、燃烧事故。极高频辐射场可使导弹系统控制失灵,造成电爆管效应的提前或滞后。

▶ 9.3.2　电磁环境控制限值

为控制电磁危害,环境中电场、磁场、电磁场场量参数应符合《电磁环境控制限值》(GB 8702—2014)的要求,见表9-6。

表 9-6　电磁环境控制限值

频率范围	电场强度 E /(V/m)	磁场强度 H /(A/m)	磁感应强度 B /(μT)	等效平面波功率 密度 S_{eq}/(W/m^2)
1～8 Hz	8 000	32 000/f^2	40 000/f^2	—
8～25 Hz	8 000	4 000/f	5 000/f	—
0.025～1.2 kHz	200/f	4/f	5/f	—
1.2～2.9 kHz	200/f	3.3	4.1	—
2.9～57 kHz	70	10/f	12/f	—
57～100 kHz	4 000/f	10/f	12/f	—
0.1～3 MHz	40	0.1	0.12	4
3～30 MHz	67/$f^{1/2}$	0.17/$f^{1/2}$	0.21/$f^{1/2}$	12/f
30～3 000 MHz	12	0.032	0.04	0.4
3 000～15 000 MHz	0.22/$f^{1/2}$	0.000 59/$f^{1/2}$	0.000 74/$f^{1/2}$	f/7 500
15～300 GHz	27	0.073	0.092	2

注:①频率 f 的单位为所在行中第一栏的单位;②0.1 MHz 至 300 GHz 频率,场量参数为任意连续 6 min 内的方均根值;③100 kHz 以下频率,需同时限制电场强度和磁感应强度;100 kHz 以上频率,在远场区,可以只限制电场强度或磁场强度,或等效平面波功率密度,在近场区,需同时限制电场强度和磁场强度;④架空输电线路线下的耕地、园地、牧草地、畜禽饲养地、养殖水面、道路等场所,其频率 50 Hz 的电场强度控制限值为 10 kV/m,且应给出警示和防护指示标志。

对于脉冲电磁波,除满足上述要求外,其功率密度的瞬时峰值不得超过表 9-6 中所列限值的 1 000 倍,或场强的瞬时峰值不得超过表 9-6 中所列限值的 32 倍。

9.3.3　电磁辐射监测仪器及方法

1)电磁辐射监测仪器

电磁辐射的测量按测量场所分为作业环境、特定公众暴露环境、一般公众暴露环境测量。按测量参数分为电场强度、磁场强度和电磁场功率通量密度等的测量。不同的测量应选用不同类型的仪器,以获取最佳的测量结果。电磁辐射监测仪器根据测量目的分为非选频式宽带辐射测量仪和选频式宽带辐射测量仪。

(1)非选频式辐射测量仪　非选频式宽带辐射测量仪带有方向性探头,测量时具有各向同响应。使用探头时,要调整好探头方向以测出最大辐射电频。常见的探头有偶极子和检波二极管复合型探头、热电偶型探头、磁场型探头。

使用非选频式宽带辐射测量仪实施环境监测时,为了确保环境的质量,应对这类仪器电性能提出基本要求:各项同性误差 ≤±1 dB;系统频率响应不均匀度 ≤±3 dB;灵敏度 0.5 V/m;校准精度 ±0.5 dB。

(2)选频式辐射仪　这类仪器用于环境中低电平场强度、电磁兼容、电磁干扰的测量。常见的选频式辐射测量仪有场强仪、微波测试接收机。除场强仪外,可用接收天线和频谱仪或测试接收机组成测量系统,经校准后用于环境中电磁辐射测量。用于环境电磁辐射测量的仪器种类较多,凡是用于电磁兼容、电磁干扰测量的接收机都可用于环境电磁辐射监测。

2)电磁辐射污染监测方法

(1)布点方法　扇形布点法:对典型辐射体,比如某个电视发射塔周围实施监测时,则以辐射体为中心,按间隔 45°的 8 个方位为测量线,每条线上选取距场源分别为 30 m、50 m、100 m 等不同距离定点测量,测量范围根据实际情况确定。

网络布点法:对整个城市电磁辐射测量时,根据城市测绘地图,将全区划分为 1 km×1 km 或 2 km×2 km 小方格,取方格中心为测量位置,并对实测点进行考察。考虑地形地物影响,实际测点应避开高层建筑物、树木、高压线以及金属结构等,尽量选择空旷地方测量。允许对规定测点调整,测点调整最大为方格边长的 1/4,对特殊地区方格允许不进行测量。需要对高层建筑测量时,应在各层阳台或室内选点测量。

(2)监测点测量　测量高度要离地面 1.7~2 m。也可根据不同目的选择测量高度。气候条件应符合行业标准和仪器标准中规定的使用条件。测量记录表应注明环境温度、相对湿度。要选取电场强度测量值 >50 dB·μV/m 的频率作为测量频率。测量时间为 5:00~9:00,11:00~14:00,18:00~23:00 城市环境电磁辐射的高峰期。若 24 h 昼夜测量,昼夜测量点不应少于 10 个。测量间隔时间为 1 h,每个测点连续测 5 次,每次测量观察时间不应小于 15 s,每次读取稳定状态的最大值。若指针摆动过大,应适当延长观察时间。

(3)数据处理　如果测量仪器读出的场强瞬时值的单位为分贝(dB·μV/m),则先按下列公式换算成以 V/m 为单位的场强:

$$E_i = 10^{(0.05x-6)}$$

式中：x 为场强仪读数（dB·μV/m）。然后依次按下列各公式计算：

$$E = \frac{\sum E_i}{n} \qquad E_s = \left(\sum E\right)^{\frac{1}{2}} \qquad E_G = \frac{\sum E_s}{M}$$

式中：E_i 为在某测量点、某频段中被测频率 i 的测量场强瞬时值，V/m；n 为 E_i 的读数个数；E 为在某测量点、某频段中各被测频率 i 的场强平均值，V/m；E_s 为在某测量点、某频率段中各被测频率的综合场强，V/m；E_G 为在某测量点、在 24 h（或一定时间）内测量某频段后总的平均综合场强，V/m；M 为在 24 h（或一定时间）内测量某频段的测量次数。

（4）绘制污染图　绘制频率-场强、时间-场强、时间-频率、测量点-总场强值等各组对应曲线，即可得出典型辐射体环境污染图和居民区环境污染图。

用非选频宽带辐射测量仪时，由于测量点测得的场强（功率密度）值，是所有频率的综合场强值，24 h 内每次测量综合场强值的平均值即总场强值亦是所有频率的总场强值。由于环境中辐射体频率主要在超短波频段 30～300 MHz，测量值和超短波频段安全限值的比值≤1，基本上对居民无影响；如果评价典型辐射体，则测量结果应和辐射体工作频率对应的安全限值比较。

$$E_G/L \leqslant 1$$

式中：E_G 为某测量点总场强值，V/m；L 为典型辐射体工作频率对应的安全限值或超短波频段安全限值，V/m。

用选频式场强仪时：

$$\sum (E_{Gi}/L_i) \leqslant 1$$

式中：E_{Gi} 为测量点某频段总的平均综合场强值，V/m；L_i 为对应频段的安全限值，V/m。

▶ 9.3.4　电磁辐射污染防护

（1）电磁屏蔽　即采用一种能抑制电磁辐射能扩散的材料，将电磁场源与外界隔离开来，使辐射能限制在某一范围内，从而达到防治电磁污染的目的。当电磁辐射作用于屏蔽体时，因电磁感应，屏蔽体产生与场源电流方向相反的感应电流而生成反向磁力线，这种磁力线与场源磁力线相抵消，达到屏蔽效果。使屏蔽体接地，亦可达到对电场的屏蔽作用。

屏蔽方式有 2 种：一种叫主动场屏蔽，即将场源作用限制在某一范围内，场源与屏蔽体之间距离小，结构严密，为屏蔽强大电磁场的一种方法，屏蔽体必须接地；另一种叫被动屏蔽，即将场源设置于屏蔽体之外，使之对限定范围内的生物机体或仪器不产生影响，屏蔽体与场源间距离大，屏蔽体可不接地。

（2）电磁吸收　即采用某种能对电磁辐射产生强烈吸收作用的材料敷设于场源外围，以防止大范围的污染。电磁辐射吸收材料一般有 2 种：一种为谐振吸收材料，是利用某些材料的谐振特性制成的吸收材料，这些材料厚度小，对频率范围较窄的微波辐射有较好的吸收效率；另一种为匹配性吸收材料，即利用某些材料和自由空间的阻抗匹配，达到吸收微波辐射的目的。应用吸收材料防护，多在要求需将辐射能大幅度衰减的场合，如微波设备调试过程中。常用的吸收材料为各种塑料、橡胶、胶木、陶瓷等加入铁粉、石墨、木材和水等物质而成。此外,还可用等效天线吸收辐射能。

（3）远距离控制和自动作业　　根据射频电磁场,特别是中、短波,其场强随距离的增大而迅速衰减的原理,采取对射频设备远距离控制和自动化作业的方法,可显著减少对操作人员的危害。

（4）线路滤波　　在电源线与设备交接处加电源滤波器,一方面保证低频信号畅通,另一方面可减少或消除电源线可能传播的高频射频信号和电磁辐射能,起到防治污染的作用。

▷▷ 习题与思考题 ◁◁

（1）造成环境放射性污染的原因有哪些？放射性污染对人体产生哪些危害作用？

（2）简述核素在岩石、土壤、水体和大气中的分布。

（3）常用于测量放射性的检测器有哪几种？如何进行环境放射性测量？

（4）放射性环境样品的采集方法与非放射性环境样品的采集方法有何不同之处？

（5）怎样测量水样中和土壤中总 α 放射性活度和总 β 放射性活度？

（6）电磁辐射污染来源有哪些？有哪些危害？

（7）如何监测家用电视机的电磁辐射污染的场强度？

（8）电磁辐射如何防护？

第10章

监测数据处理和质量保证

>> **本章提要**：

本章主要介绍监测数据的统计处理和结果表达、实验室质量保证、环境标准物质。通过本章学习，了解数据处理和质量保证相关的基本概念；掌握环境监测数据的统计处理方法、监测结果的表达方式；掌握实验室质量保证的内容和质量控制的方法；了解如何制备和使用环境标准物质。

数据处理是环境监测数据信息化的手段。环境监测分析所产生的大批数据,直接提供信息的能力不强,只有借助数学手段,如数理统计,才能解释环境现象,回答有关的环境问题。只有当环境监测提供可靠的数据时才能实现这个目标,而环境监测质量保证正是获得可靠、准确数据所必需的。

10.1 监测数据的统计处理和结果表达

▶ 10.1.1 基本概念

1)误差和偏差

(1)真值 在某一时刻和某一位置或状态下,某量的效应体现出客观值或实际值称为真值(x_t)。

(2)误差 测量结果与真值的差值称为误差。

(3)偏差 个别测量值(x_i)与多次测量均值($\overline{x}$)之偏离叫偏差,分为绝对偏差、相对偏差、平均偏差、相对平均偏差和标准偏差等。

2)误差来源及分类

误差按其性质和产生原因,可分为系统误差、随机误差和过失误差。

(1)系统误差 系统误差又称可测误差或恒定误差。指测量值的总体平均值与真值之间的差别,是由测量过程中某些恒定因素造成的,在一定条件下具有重现性,并不因增加测量次数而减少系统误差,它的产生可以是方法、仪器、试剂、恒定的操作人员和恒定的环境所造成。

(2)随机误差 随机误差又称偶然误差或不可测误差。是由测定过程中各种随机因素的共同作用所造成,如测定时温度的变化、仪器的噪声、分析人员的判断能力等,由此所引起的误差有时大、有时小,没有规律性,难以发现和控制。

(3)过失误差 过失误差又称粗差。是由测量过程中犯了不应有的错误所造成,它明显地歪曲测量结果,因而一经发现必须及时改正,所获得的数据必须舍弃。

3)误差和偏差的表示方法

(1)绝对误差 绝对误差是测量值(x:单一测量值或多次测量的均值)与真值(x_t)之差,绝对误差有正负之分。

$$绝对误差 = x - x_t$$

(2)相对误差 相对误差指绝对误差与真值之比(常以百分数表示)。

$$相对误差 = \frac{x - x_t}{x_t} \times 100\%$$

(3)绝对偏差 绝对偏差(d)是测定值与均值之差。

$$d_i = x_i - \overline{x}$$

(4)相对偏差　相对偏差是绝对偏差与均值之比(常以百分数表示)。

$$\text{相对偏差} = \frac{d}{\overline{x}} \times 100\%$$

(5)平均偏差　平均偏差是绝对偏差绝对值之和的平均值。

$$\overline{d} = \frac{1}{n} \sum_{i=1}^{n} |d_i|$$

(6)相对平均偏差　相对平均偏差是平均偏差与均值之比(常以百分数表示)。

$$\text{相对平均偏差} = \frac{\overline{d}}{\overline{x}} \times 100\%$$

(7)极差　极差是指一组测量值中最大值($x_{\max}$)与最小值($x_{\min}$)之差,表示误差的范围,以 R 表示。

$$R = x_{\max} - x_{\min}$$

4)标准偏差和相对标准偏差

(1)差方和　差方和亦称离差平方或平方和,是指绝对偏差的平方之和,以 S 表示。

$$S = \sum_{i=1}^{n} (x_i - \overline{x})^2 = \sum_{i=1}^{n} d_i^2$$

(2)样本方差　样本方差用 s^2 或 V 表示。

$$s^2 = \frac{1}{n-1} \sum_{i=1}^{n} (x_i - \overline{x})^2 = \frac{1}{n-1} S$$

(3)样本标准偏差　样本标准偏差用 s 或 s_D 表示。

$$s = \sqrt{\frac{1}{n-1} \sum_{i=1}^{n} (x_i - \overline{x})^2} = \sqrt{\frac{1}{n-1} S} = \sqrt{\frac{\sum x_i^2 - \frac{(\sum x_i)^2}{n}}{n-1}}$$

(4)样本相对标准偏差　样本相对标准偏差又称变异系数(coefficient of variation,CV),是样本标准偏差在样本均值中所占的百分数,记为 CV。

$$\text{CV} = \frac{s}{\overline{x}} \times 100\%$$

(5)总体方差和总体标准偏差　总体方差和总体标准偏差分别以 σ^2 和 σ 表示。

$$\sigma^2 = \frac{1}{N} \sum_{i=1}^{n} (x_i - \mu)^2$$

$$\sigma = \sqrt{\sigma^2} = \sqrt{\frac{1}{N} \sum_{i=1}^{n} (x_i - \mu)^2} = \sqrt{\frac{\sum x_i^2 - \frac{(\sum x_i)^2}{N}}{N}}$$

式中:N 为总体容量;μ 为总体均值。

5)平均值

(1)算数均值　算数均值简称均值,最常用的平均值,其定义为:

$$样本均值\ \overline{x} = \frac{\sum x_i}{n}$$

$$总体均值\ \mu = \frac{\sum x_i}{n} \qquad n \to \infty$$

(2)几何均值　几何均值定义为:

$$\overline{x}_g = (x_1 x_2 \cdots x_n)^{\frac{1}{n}} = \lg^{-1}\left(\frac{\sum \lg x_i}{n}\right)$$

(3)中位数　将各数据按大小顺序排列,位于中间的数据即为中位数,若为偶数取中间两数的平均值。适用于一组数据的少数呈"偏态"分散在某一侧,使均值受个别极数的影响较大。

(4)众数　一组数据中出现次数最多的一个数据。

平均值表示集中趋势,当监测数据是正态分布时,其算术均值、中位数和众数三者重合。

● 10.1.2　数据的处理

10.1.2.1　数据处理程序

1)数值修约规则

在分析工作中,由于测量仪器都有一定的精度,因此表示结果数字的位数应该与此精度相适应,太多会使人误认为测量精度很高,太少则反之。因此在数据记录和处理过程中,必须对一些精密度不同或位数较多的数据进行修约。

依据《数值修约规则与极限数值的表示和判定》(GB/T 8170—2008),各种测量、计算的数据需要修约时,应遵守下列规则:4舍6入5考虑,5后非零则进1,5后皆零视奇偶,5前为偶数时应舍去,5前为奇数时则进1;当有效数字位数确定之后,其余数字按上述规则进行一次修约,不得连续进行取舍。修约案例见表10-1。

表 10-1　下列测量值修约为 2 位有效数字

测量值	修约后	备注	测量值	修约后	备注
8.642 8	8.6	4舍6入5考虑	8.750 0	8.8	5前为奇数时则进1
8.650 6	8.7	5后非零则进1	8.650 0	8.6	5前为偶数时应舍去

2)数值运算规则

(1)加减法　几个数值相加减时,其和或差的有效数字位数,与小数点后位数最少者相同。在运算过程中,可以多保留一位小数。计算结果则按数值修约规则处理。

(2)乘法和除法　几个数值相乘除时,所得积或商的有效数字位数取决于各值中有效数字位数最少者。在实际运算时,先将各数值修约至比有效数字位数最少者多保留一位有效数字,再将计算结果按数值修约规则处理。

(3)乘方和开方　一个数值乘方或开方,计算结果的有效数字位数与原始数据的有效数字位数相同。

(4)对数和反对数　在计算中,所得结果的小数点后的位数(不包括首数)应与真数的有效数字位数相同。

(5)平均值　求 4 个或 4 个以上测量数据的平均值时,其结果的有效数字的位数可增加一位。

10.1.2.2　离群值的检验

与正常数据不是来自同一分布总体,明显歪曲试验结果的测量数据,称为离群数据。可能会歪曲试验结果,但尚未经检验断定其是离群数据的测量数据,称为可疑数据。

测量中发现明显的系统误差和过失误差,由此而产生的数据应随时剔除。正确数据总有一定分散性,如果人为地删去一些误差较大但并非离群的测量数据,由此得到精密度很高的测量结果并不符合客观实际。因此,对可疑数据的取舍必须遵循一定的原则,应采用统计方法判别,即离群数据的统计检验。参照《数据的统计处理和解释　正态样本离群值的判断和处理》(GB/T 4883—2008),检验的方法包括狄克逊(Dixon)检验法、格拉布斯(Grubbs)检验法、奈尔(Nair)检验法等,本节介绍最常用的两种。

1)狄克逊(Dixon)检验法

狄克逊法适用于一组测量值的一致性检验和剔除离群值,本法中对最小可疑值和最大可疑值进行检验的公式因样本的容量(n)不同而异,因此比较严密,其检验方法如下:

(1)将一组测量数据从小到大顺序排列为 $x_1 \leqslant x_2 \leqslant \cdots \leqslant x_n$,$x_1$ 和 x_n 分别为最小可疑值和最大可疑值。

(2)按表 10-2 计算式求 D 值。

表 10-2　狄克逊(Dixon)检验统计量 D 计算公式

n 值范围	可疑数据为最小值 x_1 时	可疑数据为最大值 x_n 时	n 值范围	可疑数据为最小值 x_1 时	可疑数据为最大值 x_n 时
3～7	$D = \dfrac{x_2 - x_1}{x_n - x_1}$	$D = \dfrac{x_n - x_{n-1}}{x_n - x_1}$	11～13	$D = \dfrac{x_3 - x_1}{x_{n-1} - x_1}$	$D = \dfrac{x_n - x_{n-2}}{x_n - x_2}$
8～10	$D = \dfrac{x_2 - x_1}{x_{n-1} - x_1}$	$D = \dfrac{x_n - x_{n-1}}{x_n - x_2}$	14～30	$D = \dfrac{x_3 - x_1}{x_{n-2} - x_1}$	$D = \dfrac{x_n - x_{n-2}}{x_n - x_3}$

(3)根据给定的显著性水平(α)和样本容量(n),从表 10-3 查得临界值(D_α)。

(4)若 $D \leqslant D_{0.05}$,则可疑值为正常值;

若 $D_{0.05} < D \leqslant D_{0.01}$,则可疑值为偏离值;

若 $D > D_{0.01}$,则可疑值为离群值。

表 10-3　狄克逊(Dixon)检验临界值(D_α)

n	显著性水平(α)		n	显著性水平(α)	
	0.05	0.01		0.05	0.01
3	0.941	0.988	17	0.490	0.577
4	0.765	0.899	18	0.475	0.561
5	0.642	0.780	19	0.462	0.547
6	0.560	0.698	20	0.450	0.535
7	0.507	0.637	21	0.440	0.524
8	0.554	0.683	22	0.430	0.514
9	0.512	0.635	23	0.421	0.505
10	0.477	0.597	24	0.413	0.497
11	0.576	0.679	25	0.406	0.489
12	0.546	0.642	26	0.399	0.482
13	0.521	0.615	27	0.393	0.474
14	0.546	0.641	28	0.387	0.468
15	0.525	0.616	29	0.381	0.462
16	0.507	0.595	30	0.376	0.456

2)格拉布斯(Grubbs)检验法

此法既适用于检验多组测量值均值的一致性和剔除多组测量值中的离群均值;也可用于检验一组测量值一致性和剔除一组测量值中的离群值,方法如下:

(1)有 l 组测定值,每组 n 个测定值的均值分别为 $\overline{x}_1,\overline{x}_2,\cdots,\overline{x}_i,\cdots,\overline{x}_l$,其中最大均值记为 $\overline{x}_{max}$,最小均值记为 $\overline{x}_{min}$。

(2)由 l 个均值计算总均值($\overline{\overline{x}}$)和标准偏差($s_{\overline{x}}$):

$$\overline{\overline{x}}=\frac{1}{l}\sum_{i=1}^{l}\overline{x}_i \qquad s_{\overline{x}}=\sqrt{\frac{1}{l-1}\sum_{i=1}^{l}(\overline{x}_i-\overline{\overline{x}})^2}$$

(3)可疑均值为最大值($\overline{x}_{max}$)或最小值($\overline{x}_{min}$)时,按下式计算统计量(G):

$$G=\frac{\overline{\overline{x}}-\overline{x}_{min}}{s_{\overline{x}}} \qquad 或 \qquad G=\frac{\overline{x}_{max}-\overline{\overline{x}}}{s_{\overline{x}}}$$

(4)根据测定值组数和给定的显著性水平(α),从表 10-4 查得临界值(G_α)。

(5)若 $G \leqslant G_{0.05}$,则可疑均值为正常均值;

若 $G_{0.05} < G \leqslant G_{0.01}$,则可疑均值为偏离均值;

若 $G > G_{0.01}$,则可疑均值为离群均值,应予剔除,即剔除含有该均值的一组数据。

第 10 章　监测数据处理和质量保证

311

表 10-4 格拉布斯(Grubbs)检验临界值(G_α)

l	显著性水平(α)		l	显著性水平(α)		l	显著性水平(α)	
	0.05	0.01		0.05	0.01		0.05	0.01
3	1.153	1.155	21	2.580	2.912	39	2.857	3.228
4	1.463	1.492	22	2.603	2.939	40	2.866	3.240
5	1.672	1.749	23	2.624	2.963	41	2.877	3.251
6	1.822	1.944	24	2.644	2.987	42	2.887	3.261
7	1.938	2.097	25	2.663	3.009	43	2.896	3.271
8	2.032	2.221	26	2.681	3.029	44	2.905	3.282
9	2.110	2.323	27	2.698	3.049	45	2.914	3.292
10	2.176	2.410	28	2.714	3.068	46	2.923	3.302
11	2.234	2.485	29	2.730	3.085	47	2.931	3.310
12	2.285	2.550	30	2.745	3.103	48	2.940	3.319
13	2.331	2.607	31	2.759	3.119	49	2.948	3.329
14	2.371	2.659	32	2.773	3.135	50	2.956	3.336
15	2.409	2.705	33	2.786	3.150	60	3.025	3.411
16	2.443	2.747	34	2.799	3.164	70	3.082	3.471
17	2.475	2.785	35	2.811	3.178	80	3.130	3.521
18	2.504	2.821	36	2.823	3.191	90	3.171	3.563
19	2.532	2.854	37	2.835	3.204	100	3.207	3.600
20	2.557	2.884	38	2.846	3.216			

▶ 10.1.3 监测结果的表述和区间估计

1)监测结果的表述

对于监测结果一般有以下几种表述方式:

(1)算术平均值代表集中趋势($\overline{x}$);

(2)算术平均值和标准偏差表示测定结果的精密度($\overline{x} \pm s$);

(3)($\overline{x} \pm s$,CV)表示结果。

测量过程中排除系统误差和过失误差后,只存在随机误差。根据正态分布的原理,当测定次数无限多($n \to \infty$)时的总体均值(μ)应与真值(x_t)很接近。但实际只能测定有限次数,因此,样本的算术均值是代表集中趋势表达监测结果的最常用方式,标准偏差表示离散程度。算术均值代表性的大小与标准偏差的大小有关,即标准偏差大,算术均值代表性小,反之亦然。不同水平或单位的测量结果之间,其标准偏差是无法进行比较的,而变异系数是相对值,可在一定范围内用来比较不同水平或单位的测量结果之间的差异。

2）均值置信区间

总体均值 μ 和总体方差 σ^2 可以用样本均值 $\overline{x}$ 及样本方差 s^2 来估计。但是一般来说，$\overline{x}$ 及 s^2 不会恰好等于 μ 和 σ^2。因此，仅用一个点值去估计测量参数往往是不够的，因为无法了解点估计可能存在的误差。区间估计则能弥补点估计误差不明的问题。所以，监测结果用区间估计法表达才更合理。

可能包含总体参数的随机区间称为总体参数的置信区间。置信区间包含总体参数的可能性大小称为置信水平（或置信度、置信概率），通常用 $(1-\alpha)$ 表示。在一定的置信度下，估计出总体参数置信区间的统计方法称为总体参数的区间估计法。在环境监测中置信度一般取 0.95 或 0.99。

均值置信区间是考察样本均值 $\overline{x}$ 与总体均值 μ 之间的关系，即以样本均值代表总体均值的可靠程度。从正态分布曲线可知，68.26％的数据在 $\mu\pm\sigma$ 区间之中，95.44％的数据在 $\mu\pm2\sigma$ 之间。正态分布理论是从大量数据中得出的。当从同一总体中随机抽取足够量的大小相同的样本，并对它们进行测定得到一批样本均值，如果原总体是正态分布，则这些样本均值的分布将随样本容量 (n) 的增大而趋向正态。总体均值的置信区间为：

$$\mu=\overline{x}\pm t_{(\alpha/2,f)}\frac{s}{\sqrt{n}}$$

10.1.4 监测结果的统计检验

在环境监测中，由于对所研究的对象往往是不完全了解，因此需要对监测结果进行统计检验。需要进行统计检验的问题包括 2 类：一是同一总体中测定值是否等于真值；二是比较两总体的均值或方差是否相同。回答这两类问题的统计检验方法叫显著性检验（t 检验）。

1）方法概述

t 检验需计算统计量 t，根据不同情况需采用不同的计算公式，下面列出了 3 种情况下 t 的计算公式。

（1）单个正态总体的检验　检验总体方差 σ^2 未知，且是小样本，样本容量 $n<30$ 的平均值 $\overline{x}$ 是否属于平均值为 μ 的指定总体的一种 t 检验方法。

$$t=\frac{\overline{x}-\mu}{\frac{s}{\sqrt{n}}}$$

（2）两个正态总体平均值的检验　两样本的总体方差 σ_1^2、σ_2^2 未知，但 $\sigma_1^2=\sigma_2^2$，而且是小样本，t 的计算公式如下：

$$t=\frac{(\overline{x}_1-\overline{x}_2)}{\sqrt{s_e^2\left(\frac{1}{n_1}+\frac{1}{n_2}\right)}}$$

其中，$s_e^2=\dfrac{(n_1-1)s_1^2+(n_2-1)s_2^2}{n_1+n_2-2}$。

（3）两个正态总体平均值的检验　两样本的总体方差 σ_1^2、σ_2^2 未知，但 $\sigma_1^2\neq\sigma_2^2$（先用 F

检验），则采用近似 t 检验。

$$t = \frac{(\overline{x_1} - \overline{x_2})}{\sqrt{\dfrac{s_1^2}{n_1} + \dfrac{s_2^2}{n_2}}}$$

自由度 f：

$$f = \frac{1}{\dfrac{k^2}{n_1 - 1} + \dfrac{(1-k)^2}{n_2 - 1}} \qquad k = \frac{\dfrac{s_1^2}{n_1}}{\dfrac{s_1^2}{n_1} + \dfrac{s_2^2}{n_2}}$$

2）统计检验的步骤

根据题意确定使用的统计推断方法，单侧检验或双侧检验。

（1）建立统计假设，一般作两个假设，一个是原假设 H_0，其形式如 $\mu = \mu_0$（或 $\mu_1 = \mu_2$）；另一个是备选假设 H_1，其形式如 $\mu \neq \mu_0, \mu > \mu_0, \mu < \mu_0$（或 $\mu_1 \neq \mu_2, \mu_1 > \mu_2$）。根据备选假设的不同形式，假设检验又可分为双侧检验和单侧检验。若 H_1 为 $\mu \neq \mu_0$ 或 $\mu_1 \neq \mu_2$，称为双侧检验；若前两式不等，且为 $\mu > \mu_0$、$\mu < \mu_0$ 或 $\mu_1 > \mu_2$，称为单侧检验。

（2）确定显著性水平 α 的值，一般常取 $\alpha = 0.05$ 或 $\alpha = 0.01$，然后查 t 表得 $t_\alpha (t_{\alpha/2})$。

（3）计算统计量 t。

（4）得统计结论：

当 $t < t_{0.05}$，即 $P > 0.05$，差别无显著意义；

当 $t_{0.05} \leqslant t < t_{0.01}$，即 $0.01 < P \leqslant 0.05$，差别有显著意义；

当 $t > t_{0.01}$，即 $P \leqslant 0.01$，差别有非常显著意义。

例 10-1 土壤砷含量（$\mu g/g$）近似正态分布，本底值为 1.23，现测值 $n = 20$，$\overline{x} = 1.30$，$s = 0.24$，就测值对本底值进行显著性检验。

解 本例需要了解土壤是否被砷污染的信息，故只需做测值总体平均值是否大于本底值的检验。因此是单侧检验。

（1）建立假设 $H_0: \mu = 1.23$，$H_1: \mu > 1.23$；

（2）确定显著性水平 $\alpha = 0.05$，查 t 表（表 10-5），得 $t_{(0.05, 19)} = 1.729$；

表 10-5 t 表

自由度 f	显著性水平 α				
	0.100	0.050	0.025	0.010	0.005
1	3.078	6.314	12.706	31.821	63.657
2	1.886	2.920	4.303	6.965	9.925
3	1.638	2.353	3.182	4.541	5.841
4	1.533	2.132	2.776	3.747	4.604
5	1.476	2.015	2.571	3.365	4.032
6	1.440	1.943	2.447	3.143	3.707
7	1.415	1.895	2.365	2.998	3.499

自由度 f	显著性水平 α				
	0.100	0.050	0.025	0.010	0.005
8	1.397	1.860	2.306	2.896	3.355
9	1.383	1.833	2.262	2.821	3.250
10	1.372	1.812	2.228	2.764	3.169
11	1.363	1.796	2.201	2.718	3.106
12	1.356	1.782	2.179	2.681	3.055
13	1.350	1.771	2.160	2.650	3.012
14	1.345	1.761	2.145	2.624	2.977
15	1.341	1.753	2.131	2.602	2.947
16	1.337	1.746	2.120	2.583	2.921
17	1.333	1.740	2.110	2.567	2.898
18	1.330	1.734	2.101	2.552	2.878
19	1.328	1.729	2.093	2.539	2.861
20	1.325	1.725	2.086	2.528	2.845
21	1.323	1.721	2.080	2.518	2.831
22	1.321	1.717	2.074	2.508	2.819
23	1.319	1.714	2.069	2.500	2.807
24	1.318	1.711	2.064	2.492	2.797
25	1.316	1.708	2.060	2.485	2.787
26	1.315	1.706	2.056	2.479	2.779
27	1.314	1.703	2.052	2.473	2.771
28	1.313	1.701	2.048	2.467	2.763
29	1.311	1.699	2.045	2.462	2.756
30	1.310	1.697	2.042	2.457	2.750
40	1.303	1.684	2.021	2.423	2.704
50	1.299	1.676	2.009	2.403	2.678
60	1.296	1.671	2.000	2.390	2.660
80	1.292	1.664	1.990	2.374	2.639
100	1.290	1.660	1.984	2.364	2.626
120	1.289	1.658	1.980	2.358	2.617
∞	1.282	1.645	1.960	2.326	2.576

（3）计算统计量 t，$t = \dfrac{1.30 - 1.23}{0.24/\sqrt{20}} = 1.304$；

（4）结论：$t < t_{(0.05, 19)}$，不显著，接受 H_0，即土壤测值并不高于本底值。

例 10-2 两个实验室分别测定同一废水样中的镉（mg/L），已计算得：

A 实验室：$n_1 = 20$，$\bar{x}_1 = 1.49$，$s_1 = 0.22$

第 10 章 监测数据处理和质量保证

B 实验室：$n_2 = 11, \overline{x}_2 = 0.53, s_2 = 0.24$

检验两实验室测定结果有无显著性差异（F 检验后知 $\sigma_1^2 = \sigma_2^2$）。

解 （1）假设 $H_0: \mu_1 = \mu_2, H_1: \mu_1 \neq \mu_2$；

（2）自由度 $f = 20 + 11 - 2 = 29$；

（3）$s_e^2 = \dfrac{(n_1-1)s_1^2 + (n_2-1)s_2^2}{n_1 + n_2 - 2} = \dfrac{19 \times 0.22^2 + 10 \times 0.24^2}{29} = 0.051\,6$；

$$t = \frac{(\overline{x}_1 - \overline{x}_2)}{\sqrt{s_e^2 \left(\dfrac{1}{n_1} + \dfrac{1}{n_2}\right)}} = \frac{1.49 - 0.53}{\sqrt{0.516 \times \left(\dfrac{1}{20} + \dfrac{1}{11}\right)}} = 11.29$$

（4）查 t（表 10-5），得 $t_{(0.025,\,29)} = 2.045$；

（5）结论：$t = 11.29 > t_{(0.025,\,29)} = 2.045$。

否定 H_0，接受 H_1，即两实验室平均水平有非常显著差异。

3）两总体方差齐性的 F 检验法

比较不同条件下（不同时间、地点、分析方法和人员等）两组测量数据是否有相同的精密度，也就是要比较两个总体的方差是否相等，可用 F 检验法进行检验。

需计算统计量 $\qquad F = \dfrac{s_1^2}{s_2^2} \qquad (s_1 > s_2, f_1 = n_1 - 1, f_2 = n_2 - 1)$

若 $F \geqslant F_{\alpha(f_1, f_2)}$，则显著，即两个总体的方差有显著性差异，方差不齐性。

若 $F < F_{\alpha(f_1, f_2)}$，则不显著，即两个总体的方差无显著性差异，方差齐性。

例 10-3 两个实验室用同一方法测试同种样品，计算得 A 实验室 $n_1 = 7, s_1 = 0.35$ mg/kg；B 实验室：$n_2 = 8, s_2 = 0.57$ mg/kg，问两实验室是否有相同的精密度？

解 （1）假设 $H_0: \sigma_1^2 = \sigma_2^2, H_1: \sigma_1^2 \neq \sigma_2^2$；

（2）$s_1^2 = 0.122\,5, s_2^2 = 0.324\,9$；

（3）$F = \dfrac{s_2^2}{s_1^2} = \dfrac{0.324\,9}{0.122\,5} = 2.65$；

（4）确定显著性水平 $\alpha = 0.05$，查 F 表（表 10-6），得 $F_{0.05(7,6)} = 4.21$；

（5）结论 $F = 2.65 < F_{0.05(7,6)} = 4.21$，因此，不显著，即两个实验室具有相同的精密度。

表 10-6　方差分析的 F 表（$\alpha = 0.05$）

f_2	f_1																		
	1	2	3	4	5	6	7	8	9	10	12	20	24	30	40	60	80	100	∞
1	161	200	216	225	230	234	237	239	241	242	244	248	249	250	251	252	252	253	254
2	18.5	19.0	19.2	19.2	19.3	19.3	19.4	19.4	19.4	19.4	19.4	19.4	19.5	19.5	19.5	19.5	19.5	19.5	19.5
3	10.1	9.55	9.28	9.12	9.01	8.94	8.89	8.85	8.81	8.79	8.74	8.66	8.64	8.62	8.59	8.57	8.56	8.55	8.53
4	7.71	6.94	6.59	6.39	6.26	6.16	6.09	6.04	6.00	5.96	5.91	5.80	5.77	5.72	5.69	5.67	5.66	5.66	5.63
5	6.61	5.79	5.41	5.19	5.05	4.95	4.88	4.82	4.77	4.74	4.68	4.56	4.53	4.50	4.46	4.43	4.41	4.41	4.37
6	5.99	5.14	4.76	4.53	4.39	4.28	4.21	4.15	4.10	4.06	4.00	3.87	3.84	3.81	3.77	3.74	3.72	3.71	3.67
7	5.59	4.74	4.35	4.12	3.97	3.87	3.79	3.73	3.68	3.64	3.57	3.44	3.41	3.38	3.34	3.30	3.29	3.27	3.23
8	5.32	4.46	4.07	3.84	3.69	3.58	3.50	3.44	3.39	3.35	3.28	3.15	3.12	3.08	3.04	3.01	2.99	2.97	2.93

f_2	f_1																		
	1	2	3	4	5	6	7	8	9	10	12	20	24	30	40	60	80	100	∞
9	5.12	4.26	3.86	3.63	3.48	3.37	3.29	3.23	3.18	3.14	3.07	2.94	2.90	2.83	2.83	2.79	2.77	2.76	2.71
10	4.96	4.10	3.71	3.48	3.33	3.22	3.14	3.07	3.02	2.98	2.91	2.77	2.74	2.70	2.66	2.62	2.60	2.59	2.54
11	4.84	3.98	3.59	3.36	3.20	3.09	3.01	2.95	2.90	2.85	2.79	2.65	2.61	2.57	2.53	2.49	2.47	2.46	2.40
12	4.75	3.89	3.49	3.26	3.11	3.00	2.91	2.85	2.80	2.75	2.69	2.54	2.51	2.47	2.43	2.38	2.36	2.35	2.30
20	4.35	3.49	3.10	2.87	2.71	2.60	2.51	2.45	2.39	2.35	2.28	2.12	2.08	2.04	1.99	1.95	1.92	1.91	1.84
24	4.26	3.40	3.01	2.78	2.62	2.51	2.42	2.36	2.30	2.25	2.18	2.03	1.98	1.94	1.89	1.84	1.82	1.80	1.73
30	4.17	3.32	2.92	2.69	2.53	2.42	2.33	2.27	2.21	2.16	2.09	1.93	1.89	1.84	1.79	1.74	1.71	1.70	1.62
40	4.08	3.23	2.84	2.61	2.45	2.34	2.25	2.18	2.12	2.08	2.00	1.84	1.79	1.74	1.69	1.64	1.61	1.59	1.51
60	4.00	3.15	2.76	2.53	2.37	2.25	2.17	2.10	2.04	1.99	1.92	1.75	1.70	1.65	1.59	1.53	1.50	1.48	1.39
80	3.96	3.11	2.72	2.49	2.33	2.21	2.13	2.06	2.00	1.95	1.88	1.70	1.65	1.60	1.54	1.48	1.45	1.43	1.32
100	3.94	3.09	2.70	2.46	2.31	2.19	2.10	2.03	1.97	1.93	1.85	1.68	1.63	1.57	1.52	1.45	1.41	1.39	1.28
∞	3.84	3.00	2.60	2.37	2.21	2.10	2.01	1.94	1.88	1.83	1.75	1.57	1.52	1.46	1.39	1.32	1.27	1.24	1.00

10.1.5　直线相关和回归

1)直线回归方程

在环境监测中,变量间除了具有确定的函数关系外,还有一种非确定的关系,如土壤中污染物含量与农作物中该物质的含量,分析中标准曲线的浓度值与信号值的关系等,它们总呈现一定程度的相关性。研究这些变量间的相互关系的统计方法称为回归分析。

直线回归,又称简单线性回归,所谓"简单",指的是自变量 x 只有一个,而不是多个。所谓"线性",指的是 x 和 y 的关系是直线关系,而不是曲线关系。

用 x 及 y 表示成直线相关的一对变量,通常以 x 作为自变量,y 作为因变量,它们的直线回归方程一般形式是一个二元一次方程,即:

$$\hat{y} = a + bx$$

此方程式称为 y 依 x 的回归方程,式中 $\hat{y}$ 是估计的 y,不同于观察的 y;a 为回归截距;b 是回归直线的斜率,即 x 数列每增减变动一个单位时,影响 y 变动的比例,它说明了具有回归关系的两个变量之间的数量关系,它的正负号表示 x 和 y 变量变动的方向是一致的还是相反的,即是正回归关系,还是负回归关系,故称 b 为回归系数。

上述回归方程可根据最小二乘法建立。即首先测定一系列 $x_1, x_2, \cdots, x_n$ 和相对应的 $y_1, y_2, \cdots, y_n$,然后按下式计算 a 和 b。

$$b = \frac{\sum (x - \overline{x})(y - \overline{y})}{\sum (x - \overline{x})^2} = \frac{\sum xy - \dfrac{\sum x \cdot \sum y}{n}}{\sum x^2 - \dfrac{(\sum x)^2}{n}}$$

$$a = \overline{y} - b\overline{x}$$

2)相关系数及其显著性检验

相关系数是表示两个变量之间关系的性质和密切程度的指标,符号为 r,其值在 $-1 \sim +1$。公式为:

$$r = \frac{\sum (x - \overline{x})(y - \overline{y})}{\sqrt{\sum (x - \overline{x})^2 \sum (y - \overline{y})^2}}$$

x 与 y 的相关关系有以下几种情况:

(1)若 x 增大,y 也相应增大,称 x 与 y 呈正相关。此时 $0 < r < 1$,若 $r = 1$,称完全正相关。

(2)若 x 增大,y 相应减小,称 x 与 y 呈负相关。此时 $-1 < r < 0$,当 $r = -1$ 时,称完全负相关。

(3)若 y 与 x 的变化无关,称 x 与 y 不相关。此时 $r = 0$。

若总体中 x 与 y 不相关,在抽样时由于偶然误差,可能计算所得 $r \neq 1$。所以应检验 r 有无显著意义,方法如下:

(1)求出 r。

(2)按 $t = |r| \sqrt{\dfrac{n-2}{1-r^2}}$,求出 t,n 为变量配对数,自由度 $f = n - 2$。

(3)查 t 表(表 10-5)(一般单侧检验)。

若 $t > t_{0.01}$,即 $P < 0.01$,r 相关关系非常显著;

若 $t < t_{0.01}$,$P > 0.01$,r 相关关系不显著。

例 10-4 某农药厂废水的 COD 与 TOC 数值见表 10-7,试对两组数据进行相关性检验。

表 10-7 COD 与 TOC 浓度数值　　　　　　　　　　mg/L

样点号	1	2	3	4	5	6	7	8	9	10	11	12	13	14	15
COD(y)	1 200	1 200	1 680	1 440	1 752	2 112	1 040	2 280	1 200	860	690	820	1 340	1 108	1 840
TOC(x)	360	325	470	465	610	640	390	590	175	110	76	166	150	188	340

解 将数据 x、y 输入计算器或计算机,进行运算,计算得:

$a = 663$,$b = 2.10$,$r = 0.839$

计算统计量　　　　　　$t = |r| \sqrt{\dfrac{n-2}{1-r^2}} = 0.839 \sqrt{\dfrac{15-2}{1-0.839^2}} = 5.559$

查 t 表,$t_{(0.05, 13)} = 1.77$,$t_{(0.01, 13)} = 2.65$。

$t > t_{(0.01, 13)}$,$P < 0.01$,因此该废水的 COD 与 TOC 线性非常显著相关。

10.2 环境监测的质量保证

环境监测对象成分复杂,时空分布随机多变,数量级差异大,不易准确测量,所涉及的学科门类较多,只有通过质量保证和质量控制才能使之协调一致。环境监测质量保证和质量控制贯穿于整个环境监测过程中，也是环境监测中十分重要和关键的技术工作和管理工作，涉及获得环境监测数据和评价的全部活动和措施。

从质量保证和质量控制的角度出发，为使监测数据能够准确地反映环境质量的现状，预测污染发展的趋势，确保高质量的、可靠的环境监测数据，要求监测数据具有代表性、完整性、准确性、精密性和可比性。

⬢ 10.2.1 基本概念

1) 准确性

准确性是指用一个特定的分析程序所获得的分析结果(单次测定值或重复测定值的均值)与假定的或公认的真值之间的符合程度。它是反映分析方法或测量系统存在的系统误差和随机误差两者的综合指标，并决定其分析结果的可靠性。准确度用绝对误差和相对误差表示。

2) 精密性

精密性是指用一特定的分析程序在受控条件下重复分析均一样品所得测定值的一致程度。它反映分析方法或测量系统所存在随机误差的大小。极差、平均偏差、相对平均偏差、标准偏差和相对标准偏差都可用来表示精密度大小，较常用的是标准偏差(s)。

按照规定的条件，表征精密度的术语有：

(1) 平行性　指在同一实验室中，当分析人员、分析设备和分析时间都相同时，用同一分析方法对同一样品进行双份或多份平行样测定的结果之间的符合程度。

(2) 重复性　指在同一实验室中，当分析人员、分析设备和分析时间三因素中至少有一项不相同时，用同一分析方法对同一样品进行的两次或两次以上独立测定结果之间的符合程度。

(3) 再现性　指在不同实验室(分析人员、分析设备、甚至分析时间都不相同)，用同一分析方法对同一样品进行多次测定结果之间的符合程度。

3) 代表性

代表性指监测样品在空间和时间分布上的代表程度。所采集的样品必须能反映环境质量总体的真实状况，监测数据能够真实代表某污染物在环境中的存在状态和环境状况。

4) 可比性

可比性指在监测方法、环境条件、数据表达方式等可比条件下所获得数据的一致程度。用不同测定方法测量同一样品中某污染物时，比较所得结果的吻合程度。对于环境标准样品的定值，使用不同标准分析方法得出的数据应具有良好的可比性。各实验室之间对同一样品的监测结果应相互可比，而且每个实验室对同一样品的监测结果应该达到相关项目之间的数据可比，相同项目在没有特殊情况时，历年同期的数据也是可比的。

5) 完整性

完整性指取得有效益监测数据的总额满足预期计划要求的程度。强调工作总体规划的切实完成，即保证按预期计划取得有系统性和连续性的有效样品，而且无缺漏地获得这些样品的监测结果及有关信息。

6)灵敏度

分析方法的灵敏度是指该方法对单位浓度或单位量的待测物质的变化所引起的响应量变化的程度,它可以用仪器的响应量或其他指示量与对应的待测物质的浓度或量之比来描述,因此常用标准曲线的斜率来度量灵敏度。灵敏度可因实验条件的改变而变化,但在一定的实验条件下,灵敏度具有相对稳定性。

7)空白试验

空白试验又叫空白测定,是指用蒸馏水代替样品的测定,其所加试剂和操作步骤与样品测定完全相同。样品分析时仪器的响应值(如吸光度、峰高等)不仅是样品中待测物质的分析响应值,还包括所有其他因素,如试剂中杂质、环境及操作进程的玷污等的响应值,这些因素是经常变化的。为了了解它们对样品测定的综合影响,在每次测定时均应做空白试验,空白试验所得的响应值称为空白试验值。空白试验应与样品测定同时进行。空白试验对试验用水有一定的要求,即其中待测物质浓度应低于方法的检出限。当空白试验值偏高时,应全面检查空白试验用水、试剂的空白、量器和容器是否玷污、仪器的性能以及环境状况等。

8)校准曲线

校准曲线是用于描述待测物质的浓度或量与相应的测量仪器的响应量或其他指示量之间的定量关系的曲线。校准曲线包括"工作曲线"和"标准曲线"。工作曲线是指标准溶液的分析步骤与样品分析步骤完全相同时所绘制的校准曲线;标准曲线是指标准溶液的分析步骤与样品分析步骤相比有所省略时(如省略样品的前处理)绘制的校准曲线。

监测中常用校准曲线的直线部分。某一方法的校准曲线的直线部分所对应的待测物质浓度(或量)的变化范围,称为该方法的线性范围。

校准曲线质量保证的一般要求为:浓度点最少有 6 个点(其中含 0 浓度点);相关系数 $r \geqslant 0.999$;截距 a 与 0 无显著性差异。

9)检出限

检出限(limit of detection,LOD)是指某一分析方法在给定的可靠程度内可以从样品中检测待测物质的最小浓度或最小量。所谓检出是指定性检测,即断定样品中确实存在有浓度高于空白的待测物质。检出限有以下几种规定:

(1)分光光度法中规定以扣除空白值后,吸光度为 0.010 相对应的浓度值为检出限。

(2)气相色谱法中规定检测器产生的响应信号为噪声值 2 倍时的量。最小检出浓度是指最小检出量与进样量(体积)之比。

(3)离子选择性电极法规定,当标准曲线的直线部分外延的延长线与通过空白电位且平行于浓度轴的直线相交时,其交点所对应的浓度值即为检出限。

(4)《全球环境监测系统水监测操作指南》中规定,给定置信水平为 95% 时,样品浓度的一次测定值与零浓度样品的一次测定值有显著性差异者,即为检出限(L)。当空白测定次数 n 大于 20 时,

$$L = 4.6 s_{wb}$$

式中:s_{wb} 为空白平行测定(组内)标准偏差。

10)测定限

测定限分测定下限和测定上限。测定下限是指在测定误差能满足预定要求的前提下,

用特定方法能够准确地定量测定待测物质的最小浓度或含量；测定上限是指在测定误差能满足预定要求的前提下，用特定方法能够准确地定量测定待测物质的最大浓度或含量。

最佳测定范围也称为有效测定范围，系指在限定误差能满足预定要求的前提下，特定方法的测定下限到测定上限之间的浓度范围。

方法适用范围是指某一特定方法测定下限至测定上限之间的浓度范围。显然，最佳测定范围应小于方法适用范围。

10.2.2 质量保证与质量控制

环境监测质量保证是环境监测中十分重要的技术工作和管理工作，是一种保证监测数据准确可靠的方法，也是科学管理实验室和监测系统的有效措施。质量保证的目标是使环境监测数据具有精密性、准确性、代表性、可比性和完整性。

(1)质量保证的内容 质量保证(quality assurance，QA)是整个监测过程的全面管理，着重研究管理对策，内容包括：①制定监测工作计划；②根据经济和技术的可行性确定监测数据的质量要求和控制目标；③规定样品的采集、预处理、贮存、运输及实验室分析测试方法，仪器设备、器皿的选择和校准，试剂、溶剂和基准物质的选用，统一数据处理和评价要求、方法；④各类人员的要求和技术培训；⑤实验室的清洁和安全，以及编写有关的文件、指南和手册等。

(2)质量控制的内容 质量控制(quality control，QC)主要研究技术措施，是对分析测试全过程的具体控制措施和方法，它是质量保证的一部分。环境监测的质量控制分为实验室内的质量控制(内部质量控制)和实验室间的质量控制(外部质量控制)，目的是保证测量结果有一定的精密度和准确度，在给定的置信水平下达到所要求的质量。

实验室内质量控制是实验室分析人员对分析质量进行自我控制的过程。实验室检测质量与实验室的管理水平和所选择的方法有关。内部质量控制主要考虑的是实验室内检测质量的稳定性，考查误差的来源、大小和性质，及时发现，并采取适当的措施，将误差控制在允许的范围之内。其内容包括空白试验、校准曲线核查、平行样分析、加标样分析、密码样品分析、仪器设备的定期标定和编制质量控制图等；外部质量控制通常是由常规监测以外的监测中心站或其他有经验人员来执行，以便对数据质量进行独立评价，各实验室可以从中发现所存在的系统误差等问题，以便及时校正、提高监测质量。常用的方法有分析标准样品以进行实验室之间的评价和分析测量系统的现场评价等。

环境监测质量保证系统应该控制的要点见表10-8。

表 10-8 环境监测全过程的质量控制要点

监测系统过程	质量控制内容	质量控制目标
布点系统	监测目标系统的控制 监测点位点数的优化控制	空间代表性、可比性
采样系统	采样次数和采样频率优化 采样工具、方法的统一规范化	时间代表性、可比性

监测系统过程	质量控制内容	质量控制目标
运贮系统	样品的运输过程控制 样品规定保存控制	可靠性、代表性
分析测试系统	分析方法准确度、精密度、检测范围控制 分析人员素质及实验室间的质量控制	准确性、精密性、可靠性、可比性
数据处理系统	数据整理、处理及精密检验控制 数据分布、分类管理制度的控制	可靠性、可比性、完整性、科学性
综合评价系统	信息量的控制 成果表达控制 结论完整性、透彻性及对策控制	真实性、完整性、科学性、适用性

10.2.3 实验室内质量保证

要使监测质量达到规定水平,必须要有合格的实验室和合格的分析操作人员,包括仪器的正确使用和定期校正;化学试剂和溶剂的选用;溶液的配制和标定、试剂的提纯;实验室的清洁度和安全工作;分析操作人员的操作技术和分离操作技术等。

10.2.3.1 实验用水

由于实验目的不同对水质各有一定的要求,如仪器的洗涤、溶液的配制、生物组织培养,对水质的要求都有所不同。制备和选择合格的实验用水是环境监测质量的基本保证。《分析实验室用水规格和试验方法》(GB/T 6682—2008)标准中规定了分析实验室用水的级别、规格、取样及贮存、实验方法等内容,表10-9中列出了纯水的分级标准,实验用水可根据实际工作需要选用不同级别的水。

表10-9 分析实验室用水级别(GB/T 6682—2008)

名　称	一级	二级	三级
pH 范围(25℃)	—	—	5.0~7.5
电导率(25℃)/(mS/m)	≤0.01	≤0.10	≤0.50
可氧化物质含量(以 O 计)/(mg/L)	—	≤0.08	≤0.4
吸光度(254 nm,1 cm 光程)	≤0.001	≤0.01	—
蒸发残渣[(105±2)℃]/(mg/L)	≤0.01	≤0.02	—
可溶性硅(以 SiO_2 计)/(mg/L)	—	≤1.0	≤2.0
制备方法	二级用水经石英设备蒸馏或离子交换混合床处理	多次蒸馏或离子交换等方法制取	蒸馏或离子交换等方法制取
用途	有严格要求的分析试验	用于无机痕量等试验	一般化学分析试验

1）自来水

自来水一般含有钙、镁、铝等元素的氯化物、硫酸盐及硅酸盐等,此外还含有各种有机物。这些物质在一定程度上会干扰分析测定,因此,自来水一般只用作器皿的洗涤水、冷凝水等实验用水。

2）蒸馏水

蒸馏水是实验室最常用的一种纯水,蒸馏水的质量因蒸馏器的材料与结构不同而有所差别,下面分别介绍几种不同的蒸馏器及所制得的蒸馏水的质量。

（1）金属蒸馏器　金属蒸馏器内壁为纯铜、黄铜、青铜,也有镀纯锡的。用这种蒸馏器所获得的蒸馏水中含有微量金属杂质,如含 Cu^{2+} 10～200 mg/L,只适用于清洗容器和配制一般试液。

（2）玻璃蒸馏器　玻璃蒸馏器由含低碱高硅硼酸盐的"硬质玻璃"制成,二氧化硅约占 80%。用这种蒸馏器蒸馏所得的水中含痕量金属,还可能含有微量玻璃溶出物,如钠、硼、砷等,适用于配制一般定量分析试液,不宜配制分析重金属或痕量非金属试液。

（3）石英蒸馏器　石英蒸馏器含 99.9% 以上二氧化硅。用这种蒸馏器蒸馏所得蒸馏水仅含痕量金属杂质,不含玻璃溶出物,适用于配制对痕量非金属进行分析的试液。

（4）亚沸蒸馏器　亚沸蒸馏器是由石英制成的自动补液蒸馏装置,也属于石英蒸馏器。其热源功率很小,使水在沸点以下缓慢蒸发,故不存在雾滴污染问题。所得蒸馏水几乎不含金属杂质,适用于配制除可溶性气体和挥发性物质以外的各种物质的痕量分析用的试液。它常作为最终的纯水器与其他纯水装置联用。

3）去离子水

用阳离子交换树脂和阴离子交换树脂以一定形式组合进行原水处理可得到去离子水。离子交换树脂制备去离子水易于操作、设备简单、出水量大、出水水质好,可去除水中绝大部分盐类、碱和游离酸,适用于配制痕量金属分析用的试液。但因含有微量树脂浸出物和树脂崩解微粒,所以不适用于配制有机分析溶液。

4）特殊要求的纯水

（1）无氯水　加入亚硫酸钠等还原剂,将自来水中的余氯还原为氯离子,用邻联甲苯胺检查不显色,用附有缓冲球的全玻璃蒸馏器进行蒸馏制得。取制备后的无氯水 10 mL,加 2～3 滴硝酸[1:1(V/V)],2～3 滴 0.1 mol/L 硝酸银溶液,摇匀,无白色浑浊现象为合格。

（2）无氨水　向水中加入硫酸至其 pH 小于 2,使各种形态的氨或胺均转变为不挥发的铵盐类,然后用全玻璃蒸馏器进行蒸馏制得。也可用强酸性阳离子树脂进行离子交换,得到较大量的无氨水。但应注意避免实验室空气中存在的氨重新污染。

（3）无二氧化碳水　无二氧化碳水的制备有两种方法。一是煮沸法,将蒸馏水或去离子水煮沸至少 10 min（水多时）,或使水量蒸发 10% 以上（水少时）,加盖放冷即可制得无二氧化碳的纯水;二是曝气法,将惰性气体或纯氮通入蒸馏水或去离子水至饱和,即得无二氧化碳水。制得的无二氧化碳水应贮存于附有碱石灰管的、橡皮塞盖严的瓶中。

（4）无重金属水　将蒸馏水通过氢型强酸性阳离子交换树脂可得无重金属水,也可以在 1 L 蒸馏水中加入 2 mL 浓硫酸用亚沸蒸馏器蒸馏得到。制得的水应存放于事先用 6 mol/L 硝酸溶液浸泡过夜后再用无重金属水洗净的容器中。

（5）无酚水　无酚水的制备有两种方法。一是加碱蒸馏法,向水中加入氢氧化钠至 pH

大于 11,使水中酚生成不挥发的酚钠后,用全玻璃蒸馏器蒸馏制得(蒸馏之前,可同时加入少量高锰酸钾溶液使水呈紫红色,再进行蒸馏);二是活性炭吸附法,每升水中加入 0.2 g 活性炭,置于分液漏斗中,充分振摇,放置过夜,中速滤纸过滤即得。

(6)不含有机物的水　调节水的 pH 使其呈碱性,加入少量高锰酸钾溶液(氧化水中有机物)使其呈紫红色,再用全玻璃蒸馏器进行蒸馏即得。在整个蒸馏过程中应始终保持水呈紫红色,否则应随时补加高锰酸钾。

(7)不含亚硝酸盐的水　1 L 水中加入 1 mL 浓硫酸和 0.2 mL 35% 的硫酸锰溶液,再加 1～3 mL 0.04% 的高锰酸钾溶液,水呈红色进行蒸馏即得。

在分析某些指标时,对分析过程中所用纯水的这些指标的含量越低越好,其他特殊用水的制备方法可以查阅有关资料。

10.2.3.2　实验用气

监测实验室经常使用压缩或液化气体,如氮气、氧气、氩气、氢气、氯气、乙炔气、二氧化碳、液化石油气等,他们通常贮存于钢瓶内。这些气体有些属于可燃气体、助燃气体、有毒气体等,在使用过程中存在大量的不安全因素,一旦使用不当或者受热时,易发生爆炸,因此务必妥善管理,确保安全使用。

由于贮气钢瓶内压力较高,当遇撞击、日晒时易发生爆炸。氧气瓶严禁与油脂接触,以防起火或爆炸,可用四氯化碳擦去钢瓶上的油脂。氯气、乙炔等气体比空气重,泄漏后往往沉积于地面低洼处,不易扩散,增加了危险性。了解压缩气体、液化气体的特性,有助于安全用气。

1)压缩气体、液化气体

压缩气体和液化气体按其性质可分为 4 类:①剧毒气体,如一氧化碳、二氧化硫等,这类气体毒性极强,吸入后可引起中毒或死亡。部分剧毒气体同时具有可燃性;②易燃气体,如一氧化碳、乙炔、氢气等,这类气体极易燃烧,与空气混合可形成爆炸性混合物,部分易燃气体同时具有毒性;③助燃气体,如氧气、压缩空气等;④不燃气体,如二氧化碳、氩气、氮气等,其中有些不燃气体为窒息性气体。

2)高压气瓶的安全使用和管理

(1)气瓶的存放　高压气瓶应存放于防火仓库,存储场所应通风、干燥、防止雨(雪)淋、水浸,严禁明火和其他热源。钢瓶应避免日晒、受热,远离明火,放置平稳,避免震动。氧气钢瓶与可燃性气体钢瓶不得放在一起。

(2)气瓶的安全使用　开启高压气瓶时应站在接口的侧面操作。开、关减压器和开关阀时,动作必须缓慢;使用时应先旋动开关阀,后开减压器;用完后,先关闭开关阀,放尽余气后,再关减压器。切不可只关减压器,不关开关阀。瓶内气体不得用尽,永久性气体气瓶的剩余压力应不小于 0.05 MPa;液化气体气瓶应留有不少于 1.0% 规定充装量的剩余气体。

3)气瓶的管理

气瓶应定期检验,不得对载气钢瓶进行挖补修焊,不同类型的气体钢瓶外表所漆颜色、标记颜色等应符合国家统一规定。

10.2.3.3　试剂与试液

在监测分析过程中,化学试剂是实验室必不可少的物质。在实验过程中,应根据实际需要合理选用相应的规格,按照规定的浓度和需要量正确配制。试剂和试液应按照规格分类存放,注意空气、温度、光、杂质等因素的影响,还要避免交叉污染。另外,还要注意保存时间,一般浓溶液稳定性较好,稀溶液稳定性较差。通常,浓度约为 1×10^{-3} mol/L 较稳定的溶液可贮存 1 个月以上,浓度为 1×10^{-4} mol/L 的溶液只能贮存 1 周,而浓度为 1×10^{-5} mol/L 溶液需当日配制。因此,许多试液常配成浓的贮备液,使用时稀释成所需浓度。配制试液需注明试剂名称、浓度、配制日期和配制人员,以备核查追溯。有时需对试剂进行提纯和精制,以保证分析质量。化学试剂一般分为四级,其规格见表 10-10。

表 10-10 化学试剂的规格

级别	名称	代码	标签颜色	用　途
一级试剂	优级纯	GR	绿色	用于精密的分析工作,主要用于配制标准溶液
二级试剂	分析纯	AR	红色	配制定量分析中的普通试液
三级试剂	化学纯	CP	蓝色	配制半定量、定性分析中的试液和清洁液等
四级试剂	实验试剂	LR	黄色	用于一般的化学试验

除了上述四个级别外,还有高纯物质(EP)、色谱纯物质(GC)、光谱纯物质(SP)、指示剂(Ind)、生化试剂(BR)、生物染色剂(BS)和特殊专用试剂等。质量高于一级品的高纯试剂常以"9"的数目表示产品的纯度。4 个 9 表示纯度为 99.99%;5 个 9 表示纯度为 99.999%;6 个 9 表示纯度为 99.9999%,依此类推。

在环境监测工作中,选择试剂的纯度除了要与所用方法匹配外,实验用水、操作器皿也要与之相匹配。若试剂都选用优级纯的,则不宜使用普通的蒸馏水或去离子水,而应使用经两次蒸馏制得的重蒸馏水。所用器皿的质地也要求较高,使用过程中不应有物质溶解到溶液中,以免影响测定的准确度。一般来说,分析要求的准确度越高,采用的试剂越纯。当然也不能过分强调使用高纯试剂,而忽视实际实验中所要求的准确度和方法所能达到的准确度。

10.2.3.4　实验室环境条件

实验室空气中往往含有固态、液态的气溶胶和污染气体等物质,对于一些常规项目的监测不会产生太大的影响,但对痕量分析和超痕量分析会造成较大的误差。因此,在进行痕量和超痕量分析及需要使用某些高灵敏度的仪器时,对实验室空气的清洁度就有较高的要求。

10.2.3.5　实验室药品管理

(1)化学药品保管室要阴凉、通风、干燥,有防火、防盗设施。禁止吸烟和使用明火,有火源(如电炉通电)时,必须有人看守。

(2)化学药品要由可靠的、有化学专业知识的人专管,分类存放,定期检查使用和管理情况。

(3)化学药品应按性质分类存放,并采用科学的保管方法。例如,受光易变质的应装在避光容器内;易挥发、易溶解的,要密封;长期不用的,应蜡封;装碱的玻璃瓶不能用玻璃塞等。易燃、易爆试剂要随用随领,不得在实验室内大量积存。保存在实验室内的少量易燃品和危险品应严格控制、加强管理。

(4)剧毒试剂应有专人负责管理,存放于保险柜中,须经批准方可使用,两人共同称量,登记用量。

（5）取用化学试剂的器皿必须分开，每种试剂用一件器皿，须洗净后再用，不得混用。

（6）不得在酸性条件下使用氰化物，使用时，要严防溅洒。氰化物废液必须经处理再倒入下水道，并用大量水冲洗。其他剧毒试液也应注意经适当转化处理后再排放。

（7）使用有机溶剂和挥发性强试剂的操作应在通风良好的地方或在通风橱内进行。任何情况下，都不允许用明火直接加热有机溶剂。

（8）稀释浓酸试剂时，应按规定要求操作。

10.2.3.6　实验室安全管理

实验室是环境监测数据分析的重要场所，实验室的安全管理是实验室工作正常进行的基本保证。实验室安全管理制度的建立是不可或缺的环节。

（1）实验室内必须设有安全标志，安全设施（通风柜、防尘罩、排气管道、灭火器材等）必须齐全有效。做好防火、防盗、防毒、防泄漏等安全工作，配备消防、防毒等安全设施。

（2）使用电、气、水、火时，应按有关使用规则进行操作，保证安全。

（3）实验室供电线路的安装必须符合安全用电的有关规定，定期检查，及时维修。实验室的消防器材应定期检查，妥善保管，不得随意挪用。一旦实验室发生意外事故时，应迅速切断电源、火源，立即采取有效措施，及时处理，并上报有关领导。

（4）凡进入实验室工作、学习的人员，必须遵守实验室有关规章制度，不得擅自动用实验室的仪器设备和安全设施，不准在实验室吸烟、进食、喧哗或私用电器等，不准随地吐痰。保持实验室安静，自觉维护实验环境。

（5）实验室人员必须认真学习有关安全条例和安全技术操作规程，学习消防、防毒等知识。

（6）每日最后离开实验室的人员要负责检查门、窗、水、电等设施的关闭情况，确认安全无误，方可离开。

▶ 10.2.4　实验室内质量控制

环境监测的质量保证包括监测全过程的质量管理和措施，从大的方面可分为采样系统和分析测试系统2部分。当采集到具有代表性和有效性的样品送到实验室进行分析测试时，为获得符合质量要求的数据，必须对分析过程的各个环节实施质量控制技术。

实验室内质量控制必须建立在完善的实验室基础工作之上，一般通过分析和应用质量控制图或其他方法来控制分析质量，以控制分析方法的精密度和准确度为主体，相应确定一套控制指标、评价标准和控制方法及程序。

1）精密度控制

（1）平行性控制　在定量分析中，如果只进行单独一次测定，是不能反映测定精密度的。进行平行双样测定有助于减小随机误差，有助于估计同批测定的精密度。

分析测试中要求每批样品应至少测定10%的平行样，样品数量少于10个时，应至少测定一个平行样，平行测定结果的相对偏差不应超过标准方法所允许的相对偏差。

（2）重复性控制　在监测分析中，通过重复测定测试样品来控制其精密度是不现实的。因此，控制重复性是通过重复分析质量控制样品来实现的。所谓质量控制样是事先制作的一种与环境样品相似的样品，并经过多次重复测定，其值已定。在测试样品时，选择一种其值已定且与样品相似的质量控制样,并随样品同时测定。如果质量控制样测值与已知值的符合程度在允许误差限内,则认为该次实验重复性受控。如果质量控制样测值超过重复度(即允许误差限),则认为该次分析失控,其样品测试作废。

(3)再现性控制 由再现性的定义可知,它是由多个实验室用相同方法各自重复测定同种样品的符合程度。因此再现性的控制方法与重复性相似,即使用室间协作实验得以定值的质量控制样。

2)准确度控制

对准确度的控制是把分析总误差控制在总不确定度内。评价准确度的方法有分析环境标准物质、加标回收法、不同方法的对比实验和空白值控制。

(1)分析环境标准物质 分析标准物质是控制准确度最好的方法。因为标准物质与样品类似,且已知其真值($\bar{x}$ ± 不确定度),用它来评价测定的准确度最符合准确度的定义。只要测值落在该区间内,则准确度受控。

(2)加标回收法 即在样品中加入标准物质,测定其回收率,以确定准确度,多次回收试验还可发现方法的系统误差。如:样品基体简单,目的元素含量不是很低,可以选用加标回收率来评价准确度,这是目前实验室最常用且方便的方法。

$$回收率 = \frac{加标试样测定值 - 试样测定值}{加标量} \times 100\%$$

因为加入标准物质量的大小对回收率有影响,通常加入标准物质的量应与待测物质的浓度水平接近为宜,一般是样品含量的 1~2 倍。每批样品应至少测定 10% 的加标样品,样品数量少于 10 个时,应至少测定 1 个加标样品,加标回收率应在标准方法所允许的范围。

(3)不同方法的对比实验 对同一样品,做验证方法与标准方法或准确度高的分析方法的对比实验,用来近似判断被验证方法的准确度。通过与标准方法做对照分析,并进行相等性显著性检验(t 检验),验证分析方法的准确度。对于难度较大而不易掌握的方法或测定结果有争议的样品,常采用此法,必要时还可以进一步交换操作者,交换仪器设备或两者都交换。将所得结果加以比较,以检查操作稳定性和发现问题。

(4)空白值控制 每次测定需平行测定全程空白,是指用蒸馏水代替试样的测定。空白值与样品的测定要有一致性,其所加试剂和操作步骤与试样测定完全相同,并同时进行,如:随机取器皿,所引入的试剂量、消化温度和时间等,都与样品一样。空白试验的目的是为了了解分析中的其他因素,如试剂中杂质、环境及操作进程的玷污等对试样测定的综合影响,以便在分析中加以扣除。空白值的变动范围用质量控制图进行控制。

▶ 10.2.5 分析质量控制图

质量控制图是分析人员自我控制的一种手段。控制图能在一定的概率水平下,判定分析质量的偶然变异范围和系统变化趋势,以便查找原因并采取对策,使分析系统处于受控状态。为了绘制质量控制图要用到质量控制样品,质量控制样品是为控制分析质量配制的,常随环境样品一起用相同的方法同时进行分析,以检查分析质量是否稳定。对于经常性的分析项目常用质量控制图来控制质量。

质量控制图的基本原理由 W. A. Shewhart 提出,他认为每一个方法都存在着变异,都受到时间和空间的影响,即使在理想的条件下获得的一组分析结果,也会存在一定的随机误差。但当某一个结果超出了随机误差的允许范围时,运用数理统计的方法可以判断这个结果是异常的、不足信的。质量控制图可以起到这种监测的仲裁作用。因此实验室内质量控制图是监测常规分析过程中可能出现误差,控制分析数据在一定的精密度范围内,保证常规分析数据质量的有效方法。

1)质量控制图的种类

常用的分析质量控制图有 2 类,即:平均值-标准差($\overline{x}-s$)控制图和平均值-极差($\overline{x}-R$)控制图。

(1)$\overline{x}-s$ 控制图 $\overline{x}-s$ 控制图是在测试数据遵从正态分布的假定下绘制的,$\overline{x}$ 出现在($\overline{\overline{x}}\pm2s$)区间的概率约为 0.955,从而可用($\overline{\overline{x}}\pm2s$)作为上、下警告限;$\overline{x}$ 落在($\overline{\overline{x}}\pm3s$)区间的概率约为 0.997,分析数据一旦越出($\overline{\overline{x}}\pm3s$),则表明出现了不正常情况,因此,把($\overline{\overline{x}}\pm3s$)作为上、下控制限。由此得到质量控制图的基本线,如图 10-1 所示。

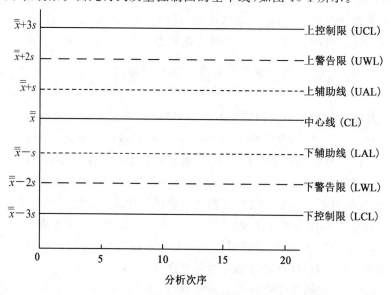

图 10-1 平均值-标准差质量控制图的基本组成

(2)$\overline{x}-R$ 控制图 又名 Shewhart 控制图,其绘制原理与 $\overline{x}-s$ 控制图相似,用极差 R 来估计总体的标准差。在推断总体均值的置信区间时,要引入 Shewhart 计算因子(表 10-11),A_2 为 $\overline{x}$ 图控制限因子,D_3、D_4 为 R 图控制限因子。极差控制图的基本线见图 10-2。

表 10-11 Shewhart 计算因子

系数	平行次数						
	2	3	4	5	6	7	8
A_2	1.88	1.02	0.73	0.58	0.48	0.42	0.37
D_3	0	0	0	0	0	0.076	0.136
D_4	3.27	2.58	2.28	2.12	2.00	1.92	1.86

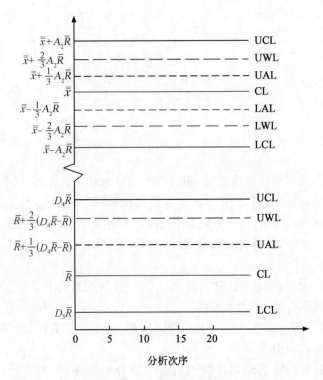

图 10-2　平均值-极差（$\overline{x}-R$）质量控制图的基本组成

　　均值质量控制图部分和极差质量控制图部分的中心线、上、下控制限、上、下警告限和上、下辅助线的计算公式见图 10-2。

　　系数 A_2、D_3、D_4 可从表 10-9 查出。因为极差愈小愈好,故极差控制图部分没有下警告限,但仍有下控制限。在使用过程中,如 R 值稳定下降,以至 $R \approx D_3\overline{R}$（即接近下控制限）,则表明测定精密度已有提高,原质量控制图失效,应根据新的测定值重新计算相应的统计量,重新绘制新的 $\overline{x}-R$ 图。

　　$\overline{x}-R$ 图使用原则与 $\overline{x}$ 图一样,只是两者中任一个超出控制限（不包括 R 图部分的下控制限）,即认为"失控",故其灵敏度较单纯的 $\overline{x}$ 图或 R 图高。

　　2）控制图的编制

　　编制控制图的基本原理是:测定结果在受控的条件下具有一定的精密度和准确度,并按正态分布。以同一个质量控制样品,用同一种方法,由同一个分析人员在一定时间内进行分析,累积一定数据。如这些数据达到规定的精密度、准确度（即处于控制状态）,则以其结果编制控制图。在以后的常规分析过程中,取每份（或多次）平行的控制样品随机地编入环境样品中一起分析,根据质量控制样品的分析结果,推断环境样品的分析质量。

　　（1）收集数据　在一定时间内（例如每天分析一次平行样）用同一方法重复测定控制样品 20 次以上,控制样品的浓度和组成,应尽量与环境样品相似,至少累积 20 个数据（不可将 20 个重复实验同时进行,或一天分析 2 次或 2 次以上）。

　　（2）计算统计值　按下列公式计算每次的平均值（$\overline{x}_i$）、总体平均值（$\overline{x}$）、标准偏差（s）（此值不得大于标准分析方法中规定的相应浓度水平的标准偏差值）、平均极差（$\overline{R}$）等。

$$\overline{x}_i = \frac{x_i + x'_i}{2} \qquad \overline{\overline{x}} = \frac{\sum \overline{x}_i}{n}$$

$$s = \sqrt{\frac{\sum \overline{x}_i^2 - \dfrac{(\sum \overline{x}_i)^2}{n}}{n-1}}$$

$$R_i = |x_i - x'_i| \qquad \overline{R} = \frac{\sum R_i}{n}$$

（3）绘图　以测定顺序为横坐标,相应的测定值为纵坐标作图。同时作有关控制线。将所测 20 个数据按测定的先后顺序依次点入质量控制图中,并连成折线图。

（4）质量控制图的检验　20 个数据中有超过控制限者,应予剔除。当剔除的数据较多,使总数据不足 20 个时,需补充新的数据,并重新计算统计值,直到落在控制限内的数据大于 20 个为止。

分散性要求　在绘制控制图时,落在 $\overline{\overline{x}} \pm s$ 内的点数应约占总点数的 68%。若少于 50%,则由于分布不合适,此图不可靠。

随机性要求　若连续 7 点位于中心线同一侧,表示数据失控,此图不适用,应重新测定数据,再绘制质量控制图。

控制图绘制后,应标明绘制控制图的有关内容和条件,如测定项目、分析方法、溶液浓度、温度、操作人员和绘制日期等。

3）控制图的使用

在质量控制中可采用质量控制图的项目有:全程空白试验值、平行性、重复性和加标回收率。根据日常工作中分析项目的分析频率和分析人员的技术水平,每间隔适当时间,取两份平行的控制样品,随环境样品同时测定。对操作技术较低的人员和测定频率低的项目,每次都应同时测定控制样品,将控制样品的测定结果（$\overline{x}_i$）依次点在控制图上,根据下列规定检验分析过程是否处于控制状态。

（1）如果此点在上、下警告限之间区域内,则测定过程处于控制状态,环境样品分析结果有效。

（2）如果此点超出上、下警告限,但仍在上、下控制限之间的区域内,提示分析质量开始变劣,可能存在"失控"倾向,应进行初步检查,并采取相应的校正措施。

（3）如果此点落在上、下控制限之外,表示测定过程"失控",应立即检查原因,予以纠正,环境样品应重新测定。

（4）如遇到 7 点连续上升或下降时（虽然数值在控制范围之内）,表示测定有失去控制倾向,应立即查明原因,予以纠正。

（5）即使过程处于控制状态,尚可根据相邻几次测定值的分布趋势,对分析质量可能发生的问题进行初步判断。当控制样品测定次数累积更多以后,这些结果可以和原始结果一起重新计算总均值、标准偏差,再校正原来的控制图。

例 10-5　在一段时间内测定含镉的质量控制水样 20 次,每次测定 2 个平行样,其平均值为 $\overline{x}_i$ 列于表 10-12。试绘制均值质量控制图。

表 10-12 质量控制水样 20 次测定结果   mg/L

序号	$\overline{x}_i$	序号	$\overline{x}_i$	序号	$\overline{x}_i$	序号	$\overline{x}_i$
1	0.303	6	0.292	11	0.304	16	0.302
2	0.305	7	0.307	12	0.308	17	0.300
3	0.295	8	0.307	13	0.296	18	0.293
4	0.301	9	0.295	14	0.291	19	0.304
5	0.295	10	0.308	15	0.303	20	0.294

解 $\overline{\overline{x}}=0.300$ mg/L,$s=0.006$ mg/L,则统计值为:$\overline{\overline{x}}\pm s$ 分别为 0.306 mg/L 和 0.294 mg/L;$\overline{\overline{x}}\pm 2s$ 分别为 0.312 mg/L 和 0.288 mg/L;$\overline{\overline{x}}\pm 3s$ 分别为 0.318 mg/L 和 0.282 mg/L。

根据以上数据作均值控制图(图 10-3)。

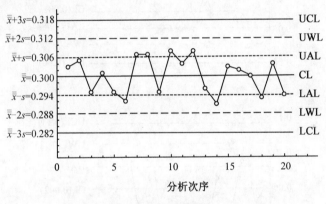

图 10-3 均值控制

按照质量控制图检验方法对图中数据进行检验,其分布合适,此图符合要求。

有时分析平行样的平均值 $\overline{x}$ 与总均值很接近,但极差较大,显然属质量较差。而采用均值-极差控制图就能同时考察均值和极差的变化情况和变化趋势,其中均值图表示分析准确度的控制情况,极差图表示精密度的控制情况。

例 10-6 用镉试剂法测定工业废水中镉含量的同时,每次对 5 mL 含镉浓度为 1 mg/L 的质量控制水样作两个平行测定,结果列于表 10-13,据此绘制均值-极差控制图。

表 10-13 用镉试剂法测定某工业废水中镉含量结果   mg/L

序号	$\overline{x}_i$	R	序号	$\overline{x}_i$	R	序号	$\overline{x}_i$	R	序号	$\overline{x}_i$	R
1	0.98	0.04	6	0.985	0.03	11	0.99	0.02	16	0.995	0.09
2	0.99	0.02	7	1.02	0.06	12	0.97	0.02	17	1.02	0.03
3	0.96	0.08	8	0.98	0.02	13	0.975	0.03	18	0.98	0.02
4	0.98	0.08	9	1.01	0.02	14	0.975	0.05	19	0.98	0.02
5	0.99	0.02	10	0.96	0.02	15	0.97	0.02	20	0.98	0.08

解 总体平均值 $\overline{\overline{x}}=0.98$,标准差 $s=0.016$,平均极差 $\overline{R}=0.042$,因此,均数控制图部

分:中心线 $\bar{\bar{x}}$ 为 0.98;上、下控制限 $\bar{\bar{x}} \pm A_2 \bar{R}$ 分别为 1.06 和 0.90;上、下警告限 $\bar{\bar{x}} \pm \dfrac{2}{3} A_2 \bar{R}$

分别为 1.03 和 0.93;上、下辅助线 $\bar{\bar{x}} \pm \dfrac{1}{3} A_2 \bar{R}$ 分别为 1.006 和 0.954。

极差控制图部分:中心线 $\bar{R}$ 为 0.042;上控制限 $D_4 \bar{R}$ 为 0.14;上警告限 $\bar{R} + \dfrac{2}{3}(D_4 \bar{R} - \bar{R})$

为 0.11;上辅助线 $\bar{R} + \dfrac{1}{3}(D_4 \bar{R} - \bar{R})$ 为 0.075;下控制限 $D_3 \bar{R}$ 为 0。

根据以上数据作均值-极差控制图(图 10-4)。

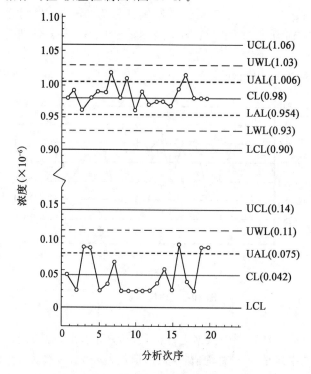

图 10-4 均值-极差控制图

10.2.6 实验室间质量控制

实验室间质量控制又称实验室间测定数据对比试验。其目的是检查各实验室是否存在系统误差,如试剂的纯度、蒸馏水的质量等问题。经常进行这一工作可增加实验室间测定结果的可比性,提高实验室的监测分析水平。这一工作通常由某一系统的中心实验室、上级机关或权威单位负责组织。

10.2.6.1 实验室质量考核

实验室质量考核由负责单位根据所要考核项目的具体情况,制定具体实施方案。考核方案一般包括如下内容:①质量考核测定项目;②质量考核分析方法;③质量考核参加单位;④质量考核统一程序;⑤质量考核结果评定。

考核内容有:①分析标准样品或统一样品;②测定加标样品;③测定空白平行;④核查检

测下限;⑤测定标准系列;⑥检查相关系数、计算回归方程、进行截距检验等。

通过质量考核,最后由负责单位综合实验室的数据进行统计处理后做出评价予以公布。各实验室可以从中发现所存在问题并及时纠正。

10.2.6.2 实验室误差测验——双样图法

在实验室间起支配作用的误差常为系统误差,不定期地对有关实验室进行误差测验,可以检查实验室间是否存在系统误差,以及它的大小和方向,对分析结果的可比性是否有显著影响等,以发现问题并及时纠正。

1)图形绘制及判断

将两个浓度不同(分别为 x_i、y_i,两者相差约 $\pm5\%$)、但很类似的样品同时分发给各实验室,分别对其做单次测定。并在规定日期内上报测定结果 x_i、y_i。计算每一浓度的均值 $\overline{x}$ 和 $\overline{y}$,在方格坐标纸上画出 x_i、$\overline{x}$ 值的垂直线和 y_i、$\overline{y}$ 值的水平线。将各实验室测定结果(x,y)点在图中。通过零点和 $\overline{x}$、$\overline{y}$ 值交点画一直线,结果如图 10-5 所示,此图称为双样图,可以根据图形判断实验室存在的误差。

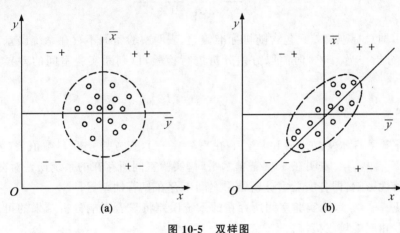

图 10-5 双样图

根据随机误差的特点,在各点应分别高于或低于平均值,且随机出现。因此,如各实验室间不存在系统误差,则各点应随机分布在四个象限,即大致成一个以代表两均值的直线交点为中心的圆形,如图 10-5(a)所示。如各实验室间存在系统误差,则实验室测定值双双偏高或双双偏低,即测定点分布在++或--象限内,形成一个与纵轴方向约成 $45°$ 倾斜的椭圆形,如图 10-5(b)所示,根据此椭圆形的长轴与短轴之差及其位置,可估计实验室间系统误差的大小和方向。

根据各点的分散程度来估计各实验室间的精密度和准确度。

2)误差分析

如将数据进一步做误差分析,可更具体了解各实验室间的误差性质。处理的方法有:

(1)标准差分析　将各对数据$(x_i$、$y_i)$分别求和值、差值:

$$\begin{array}{cc} \text{和值} & \text{差值} \\ x_1+y_1=T_1 & |x_1-y_1|=D_1 \\ x_2+y_2=T_2 & |x_2-y_2|=D_2 \end{array}$$

$$\vdots \qquad\qquad \vdots$$
$$x_n + y_n = T_n \qquad |x_n - y_n| = D_n$$

取和值 T_i 计算各实验室数据分布的标准偏差：

$$s = \sqrt{\dfrac{\sum T_i^2 - \dfrac{\left(\sum T_i\right)^2}{n}}{2(n-1)}}$$

式中分母除以 2,是因为 T_i 中包括两个类似样品的测定结果而含有两份样品的误差。

因为标准偏差可分解为系统标准偏差和随机标准偏差,当两个类似样品测定结果相减,使系统标准偏差消除,则可取差值 D_i 计算随机标准偏差：

$$s_r = \sqrt{\dfrac{\sum D_i^2 - \dfrac{\left(\sum D_i\right)^2}{n}}{2(n-1)}}$$

如 $s = s_r$,即总标准偏差只包含随机标准偏差,表明实验室间不存在系统误差。

(2)方差分析 当 $s_r < s$ 时需以方差分析进行检验,以判断实验室间的差异情况,计算统计量：

$$F = \frac{s^2}{s_r^2}$$

根据给定显著性水平(0.05)和 s、s_r 自由度(f_1、f_2),查方差分析 F 数值表(表 10-6)；

若 $F \leqslant F_{0.05(f_1,f_2)}$,表明在 95% 置信水平时,实验室间所存在的系统误差对分析结果的可比性无显著性影响,即各实验室分析结果之间不存在显著性差异；

若 $F > F_{0.05(f_1,f_2)}$,则实验室间所存在的系统误差将显著影响分析结果的可比性,应找出原因并采取相应的校正措施。

10.3 环境标准物质

▶ 10.3.1 环境标准物质及其特性

1)基体和基体效应

在环境样品中,各种污染物的含量一般在 1×10^{-6} 或 1×10^{-9} 甚至 1×10^{-12} 级水平,而大量存在的其他物质则称为基体。目前,环境监测中所用的测定方法绝大多数是相对分析法,即将基准试剂或标准溶液与待测样品在相同条件下进行比较测定的一种方法。这种用"纯物质"配成的标准溶液与实际环境样品间的基体差异很大。由于基体组成不同,因物理、化学性质差异而给实际测定中带来的误差称为基体效应。

2)环境标准物质

环境标准物质是标准物质中的一类。具有按规定的准确度和精密度所确定的某些组分的含量值或物理特性值。用于校准仪器、评价测量方法或确定物料的量值。在相当长的时间内具有可接受的均匀性和稳定性,并在组成和性质上接近于环境样品。

不同国家、不同机构对标准物质有不同的名称,而且至今仍没有被普遍接受的定义。国际标准化组织(ISO)将标准物质(reference material,RM)定义为这种物质具有一种或数种已被充分确定的性质,这些性质可以用作校准仪器或验证测量方法。RM 可以传递不同地点之间的测量数据(包括物理的、化学的、生物的或技术的)。RM 可以是纯的,也可以是混合的气体、液体或固体,甚至可以是简单的人造物体。ISO 还定义了具有证书的标准物质(certified reference material,CRM),这类标准物质应带有证书,在证书中应具备有关的特性值、使用和保存方法及有效期。证书由国家权威计量单位发给。

美国国家标准局(National Bureau of Standard,NBS)定义的标准物质称为标准参考物质(standard reference material,SRM),是由 NBS 鉴定发行的,其中具有鉴定证书的也称 CRM。标准物质的定值由下述 3 种方法之一获得:①一种已知准确度的标准方法;②两种以上独立可靠的方法;③一种专门设立的实验室协作网。SRM 主要用于:①帮助发展标准方法;②校正测量系统;③保证质量控制程序的长期完善。

3)环境标准物质的特性

环境监测的对象包括水、大气、土壤、生物等,与其他标准物质相比,环境标准物质具有以下特性。

(1)是环境样品或模拟环境样品的一种混合物,其基体组成复杂。

(2)待测成分浓度不能过低,以免受方法检出限和精密度的影响。

(3)具有良好的均匀性、稳定性,制备量要足够大。

(4)要由协作实验,用绝对测量法或两种以上的其他方法来定值,其保证值要给出不确定度。

10.3.2　环境标准物质的分类

目前,世界各国的标准物质有上千种,但在分类和等级上尚未统一规定。国际上的常用分类有以下几种。

1)国际理论与应用化学联合会(IUPAC)的分类法

分为以下几类:①原子量标准的参比物质;②基准标准物质;③一级标准物质;④工作标准物质;⑤二级标准物质;⑥标准参考物质。

2)按审批者权限分类

(1)国际标准物质　国际标准物质是由各国专家共同审定并在国际上通用的标准物质,如国际单位制系统的千克(kg)等。

(2)国家一级标准物质　国家一级标准物质是由各国政府中的权威机构审定的标准物质。例如,美国国家标准局的标准物质(SRM),英国的 BAS 标准物质,德国的 BAM 标准物质等。

(3)地方标准物质　地方标准物质是由某一地区、某一学会或某一科学团体制定的标准物质。如美国材料与试验协会标准物质或英国的 JM 标准物质等。

3)按基体种类与样品的接近程度分类

(1)基体标准物质　基体与样品基本相同。

(2)模拟标准物质　与基体标准物质基本相近。如水样痕量标准物质,在纯水中加入一定量的天然水成分和稳定剂。

(3)合成标准物质　此类标准物质不能直接使用,用前按一定的程序将它转化成所需要的标准物质。如 SO_2、NO_2 渗透管是一种标准气源,使用时根据需要选择流量和载气,配制出与被测样品基体及含量相近的标准气体。

(4)代用标准物质　当选择不到类似的基体,可选与被测成分含量相近的其他基体物质。

4)我国的标准物质

我国的标准物质分为国家一级标准物质和二级标准物质。

一级标准物质指经协作实验,用绝对测量法或其他准确可靠的方法定值,准确度达到国内最高水平并相当于国际水平,经中国计量测试学会标准物质专业委员会技术审查和国家计量局批准而颁布的,且附有证书的标准物质。它的代号是以国家标准物质的汉语拼音中的"Guo Biao Wu"三个字的字头"GBW"表示。

二级标准物质指各部委或科研单位,为满足本部门及有关使用单位的需要,而研制出的工作标准物质。其特性量值通过与一级标准物质直接比对,或用其他准确可靠的分析方法测试而获得,准确度和均匀性能满足一般测量的需要,稳定性在半年以上,或能满足实际测量需要,经有关主管部门审查批准,报国家计量局备案。它的代号是以国家标准物质"GBW"加上二级的汉语拼音中"Er"字的字头"E"—"GBW(E)"表示。

环境标准样品是一种或多种规定特性足够均匀和稳定,通过技术评审且附有使用证书的环境样品或材料,主要用于校准和检定环境监测分析仪器、评价和验证环境监测分析方法或确定其他环境样品的特性值。国家实物标准样品的编号为国家实物标准的汉语拼音"Guo Jia Shi Wu Biao Zhun"中"Guo Shi Biao"三个字的字头作为国家实物标准的代号"GSB"表示。

环境标准样品是为实施和制定标准的需要而制定,一般只在标准所涉及的范围使用,它在实物标准不能用作计量的传递。标准物质是计量标准,可以作计量的传递,用于校正仪器、评价测量方法、确定物料的量值,只要适宜就可以代替标准样品在制定、实施标准中使用。

▶ 10.3.3　环境标准物质的作用与选择

1)环境标准物质的作用

环境标准物质可以广泛地应用于环境监测,主要用于:

(1)评价监测分析方法的准确度和精密度,研究和验证标准方法,发展新的监测方法。

(2)校正并标定监测分析仪器,发展新的监测技术。

(3)在协作实验中用于评价实验室的管理效能和监测人员的技术水平,从而加强实验室提供准确、可靠数据的能力。

(4)把标准物质当作工作标准和监控标准使用。

(5)标准物质的准确度传递系统和追溯系统,可以实现国际同行间、国内同行间以及实验室间数据的可比性和时间上的一致性。

（6）作为相对真值，标准物质可以用作环境监测的技术仲裁依据。

（7）以一级标准物质作为真值，控制二级标准物质和质量控制样品的制备和定值，也可以为新类型的标准物质的研制与生产提供保证。

2）环境标准物质的选择

在环境监测中应根据分析方法和被测样品的具体情况运用适当的标准物质。在选择标准物质时应考虑以下原则：

（1）对标准物质基体组成的选择　标准物质的基体组成与被测样品的组成越接近越好，这样可以消除方法基体效应引入的系统误差。

（2）标准物质准确度水平的选择　标准物质的准确度应比被测样品预期达到的准确度高3～10倍。

（3）标准物质浓度水平的选择　分析方法的精密度是被测样品浓度的函数，所以要选择浓度水平适当的标准物质。

（4）取样量的考虑　取样量不得小于标准物质证书中规定的最小取样量。

10.3.4　环境标准物质的制备和定值

1）标准物质制备的一般过程

固体标准物质的制备大致可以分为采样、粉碎、混匀和分装等几步。固体标准物质通常是直接采用环境样品制备的。已被选作标准物质的环境样品有飞灰、河流沉积物、土壤、煤；植物的叶、根、茎、种子；动物的内脏、肌肉、血、尿、毛发、骨骼等。

多数环境的液体和气体样品很不稳定，组成的动态变化大，所以液体和气体的标准物质是用人工模拟天然样品的组成制备的，如美国的SRMl643a（水中19种痕量元素）就是根据天然港口淡水中各种元素的浓度，准确称量多种化学试剂经过准确稀释制成的。

我国已有的环境标准物质有：固体标准物质［GBW08303—污染农田土壤成分分析标准物质、GBW（E）082727—ABS中多环芳烃标准物质、GSB-27—大葱生物成分分析标准样品］、液体标准物质［GBW（E）080533—水中六价铬成分分析标准物质、GSB07-1182-2000—水质铜标准样品］、气体标准物质（GSB07-1405-2001—氮气中二氧化硫标准样品）等。

2）均匀性和稳定性的研究和检验

均匀是标准物质第一位和最根本的要求，是保证标准物质具有空间一致性的前提，对固体样品尤其如此。均匀性是一个相对的概念。首先，绝对的均匀是不可能实现的。若样品的不均匀度远远小于分析中的误差，就可以认为样品是均匀的。样品的均匀性又是有针对性的，因为不同组分在样品中的分布是很不同的。有些组分很难达到均匀，例如，固体样品，对这类组分的均匀性检查是检验工作的重点。

取量的大小也是与均匀度有关的因素。为保证样品的均匀，标准物质证书中通常要规定最小取样量。因为当取样量减少到一定限度以下时，样品的不均匀度将急剧增加。

均匀性的检验可以分为分装前的检验和分装后的检验。分装前的检验又包括混匀过程中的检查和混匀后的检查。

稳定性是标准物质的另一重要性质，是使标准物质具有时间一致性的前提。与固体标准物质相比,液体和气体物质的均匀性容易实现,但保持稳定则困难得多。

标准物质的稳定性受温度、湿度、光照等环境条件的影响。微生物的活动也会导致样品组成的改变,因此,很多标准物质封装后都要采用辐射灭菌或高温灭菌措施。选择适当的贮存容器,加入适当的稳定剂,都可能大大改善标准物质的稳定性。

稳定性检验采用跟踪检验的办法。制备后定期检查组分是否随时间的推移而改变,以及变化的程度能否满足标准物质不确定度允许限的要求。

均匀性和稳定性的检验通常采用高精密度的测定方法,以便发现标准物质在时间、空间分布中的微小差异。

3)标准物质的分析与定值

目前,环境标准物质的定值多采用多种分析方法,由多个实验室的协作试验来完成。制备环境标准物质是一项技术性很强,准确度要求很高,工作环境和人员操作技能都要有较高的水平,工作量大,制备成本很高的工作。这也是标准物质种类增加较慢、价格昂贵的主要原因。

在准确分析的基础上,标准物质的定值多采用数理统计的办法。目前,我国的环境标准物质多按以下的步骤来处理数据。

(1)对一组实验数据,按 Grubbs 检验法弃去原始数据中的离群值后,求得该组数据的均值、标准偏差和相对标准偏差。

(2)对某一元素由不同实验室和不同方法的各自测量均值视为一组等精密度测量值。采用 Grubbs 检验法弃去离群值后,求得总平均值及标准偏差。

(3)用总平均值表示该元素的定值结果,用标准偏差的 2 倍($2s$)表示测量的单次不确定度,以 $2s$ 除以总平均值表示相对不确定度。

习题与思考题

(1)误差、准确度、不确定度各自的含义及彼此的关系是什么?

(2)精密度与平行性、重复性、再现性的关系如何?怎样定性、定量描述它们?

(3)如何正确记录和运算有效数字?

(4)影响环境监测数据离群的因素有哪些?如何检验离群值?

(5)为什么在环境监测中要开展质量保证工作?它包括哪些内容?

(6)标准物质有哪些特点?用途是什么?

(7)标准物质和质量控制水样有何区别?

(8)简述实验室质量控制的意义、内容和方法。

(9)何谓准确度?何谓精密度?怎样表示?它们在监测质量管理中有何作用?

(10)灵敏度、检出限和测定限有何不同?

(11)试述监测误差产生的原因及减少的办法。

(12)何谓监测质量控制图?它起什么作用?

(13)测定某河流酚的含量如下(单位,mg/L):0.071、0.108、0.123、0.133、0.145、

0.192、0.226、0.339、0.068、0.109、0.128、0.135、0.149、0.208、0.259，求：①数值范围、超标率（以《地表水环境质量标准》为依据）；②画频数分布图；③求 $\bar{x}$、$\bar{x}_g$、CV；④若置信水平取 95%，求 μ。

（14）某工厂污水处理站的 BOD_5 和 COD_{Cr} 的原始数据如下表所示（单位，mg/L）。

序号	进水		出水		序号	进水		出水	
	BOD_5	COD_{Cr}	BOD_5	COD_{Cr}		BOD_5	COD_{Cr}	BOD_5	COD_{Cr}
1	197	456	43	149	13	216	506	71	188
2	235	508	59	167	14	207	523	65	179
3	245	519	62	155	15	207	436	37	109
4	262	485	45	121	16	229	486	31	101
5	202	501	63	157	17	185	401	49	109
6	238	508	45	109	18	190	420	44	117
7	226	524	46	129	19	157	368	47	113
8	232	489	47	138	20	213	446	37	109
9	284	580	67	165	21	162	379	38	105
10	215	466	43	141	22	219	489	42	116
11	280	527	55	143	23	178	387	32	105
12	202	508	68	201	24	157	398	31	109

求：①进水和出水中 BOD_5 和 COD_{Cr} 的相关性，如相关，分别求相关方程，并以相关关系作显著性检验（显著性水平取 5%）。②对进水和出水中 BOD_5 以及 COD_{Cr} 的差异进行分析。

（15）用某浓度为 6.5 mg/L 的质量控制水样，每天分析 1 次平行样，共获得 20 个数据（吸光度 A）顺序为：0.203、0.202、0.201、0.200、0.207、0.200、0.200、0.210、0.206、0.207、0.203、0.211、0.209、0.206、0.212、0.206、0.210、0.207、0.212、0.208，试作控制图，并说明在进行质量控制时如何使用此图。

第11章

现代环境监测技术

▶▶ **本章提要**：

　　本章主要介绍空气污染及水污染连续自动监测系统、环境遥感监测技术、现场和在线仪器监测技术等。通过本章学习，在认识环境监测的时效性和地域性的基础上，熟悉当前所应用的各种现代环境监测技术；掌握一些基本的原理和工作流程，为提高工程实践应用能力打下基础。

随着科学技术的进步,自动分析、遥感监测、大数据分析等现代化手段在环境监测中得到了广泛的应用,各种自动连续监测系统相继问世,环境监测从单一的以化学分析为主发展到物理、生物、生态、遥感、信息化等综合监测,从间断性监测逐步过渡到自动连续监测,监测范围也从原来的局部监测发展到一个城市、一个区域、整个国家乃至全球范围。

11.1 连续自动监测系统

环境中污染物质的浓度和分布是随时间、空间、气象条件及污染源排放情况等因素的变化而改变的,定点、定时人工采样测定结果难以确切反映污染物质的动态变化,不能及时提供污染现状和预测发展趋势。发展连续自动监测技术能够及时获取污染物质在环境中的动态变化信息,准确评价污染状况,为研究污染物扩散、转移和转化规律提供依据。

11.1.1 连续自动监测系统组成

连续自动监测系统一般是指由若干个固定子站和一个中心站以及信息传输系统组成的,能够实现连续性、自动化监测的系统。

各子站内设有自动测定各种污染物的监测传感器(仪器仪表)、专用微处理机及通信系统等。其任务是在无人值守情况下,监测仪器自动连续对污染物进行采样检测,专用微处理机对各台仪器检测出的污染物质、气象和水文参数测量值进行存储、显示、报警和输出。子站与中心站之间的信息和数据由无线或有线收发传输系统完成。

中心站是环境自动连续监测系统的指挥中心,也是信息数据处理中心,站内设有计算机及其相应外围设备、通信设备等,执行对各子站的状态信息及监测数据的收集、运算、显示、存储以及向各子站发送遥控指令等功能,向环境保护行政主管部门报告环境质量状况,也可以向社会发布环境质量信息。

11.1.2 空气污染连续自动监测系统

空气污染连续自动监测系统的任务是对空气中的污染物进行连续自动的监测,获得连续瞬时空气污染信息,提供空气污染物的时间-浓度变化曲线,各类平均值与频数分配统计资料,为掌握空气污染特征及变化趋势,分析气象因素与空气污染的关系,评价环境空气质量提供基础数据。同时,通过连续瞬时监测,还可以掌握空气污染事故发生时空气污染状况及气象条件,为分析污染事故提供第一手资料,并为验证空气污染物扩散模式、管理空气环境质量提供依据。

11.1.2.1 空气污染连续自动监测系统的组成

空气污染连续自动监测系统由一个中心站、若干个子站和信息传输系统组成,如图11-1所示。

中心站设有功能齐全的计算机系统和通信系统,其主要任务是向各子站发送各种工作指令,管理子站的工作,定时收集各子站的监测数据并进行处理,打印各种报表,绘制各种图

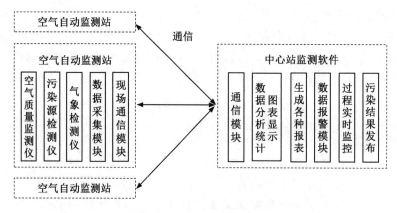

图 11-1　空气污染连续自动监测系统组成示意图

形。同时,为满足检索和调用数据的需要,还能将各种数据存储在磁盘上,建立数据库。当发现污染物浓度超标时,立即发出遥控指令,如:指令排放污染物的单位减少排放时,通知居民引起警惕,或者采取必要的措施等。

子站按其任务不同可分为两种,一种是为评价地区整体的空气污染状况设置的,装备有空气污染连续自动监测仪(包括校准仪器)、气象参数测量仪和环境微机;另一种是为掌握污染源排放污染物浓度等参数变化情况而设置的烟气污染组分监测仪和气象参数测量仪。环境微机及时采集空气污染监测仪等仪器的测量数据,将其进行处理和存储,并通过全球移动通信系统传输到中心站。

11.1.2.2　监测项目及监测方法

空气污染自动监测系统的监测项目有二氧化硫、二氧化氮、一氧化碳、臭氧、可吸入颗粒物(PM_{10})和细颗粒物($PM_{2.5}$)、总悬浮颗粒物(TSP)、氮氧化物等污染参数,以及温度、湿度、大气压、风速、风向、日照量等气象参数。

自动监测系统需满足实时监控的数据采集要求。连续采样-实验室监测分析方法要满足《环境空气监测技术规范》和《环境空气质量标准》(GB 3095)对长期、短期浓度统计的数据有效性的规定。被动式吸收监测方式可根据被监测区域的具体情况,采取每周、每月或数月1次的频次。

对主要监测项目的监测分析方法列举如表 11-1 所示。随着仪器的进步,监测方法也将会有所变化。

表 11-1　空气中主要污染物自动分析方法

监测项目	自动分析方法
SO_2	紫外荧光法、差分吸收光谱分析法(differential optical absorption spectroscopy,DOAS)
NO_2、NO_x	化学发光法、DOAS 法
CO	非分散红外吸收法、气体滤波相关红外吸收法
O_3	紫外荧光法、DOAS 法
PM_{10}、$PM_{2.5}$	β 射线吸收法、微量振荡天平法

11.1.2.3　常用监测仪器

（1）SO_2 自动监测仪　连续或间歇自动测定空气中 SO_2 的监测仪器有：紫外荧光监测仪、恒电流库仑滴定式 SO_2 监测仪、电导式 SO_2 监测仪、火焰光度法硫化物监测仪及比色法硫化物监测仪。其中以紫外荧光监测仪应用最为广泛，其测定的基本原理是利用紫外光（190～230 nm）激发 SO_2 分子，激发态 SO_2 分子返回基态时发射出特有的荧光（240～420 nm），由光电倍增管将荧光强度信号转换成电信号，通过电压/频率转换成数字信号送给 CPU 进行数据处理。荧光强度与 SO_2 浓度成正比，从而测出 SO_2 浓度。

紫外荧光 SO_2 监测仪由活性炭过滤器、三通阀、反应室、流量限制器、流量调节阀、出口抽气泵、参比检测器、接收器、放大器等部件组成。其流程如图 11-2 所示。

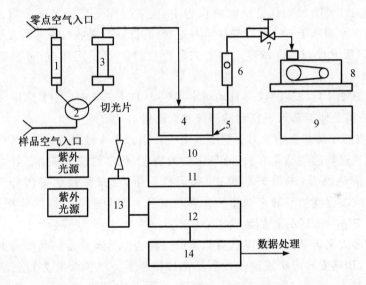

1.活性炭过滤器　2.三通阀　3.过滤器　4.反应室　5.流量限制器　6.流量计　7.流量调节阀
8.出口抽气泵　9.参比检测器　10.接收器（光电倍增管）　11.前置放大器
12.数据放大器　13.光学斩波式同步发生器　14.显示和记录

图 11-2　紫外荧光二氧化硫自动监测仪的组成

（2）氮氧化物自动监测仪　连续或间断自动测定空气中 NO_x 的仪器以化学发光 NO_x 自动监测仪应用最多，其他还有恒电流库仑滴定法 NO_x 自动监测仪，比色法 NO_x 自动监测仪。双通道化学发光式氮氧化物监测仪的流程如图 11-3 所示。

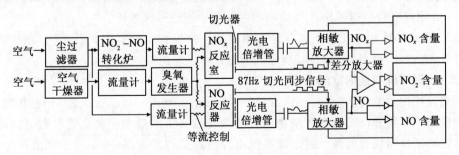

图 11-3　双通道化学发光式氮氧化物监测仪的组成

化学发光法的原理是基于 NO 被 O_3 氧化成激发态 NO_2*，当其返回基态时，放出与 NO 浓度成正比的光。用红敏光电倍增管接收可测出 NO 的浓度。对于总氮氧化物 NO_x 的测定，需先将 NO_2 通过钼催化剂还原成 NO，再与 O_3 反应进行测定。

(3)臭氧自动监测仪　连续或间歇自动测定空气中 O_3 的仪器以紫外吸收 O_3 自动监测仪应用最广，其次是化学发光 O_3 自动监测仪。紫外光度法臭氧自动监测仪是利用 O_3 对紫外光(254 nm)的吸收，直接测定紫外光通过 O_3 后减弱的程度，根据吸光度求出 O_3 浓度。该法设备简单，无试剂、气体消耗。化学发光 O_3 监测仪，由于使用易燃易爆的乙烯，因此要特别注意安全。

(4)一氧化碳自动监测仪　连续测定空气中 CO 的自动监测仪以非分散红外吸收 CO 自动监测仪和相关红外吸收 CO 自动监测仪为主，前者应用更广泛。非分散红外吸收 CO 自动监测仪的测定原理基于 CO 对红外线具有选择性的吸收(吸收峰在 $4.5\ \mu m$ 附近)，在一定浓度范围内，其吸光度与 CO 浓度之间的关系符合朗伯-比尔定律，故可根据吸光度测定 CO 的浓度。

(5)PM_{10} 和 $PM_{2.5}$ 自动监测仪　自动测定空气中 PM_{10} 和 $PM_{2.5}$ 多采用 β 射线吸收自动监测仪，还有石英晶体振荡天平自动监测仪和光散射自动监测仪。

β 射线吸收法的原理基于物质对 β 射线的吸收作用。当 β 射线通过被测物质时，射线强度衰减程度与所透过物质的质量有关，而与物质的物理、化学性质无关。β 射线吸收自动监测仪是通过测定清洁滤带(未采集颗粒物)和采样滤带(已采集经切割器分离的 PM_{10} 或 $PM_{2.5}$)对 β 射线吸收程度的差异来测定所采颗粒物量。因为采集气样的体积是已知的，故可得知空气中的 PM_{10} 或 $PM_{2.5}$ 浓度。

石英晶体振荡天平自动监测仪以石英晶体谐振器为传感器。石英晶体谐振器是一个两侧装有励磁线圈，顶端安放可更换滤膜的石英晶体锥形管。励磁线圈为石英晶体谐振提供激励能量。当含 PM_{10} 或 $PM_{2.5}$ 的气样流过滤膜时，颗粒物沉积在滤膜上，使滤膜质量发生变化，导致石英晶体谐振器的振荡频率降低，根据二者的关系式计算出 PM_{10} 或 $PM_{2.5}$ 的质量浓度。

(6)差分吸收光谱自动监测仪　差分吸收光谱(DOAS)自动监测仪可测定空气中 SO_2、O_3、NO_2 等多种污染物，具有范围广、测量周期短、响应快、属非接触式测定等优点。

DOAS 法是 20 世纪 90 年代从欧洲发展起来的新型自动监测技术，是利用气体分子对光能产生吸收的基本原理来测量空气中所含气体分子的种类及浓度。SO_2 和 O_3 对 $200\sim 350$ nm 波长光有很强的吸收；NO_2 在 440 nm 附近差分吸收强烈；CH_2O 在 340 nm、C_6H_6 在 250 nm 附近吸收也很明显；CO 的吸收主要集中在红外线波段。

图 11-4 是一种差分吸收光谱自动监测仪的工作原理。仪器由光源、发射和接收系统、光导纤维、光谱仪、检测器、A/D 转换器和微型计算机等组成。

11.1.2.4　烟气排放连续监测系统

烟气连续排放监测系统(continuous emission monitoring system，CEMS)是指对固定污染源排放的颗粒物和(或)气态污染物的排放浓度及其排放量和相关排气参数进行连续、实时自动监测的仪器仪表设备。通过该系统跟踪测定获得的数据，一是用于评价排污企业排放烟气污染物浓度和排放总量是否符合排放标准，实施实时监管；二是用于对脱硫、脱硝等污染治理设施进行监控，使其处于稳定运行状态。

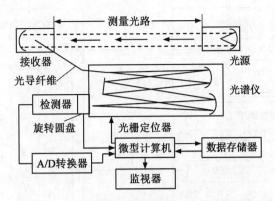

图 11-4　差分吸收光谱自动监测仪的工作原理

(引自：奚旦立.环境监测.2019)

《固定污染源烟气(SO₂、NOₓ、颗粒物)排放连续监测技术规范》(HJ 75—2017)和《固定污染源烟气(SO₂、NOₓ、颗粒物)排放连续监测系统技术要求及检测方法》(HJ 76—2017)中,对 CEMS 的组成和功能、技术性能、技术要求、监测项目和检测方法及安装、管理和质量保证等都做了明确规定。

1)CEMS 的组成和结构

CEMS 由颗粒物监测单元和(或)气态污染物 SO₂ 和(或)NOₓ 监测单元、烟气参数监测单元、数据采集与处理单元组成,见图 11-5。系统测量烟气中颗粒物浓度、气态污染物 SO₂ 和(或)NOₓ 浓度、烟气参数(温度、压力、流速或流量、湿度、含氧量等),同时计算烟气中污染物排放速率和排放量,显示和记录各种数据和参数,形成相关图表,并通过数据、图文等方式传输至管理部门。

CEMS 系统结构主要包括样品采集和传输装置、预处理设备、分析仪器、数据采集和传输设备以及其他辅助设备等。依据 CEMS 测量方式和原理的不同,CEMS 由上述全部或部分结构组成。

2)颗粒物(烟尘)自动监测仪

烟尘的测定方法有浊度法、光散射法、β射线吸收法等。浊度法测定烟尘的原理基于烟气中颗粒物对光的吸收,当被斩光器调制的入射光束穿过烟气到达反光镜组时,被角反射镜反射再次穿过烟气返回到检测器,根据用测定烟尘的标准方法对照确立的烟尘浓度与检测器输出信号间的关系,仪器经校准后即可显示、输出实测烟气的烟尘浓度。光散射法基于颗粒物对光的散射作用,通过测量偏离入射光一定角度的散射光强度,间接测定烟尘的浓度。根据散射光偏离入射光的角度不同,其监测仪器有后散射烟尘监测仪、边散射烟尘监测仪和前散射烟尘监测仪。

3)气态污染物的测定

烟气具有温度高、湿度大、腐蚀性强和含尘量高的特点,监测环境恶劣、测定气态污染物需要选择适宜的采样、预处理方式及自动监测仪。

(1)采样方式　连续自动测定烟气中气态污染物的采样方式分为抽取采样法和直接测量法。抽取采样法又分为完全抽取采样法和稀释抽取采样法;直接测量法又分为内置式测量法和外置式测量法。

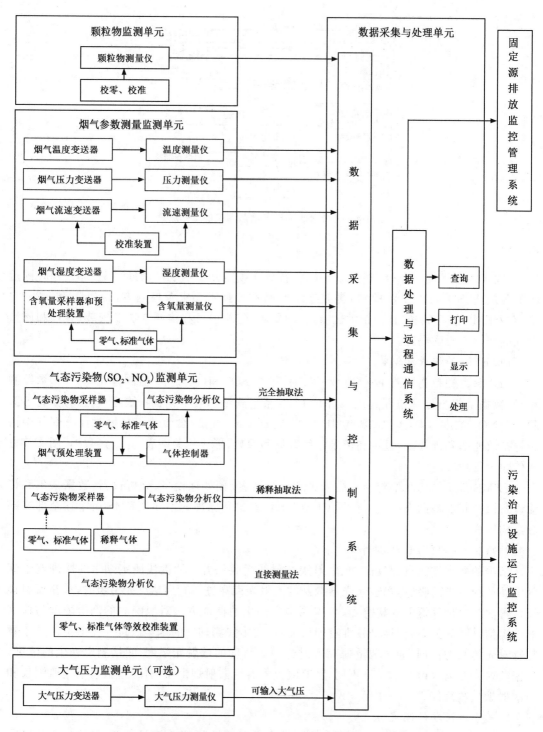

图 11-5　固定污染源烟气(SO₂、NOₓ、颗粒物)排放连续监测系统组成示意图

完全抽取采样法是直接抽取烟囱或烟道中的烟气,经处理后进行监测,其采样系统有2种类型,即热-湿采样系统和冷凝-干燥采样系统。稀释抽取采样法是利用探头内的临界限流小孔,借助于文丘里管形成的负压作为采样动力,抽取烟气样品,用干燥气体稀释后送入监测仪器。稀释探头有 2 种类型,一种是烟道内稀释探头,另一种是烟道外稀释探头。

直接测量法类似于测量烟气烟尘,将测量探头和测量仪器安装在烟囱(道)上,直接测定烟气中的污染物。这种测量系统一般有 2 种类型,一种是将传感器安装在测量探头的端部,探头插入烟囱(道)内用电化学法或光电法测定,相当于在烟囱(道)中一个点上测量,称为内置式。另一种是将测量仪器部件分装在烟囱(道)两侧,用吸收光谱法测定,如:将光源和光电检测器单元安装在烟囱(道)的一侧,反射镜单元安装在另一侧,入射光穿过烟气到达反射镜单元,被反射镜反射,进入光电检测器,测量污染物对特征波长光的吸收,相当于线测量,这种方式将光学镜片全部装在烟囱(道)外,不易受污染,称为外置式。

(2)监测仪器 监测烟气中气态污染物的仪器,除采样单元外,还包括测量单元(光学部件和光电转换器或电化学传感器)、校准系统、自动控制和显示记录单元、信号处理单元等。烟气中气态污染物常用的监测仪器有非色散红外吸收自动监测仪、非色散紫外吸收自动监测仪、紫外荧光自动监测仪、定电位电解自动监测仪、化学发光自动监测仪等。

11.1.3 水质连续自动监测系统

水质在线自动监测系统是一套以在线自动分析仪器为核心,运用现代传感器技术、自动测量技术、自动控制技术、计算机应用技术以及相关的专用分析软件和通信网络所组成的一个综合性的在线自动监测体系。

一套完整的水质自动监测系统能连续、及时、准确地监测目标水域的水质及其变化状况。中心控制室可随时取得各子站的实时监测数据,统计、处理监测数据;可打印输出日、周、月、季、年平均数据以及日、周、月、季、年最大值、年最小值等各种监测、统计报告及图表(棒状图、曲线图、多轨迹图、对比图等),并可输入中心数据库或上网。收集并可长期存储指定的监测数据及各种运行资料、环境资料备检索。系统具有监测项目超标及子站状态信号显示、报警功能;自动运行、停电保护、来电自动恢复功能;维护检修状态测试,便于例行维修和应急故障处理等功能。

实施水质自动监测,可以实现水质的实时连续监测和远程监控,达到及时掌握主要流域重点断面水体的水质状况、预警预报重大或流域性水质污染事故、解决跨行政区域的水污染事故纠纷、监督总量控制制度落实情况、排放达标情况等目的。

11.1.3.1 水质连续自动监测系统的组成

与空气污染连续自动监测系统类似,水质连续自动监测系统也由一个监测中心站、若干个固定监测站(子站)和信息数据传递系统组成。中心站的任务与空气污染连续自动监测系统相同。

各子站装备有采水设备、水质污染监测仪器及附属设备,水文、气象参数测量仪器,微型计算机及通信设备。其任务是对设定水质参数进行连续或间断自动监测,并将测得数据做必要处理;接受中心站的指令;将监测数据作短期存储,并按中心站的调令,通过通信设备传递系统给中心站,如图 11-6 所示。

11.1.3.2 监测项目及监测方法

水质监测项目包括常规指标、综合指标和单项污染指标。综合指标是反映有机物污染状况的指标,根据水体污染情况,可选择其中一项测定,地表水一般测定高锰酸钾指数。水

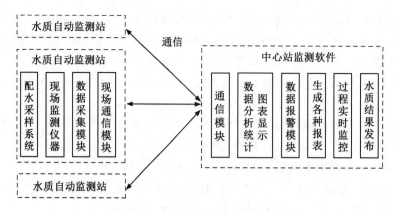

图 11-6 水质自动监测系统组成图

质可连续自动监测的项目及方法列于表 11-2。

表 11-2 水污染可连续自动监测的项目及方法

指 标	项 目	监测方法
常规指标	水温	热敏电阻法或铂电阻法
	pH	电位法(pH 玻璃电极法)
	电导率	电导电极法
	浊度	光散射法
	溶解氧(DO)	隔膜电极法(电池式或极谱式)
综合指标	高锰酸盐指数(COD_{Mn})	电位滴定法、分光光度法
	化学需氧量(COD)	恒电流滴定法、分光光度法、比色法
	总需氧量(TOD)	电位法
	总有机碳(TOC)	非色散红外吸收法或紫外吸收法
	生化需氧量(BOD)	微生物膜电极法(用于污水)
单项污染指标	氨氮	气敏电极法、流动注射-分光光度法
	总氮	紫外分光光度法、化学发光分析法
	总磷	分光光度法
	氟离子	离子选择电极法
	氯离子	离子选择电极法
	氰离子	离子选择电极法
	六价铬	比色法
	苯酚	比色法或紫外吸收法
	油类	荧光光谱法、紫外分光光度法

根据《地表水自动监测技术规范(试行)》(HJ 915—2017),地表水水质自动监测项目分为必测项目和选测项目,见表 11-3。对于选测项目,应根据水体特征污染因子、仪器设备适用性、监测结果可比性,以及水体功能进行确定。仪器不成熟或其性能指标不能满足当地水质条件的项目不应作为自动监测项目。

根据《水污染源在线监测系统安装技术规范(试行)》(HJ/T 353—2007),水污染源连续

环 境 监 测

自动监测的项目有:pH、化学需氧量、总有机碳、紫外吸收值、氨氮、总磷、污水排放总量及污染物排放总量等。企业排放废水的监测项目需要根据其所含污染物的特征进行增减。

表 11-3　地表水水质自动监测站必测项目和选测项目

水　体	必测项目	选测项目
河流	五项常规指标、高锰酸盐指数、氨氮、总磷、总氮	挥发酚、挥发性有机物、油类、重金属、粪大肠菌群、流量、流速、流向、水位等
湖泊、水库	五项常规指标、高锰酸盐指数、氨氮、总磷、总氮、叶绿素 a	挥发酚、挥发性有机物、油类、重金属、粪大肠菌群、藻类密度、水位等

11.1.3.3　常用监测仪器

水质自动监测仪器仍在发展之中,目前的自动监测仪一般具有以下功能:自动量程转换,遥控、标准输出接口和数字显示,自动清洗(在清洗时具有数据锁定功能)、状态自检和报警功能(如液体泄漏、管路堵塞、超出量程、仪器内部温度过高、试剂用尽、高/低浓度、断电等),干运转和断电保护,来电自动恢复等,化学需氧量、氨氮、总有机碳、总磷、总氮等仪器具有自动标定校正功能。

1)五项常规指标监测仪

五项常规指标监测仪采用流通式多传感器测量池结构,无零点漂移,无须基线校正,具有一体化生物清洗及压缩空气清洗装置。五项常规指标的测定不需要复杂的操作程序,五项监测仪可以安装在同一机箱内。图 11-7 为五项常规指标自动监测站示意图。

五项常规指标的测量原理分别为:测水温为温度传感器法;测 pH 为玻璃或锑电极法;测溶解氧为金-银膜电极法;测电导率为电流测量法;测浊度为光学法(透射原理或红外散射原理)。

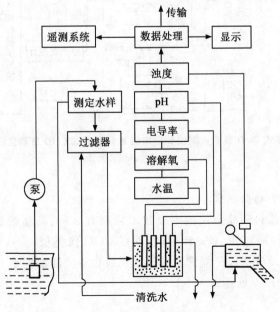

图 11-7　五项常规指标自动监测站示意图

(引自:奚旦立.环境监测.2019)

2) 化学需氧量(COD)自动监测仪

COD 在线自动监测仪的主要技术原理有 6 种:重铬酸钾消解-光度测量法、重铬酸钾消解-恒电流滴定法、重铬酸钾消解-氧化还原滴定法、紫外吸收值 UV 计法(254 nm)、氢氧基及臭氧(混合氧化剂)氧化-电化学测量法、臭氧氧化-电化学测量法。这些技术方法各有优缺点,采用电化学原理或 UV 计的 COD 自动监测仪一般比采用消解-氧化还原滴定法、消解-光度法的仪器结构简单,操作方便,运行可靠。但由于对 COD 有贡献的有机污染物种类繁多,且不同种类有机物的紫外吸光系数各不相同,所以 UV 计只能作为特定方法用于特定的污染源监测。

COD 在线自动监测仪有流动注射-分光光度式 COD 自动监测仪、程序式 COD 自动监测仪和恒电流库仑滴定式 COD 自动监测仪。程序式 COD 自动监测仪基于在酸性介质中,加入过量的重铬酸钾标准溶液氧化水样中的有机物和无机还原性物质,用分光光度法测定剩余的重铬酸钾量,计算出水样消耗重铬酸钾量和 COD 仪器利用微型计算机或程序控制器将量取水样、加液、加热氧化、测定及数据处理等操作自动进行。恒电流库仑滴定式 COD 自动监测仪也是利用微型计算机将各项操作按预定程序自动进行,只是将氧化水样后剩余的重铬酸钾用恒电流滴定法测定,根据消耗电荷量与加入的重铬酸钾总量所消耗的电荷量之差,计算出水样的 COD。两种仪器的工作原理见图 11-8。

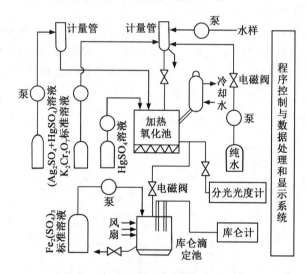

图 11-8　程序式 COD 自动监测仪和恒电流库仑滴定式 COD 自动监测仪的工作原理

(引自:奚旦立.环境监测.2019)

3) 高锰酸盐指数自动监测仪

高锰酸盐指数在线自动监测仪的主要技术原理有 3 种:高锰酸盐氧化-分光光度法、高锰酸盐氧化-电流/电位滴定法、UV 计法(与在线 COD 仪类似)。从分析性能上讲,目前的高锰酸盐指数在线自动分析仪已能满足地表水在线自动监测的需要。电位滴定式高锰酸盐指数分析仪原理如图 11-9 所示。

环境监测

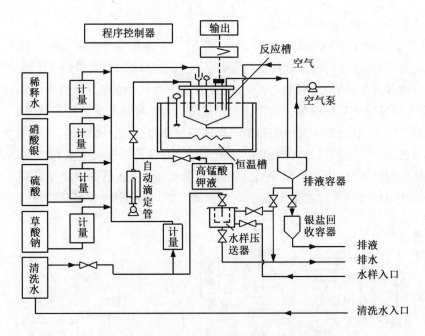

图 11-9　电位滴定式高锰酸盐指数自动监测仪

4）BOD 自动监测仪

微生物膜电极 BOD 自动监测仪的工作原理如图 11-10 所示是 BOD 自动监测仪的一种。该测定仪由测量池（装有微生物膜电极、鼓气管及被测水样）、恒温水浴、恒电压源、控温器、鼓气泵及信号转换和测量系统组成。恒定电压源输出 0.72 V 电压,加于 Ag-AgCl 电极（正极）和黄金电极（负极）上。黄金电极因被测溶液 BOD 物质浓度不同产生的极化电流变化送至阻抗转换和微电流放大电路,经放大的微电流再送至 I/V 和 A/D 转换电路,或 I/V 和 V/F 转换电路,转换后的信号进行数字显示或由记录仪记录。仪器经用标准 BOD 物质溶液校准后,可直接显示被测溶液的 BOD,并在 20 min 内完成一个水样的测定。该仪器适用于多种易降解废水的 BOD 监测。

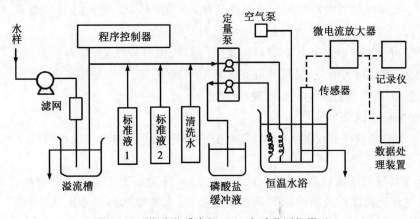

图 11-10　微生物膜电极 BOD 自动监测仪原理

5）总需氧量（TOD）自动监测仪

TOD 自动监测仪的工作原理如图 11-11 所示。将含有一定浓度氧的惰性气体连续通过燃烧反应室，当将水样间歇或连续地定量打入反应室时，在 900℃ 和铂催化剂的作用下，水样中的有机物和其他还原物质瞬间完全氧化，消耗了载气中的氧，导致载气中氧浓度的降低，其降低量用氧化锆氧量检测器测定。当用已知 TOD 的标准溶液校正仪器后，便可直接显示水样的 TOD。氧化锆氧量检测器是一种高温固体电解质浓差电池，其参比半电池由多孔铂电极和已知含氧量的参比气体组成；测量半电池由多孔铂电极和被测气体组成，中间用氧化锆固体电解质连接，则在高温条件下构成浓差电池，其电动势取决于待测气体的氧浓度。所需载气用纯氮气通过置于恒温室中的渗氧装置（用硅酮橡胶管从空气中渗透氧于载气流中）获得。

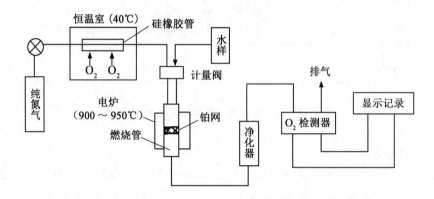

图 11-11　TOD 自动监测仪工作原理

6）总有机碳（TOC）自动监测仪

TOC 自动监测仪，是将水溶液中的总有机碳氧化为二氧化碳，并且测定其含量。利用二氧化碳与总有机碳之间碳含量的对应关系，从而对水溶液中总有机碳进行定量测定。

仪器按工作原理不同，可分为燃烧氧化-非分散红外吸收法、电导法、气相色谱法等。其中燃烧氧化-非分散红外吸收法只需一次性转化，流程简单、重现性好、灵敏度高，因此，这种 TOC 分析仪广为国内外所采用。

TOC 分析仪主要由以下几个部分构成：进样口、无机碳反应器、有机碳氧化反应器（或是总碳氧化反应器）、气液分离器、非分光红外 CO_2 分析器、数据处理部分。

单通道 TOC 自动监测仪工作原理如图 11-12 所示。

7）氨氮自动监测仪

氨氮自动监测仪按照仪器的测定原理，分为分光光度式和氨气敏电极式 2 种氨氮自动监测仪。

（1）分光光度式氨氮自动监测仪有 2 种类型：一种是将手工测定的标准操作方法（水杨酸-次氯酸盐分光光度法或纳氏试剂分光光度法，见水和废水监测相关章节）程序化和自动化的氨氮自动监测仪。另一种是流动注射-分光光度式氨氮自动监测仪，其工作原理如图 11-13 所示。在自动控制系统的控制下，将水样注入由蠕动泵输送来的载流液（NaOH 溶液）中，在毛细管内混合并进行富集后，送入气液分离器的分离室，释放出氨气并透过透气膜，被

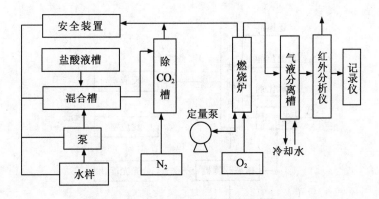

图 11-12　单通道 TOC 自动监测仪工作原理

由恒流泵输送至另一毛细管内的酸碱指示剂(溴百里酚蓝)溶液吸收,发生显色反应,将显色溶液送入分光光度计的流通比色池,用光电检测器测其对特征波长光的吸光度,获得吸收峰高,通过与标准溶液吸收峰高比较,自动计算出水样的氨氮浓度。

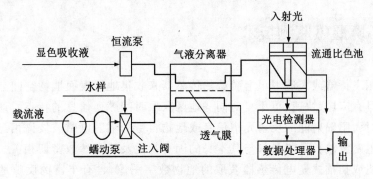

图 11-13　流动注射-分光光度式氨氮自动监测仪的工作原理

(引自:奚旦立.环境监测.2019)

(2)氨气敏电极式氨氮自动监测仪是在自动控制系统的控制下,将水样导入测量池,加入氢氧化钠溶液,则水样中的离子态氨转换成游离态氨,并透过氨气敏电极的透气膜进入电极内部溶液,使其 pH 发生变化,通过测量 pH 的变化并与标准溶液 pH 的变化比较,自动计算水样的氨氮浓度。仪器结构简单,试剂用量少,测定浓度范围宽,但电极易受污染。

8)总氮自动监测仪

总氮(TN)自动监测仪的测定原理是:将水样中的含氮化合物氧化分解成 NO_2 或 NO、NO_3^-,用化学发光分析法或紫外分光光度法测定。根据氧化分解和测定方法不同,有 3 种 TN 自动监测仪:紫外氧化分解-紫外分光光度 TN 自动监测仪、催化热分解-化学发光 TN 自动监测仪、流动注射-紫外分光光度 TN 自动监测仪。

9)总磷自动监测仪

总磷(TP)自动监测仪有分光光度式和流动注射式,它们都是基于水样消解,将不同价态的含磷化合物氧化分解为磷酸盐,经显色后测其对特征光(880 nm)的吸光度,通过与标准溶液的吸光度比较,计算出水样 TP 浓度。分光光度式 TP 自动监测仪的工作原理见图 11-14,它也是一种将手工测定的标准操作方法程序化、自动化的仪器。

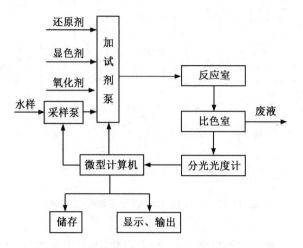

图 11-14　分光光度式总磷自动监测仪的工作原理

(引自：奚旦立.环境监测.2019)

11.2　环境遥感监测技术

遥感是用飞行器或人造卫星上装载的传感器来收集地球表面地物空间分布信息的高科技手段。它具有广域、快速、可重复对同一地区获取时间序列信息的特点。遥感监测的实质是测量地物对太阳辐射能的反射光谱信息或地物自身的辐射电磁波波谱信息。每一地物反射和辐射的电磁波波长及能量都与其本身的固有特性及状态参数密切相关。装载于遥感平台上的照相机或扫描式光电传感器获取的地物数字图像，含有丰富的反映地物性质与状态的不同电磁波谱能量，从中可提取辐射不同波长的地物信息，进行统计分析和地物模式识别。

环境遥感监测技术是通过收集环境的电磁波信息对远距离的环境目标进行监测识别环境质量状况的信息。根据所利用的电磁波工作波段，遥感监测技术可划分为可见光遥感、紫外遥感、反射红外遥感、热红外遥感、微波遥感等类型。常用的遥感监测仪器(传感器)有：多波段照相机、电视摄像机、多波段光谱扫描仪(MSS)、电荷耦合器(CCD)、红外光谱仪、成像光谱仪等。

随着科学技术的快速发展，生态文明建设对于环境监测工作要求的提高，无人机与遥感技术结合产生了无人机遥感技术。该技术将无人驾驶飞行器作为载体平台，通过数字遥感设备进行环境信息的拍摄和记录，随后所拍摄的数据资料会通过计算机平台进行数字化处理、建模和分析。打破了传统环境监测的限制，提升了环境检测的效率和质量。利用无人机遥感技术实施环境监测已经成为开展环境工作的重要途径。

遥感的应用已深入到农业、林业、渔业、地理、地质、海洋、水文、气象、环境监测、地球资源勘探、城乡规划、土地管理和军事侦察等诸多领域，其工作技术体系如图 11-15 所示。目前，遥感用于环境监测的主要目标是大气污染监测、水污染监测和生态环境监测。

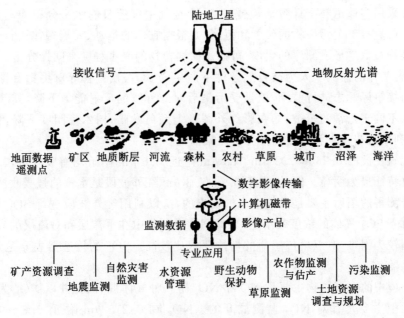

地面数据
遥测点　矿区　地质断层　河流　森林　农村　草原　城市　沼泽　海洋

数字影像传输
计算机磁带
监测数据　　　影像产品

专业应用

矿产资源调查　自然灾害　水资源　野生动物　农作物监测　污染监测
　　地震监测　　监测　管理　保护　与估产　　　　　　
　　　　　　　　　　　　　　　　　草原监测　土地资源
　　　　　　　　　　　　　　　　　　　　调查与规划

图 11-15　现代遥感工作技术体系

● 11.2.1　大气污染遥感监测

影响空气环境质量的主要因素是气溶胶含量和各种有害气体。这些指标通常不可能用遥感手段直接识别。水汽、二氧化碳、臭氧、甲烷等微量气体成分具有各自分子所固有的辐射和吸收光谱,所以,实际上是通过测量空气的散射、吸收及辐射的光谱而从其结果中推算出来的。通过对穿过大气层的太阳(月亮、星星)的直射光,来自大气和云的散射光,来自地表的反射光,以及来自大气和地表的热辐射进行吸收光谱分析或发射光谱分析,从而测量它们的光谱特性来求出大气气体分子的密度。测量中所利用的电磁波的光谱范围很宽,从紫外、可见、红外等光学领域一直扩展到微波、毫米波等无线电波的领域。大气遥感器分为主动式和被动式,主动方式中有代表性的遥感器是激光雷达,被动式遥感器有微波辐射计、热红外扫描仪等。

(1)臭氧层监测　由于臭氧对 $0.3\ \mu m$ 左右的紫外区的电磁波吸收强烈,在紫外波段 $0.2\sim0.3\ \mu m$、$0.32\sim0.34\ \mu m$ 处均有吸收特征,其中在 $0.2\sim0.3\ \mu m$ 处吸收特征最为明显。因此,可以用紫外波段来测定臭氧层的臭氧含量变化。臭氧在 $2.74\ mm$ 处也有个吸收带,可以用频率为 $11\ 083\ MHz$ 的地面微波辐射计或用射电望远镜来测定臭氧在大气中的垂直分布。另外,由于大气中臭氧含量高则温度高,所以又可以用红外波段来探测臭氧层的温度变化,参照浓度与温度的相关关系,推算出臭氧浓度的平均分布状态。

(2)空气气溶胶监测　气溶胶是指悬浮在空气中的各种液态或固态微粒,通常把空气中的烟、雾、尘等归属于气溶胶。空气中的这些物质一般由火山爆发、森林或草场火灾、工业废气等产生,可以用可调谐激光系统作为主动探测,也可用多通道辐射计探测,因为绝大部分空气污染分子的光谱都在 $2\sim20\ \mu m$ 的红外波段,这些光谱可用作吸收或辐射测量。测定气溶胶含量可采用多通道粒子计数器,它能反映出空气中气溶胶的水平分布和垂直分布。在遥感图像上可直接确定污染物的位置和范围,并根据它们的运动、发展规律进行预测、预报。由这些污染物在低空形成漂浮的尘埃,可通过探测植物的受害程度来间接分析。

(3)有害气体的监测 人为或自然条件下产生的 SO_2、氟化物等对生物有毒害的气体,通常采用间接解译标志进行监测,植被受污染后对红外线的反射能力下降,其颜色、纹理及动态标志都不同于正常的植被,如在彩红外图像上颜色发暗,树木郁闭度下降,植被个体物候异常等,利用这些特点就可以间接分析污染情况。

二氧化硫在波段 $0.26 \sim 0.32~\mu m$、$7.3~\mu m$ 附近、$8.6~\mu m$ 附近均有吸收带,其中 $7.3~\mu m$ 附近的吸收特征最为明显。但是,由于 $5.7 \sim 7.3~\mu m$ 红外波段是水汽的强吸收波段,卫星在这一吸收带测得的辐射主要是大气中水汽发出的,所以利用红外波段进行 SO_2 探测相对比较困难。由于 SO_2 气体的浓度较小,且聚集高度主要集中在平流层和对流层的底部,所以进行遥感监测较为困难,对卫星传感器的性能要求比较高。SO_2 的传感器主要是紫外和红外高光谱传感器。

大气环境中的氮氧化物主要是 NO 和 NO_2 等几种气体混合物,并以 NO_2 为主,所以目前遥感监测中主要是针对 NO_2 监测展开的。NO_2 在 $0.215~\mu m$ 附近、$0.3 \sim 0.57~\mu m$ 和 $5.8~\mu m$ 附近具有较强的吸收特征,其中在 $0.3 \sim 0.57~\mu m$ 的吸收特征最为显著。而在 $5.8~\mu m$ 附近,由于与水汽吸收带处于同一范围,所以一般不用来监测 NO_2。

温室气体(CO_2、CH_4 等)遥感监测计划主要由欧洲(ENVISAT,环境卫星)、美国(OCO-2,轨道碳观测者)、日本(GOSAT,"呼吸"号卫星)、中国(TanSat,碳卫星)的地球同步轨道气象卫星组成的静止气象卫星监测系统昼夜不停地观测地球的气候变化,星上搭载的温室气体监测仪可提供全球大气中 CO_2、CH_4 等温室气体的遥感监测数据。

(4)城市热岛效应的监测 城市热岛效应是由于城市人口密集,产业集中形成市区温度高于郊区的小气候现象。它是一种空气热污染现象。传统采用的流动观测(气球、飞机)和定点观测(气象台站、雷达)相结合的方法进行。但这些方法耗资大,观测范围有限,受各种因素的影响大,具有较大的局限性。遥感技术的发展为这一研究注入了活力。红外遥感图像能反映地物辐射温度的差异,可为研究城市热岛提供依据。根据不同时相的遥感资料,还可研究城市热岛的日变化和年变化规律。遥感卫星的使用,实现了定性到定量,静态到动态,大范围同步监测的转变,已经深入到可分析提取"热岛"内部热信息的差异。

▶ 11.2.2 水污染遥感监测

对水体的遥感监测是以污染水与清洁水的反射光谱特征研究为基础的。总的看来,清洁水体反射率比较低,水体对光有较强的吸收性能,而较强的分子散射性仅存在于光谱区较短的谱段上。故在一般遥感影像上,水体表现为暗色色调,在红外谱段上尤其明显。为了进行水质监测,可以采用以水体光谱特性和水色为指标的遥感技术。遥感监测视野开阔,对大面积范围里发生的水体扩散过程容易通览全貌,观察出污染物的排放源、扩散方向、影响范围及与清洁水混合稀释的特点。从而查明污染物的来龙去脉,为科学地布设地面水样监测提供依据。在江河湖海各种水体中,污染物种类繁多。为了便于遥感方法研究各种水污染,习惯上将其分为泥沙污染、石油污染、废水污染、热污染和水体富营养化等几种类型。

（1）水体浑浊度分析　水中悬浮物微粒会对入射进水里的光发生散射和反射，增大水体的反射率。浑浊度不同的水体其光谱衰减特性也不同，随着水的混浊度即悬浮物质数量的增加，衰减系数增大，最容易透过的波段从 $0.50~\mu m$ 附近向红色区移动。随着浑浊水泥沙浓度的增大和悬浮沙粒径的增大，水的反射率逐渐增高，其峰值逐渐从蓝光移向绿光和黄绿光。所以，定量监测悬浮沙粒浓度的最佳波段为 $0.65\sim0.8~\mu m$，此外，若采用蓝光波段反射率和绿光波段反射率的比值，则可以判别两种水体浑浊度的大小。

（2）石油污染监测　海上或港口的石油污染是一种常见的水体污染。遥感调查石油污染，不仅能发现已知污染区的范围和估算污染石油的含量，而且可追踪污染源。石油与海水在光谱特性上存在许多差别，如油膜表面致密、平滑，反射率较水体高，但发射率远低于水体等等，因此，在若干光谱段都能将二者分开。此外，根据油膜与海水在微波波段的发射率差异，还可利用微波辐射法测量二者亮度温度的差别，从而显示出海面油污染分布的情况。成像雷达技术也是探测海洋石油污染的有力工具。

（3）城市污水监测　城市大量排放的工业废水和生活污水中带有大量有机物，它们分解时耗去大量氧气，使污水发黑发臭，当有机物严重污染时呈漆黑色，使水体的反射率显著降低，在黑白像片上呈灰黑或黑色色调的条带。使用红外传感器，能根据水中含有的染料、氢氧化合物、酸类等物质的红外辐射光谱弄清楚水污染的状况。水体污染状况在彩色红外像片上有很好的显示，不仅可以直接观察到污染物运移的情况，而且凭借水中泥沙悬浮物和浮游植物作为判读指示物，可追踪出污染源。

（4）水体热污染监测　使用红外传感器，能根据热效应的差异有效地探测出热污染排放源。热红外扫描图像主要反映目标的热辐射信息，无论白天、黑夜，在热红外像片上排热水口的位置、排放热水的分布范围和扩散状态都十分明显，水温的差异在像片上也能识别出来。利用光学技术或计算机对热图像做密度分割，根据少量同步实测水温，可正确地绘出水体的等温线。因此热红外图像基本上能反映热污染区温度的特征，达到定量解译的目的。

（5）水体富营养化监测　水体里浮游植物大量繁生是水质富营养化的显著标志。由于浮游植物体内含的叶绿素对可见和近红外光具有特殊的"陡坡效应"，使那些浮游植物含量大的水体兼有水体和植物的反射光谱特征。浮游植物含量越高，其光谱曲线与绿色植物的反射光谱越近似。因此，为了调查水体中悬浮物质的数量及叶绿素含量，最好采用 $0.45\sim0.65~\mu m$ 附近的光谱线段。在可见光波段，反射率较低；在近红外波段，反射率明显升高，因此，在彩色红外图像上，富营养化水体呈红褐色或紫红色。

11.3　便携式现场监测仪

所谓现场仪器是相对实验室仪器而言，尽管目前大多数国家在其本国环境监测标准中的推荐方法还是以现场采样，送实验室用化学分析仪器进行分析为主，而大多数便携式现场监测仪器尚未列入标准中作为法定检测方法，但它们已实实在在地被广泛使用。

如何有效地预防污染事故及事故发生后的应急监测，现场快速监测仪器显然有其无法比拟的优点：及时、现场实测、快速、简便而低成本，它们达到了实验室化学分析无法达到的效果。便携式现场监测仪器可分为单项分析型和多项分析型。多项分析型可同时测定两个以上的参数。

11.3.1 气体便携式现场监测仪

(1)便携式紫外吸收法测量仪 便携式紫外吸收法测量仪器由气态污染物监测单元、烟气参数监测单元、数据采集和处理单元组成。其工作原理是利用气态污染物对紫外光区的特定波长光具有选择性吸收的特点,抽取含有特定气体的烟气,进行除尘、脱水等处理后通入测量气室中,不同种类、不同浓度的气体对光源有不同程度的吸收。数据处理单元对通入烟气后的吸收光谱进行分析,得到气体浓度。此类仪器可采用抽取冷干、抽取热湿和直接测量等方式进行测量,具备气体交叉干扰较少、预热时间较短、维护方便等优点,可用于烟气中SO_2、NO_x 等的测定。

(2)便携式气相色谱仪 气相色谱是对气体物质或可以在一定温度下转化为气体的物质进行检测分析。由于物质的物性不同,其试样中各组分在气相和固定相的分配系数不同,当汽化后的试样被载气带入色谱柱中运行时,组分就在其中的两相间进行反复多次分配。由于固定相对各组分的吸附或溶解能力不同,虽然载气流速相同,各组分在色谱柱中的运行速度就不同,经过一定时间的流动后,便彼此分离,按顺序离开色谱柱进入检测器,产生的信号经放大后,在记录器上描绘出各组分的色谱峰。根据出峰位置确定组分的名称,根据峰面积确定浓度大小。

这类仪器主要使用光离子化检测器和火焰离子化检测器,可以测定苯系物、醛类、酮类、胺类、有机磷、有机氯等化合物以及一些有机金属化合物,还可检测 H_2S、Cl_2、NH_3、NO 等无机化合物。

(3)便携式红外线气体分析仪 红外线分析仪属于不分光式红外仪器,其工作原理是基于某些气体对红外线的选择性吸收,该类仪器在国内外有着广泛的应用领域和众多的用户。主要应用于农林科学研究领域对植物的光合作用,也可用于卫生防疫部门对宾馆、商店、影剧院、舞厅、医院、车厢、船舱等公共场所中的 CO_2 浓度的测定,另外根据需要,该原理的仪器还可以用于测量 CO、CH_4 等气体浓度。

(4)便携式傅里叶红外仪 便携式傅里叶红外仪主要由红外光源、干涉仪、样品室、检测器及信号处理电子组件等几个部分组成。其工作原理为:红外光照射被测目标化合物分子时,特定波长光被吸收,将照射分子的红外光用单色器色散,按其波数依序排列,并测定不同波数被吸收的强度,得到红外吸收光谱。根据样品的红外吸收光谱与标准物质的拟合程度定性,根据特征吸收峰的强度半定量。便携式傅里叶红外气体分析仪具有性能稳定、示值准确等优点,可较好地满足烟气排放现场分析监测的需要。可用于烟气中挥发性有机组分(如丙烷、乙烯、苯等)的测定,也可用于无机有害气体(如 CO、NO_2、NO、SO_2 等)的应急监测。

11.3.2 水质便携式现场监测仪

(1)BOD 和 COD 测定仪 便携式 BOD 测定仪分为快速测定仪和红外遥控测定仪,两种方法均采用压力探头感测法,自动温度监控,仪器自动启动并开始全封闭自动测定,无须中间环节人工操作以及稀释样品。依据不同的取样量,可测定 $0 \sim 4\,000$ mg/L 不同量程的

BOD,所带红外数据存储器每 24 h 自动记录存储 BOD,可了解水样中 BOD 的变化情况。

便携式 COD 测定仪采用比色法,自动调零校正,取样量小,可测定 0~15 000 mg/L 超高量程、高量程、低量程以及超低量程 4 种不同量程的 COD。在测量时将 2 mL 水样加入 COD 试管中,再将试管插入消解炉中 146℃加热 2 h 后,直接插入仪器进行比色测定,即可显示 COD 结果(mg/L)。

(2)多功能水质分析仪 与其他分析方法相比,分光光度法具有仪器相对简单、便宜、轻便、应用广泛、耗时短、样品前处理简单等优点,特别适用于现场、脱离实验室的快速检测。仪器采用比色或分光法,在 300~900 nm 设定不同的测量波长,并将常用方法和校准曲线预先进行程序化,可提供几百个水质分析方法及标准曲线,仪器还可储存几千组数据。仪器还可自动设定波长,进行试剂空白校正,校正曲线还可以用标准参数再校正。测试内容一般包括:氰化物、氨氮、酚类、苯胺类、砷、汞、六价铬及钡等毒性强的项目。

(3)便携式离子计 便携式离子计可同时选配多种离子电极组成不同需要的测试系统,测量范围宽,准确度高,内置定时器,可定时校正、测试、自动读数,再现性好,可测 Br^-、Cd^{2+}、Ca^{2+}、Cl^-、Cu^{2+}、CN^-、F^-、BF_4^-、I^-、Pb^{2+}、NO_3^-、K^+、Na^+、Ag^+、S^{2-}、SCN^- 等十几种离子。

(4)其他便携式监测仪 如便携式多电极水质测定仪(可测定 pH、溶解氧、电导率和温度等参数)、便携式溶解氧仪、便携式电导计等。

▶ 11.3.3　土壤便携式现场监测仪

(1)便携式 X 射线荧光光谱(PXRF)测定仪 便携式 X 射线荧光分析仪的工作原理是通过 X 射线管产生的 X 射线作为激发光源,激发样品产生荧光 X 射线,根据荧光 X 射线的波长和强度来确定样品的化学组成。该仪器体积小、重量轻、可手持测量,能够对土壤、沉积物、矿石、矿渣以及其他类似的样品进行快速的金属元素含量分析,具有操作方便、无损检测及低成本的优势,可对污染事故进行应急测量、野外监测。

(2)便携式土壤养分检测仪 便携式土壤养分检测仪主要采用光电比色的原理,可在短时间内测定土壤养分如速效氮、有效磷、速效钾、有机质含量及土壤含盐量等,其应用与化验室分析形成互补,可推进高效施肥技术的推广应用。

(3)便携式土壤水分检测仪 便携式水分检测仪发射一定频率的电磁波,电磁波沿探针传输,到达底部后返回,检测探头输出的电压,根据输出电压和水分的关系计算出土壤的含水量。该仪器携带方便,操作简单,可快速测量土壤水分含量及温度,实时显示水分、组数、低电压示警等,可作为定点监测或移动测量的基本工具,广泛应用于土壤墒情检测、节水灌溉、精细农业、林业、地质勘探、植物培育等领域。

11.4　分子生物学监测技术

环境生态的改变可导致生物物种、种群的分布和遗传特征的改变,在分子水平上研究生物的迁移、感性、抗性等可为生态环境的治理提供坚实的理论基础和科学依据。分子生物技术越来越多地被引入到环境监测之中,利用它来揭示环境生态学中的污染机理。

▶ 11.4.1 酶联免疫技术

酶联免疫是将免疫技术与现代测试手段相结合,把抗原抗体的免疫反应和酶的高效催化作用原理结合起来的一种超微量分析技术。它集测定的高灵敏度和抗性反应的强特异性于一体,在某些重要生物活性物质的痕量检测方面取得了很大成就。酶联免疫法具有操作简单、快速、灵敏度高、特异性强、高通量等优点,是初筛测定致癌物和一些剧毒农药的好方法。其灵敏度与常规的仪器分析一致,且适合现场筛选。对于大分子量的极性物质,如生物农药苏云金杆菌毒素蛋白等,免疫分析比常规生物测定和理化分析更具有准确可靠、方便快捷的优点。

目前,酶联免疫技术已商品化,商品检测试剂盒已广泛用于现场样品和大量样品的快速检测。酶联免疫技术在水、土壤和农产品的农药残留检测方面取得了很好的效果,通过酶的活性反应来显示甲基对硫磷、甲胺磷、氟虫腈杀虫剂、除虫脲、氨基甲酸酯类农药等的农残含量,对污染事故的污染物监测具有十分重要的意义。

▶ 11.4.2 分子生物学技术

分子生物学技术是运用现代分子生物学和分子遗传学方法检查基因的结构及其表达产物的技术。主要包括核酸分子杂交技术、聚合酶链式反应技术(PCR)、环介导等温扩增法(LAMP)和DNA重组技术等。

PCR是一种用于放大扩增特定的DNA片段的分子生物学技术。由高温变性、低温退火及适温延伸等几步反应组成一个周期,循环进行,使目的DNA得以迅速扩增,并通过凝胶电泳、荧光等技术手段显现扩增结果。具有快速、操作简便、特异性强、灵敏度高等特点,是现代分子生物学的基础实验工具,在生物学研究领域已应用成熟。PCR技术由于灵敏度高,可在浓度很小的情况下检出病原体,而且比电镜更加灵敏、简便、特异性更高,可以针对某种或某几种致病微生物做出检测判断,在水环境微生物检测中得到广泛应用。

LAMP是一种全新的核酸扩增方法,在分子生物学检测领域的应用非常广泛。与常规PCR相比,LAMP不需要模板的热变性、温度循环、电泳及紫外观察等过程,在灵敏度、特异性和检测范围等指标上能媲美甚至优于PCR技术,不依赖任何专门的仪器设备实现现场高通量快速检测,检测成本远低于荧光定量PCR。LAMP可用于细菌类病原微生物、病毒类病原微生物、真菌类微生物、现场病原寄生虫的检测等,在环境监测领域的应用越来越多。

▶ 11.4.3 生物传感器技术

生物传感器是一种对生物物质敏感并将其浓度转换为电信号进行检测的仪器。是由固定化的生物敏感材料作识别元件(包括酶、抗体、抗原、微生物、细胞、组织、核酸等生物活性物质)、适当的理化换能器(如氧电极、光敏管、场效应管、压电晶体等等)及信号放大装置构成的分析工具或系统。在检测过程中无须添加或只需添加少量的其他试剂,具有灵敏度高、选择性好、可微型化、便于携带，以及测定简便迅速、检测成本低等优点。根据生物分子识别的原理，可分为免疫化学传感器、酶传感器、微生物传感器、组织传感器、细胞传感器、DNA传感器等。

生物传感技术可用来测定水体中的 BOD、NO_3^-、硫化物、有机磷等，BOD 生物传感器将固定化氧电极、微生物等进行集成，以微生物在水中耗费的溶氧量作为指标，当微生物呼吸作用偶联电流和 BOD 浓度将在某个范围中呈线性关系，便可测出水体的 BOD 的含量。该技术可在 5～15 min 检测出 BOD，可对水质状况实行在线监测。

在空气污染监测方面，含有亚硫酸盐氧化酶的肝微粒体和氧电极制成的安培型生物传感器，可对 $SO_2(SO_3)$ 形成的酸雨酸雾样品溶液进行检测，得出 $SO_2(SO_3)$ 的浓度；用多孔渗透膜、固定化硝化细菌和氧电极组成的微生物传感器可以测定亚硝酸盐含量，推知空气中 NO_x 的浓度。

生物传感器还可以用于检测有毒有害物质，如杀虫剂、除草剂、重金属等。常用于检测杀虫剂的酶为乙酰胆碱酯酶，首先将乙酰胆碱酯酶固定于生物传感器内，如果试样中含有杀虫剂就会对乙酰胆碱酯酶的活性造成抑制，可以通过测定酶的活性进而检测有毒有害物质。

11.4.4 生物芯片技术

生物芯片是以预先设计的方式将大量的生物信息密码（寡核苷酸、基因组 DNA、蛋白质等）固定在玻片或硅片等固相载体上组成的密集分子阵列。它利用核酸分子杂交、蛋白分子亲和原理，通过荧光标记技术检测杂交或亲和与否，再经过计算机分析处理可迅速获得所需信息。包括根据核酸序列设计的基因芯片，根据多肽、蛋白、酶等蛋白质设计的蛋白芯片，根据免疫功能设计的免疫芯片以及芯片实验室等。生物芯片具有特异性好、高通量、自动化、平行性好、简便快速、无污染、所需样品和试剂少等诸多优点，在进行大批量筛选环境样品和对其进行分型研究中有广泛应用。

在环境监测中，生物芯片根据环境中污染物与芯片上固定的生物活性物质发生特异性结合的特点，对环境中的污染物进行检测，可以快速检测污染微生物或有机化合物对环境、人体、动植物的污染和危害。已成功应用到环境监测中的病原细菌瞬时检测、细菌基因表达水平测量、菌种鉴定、水质控制等方面。在空气检测方面，基于氧化锡的微反应，芯片可对空气中 CO、NO 和 NO_2 进行测定。

▷▷ 习题与思考题 ◁◁

(1) 自动监测系统由哪几部分组成？各部分的功能是什么？

(2) 空气污染自动监测主要包括哪些项目？监测子站的任务是什么？需要配备哪些仪器设备？

(3) 烟气连续排放监测系统（CEMS）是由哪几部分构成的？需要监测烟气中哪些污染物？

(4)水污染自动监测体系的组成如何？如何配置仪器设备？

(5)比较空气污染监测和水质污染监测系统的相同和不同。

(6)什么是遥感监测技术？环境污染监测中常用哪些遥感监测传感器？

(7)简述空气和水质的遥感监测项目。

(8)简要说明分子生物学监测技术有哪些？

环 境 监 测

参 考 文 献

[1] 陈玲,赵建夫.环境监测.2版.北京:化学工业出版社,2014.

[2] 陈玲,赵建夫.环境监测.北京:化学工业出版社,2008.

[3] 但德忠.环境监测.北京:高等教育出版社,2006.

[4] 段昌群.环境生物学.2版.北京:科学出版社,2020.

[5] 国家环境保护总局《水和废水监测分析方法》编委会.水和废水监测分析方法.4版.北京:中国环境科学出版社,2002.

[6] 何增耀.环境监测.北京:农业出版社,1994.

[7] 李党生,付翠彦.北京:化学工业出版社,2017.

[8] 李广超.环境监测.2版.北京:化学工业出版社,2017.

[9] 刘德生.环境监测.北京:化学工业出版社,2001.

[10] 刘凤枝.农业环境监测实用手册.北京:中国标准出版社,2001.

[11] 刘绮,潘伟斌.环境监测教程.2版.广州:华南理工大学出版社,2014.

[12] 卢升高,吕军.环境生态学.杭州:浙江大学出版社,2004.

[13] 聂麦茜.环境监测与分析实践教程.北京:化学工业出版社,2003.

[14] 乔玉辉.污染生态学.北京:化学工业出版社,2008.

[15] 曲东.环境监测.北京:中国农业出版社,2007.

[16] 中华人民共和国生态环境部.法规标准.http://www.mee.gov.cn/ywgz/fgbz/

[17] 孙成,鲜啟鸣.环境监测.北京:科学出版社,2020.

[18] 孙福生.环境监测.北京:化学工业出版社,2007.

[19] 王怀宇,姚运先.环境监测.北京:高等教育出版社,2007.

[20] 吴邦灿,费龙.现代环境监测技术.3版.北京:中国环境出版社,2014.

[21] 吴忠标.环境监测.北京:化学工业出版社,2003.

[22] 奚旦立,孙裕生.环境监测.4版.北京:高等教育出版社,2010.

[23] 奚旦立,孙裕生,刘秀英.环境监测.3版.北京:高等教育出版社,2004.

[24] 奚旦立.环境监测.5版.北京:高等教育出版社,2019.

[25] 许国旺.分析化学手册(5.气相色谱分析).3版.北京:化学工业出版社,2016.

[26] 张俊秀.环境监测.北京:中国轻工业出版社,2003.

[27] 张兰英,刘娜,王显胜,等.现代环境微生物技术.2版.北京:清华大学出版社,2007.

[28] 中国环境监测总站.土壤元素的近代分析方法.北京:中国环境科学出版社,1992.

[29] 中国环境监测总站.中国土壤元素背景值.北京:中国环境科学出版社,1990.

[30] 朱鹏飞,陈集.仪器分析教程.2版.北京:化学工业出版社,2016.

[31] Hurst J C,Knudsen R G,McInerney J M,et al. Manual of Environmental Microbiology. Washington DC:ASM Press,1997.

[32] Tessier A,Campbell P G C,Bisson M. Sequential Extraction Procedure for the Speciation of Particulate Trace Metals. Analytical Chemistry. 1979,51(7):844-851.